Mastering Algorithms with Python

Python

算法详解

张玲玲◎编著

人民邮电出版社

北 京

图书在版编目（CIP）数据

Python算法详解 / 张玲玲编著. -- 北京 ：人民邮
电出版社，2019.6（2022.7重印）
ISBN 978-7-115-50338-1

Ⅰ.①P… Ⅱ.①张… Ⅲ.①软件工具－程序设计
Ⅳ.①TP311.561

中国版本图书馆CIP数据核字(2018)第278867号

内 容 提 要

本书循序渐进、由浅入深地讲解 Python 算法的核心技术，并通过具体实例的实现过程演练各个知识点的具体使用流程。全书共 13 章，包括算法，数据结构，常用的算法思想、线性表、队列和栈，树，图，查找算法，内部排序算法，经典的数据结构问题，数学问题的解决，经典算法问题的解决，图像问题的解决，游戏和算法等内容。

本书不但适合研究和学习算法的初学者，也适合有一定算法基础的读者，还可以作为大中专院校相关专业师生的学习用书和培训学校的教材。

◆ 编 著 张玲玲
责任编辑 张 涛
责任印制 焦志炜

◆ 人民邮电出版社出版发行   北京市丰台区成寿寺路 11 号
邮编 100164   电子邮件 315@ptpress.com.cn
网址 http://www.ptpress.com.cn
北京七彩京通数码快印有限公司印刷

◆ 开本：787×1092 1/16
印张：22.75   2019 年 6 月第 1 版
字数：606 千字   2022 年 7 月北京第 13 次印刷

定价：79.90 元
读者服务热线：(010)81055410 印装质量热线：(010)81055316
反盗版热线：(010)81055315
广告经营许可证：京东市监广登字20170147号

前　言

从程序设计语言实践的角度而言，算法是有志从事信息技术领域工作的专业人员必须学习的一门基础理论课程。无论你采用哪一种程序设计语言编写程序，要使设计的程序能快速而高效地完成预定的任务，算法是一个关键因素。

本书内容

市面上许多与算法相关的图书会介绍大量的理论或者讲解表达算法的核心概念，但是这类书缺乏完整的程序设计范例，因而对于第一次接触算法的初学者来说，将算法运用于实际应用就成了一道跨不过的鸿沟。为了帮助更多人用比较轻松的方式了解各种算法和各种经典数学问题的求解方法，本书包括了枚举算法、分治算法、贪心算法、试探算法、迭代算法；线性表、队列和栈；二叉树、霍夫曼树；图的遍历、图的连通性、寻求最短路径；查找算法；内部排序法、插入排序法、交换类排序法、选择排序法、归并排序法、基数排序法；经典的数据结构问题，如约瑟夫环、大整数运算、顺序表的处理、链表的基本操作、基于列表实现二叉树、实现 AVL 树、使用二维数组生成有向图；经典数学问题的解决，如利用递归算法获取斐波那契数列前 n 项的值、通过多个进程验证哥德巴赫猜想、百钱买百鸡、素数问题、埃及分数式等。

为了让读者学以致用，每讲一个算法，同时都会给出具体的实例和运行的效果图。同时使用 Python 实现算法，以期能将各种算法真正应用在学习者将来的程序设计中。因此，这是一本学习算法的入门书。

本书特色

（1）以"入门到精通"的写作方法构建内容，让读者入门容易。

为了使读者能够完全看懂本书的内容，本书遵循"从入门到精通"基础类图书的写法，循序渐进地讲解算法的知识。

（2）破解语言难点，以"技术解惑"贯穿全书，绕过学习中的陷阱。

为了帮助读者学懂算法，每章都会有"技术解惑"模块，让读者知其然又知其所以然。

（3）书中包含大量典型实例。

书中有大量实例，通过这些实例的练习，读者有更多的实践演练机会。

（4）通过 QQ 群和网站论坛实现教学互动，形成互帮互学的朋友圈。

本书作者为了方便给读者答疑，特地提供了网站论坛、QQ 群等技术支持，并且随时在线与读者互动。让大家在互学互帮中形成一个良好的学习编程的氛围。

本书的论坛是 toppr 网站（网站后缀名为.net）。

本书的 QQ 群是 292693408。

本书读者对象

- ❑ 初学编程的自学者
- ❑ 程序开发人员
- ❑ 计算机相关专业的教师和学生
- ❑ 相关培训机构的教师和学员

致谢

在编写过程中，本书得到了人民邮电出版社编辑的大力支持，正是各位编辑的敬业和高效，才使得本书能够在这么短的时间内出版。另外，十分感谢我的家人给予的巨大支持。本人水平毕竟有限，书中纰漏之处在所难免，诚请读者提出意见或建议。编辑联系邮箱是 zhangtao@ptpress.com.cn。

最后感谢读者购买本书，希望本书能成为读者编程道路上的挚友，祝读者阅读快乐！

作者

资源与支持

本书由异步社区出品，社区（https://www.epubit.com/）为您提供相关资源和后续服务。

配套资源

本书配套的资源是书中所有实例的源代码。

要获得以上配套资源，请在异步社区本书页面中单击 配套资源 ，跳转到下载界面，按提示进行操作即可。注意，为保证购书读者的权益，该操作会给出相关提示，要求输入提取码进行验证。

如果您是教师，希望获得教学配套资源，请在社区本书页面中直接联系本书的责任编辑。

提交勘误

作者和编辑尽最大努力来确保书中内容的准确性，但难免会存在疏漏。欢迎您将发现的问题反馈给我们，帮助我们提升图书的质量。

当您发现错误时，请登录异步社区，按书名搜索，进入本书页面，单击"提交勘误"，输入勘误信息，单击"提交"按钮即可。本书的作者和编辑会对您提交的勘误进行审核，确认并接受后，您将获赠异步社区的 100 积分。积分可用于在异步社区兑换优惠券、样书或奖品。

扫码关注本书

扫描下方二维码，您将会在异步社区微信服务号中看到本书信息及相关的服务提示。

与我们联系

我们的联系邮箱是 contact@epubit.com.cn。

如果您对本书有任何疑问或建议，请您发邮件给我们，并请在邮件标题中注明本书书名，以便我们更高效地做出反馈。

如果您有兴趣出版图书、录制教学视频，或者参与图书翻译、技术审校等工作，可以发邮件给我们；有意出版图书的作者也可以到异步社区在线提交投稿（直接访问www.epubit.com/selfpublish/submission 即可）。

如果您是学校、培训机构或企业，想批量购买本书或异步社区出版的其他图书，也可以发邮件给我们。

如果您在网上发现有针对异步社区出品图书的各种形式的盗版行为，包括对图书全部或部分内容的非授权传播，请您将怀疑有侵权行为的链接发邮件给我们。您的这一举动是对作者权益的保护，也是我们持续为您提供有价值的内容的动力之源。

关于异步社区和异步图书

"异步社区" 是人民邮电出版社旗下 IT 专业图书社区，致力于出版精品 IT 技术图书和相关学习产品，为作译者提供优质出版服务。异步社区创办于 2015 年 8 月，提供大量精品 IT 技术图书和电子书，以及高品质技术文章和视频课程。更多详情请访问异步社区官网 https://www.epubit.com。

"异步图书" 是由异步社区编辑团队策划出版的精品 IT 专业图书的品牌，依托于人民邮电出版社近 30 年的计算机图书出版积累和专业编辑团队，相关图书在封面上印有异步图书的 LOGO。异步图书的出版领域包括软件开发、大数据、AI、测试、前端、网络技术等。

异步社区

微信服务号

目　录

目　录

第1章

算 法 概 述

　　算法是程序的灵魂，只有掌握了算法，才能轻松地驾驭程序开发。软件开发工作不是按部就班，而是选择一种最合理的算法去实现项目功能。算法能够引导开发者在面对一个项目功能时用什么思路去实现，有了这个思路后，编程工作只需要遵循这个思路去实现即可。本章将详细讲解计算机算法的基础知识，为读者步入后面的学习打下基础。

1.1 算法的基础

自然界中的很多事物并不是独立存在的，而是和许多其他事物有着千丝万缕的联系。就拿算法和编程来说，两者之间就有着必然的联系。在编程界有一个不成文的原则，要想学好编程，就必须学好算法。要想获悉这一说法的原因，先看下面对两者的定义。

算法是一系列解决问题的清晰指令，算法代表着用系统的方法描述解决问题的策略机制。也就是说，能够对符合一定规范的输入，在有限时间内获得所要求的输出。如果一个算法有缺陷，或不适合于某个问题，执行这个算法将不会解决这个问题。不同的算法可能用不同的时间、空间或效率来完成同样的任务。

编程是让计算机为解决某个问题而使用某种程序设计语言编写程序代码，并最终得到结果的过程。为了使计算机能够理解人的意图，人类就必须将需要解决的问题的思路、方法和手段通过计算机能够理解的形式"告诉"计算机，使计算机能够根据人的指令一步一步去工作，完成某种特定的任务。编程的目的是实现人和计算机之间的交流，整个交流过程就是编程。

在上述对编程的定义中，核心内容是思路、方法和手段等，这都需要用算法来实现。由此可见，编程的核心是算法，只要算法确定了，后面的编程工作只是实现算法的一个形式而已。

1.1.1 算法的特征

在 1950 年，算法（Algorithm）一词经常同欧几里得算法联系在一起。这个算法就是在欧几里得的《几何原本》中所阐述的求两个数的最大公约数的过程，即辗转相除法。从此以后，算法这一叫法一直沿用至今。

随着时间的推移，算法这门学科得到了长足的发展，算法应该具有如下 5 个重要的特征。

□ 有穷性：保证执行有限步骤之后结束。

□ 确切性：每一步骤都有确切的定义。

□ 输入：每个算法有零个或多个输入，以刻画运算对象的初始情况。所谓零个输入，是指算法本身舍弃了初始条件。

□ 输出：每个算法有一个或多个输出，显示对输入数据加工后的结果，没有输出的算法是毫无意义的。

□ 可行性：原则上算法能够精确地运行，进行有限次运算后即可完成一种运算。

1.1.2 何为算法

为了理解什么是算法，先看一道有趣的智力题。

"烧水泡茶"有如下 5 道工序：①烧开水，②洗茶壶，③洗茶杯，④拿茶叶，⑤泡茶。

烧开水、洗茶壶、洗茶杯、拿茶叶是泡茶的前提。其中，烧开水需要 15min，洗茶壶需要 2min，洗茶杯需要 1min，拿茶叶需要 1min，泡茶需要 1min。

下面是"烧水泡茶"的两种方法。

方法 1 的步骤如下。

第 1 步：烧水。

第 2 步：水烧开后，洗刷茶具，拿茶叶。

第 3 步：沏茶。

方法 2 的步骤如下。

第 1 步：烧水。

第 2 步：烧水过程中，洗刷茶具，拿茶叶。

第 3 步：水烧开后沏茶。

问题：比较这两种方法有何不同，并分析哪种方法更优。

上述两种方法都能最终实现"烧水泡茶"的功能，每种方法的 3 个步骤就是一种"算法"。算法是指在有限步骤内求解某一问题所使用的一组定义明确的规则。通俗点说，就是计算机解题的过程。在这个过程中，无论是形成解题思路还是编写程序，都是在实施某种算法。前者是推理实现的算法，后者是操作实现的算法。

1.2 计算机中的算法

众所周知，做任何事情都需要一定的步骤。计算机虽然功能强大，能够帮助人们解决很多问题，但是计算机在解决问题时，也需要遵循一定的步骤。在编写程序实现某个项目功能时，也需要遵循一定的算法。在本节的内容中，将一起探寻算法在计算机中的地位，探索算法在计算机中的基本应用知识。

1.2.1 认识计算机中的算法

计算机中的算法可分为如下两大类。

❑ 数值运算算法：求解数值。

❑ 非数值运算算法：事务管理领域。

假设存在如下运算：$1 \times 2 \times 3 \times 4 \times 5$，为了计算上述运算结果，最普通的做法是按照如下步骤进行计算。

第 1 步：先计算 1 乘以 2，得到结果 2。

第 2 步：将步骤 1 得到的乘积 2 乘以 3，计算得到结果 6。

第 3 步：将 6 再乘以 4，计算得 24。

第 4 步：将 24 再乘以 5，计算得 120。

最终计算结果是 120，上述第 1 步到第 4 步的计算过程就是一个算法。如果想用编程的方式来解决上述运算，通常会使用如下算法来实现。

第 1 步：假设定义 $t=1$。

第 2 步：令 $i=2$。

第 3 步：把 $t \times i$ 的乘积仍然放在变量 t 中，可表示为 $t \times i \rightarrow t$。

第 4 步：把 i 的值加 1，即 $i+1 \rightarrow i$。

第 5 步：如果 $i \leqslant 5$，返回重新执行步骤 3 以及其后的步骤 4 和步骤 5；否则，算法结束。

由此可见，上述算法方式就是数学中的"$n!$"公式。既然有了公式，在具体编程的时候，只需要使用这个公式就可以解决上述运算问题。

再看下面的一个数学应用问题。

假设有 80 个学生，要求打印输出成绩在 60 分以上的学生。

在此用 n 表示学生学号，用 n_i 表示第 i 个学生的学号；用 cheng 表示学生成绩，用 cheng_i 表示第 i 个学生的成绩。根据题目要求，可以写出如下算法。

第 1 步：$1 \rightarrow i$。

第 2 步：如果 $\text{cheng}_i \geqslant 60$，则输出 n_i 和 cheng_i，否则不输出。

第 3 步：$i+1 \to i$。

第 4 步：如果 $i \leqslant 80$，返回步骤 2；否则，结束。

由此可见，算法在计算机中的地位十分重要。所以在面对一个项目应用时，一定不要立即编写程序，而是要仔细思考解决这个问题的算法是什么。想出算法之后，以这个算法为指导思想来编程。

1.2.2　为什么说算法是程序的灵魂

算法是计算机处理信息的基础，因为计算机程序本质上就是算法，告诉计算机确切的步骤来执行一个指定的任务，如计算职工的薪水或打印学生的成绩单。通常，当算法在处理信息时，数据会从输入设备读取，写入输出设备，也可能保存起来供以后使用。

著名计算机科学家沃思提出了下面的公式。

数据结构+算法=程序

实际上，一个程序应当采用结构化程序设计方法进行程序设计，并且用某种计算机语言来表示。因此，可以用下面的公式表示。

程序=算法+数据结构+程序设计方法+语言和环境

上述公式中的 4 个方面是一种程序设计语言所应具备的知识。在这 4 个方面中，算法是灵魂，数据结构是加工对象，语言是工具，编程需要采用合适的方法。其中，算法是用来解决"做什么"和"怎么做"的问题。实际上程序中的操作语句就是算法的体现，所以说，不了解算法就谈不上程序设计。数据是操作对象，对操作的描述便是操作步骤，操作的目的是对数据进行加工处理以得到期望的结果。举个通俗点的例子，厨师做菜肴，需要有菜谱。菜谱上一般应包括：①配料（数据），②操作步骤（算法）。这样，面对同一原料可以加工出不同风味的菜肴。

1.3　计算机中表示算法的方法

在 1.2.1 节中演示的算法都是通过语言描述来体现的。其实除了语言描述之外，还可以通过其他方法来描述算法。在接下来的内容中，将简单介绍几种表示算法的方法。

1.3.1　用流程图表示算法

流程图的描述格式如图 1-1 所示。

再次回到 1.2.1 节中的问题。

假设有 80 个学生，要求输出成绩在 60 分以上的学生。

针对上述问题，可以使用图 1-2 所示的算法流程图来表示。

在日常流程设计应用中，通常使用如下 3 种流程图结构。

❑ 顺序结构。顺序结构如图 1-3 所示，其中 A 和 B 两个框是顺序执行的，即在执行完 A 以后再执行 B 的操作。顺序结构是一种基本结构。

❑ 选择结构。选择结构也称为分支结构，如图 1-4 所示。此结构中必含一个判断框，根据给定的条件是否成立来选择是执行 A 框还是 B 框。无论条件是否成立，只能执行 A 框或 B 框之一，也就是说，A、B 两框只有一个，也必须有一个被执行。若两框中有一框为空，程序仍然按两个分支的方向运行。

❑ 循环结构。循环结构分为两种，一种是当型循环，另一种是直到型循环。当型循环先判断条件 P 是否成立，成立才执行 A 操作，如图 1-5（a）所示。而直到型循环先执行 A 操作，再判断条件 P 是否成立，成立再执行 A 操作，如图 1-5（b）所示。

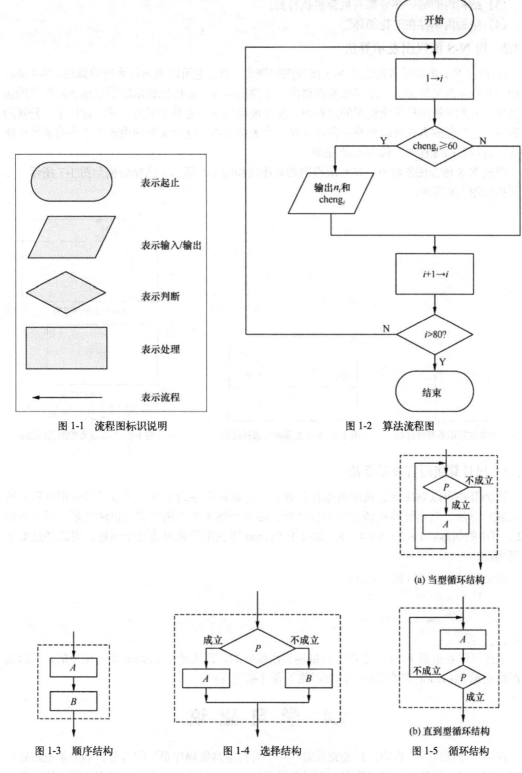

图 1-1 流程图标识说明

图 1-2 算法流程图

图 1-3 顺序结构

图 1-4 选择结构

图 1-5 循环结构

上述 3 种基本结构有如下 4 个特点，这 4 个特点对于理解算法很有帮助。

(1) 只有一个入口。

(2) 只有一个出口。

（3）结构内的每一部分都有机会被执行到。

（4）结构内不存在"死循环"。

1.3.2　用 N-S 流程图表示算法

在 1973 年，美国学者提出了 N-S 流程图的概念，通过它可以表示计算机的算法。N-S 流程图由一些特定意义的图形、流程线及简要的文字说明构成，能够比较清晰明确地表示程序的运行过程。人们在使用传统流程图的过程中，发现流程线不一定是必需的，所以设计了一种新的流程图，这种新的方式可以把整个程序写在一个大框图内，这个大框图由若干个小的基本框图构成，这种新的流程图简称 N-S 流程图。

遵循 N-S 流程图的特点，N-S 流程图的顺序结构图 1-6 所示、选择结构如图 1-7 所示、循环结构如图 1-8 所示。

图 1-6　N-S 流程图的顺序结构

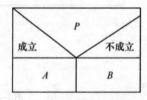

图 1-7　N-S 流程图的选择结构

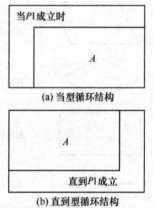

图 1-8　N-S 流程图的循环结构

1.3.3　用计算机语言表示算法

因为算法可以解决计算机中的编程问题，是计算机程序的灵魂，所以可以使用计算机语言来表示算法。当用计算机语言表示算法时，必须严格遵循所用语言的语法规则。再次回到 1.2.1 节中的问题：$1 \times 2 \times 3 \times 4 \times 5$。如果用 Python 语言编程来解决这个问题，可以通过如下代码实现。

源码路径：daima\第1章\math.py

```
a = 1
n = 5
for i in range(1,n+1):
    a = a * i
print(a)
```

上述代码是根据 1.2.1 节中的语言描述算法编写的，因为是用 Python 语言编写的，所以需要严格遵循 Python 语言的语法，例如严格的程序缩进规则。

1.4　学习建议

在一些培训班的广告中，到处充斥着"一个月打造高级程序员"的口号，书店里也随处可见书名打着"入门捷径"旗号的书。有过学习经验和工作经验的人们往往深有体会，这些宣传不能全信，学习编程需要付出辛苦和汗水，需要付出相当多的时间和精力。结合作者的学习经验，现给出如下学习建议。

（1）学得要深入，基础要扎实。

基础的作用不必多说，基础的重要性在大学课堂上老师曾经讲过很多次，在此重点说明"深入"。职场不是学校，企业要求你能高效地完成项目功能，但是现实中的项目种类繁多，需要从根本上掌握算法技术的精髓，入门水平不会被开发公司所接受，他们需要的是高手。

（2）要有恒心，不断演练，举一反三。

学习编程的过程是枯燥的，要将学习算法作为自己的乐趣，只有做到持之以恒才能掌握到编程的精髓。另外，编程最注重实践，最害怕闭门造车。每一个语法，每一个知识点，都要反复用实例来演练，才能加深对知识的理解，并且要做到举一反三，只有这样才能对知识有深入的理解。

第 2 章

数 据 结 构

在 Python 程序中，通过数据结构来保存项目中需要的数据信息。Python 语言内置了多种数据结构，例如列表、元组、字典和集合等。本章将详细讲解 Python 语言中常用数据结构的核心知识，为读者步入本书后面知识的学习打下基础。

2.1 使 用 列 表

在 Python 程序中，列表也被称为序列，是 Python 语言中最基本的一种数据结构，和其他编程语言（C/C++/Java）中的数组类似。序列中的每个元素都会被分配一个数字，这个数字表示这个元素的位置或索引，第一个索引是 0，第二个索引是 1，依此类推。

2.1.1 列表的基本用法

在 Python 程序中使用中括号"[]"来表示列表，并用逗号分隔其中的元素。例如下面的代码创建了一个简单的列表。

```
car = ['audi', 'bmw', 'benchi', 'lingzhi']    #创建一个名为car的列表
print(car)                                     #输出列表car中的信息
```

在上述代码中，创建一个名为"car"的列表，在列表中存储了 4 个元素，执行后会将列表打印输出，执行结果如图 2-1 所示。

```
========
['audi', 'bmw', 'benchi', 'lingzhi']
>>>
```

图 2-1 执行结果

1. 创建数字列表

在 Python 程序中，可以使用方法 range()创建数字列表。例如在下面的实例文件 num.py 中，使用方法 range()创建了一个包含 3 个数字的列表。

源码路径：daima\第 2 章\num.py

```
numbers = list(range(1,4))    #使用方法range()创建列表
print(numbers)
```

在上述代码中，一定要注意方法 range()的结尾参数是 4，才能创建 3 个列表元素。执行结果如图 2-2 所示。

2. 访问列表中的值

在 Python 程序中，因为列表是一个有序集合，所以要想访问列表中的

```
[1, 2, 3]
```

图 2-2 执行结果

任何元素，只需要将该元素的位置或索引告诉 Python 即可。要想访问列表元素，可以指出列表的名称，再指出元素的索引，并将其放在方括号内。例如，下面的代码可以从列表 car 中提取第一款汽车：

```
car = ['audi', 'bmw', 'benchi', 'lingzhi']
print(car[0])
```

上述代码演示了访问列表元素的语法。当发出获取列表中某个元素的请求时，Python 只会返回该元素，而不包括方括号和引号，上述代码执行后只会输出：

```
audi
```

开发者还可以通过方法 title()获取任何列表元素，例如获取元素"audi"的代码如下所示。

```
car = ['audi', 'bmw', 'benchi', 'lingzhi']
print(car[0].title())
```

上述代码执行后的输出结果与前面的代码相同，只是首字母 a 变为大写，上述代码执行后只会输出：

```
Audi
```

在 Python 程序中，字符串还可以通过序号（序号从 0 开始）取出其中的某个字符，例如 'abcde.[1]'取得的值是'b'。

再看下面的实例文件 fang.py，功能是访问并显示列表中元素的值。

源码路径：daima\第 2 章\2-1\fang.py

```
list1 = ['Google', 'baidu', 1997, 2000];      #定义第1个列表"list1"
list2 = [1, 2, 3, 4, 5, 6, 7 ];               #定义第2个列表"list2"
print ("list1[0]: ", list1[0])                #输出列表"list1"中的第1个元素
print ("list2[1:5]: ", list2[1:5])            #输出列表"list2"中的第2~5个元素
```

在上述代码中，分别定义了两个列表 list1 和 list2，执行结果如图 2-3 所示。

在 Python 程序中，第一个列表元素的索引为 0，而不是 1。大多数编程语言中的数组也是如此，这与列表操作的底层实现相关。自然而然地，第二个列表元素的索引为 1。根据这种简单的计数方式，要访问列表的任何元素，都可将其位置减 1，并将结果作为索引。例如要访问列表中的第 4 个元素，可使用索引 3 实现。例如，下面的代码演示了显示列表中第 2 和第 4 个元素的方法。

```
list1[0]:  Google
list2[1:5]:  [2, 3, 4, 5]
```

图 2-3　执行结果

```
car = ['audi', 'bmw', 'benchi', 'lingzhi']    #定义一个拥有4个元素的列表
print(car[1])                                 #输出列表中的第2个元素
print(car[3])                                 #输出列表中的第4个元素
```

执行后输出：

```
bmw
lingzhi
```

2.1.2　删除列表中的重复元素并保持顺序不变

在 Python 程序中，我们可以删除列表中重复出现的元素，并且保持剩下元素的显示顺序不变。如果序列中保存的元素是可散列的（hashable），那么上述功能可以使用集合和生成器实现。例如，下面的文件 delshun.py 演示了在可散列情况下的实现过程。

源码路径：daima\第 2 章\delshun.py

```
def dedupe(items):
    seen = set()
    for item in items:
        if item not in seen:
            yield item
            seen.add(item)


if __name__ == '__main__':
    a = [5, 5, 2, 1, 9, 1, 5, 10]
    print(a)
    print(list(dedupe(a)))
```

如果一个对象是可散列的，那么在它的生存期内必须是不可变的，这需要有一个 __hash__() 方法。在 Python 程序中，整数、浮点数、字符串和元组都是不可变的。在上述代码中，函数 dedupe() 实现了可散列情况下的删除重复元素功能，并且保持剩下元素的显示顺序不变。执行结果如图 2-4 所示。

```
[5, 5, 2, 1, 9, 1, 5, 10]
[5, 2, 1, 9, 10]
```

图 2-4　执行结果

上述实例文件 delshun.py 有一个缺陷，只有当序列中的元素是可散列的时候才能这么做。如果想在不可散列的对象序列中去除重复项，并保持顺序不变，应该如何实现呢？下面的实例文件 buhaxi.py 演示了上述功能的实现过程。

源码路径：daima\第 2 章\num.py

```
def buha(items, key=None):
    seen = set()
    for item in items:
        val = item if key is None else key(item)
        if val not in seen:
            yield item
            seen.add(val)


if __name__ == '__main__':
    a = [
```

```
                {'x': 2, 'y': 3},
                {'x': 1, 'y': 4},
                {'x': 2, 'y': 3},
                {'x': 2, 'y': 3},
                {'x': 10, 'y': 15}
                ]
        print(a)
        print(list(buha(a, key=lambda a: (a['x'],a['y'])))))
```

在上述代码中，函数 buha()中的参数 key 的功能是将序列中的元素转换为可散列的类型，这样做的目的是检测重复选项。执行结果如图 2-5 所示。

```
[{'x': 2, 'y': 3}, {'x': 1, 'y': 4}, {'x': 2, 'y': 3}, {'x': 2, 'y': 3}, {'x': 10, 'y': 15}]
[{'x': 2, 'y': 3}, {'x': 1, 'y': 4}, {'x': 10, 'y': 15}]
```

图 2-5　执行结果

2.1.3　找出列表中出现次数最多的元素

在 Python 程序中，如果想找出列表中出现次数最多的元素，可以考虑使用 collections 模块中的 Counter 类，调用 Counter 类中的函数 most_common()来实现上述功能。下面的实例文件 most.py 演示了使用函数 most_common()找出列表中出现次数最多的元素的过程。

源码路径：daima\第 2 章\most.py

```
words = [
'look', 'into', 'my', 'AAA', 'look', 'into', 'my', 'AAA',
'the', 'AAA', 'the', 'AAA', 'the', 'eyes', 'not', 'BBB', 'the',
'AAA', "don't", 'BBB', 'around', 'the', 'AAA', 'look', 'into',
'BBB', 'AAA', "BBB", 'under'
]
from collections import Counter
word_counts = Counter(words)
top_three = word_counts.most_common(3)
print(top_three)
```

在上述代码中预先定义了一个列表 words，在里面保存了一系列的英文单词，使用函数 most_common()找出哪些单词出现的次数最多。执行结果如图 2-6 所示。

```
[('AAA', 7), ('the', 5), ('BBB', 4)]
```

图 2-6　执行结果

2.1.4　排序类定义的实例

在 Python 程序中，我们可以排序一个类定义的多个实例。使用内置函数 sorted()可以接收一个用来传递可调用（callable）对象的参数 key，而这个可调用对象会返回待排序对象中的某些值，sorted()函数则利用这些值来比较对象。假设在程序中存在多个 User 对象的实例，如果想通过属性 user_id 来对这些实例进行排序，可以提供一个可调用对象，它将 User 实例作为输入，然后返回 user_id。下面的实例文件 leishili.py 演示了排序上述 User 对象实例的过程。

源码路径：daima\第 2 章\leishili.py

```
class User:
    def __init__(self, user_id):
        self.user_id = user_id
    def __repr__(self):
        return 'User({})'.format(self.user_id)

# 原来的顺序
users = [User(19), User(17), User(18)]
print(users)

# 根据user_id排序
```

```
①print(sorted(users, key=lambda u: u.user_id))
from operator import attrgetter
②print(sorted(users, key=attrgetter('user_id')))
```

在上述代码中，在①处使用 lambda 表达式进行了处理，在②处使用内置函数 operator.attrgetter()
进行了处理。执行结果如图 2-7 所示。

```
[User(19), User(17), User(18)]
[User(17), User(18), User(19)]
[User(17), User(18), User(19)]
```

图 2-7　执行结果

2.1.5　使用列表推导式

在 Python 程序中，列表推导式（List Comprehension）是一种简化代码的优美方法。Python
官方文档描述道：列表推导式提供了一种创建列表的简洁方法。使用列表推导式能够非常简洁
地构造一个新列表，只需要用一个简洁的表达式即可对得到的元素进行转换变形。使用 Python
列表推导式的语法格式如下所示。

```
variable = [out_exp_res for out_exp in input_list if out_exp == 2]
```

❑　out_exp_res：列表生成元素表达式，可以是有返回值的函数。

❑　for out_exp in input_list：迭代 input_list，将 out_exp 传入 out_exp_res 表达式中。

❑　if out_exp == 2：判断根据条件可以过滤哪些值。

例如，想创建一个包含从 1 到 10 的平方的列表，在下面的实例文件 chuantong.py 中，分别
演示了传统方法和列表推导式方法的实现过程。

源码路径：daima\第 2 章\chuantong.py

```
①squares = []
for x in range(10):
    squares.append(x**2)
②print(squares)

③squares1 = [x**2 for x in range(10)]
print(squares1)
```

在上述代码中，①～②是通过传统方式实现的，③和之后的代码是通过列表推导式方法实
现的。执行后将会输出：

```
[0, 1, 4, 9, 16, 25, 36, 49, 64, 81]
[0, 1, 4, 9, 16, 25, 36, 49, 64, 81]
```

假如想输出 30 以内能够整除 3 的整数，使用传统方法的实现代码如下所示。

```
numbers = []
for x in range(100):
    if x % 3 == 0:
        numbers.append(x)
```

而通过列表推导式方法的实现代码如下所示。

```
multiples = [i for i in range(30) if i % 3 is 0]
print(multiples)
```

上述两种方式执行后都会输出：

```
[0, 3, 6, 9, 12, 15, 18, 21, 24, 27]
```

再看下面的代码，首先获取 30 以内能够整除 3 的整数，然后依次输出所获得整数的平方。

```
def squared(x):
    return x*x
multiples = [squared(i) for i in range(30) if i % 3 is 0]
print (multiples)
```

执行后会输出：

```
[0, 9, 36, 81, 144, 225, 324, 441, 576, 729]
```

例如在下面的实例文件 shaixuan.py 中，使用列表推导式筛选列表中的数据。

源码路径：daima\第 2 章\2-1\shaixuan.py

```
mylist = [1, 4, -5, 10, -7, 2, 3, -1]

# 所有正值
zheng = [n for n in mylist if n > 0]
print(zheng)

#所有负值
fu = [n for n in mylist if n < 0]
print(fu)
```

通过上述代码，分别筛选出列表 mylist 中大于零和小于零的元素，执行结果如图 2-8 所示。

在 Python 程序中，有时候筛选标准无法简单地表示在列表推导式或生成器表达式中，例如当筛选过程涉及异常处理或者其他一些复杂的细节时。此时可以考虑将处理筛选功能的代码放到单独的功能函数中，然后使用内建的 filter()函数进行处理。下面的实例文件 dandu.py 演示了这一功能。

```
[1, 4, 10, 2, 3]
[-5, -7, -1]
```

图 2-8 执行结果

源码路径：daima\第 2 章\dandu.py

```
values = ['1', '2', '-3', '-', '4', 'N/A', '5']
def is_int(val):
 try:
        x = int(val)
        return True
 except ValueError:
        return False
ivals = list(filter(is_int, values))
print(ivals)
```

在上述代码中，因为使用函数 filter()创建了一个迭代器，所以如果想要得到一个列表形式的结果，请确保在 filter()前面加上 list()函数。执行后会输出：

```
['1', '2', '-3', '4', '5']
```

2.1.6 命名切片

在 Python 程序中，有时会发现编写的代码变得杂乱无章而无法阅读，到处都是硬编码的切片索引，此时需要将它们清理干净。如果代码中存在过多硬编码的索引值，将会降低代码的可读性和可维护性。很多开发者都会有这样的经验，几年以后回过头看自己以前编写的代码，会发现自己当初编写这些代码是多么幼稚而不合理。

在 Python 程序中，使用函数 slice()可以实现切片对象，能够在切片操作函数中实现参数传递功能，可以被用在任何允许进行切片操作的地方。使用函数 slice()的语法格式如下所示。

```
class slice(stop)
class slice(start, stop[, step])
```

❑ start：起始位置。

❑ stop：结束位置。

❑ step：间距。

下面的实例文件 qie.py 演示了使用函数 slice()实现切片操作的过程。

源码路径：daima\第 2 章\qie.py

```
items = [0, 1, 2, 3, 4, 5, 6]
a = slice(2, 4)
print(items[2:4])
print(items[a])
items[a] = [10, 11]
print(items)
print(a.start)
print(a.stop)
print(a.step)
s = 'HelloWorld'
①print(a.indices(len(s)))
for i in range(*a.indices(len(s))):
        print(s[i])
```

在上述代码中，slice 对象实例 s 可以分别通过属性 s.start、s.stop 和 s.step 来获取该对象的信息。在①处使用 indices(size)函数将切片映射到特定大小的序列上，这将会返回一个（start, stop, step）元组，所有的值都已经正好限制在边界以内，这样当进行索引操作时可以避免出现 IndexError 异常。执行结果如图 2-9 所示。

```
[2, 3]
[2, 3]
[0, 1, 10, 11, 4, 5, 6]
2
4
None
(2, 4, 1)
1
1
```

图 2-9　执行结果

2.2　使用元组

在 Python 程序中，可以将元组看作一种特殊的列表。唯一与列表不同的是，元组内的数据元素不能发生改变。不但不能改变其中的数据项，而且也不能添加和删除数据项。当开发者需要创建一组不可改变的数据时，通常会把这些数据放到一个元组中。

2.2.1　创建并访问元组

在 Python 程序中，创建元组的基本形式是以小括号"()"将数据元素括起来，各个元素之间用逗号","隔开。例如下面都是合法的元组。

```
tup1 = ('Google', 'toppr', 1997, 2000);
tup2 = (1, 2, 3, 4, 5);
```

Python 语言允许创建空元组，例如下面的代码创建了一个空元组。

```
tup1 = ();
```

在 Python 程序中，当元组中只包含一个元素时，需要在元素后面添加逗号","。例如下面的演示代码。

```
tup1 = (50,);
```

在 Python 程序中，元组与字符串和列表类似，索引也是从 0 开始的，并且也可以进行截取和组合等操作。下面的实例文件 zu.py。演示了创建并访问元组的过程。

源码路径：dalma\第 2 章\zu.py

```
tup1 = ('Google', 'toppr', 1997, 2000)       #创建元组tup1
tup2 = (1, 2, 3, 4, 5, 6, 7)                  #创建元组tup2
#显示元组"tup1"中索引为0的元素的值
print ("tup1[0]: ", tup1[0])
#显示元组"tup2"中索引从1到4的元素的值
print ("tup2[1:5]: ", tup2[1:5])
```

在上述代码中定义了两个元组"tup1"和"tup2"，然后在第 4 行代码中读取元组"tup1"中索引为 0 的元素的值，然后在第 6 行代码中读取元组"tup2"中索引从 1 到 4 的元素的值。执行结果如图 2-10 所示。

```
tup1[0]:  Google
tup2[1:5]:  (2, 3, 4, 5)
```

图 2-10　执行结果

2.2.2 修改元组

在 Python 程序中，元组一旦创立后就是不可修改的。但是在现实应用中，开发者可以对元组进行连接组合。下面的实例文件 lian.py 演示了连接组合两个元组值的过程。

源码路径：daima\第 2 章\lian.py

```
tup1 = (12, 34.56);          #定义元组tup1
tup2 = ('abc', 'xyz')        #定义元组tup2
# 下面这行代码中修改元组元素的操作是非法的
# tup1[0] = 100
tup3 = tup1 + tup2;          #创建一个新的元组tup3
print (tup3)                 #输出元组tup3中的元素值
```

在上述代码中定义了两个元组"tup1"和"tup2"，然后对这两个元组进行连接组合，将组合后的值赋给新元组"tup3"。执行后输出新元组"tup3"中的元素值，执行结果如图 2-11 所示。

```
(12, 34.56, 'abc', 'xyz')
```

图 2-11　执行结果

2.2.3 删除元组

在 Python 程序中，虽然不允许删除一个元组中的元素值，但是可以使用 del 语句删除整个元组。下面的实例文件 shan.py 演示了使用 del 语句删除整个元组的过程。

源码路径：daima\第 2 章\shan.py

```
#定义元组"tup"
tup = ('Google', 'Toppr', 1997, 2000)
print (tup)                  #输出元组"tup"中的元素
del tup;                     #删除元组"tup"
#因为元组"tup"已经被删除，所以不能显示里面的元素
print ("元组tup被删除后，系统会出错！")
print (tup)                  #这行代码会出错
```

在上述代码中定义了一个元组"tup"，然后使用 del 语句删除整个元组。删除元组"tup"后，在最后一行代码中使用"print (tup)"输出元组"tup"的元素值时会出现系统错误。执行结果如图 2-12 所示。

```
Traceback (most recent call last):
('Google', 'Toppr', 1997, 2000)
  File "H:/daima/2/2-2/shan.py", line 7, in <module>
元组tup被删除后，系统会出错！
    print (tup)           #这行代码会出错
NameError: name 'tup' is not defined
```

图 2-12　执行结果

2.2.4 使用内置方法操作元组

在 Python 程序中，可以使用内置方法来操作元组，其中最为常用的方法如下所示。

❏ len(tuple)：计算元组元素个数。

❏ max(tuple)：返回元组中元素的最大值。

❏ min(tuple)：返回元组中元素的最小值。

❏ tuple(seq)：将列表转换为元组。

下面的实例文件 neizhi.py 演示了使用内置方法操作元组的过程。

源码路径：daima\第 2 章\neizhi.py

```
car = ['奥迪', '宝马', '奔驰', '雷克萨斯']  #创建列表car
print(len(car))              #输出列表car的长度
tuple2 = ('5', '4', '8')     #创建元组tuple2
print(max(tuple2))           #显示元组tuple2中元素的最大值
tuple3 = ('5', '4', '8')     #创建元组tuple3
print(min(tuple3))           #显示元组tuple3中元素的最小值
```

```
list1= ['Google', 'Taobao', 'Toppr', 'Baidu']   #创建列表list1
tuple1=tuple(list1)                              #将列表list1的值赋予元组tuple1
print(tuple1)                                    #再次输出元组tuple1中的元素
```

执行结果如图 2-13 所示。

```
4
8
4
('Google', 'Taobao', 'Toppr', 'Baidu')
```

图 2-13　执行结果

2.2.5　将序列分解为单独的变量

在 Python 程序中，可以将一个包含 N 个元素的元组或序列分解为 N 个单独的变量。这是因为 Python 语法允许任何序列（或可迭代对象）通过简单的赋值操作分解为单独的变量，唯一的要求是变量的总数和结构要与序列相吻合。下面的实例文件 fenjie.py 演示了将序列分解为单独变量的过程。

源码路径：daima\第 2 章\xinghao.py

```
p = (4, 5)
x, y = p
print(x)
print(y)
data = [ 'ACME', 50, 91.1, (2012, 12, 21) ]
name, shares, price, date = data
print(name)
print(date)
```

执行结果如图 2-14 所示。

如果要分解未知或任意长度的可迭代对象，上述分解操作简直是为其量身定制。通常在这类可迭代对象中会有一些已知的组件或模式（例如，元素 1 之后的所有内容都是电话号码），利用"*"星号表达式分解可迭代对象后，使得开发者能够轻松利用这些模式，而无须在可迭代对象中做复杂操作就能得到相关的元素。

```
4
5
ACME
(2012, 12, 21)
```

图 2-14　执行结果

在 Python 程序中，星号表达式在迭代一个变长的元组序列时十分有用。下面的实例文件 xinghao.py 演示了分解一个带标记元组序列的过程。

```
records = [
    ('AAA', 1, 2),
    ('BBB', 'hello'),
    ('CCC', 5, 3)
]

def do_foo(x, y):
    print('AAA', x, y)

def do_bar(s):
    print('BBB', s)

for tag, *args in records:
    if tag == 'AAA':
        do_foo(*args)
    elif tag == 'BBB':
        do_bar(*args)

line = 'guan:ijing234://wef:678d:guan'
uname, *fields, homedir, sh = line.split(':')
print(uname)
print(homedir)
```

执行结果如图 2-15 所示。

2.2.6　将序列分解为单独的变量

在 Python 程序中迭代处理列表或元组等序列时，有时需要统计最后几项记录以实现历史记录统计功能。下面的实例文件 lishi.py 演示了将序列中的最后几项作为历史记录的过程。

源码路径：daima\第 2 章\lishi.py

```
AAA 1 2
BBB hello
guan
678d
```

图 2-15　执行结果

```python
from _collections import deque
def search(lines, pattern, history=5):
    previous_lines = deque(maxlen=history)

    for line in lines:
        if pattern in line:
            yield line, previous_lines
        previous_lines.append(line)
# Example use on a file
if __name__ == '__main__':
    with open('123.txt') as f:
        for line, prevlines in search(f, 'python', 5):
            for pline in prevlines:
                print(pline)  # print (pline, end='')
            print(line)  # print (pline, end='')
            print('-' * 20)
q = deque(maxlen=3)
q.append(1)
q.append(2)
q.append(3)
print(q)
q.append(4)
print(q)
```

在上述代码中，对一系列文本行实现了简单的文本匹配操作，当发现有合适的匹配时，就输出当前的匹配行以及最后检查过的 N 行文本。使用 deque(maxlen=N) 创建了一个固定长度的队列。当有新记录加入而使得队列变成已满状态时，会自动移除最老的那条记录。当编写搜索某项记录的代码时，通常会用到含有 yield 关键字的生成器函数，它能够将处理搜索过程的代码和使用搜索结果的代码成功解耦开来。执行结果如图 2-16 所示。

```
pythonpythonpythonpython
---------------------------
deque([1, 2, 3], maxlen=3)
deque([2, 3, 4], maxlen=3)
```

图 2-16　执行结果

2.2.7　实现优先级队列

在 Python 程序中，使用内置模块 heapq 可以实现一个简单的优先级队列。下面的实例文件 youxianpy.py 演示了实现一个简单的优先级队列的过程。

源码路径：daima\第 2 章\youxianpy.py

```python
import heapq
class PriorityQueue:
    def __init__(self):
        self._queue = []
        self._index = 0

    def push(self, item, priority):
        heapq.heappush(self._queue, (-priority, self._index, item))
        self._index += 1

    def pop(self):
        return heapq.heappop(self._queue)[-1]

class Item:
    def __init__(self, name):
        self.name = name

    def __repr__(self):
```

```
        return 'Item({!r})'.format(self.name)
q = PriorityQueue()
q.push(Item('AAA'), 1)
q.push(Item('BBB'), 4)
q.push(Item('CCC'), 5)
q.push(Item('DDD'), 1)
print(q.pop())
print(q.pop())
print(q.pop())
```

在上述代码中，利用 heapq 模块实现了一个简单的优先级队列，第一次执行 pop() 操作时返回的元素具有最高的优先级。拥有相同优先级的两个元素（foo 和 grok）返回的顺序，同插入到队列时的顺序相同。函数 heapq.heappush() 和 heapq.heappop() 分别实现了列表_queue 中元素的插入和移除操作，并且保证列表中第一个元素的优先级最低。函数 heappop() 总是返回"最小"的元素，并且因为 push 和 pop 操作的复杂度都是 $O(\log_2 N)$，其中 N 代表堆中元素的数量，因此就算 N 的值很大，这些操作的效率也非常高。上述代码中的队列以元组（–priority, index, item）的形式组成，priority 取负值是为了让队列能够按元素的优先级从高到低排列。这和正常的堆排列顺序相反，一般情况下，堆是按从小到大的顺序进行排序的。变量 index 的作用是将具有相同优先级的元素以适当的顺序排列。通过维护一个不断递增的索引，元素将以它们加入队列时的顺序排列。但是当 index 在对具有相同优先级的元素间进行比较操作时，同样扮演一个重要的角色。执行结果如图 2-17 所示。

```
Item('CCC')
Item('BBB')
Item('AAA')
```

图 2-17 执行结果

在 Python 程序中，如果以元组（priority, item）的形式存储元素，只要它们的优先级不同，它们就可以进行比较。但是如果两个元组的优先级相同，在进行比较操作时会失败。这时可以考虑引入一个额外的索引值，以（priority, index, item）的方式建立元组，因为没有哪两个元组会有相同的 index 值，所以这样就可以完全避免上述问题。一旦比较操作的结果可以确定，Python 就不会再去比较剩下的元组元素了。下面的实例文件 suoyin.py 演示了实现一个简单的优先级队列的过程。

源码路径：daima\第 2 章\suoyin.py

```
import heapq
class PriorityQueue:
    def __init__(self):
        self._queue = []
        self._index = 0

    def push(self, item, priority):
        heapq.heappush(self._queue, (-priority, self._index, item))
        self._index += 1

    def pop(self):
        return heapq.heappop(self._queue)[-1]

class Item:
    def __init__(self, name):
        self.name = name

    def __repr__(self):
        return 'Item({!r})'.format(self.name)

①a = Item('AAA')
  b = Item('BBB')
  #a < b  错误
  a = (1, Item('AAA'))
  b = (5, Item('BBB'))
  print(a < b)
  c = (1, Item('CCC'))
②#a < c 错误
③a = (1, 0, Item('AAA'))
  b = (5, 1, Item('BBB'))
```

```
    c = (1, 2, Item('CCC'))
    print(a < b)
④print(a < c)
```

在上述代码中，因为在①~②中没有添加索引，所以当两个元组的优先级相同时会出错；而在③~④中添加了索引，这样就不会出错了。执行结果如图 2-18 所示。

```
True
True
True
```

图 2-18　执行结果

2.3　使用字典

在 Python 程序中，字典是一种比较特别的数据类型，字典中的每个成员以"键:值"对的形式成对存在。字典以大括号"{}"包围，并且以"键:值"对的方式声明存在的数据集合。字典与列表相比，最大的不同在于字典是无序的，其成员位置只是象征性的，在字典中通过键来访问成员，而不能通过其位置来访问成员。

2.3.1　创建并访问字典

在 Python 程序中，字典可以存储任意类型对象。字典的每个键值"key:value"对之间必须用冒号":"分隔，每个键值对之间用逗号","分隔，整个字典包括在大括号"{}"中。

例如某个班级的期末考试成绩公布了，其中第 1 名非常优秀，学校准备给予奖励。下面以字典保存这名学生的 3 科成绩，第一个键值对是'数学': '99'，表示这名学生的数学成绩是"99"；第二个键值对是'语文': '99'，第三个键值对是'英语': '99'，分别表示这名学生的语文成绩是 99、英语成绩是 99。在 Python 语言中，使用字典来表示这名学生的成绩，具体代码如下。

```
dict = {'数学': '99', '语文': '99', '英语': '99' }
```

当然也可以对上述字典中的两个键值对进行分解，通过如下代码创建字典。

```
dict1 = { '数学': '99' };
dict2 = {'语文': '99' };
dict1 = { '英语': '99' };
```

在 Python 程序中，要想获取某个键的值，可以通过访问键的方式来显示对应的值。下面的实例文件 fang.py 演示了获取字典中 3 个键的值的过程。

源码路径：daima\第 2 章\2-3\fang.py

```
dict = {'数学': '99', '语文': '99', '英语': '99' }    #创建字典dict
print ("语文成绩是: ",dict['语文'])                    #输出语文成绩
print ("数学成绩是: ",dict['数学'])                    #输出数学成绩
print ("英语成绩是: ",dict['英语'])                    #输出英文成绩
```

执行结果如图 2-19 所示。

如果调用的字典中没有这个键，执行后会输出错误提示。例如在下面的代码中，字典"dict"中并没有键"Alice"。

```
语文成绩是:  99
数学成绩是:  99
英语成绩是:  99
```

图 2-19　执行结果

```
dict = {'Name': 'Toppr', 'Age': 7, 'Class': 'First'};    #创建字典dict
print ("dict['Alice']: ", dict['Alice'])                  #输出字典dict中键为"Alice"的值
```

所以执行后会输出如下错误提示。

```
Traceback (most recent call last):
  File "test.py", line 5, in <module>
    print ("dict['Alice']: ", dict['Alice'])
KeyError: 'Alice'
```

2.3.2　添加、修改、删除字典中的元素

1. 向字典中添加数据

在 Python 程序中，字典是一种动态结构，可以随时在其中添加"键值"对。在添加"键值"对时，需要首先指定字典名，然后用中括号将键括起来，最后写明这个键的值。例如下面的实例文件 add.py 中定义了字典"dict"，在字典中设置 3 科的成绩，然后又通过上面介绍的方法添

加了两个"键值"对。

源码路径：daima\第 2 章\add.py

```
dict = {'数学': '99', '语文': '99', '英语': '99' }   #创建字典"dict"
dict['物理'] =100                                    #添加字典值1
dict['化学'] =98                                     #添加字典值2
print (dict)                                         #输出字典dict中的值
print ("物理成绩是：",dict['物理'])                   #显示物理成绩
print ("化学成绩是：",dict['化学'])                   #显示化学成绩
```

通过上述代码，向字典中添加两个数据元素，分别表示物理成绩和化学成绩。其中在第 2 行代码中，在字典"dict"中新增了一个键值对，其中的键为'物理'，值为 100。在第 3 行代码中重复上述操作，设置新添加的键为'化学'，对应的值为 98。执行结果如图 2-20 所示。

```
{'数学': '99', '语文': '99', '英语': '99', '物理': 100, '化学': 98}
物理成绩是：100
化学成绩是：98
```

图 2-20　执行结果

注意："键值"对的排列顺序与添加顺序不同。Python 不关心键值对的添加顺序，而只关心键和值之间的关联关系。

2．修改字典

在 Python 程序中，要想修改字典中的值，需要首先指定字典名，然后使用中括号把要修改的键和新值对应起来。下面的实例文件 xiu.py 演示了在字典中实现修改和添加功能的过程。

源码路径：daima\第 2 章\xiu.py

```
#创建字典"dict"
dict = {'Name': 'Toppr', 'Age': 7, 'Class': 'First'}
dict['Age'] = 8;                        #更新Age的值
dict['School'] = "Python教程"           #添加新的键值
print ("dict['Age']: ", dict['Age'])    #输出键"Age"的值
print ("dict['School']: ", dict['School']) #输出键"School"的值
print (dict)                            #显示字典"dict"中的元素
```

通过上述代码，更新字典中键"Age"的值为 8，然后新添加键"School"。执行结果如图 2-21 所示。

3．删除字典中的元素

在 Python 程序中，对于字典中不再需要的信息，可以使用 del 语句将相应的"键值"对信息彻底删除。在使用 del 语句时，必须指定字典名和要删除的键。例如下面的实例文件 del.py 演示了删除字典中某个元素的过程。

源码路径：daima\第 2 章\num.py

```
#创建字典"dict"
dict = {'Name': 'Toppr', 'Age': 7, 'Class': 'First'}
del dict['Name']                #删除键 'Name'
print (dict)                    #显示字典"dict"中的元素
```

通过上述代码，使用 del 语句删除了字典中键为"Name"的元素。执行结果如图 2-22 所示。

```
dict['Age']: 8
dict['School']: Python教程
```

图 2-21　执行结果

```
{'Age': 7, 'Class': 'First'}
```

图 2-22　执行结果

2.3.3　映射多个值

在 Python 程序中，可以创建将某个键映射到多个值的字典，即一键多值字典[multidict]。为了能方便地创建映射多个值的字典，可以使用内置模块 collections 中的 defaultdict()函数来实

现。defaultdict()函数的一个主要特点是能自动初始化第一个值，这样只需要关注添加元素即可。下面的实例文件 yingshe.py 演示了创建一键多值字典的过程。

源码路径：daima\第 2 章\yingshe.py

```
①d = {
    'a': [1, 2, 3],
    'b': [4, 5]
}

e = {
    'a': {1, 2, 3},
    'b': {4, 5}
②}

from collections import defaultdict
③d = defaultdict(list)
d['a'].append(1)
d['a'].append(2)
④d['a'].append(3)
print(d)

⑤d = defaultdict(set)
d['a'].add(1)
d['a'].add(2)
d['a'].add(3)
⑥print(d)

⑦d = {}
d.setdefault('a', []).append(1)
d.setdefault('a', []).append(2)
d.setdefault('b', []).append(3)
⑧print(d)

d = {}
⑨for key, value in d:  # pairs:
    if key not in d:
        d[key] = []
    d[key].append(value)
d = defaultdict(list)
⑩print(d)

⑪for key, value in d:  # pairs:
    d[key].append(value)
⑫print(d)
```

上述代码中用到了内置函数 setdefault()，如果键不存在于字典中，将会添加键并将值设为默认值。首先在①～②中创建了一个字典，③～④和⑤～⑥分别利用两种方式为字典中的键创建相同的多键值。因为函数 defaultdict()会自动创建字典表项以待稍后访问，所以不想要这个功能，可以在普通的字典上调用函数 setdefault()来取代 defaultdict()，如⑦～⑧所示。⑨～⑩和⑪～⑫分别演示了两种对一键多值字典中的第一个值继续初始化的方法，可以看出⑪～⑫使用 defaultdict()函数的方法比较清晰明了。执行结果如图 2-23 所示。

```
defaultdict(<class 'list'>, {'a': [1, 2, 3]})
defaultdict(<class 'set'>, {'a': {1, 2, 3}})
{'a': [1, 2], 'b': [3]}
defaultdict(<class 'list'>, {})
defaultdict(<class 'list'>, {})
```

图 2-23 执行结果

2.3.4 使用 OrderedDict 创建有序字典

在 Python 程序中创建一个字典后，不但可以对字典进行迭代或序列化操作，而且也能控制其中元素的排列顺序。下面的实例文件 youxu.py 演示了创建有序字典的过程。

源码路径：daima\第 2 章\youxu.py

```
import collections
dic = collections.OrderedDict()
dic['k1'] = 'v1'
dic['k2'] = 'v2'
dic['k3'] = 'v3'
print(dic)
```

执行后会输出：

```
OrderedDict([('k1', 'v1'), ('k2', 'v2'), ('k3', 'v3')])
```

再看下面的实例文件 qingkong.py，它演示了清空有序字典中数据的过程。

源码路径：daima\第 2 章\qingkong.py

```
import collections

dic = collections.OrderedDict()
dic['k1'] = 'v1'
dic['k2'] = 'v2'
dic.clear()
print(dic)
```

执行后会输出：

```
OrderedDict()
```

再看下面的实例文件 xianjin.py，功能是使用函数 popitem()按照后进先出原则，删除最后加入的元素并返回键值对。

源码路径：daima\第 2 章\xianjin.py

```
import collections

dic = collections.OrderedDict()
dic['k1'] = 'v1'
dic['k2'] = 'v2'
dic['k3'] = 'v3'
print(dic.popitem(),dic)
print(dic.popitem(),dic)
```

执行后会输出：

```
('k3', 'v3') OrderedDict([('k1', 'v1'), ('k2', 'v2')])
('k2', 'v2') OrderedDict([('k1', 'v1')])
```

❈　注意：在 Python 的 OrderedDict 内部维护了一个双向链表，它会根据元素加入的顺序来排列键的位置。第 1 个新加入的元素被放置在链表的末尾，接下来会对已存在的键重新赋值而不会改变键的顺序。开发者需要注意的是，OrderedDict 的大小是普通字典的两倍多，这是由于额外创建的链表所致。因此，如果想构建一个涉及大量 OrderedDict 实例的数据结构（例如从 CSV 文件中读取 100 000 行内容到 OrderedDict 列表中），那么需要认真对应用做需求分析，从而推断出使用 OrderedDict 所能带来的好处是否能大过因额外的内存开销而带来的损失。

2.3.5　获取字典中的最大值和最小值

在 Python 程序中，可以对字典中的数据执行各种数学运算，例如求最小值、最大值和排序等。为了能对字典中的内容实现有用的计算操作，通常会利用内置函数 zip()将字典的键和值反转过来。要对字典中的数据进行排序操作，利用函数 zip()和 sorted()即可实现。

在 Python 程序中，函数 zip()可以将可迭代对象作为参数，将对象中对应的元素打包成一个个元组，然后返回由这些元组组成的列表。如果各个迭代器的元素个数不一致，则返回的列表长度与最短对象的相同。利用星号"*"操作符，可以将元组解压为列表。使用函数 zip()的语法格式如下所示。

```
zip([iterable, ...])
```

其中，参数 iterable 表示一个或多个迭代器。

下面的实例文件 jisuan.py 演示了分别获取字典中最大值和最小值的过程。

源码路径：daima\第 2 章\jisuan.py

```python
price = {
    '小米': 899,
    '华为': 1999,
    '三星': 3999,
    '谷歌': 4999,
    '酷派': 599,
    'iPhone': 5000,
}

min_price = min(zip(price.values(), price.keys()))
print(min_price)

max_price = max(zip(price.values(), price.keys()))
print(max_price)

price_sorted = sorted(zip(price.values(), price.keys()))
print(price_sorted)

price_and_names = zip(price.values(), price.keys())
print((min(price_and_names)))

# print (max(price_and_names))  error  zip()创建了迭代器，内容只能被消费一次
print(min(price))
print(max(price))
print(min(price.values()))
print(min(price.values()))
print(min(price, key=lambda k: price[k]))
print(max(price, key=lambda k: price[k]))
```

执行结果如图 2-24 所示。

```
(599, '酷派')
(5000, 'iPhone')
[(599, '酷派'), (899, '小米'), (1999, '华为'), (3999, '三星'), (4999, '谷歌'), (5000, 'iPhone')]
(599, '酷派')
iPhone
酷派
599
5000
酷派
iPhone
```

图 2-24　执行结果

2.3.6　获取两个字典中相同的键值对

在 Python 程序中，我们可以寻找并获取两个字典中相同的键值对，此功能通过 keys()或 items() 这两个函数执行基本的集合操作即可实现。

❑　函数 keys()

在 Python 字典中，函数 keys()能够返回 keys-view 对象，其中暴露了所有的键。字典中的键可以支持常见的集合操作，例如求并集、交集和差集。由此可见，如果需要对字典中的键进行常见的集合操作，可以直接使用 keys-view 对象来实现，而无须先将它们转换为集合。

❑　函数 items()

在 Python 字典中，函数 items()能够返回由键值对组成的 items-view 对象。这个对象支持类似的集合操作，可以用于找出两个字典中有哪些键值对有相同之处。

下面的实例文件 same.py 演示了获取两个字典中相同键值对的过程。

源码路径：daima\第 2 章\same.py

```
a = {
    'x': 1,
    'y': 2,
    'z': 3
}

b = {
    'x': 11,
    'y': 2,
    'w': 10
}
①print(a.keys() & b.keys())    # {'x','y'}
print(a.keys() - b.keys())    # {'z'}
②print(a.items() & b.items())    # {('y', 2)}

③c = {key: a[key] for key in a.keys() - {'z', 'w'}}
④print(c)    # {'x':1, 'y':2}
```

在上述代码中，①~②通过 keys() 和 items() 执行集合操作，从而获取两个字典中相同的键值对。③~④是使用字典推导式实现的，能够修改或过滤掉字典中的内容。如果想创建一个新的字典，在其中可能会去掉某些键。执行结果如图 2-25 所示。

```
{'y', 'x'}
{'z'}
{('y', 2)}
{'y': 2, 'x': 1}
```

图 2-25　执行结果

2.3.7　使用函数 itemgetter() 对字典进行排序

在 Python 程序中，如果存在一个字典列表，如何根据一个或多个字典中的值来对列表进行排序呢？建议使用 operator 模块中的内置函数 itemgetter()。函数 itemgetter() 的功能是获取对象中指定域的值，参数为一些序号（即需要获取的数据在对象中的序号）。以下实例文件 wei.py 的功能是获取对象中指定域的值。

源码路径：daima\第 2 章\wei.py

```
from operator import itemgetter
a = [1,2,3]
b=itemgetter(1)        #定义函数b，获取对象的第1个域的值
print(b(a))

b=itemgetter(1,0)      #定义函数b，获取对象的第1个域和第0个域的值
print(b(a))
```

函数 itemgetter() 获取的不是值，而是定义一个函数，通过把该函数作用到对象上才能获取值。执行后输出：

```
2
(2, 1)
```

下面的实例文件 pai.py 使用函数 itemgetter() 排序字典中的值。

源码路径：daima\第 2 章\pai.py

```
from operator import itemgetter
①rows = [
    {'fname': 'AAA', 'lname': 'ZHANG', 'uid': 1001},
    {'fname': 'BBB', 'lname': 'ZHOU', 'uid': 1002},
    {'fname': 'CCC', 'lname': 'WU', 'uid': 1004},
    {'fname': 'DDD', 'lname': 'LI', 'uid': 1003}
]

②rows_by_fname = sorted(rows, key=itemgetter('fname'))
  rows_by_uid = sorted(rows, key=itemgetter('uid'))
  print(rows_by_fname)
③print(rows_by_uid)

④rows_by_lfname = sorted(rows, key=itemgetter('lname', 'fname'))
  print(rows_by_lfname)

⑤rows_by_fname = sorted(rows, key=lambda r: r['fname'])
```

```
⑥rows_by_lfname = sorted(rows, key=lambda r: (r['fname'], r['lname']))
  print(rows_by_fname)
  print(rows_by_lfname)
⑦print(min(rows, key=itemgetter('uid')))
⑧print(max(rows, key=itemgetter('uid')))
```

- ❑ 在①中，定义一个保存用户信息的字典 rows。
- ❑ 在②~③中，根据所有字典中共有的字段来对 rows 中的记录进行排序。
- ❑ 在④中，itemgetter()函数接收多个键。
- ❑ 在⑤~⑥中，使用 lambda 表达式代替 itemgetter()函数的功能。在此提醒读者，少用 lambda 表达式，使用 itemgetter()函数会运行得更快一些。如果需要考虑程序的性能问题，建议使用 itemgetter()函数。
- ❑ 在⑦~⑧中，函数 itemgetter()同样可以用于操作 min()和 max()函数。

执行后会输出：

```
[{'fname': 'AAA', 'lname': 'ZHANG', 'uid': 1001}, {'fname': 'BBB', 'lname': 'ZHOU', 'uid':
1002}, {'fname': 'CCC', 'lname': 'WU', 'uid': 1004}, {'fname': 'DDD', 'lname': 'LI', 'uid': 1003}]
    [{'fname': 'AAA', 'lname': 'ZHANG', 'uid': 1001}, {'fname': 'BBB', 'lname': 'ZHOU', 'uid':
1002}, {'fname': 'DDD', 'lname': 'LI', 'uid': 1003}, {'fname': 'CCC', 'lname': 'WU', 'uid': 1004}]
    [{'fname': 'DDD', 'lname': 'LI', 'uid': 1003}, {'fname': 'CCC', 'lname': 'WU', 'uid': 1004},
{'fname': 'AAA', 'lname': 'ZHANG', 'uid': 1001}, {'fname': 'BBB', 'lname': 'ZHOU', 'uid': 1002}]
    [{'fname': 'AAA', 'lname': 'ZHANG', 'uid': 1001}, {'fname': 'BBB', 'lname': 'ZHOU', 'uid':
1002}, {'fname': 'CCC', 'lname': 'WU', 'uid': 1004}, {'fname': 'DDD', 'lname': 'LI', 'uid': 1003}]
    [{'fname': 'AAA', 'lname': 'ZHANG', 'uid': 1001}, {'fname': 'BBB', 'lname': 'ZHOU', 'uid':
1002}, {'fname': 'CCC', 'lname': 'WU', 'uid': 1004}, {'fname': 'DDD', 'lname': 'LI', 'uid': 1003}]
    {'fname': 'AAA', 'lname': 'ZHANG', 'uid': 1001}
    {'fname': 'CCC', 'lname': 'WU', 'uid': 1004}
```

2.3.8 使用字典推导式

在 Python 程序中，字典推导和本章前面讲解的列表推导的用法类似，只是将列表中的中括号修改为字典中的大括号而已。下面的实例文件 zitui.py 演示了使用字典推导式实现合并大小写 key 的过程。

源码路径：daima\第 2 章\zitui.py

```
mcase = {'a': 10, 'b': 34, 'A': 7, 'Z': 3}
mcase_frequency = {
    k.lower(): mcase.get(k.lower(), 0) + mcase.get(k.upper(), 0)
    for k in mcase.keys()
    if k.lower() in ['a','b']
}
print (mcase_frequency)
```

执行上述代码后会输出：

```
{'a': 17, 'b': 34}
```

再看下面的实例文件 ti.py，功能是快速更换字典中 key 和 value 的值。

源码路径：daima\第 2 章\ti.py

```
mcase = {'a': 10, 'b': 34}
mcase_frequency = {v: k for k, v in mcase.items()}
print(mcase_frequency)
```

执行上述代码后会输出：

```
{10: 'a', 34: 'b'}
```

再看下面的实例文件 tiqu.py，功能是使用字典推导式从字典中提取子集。

源码路径：daima\第 2 章\tiqu.py

```
  prices = {'ASP.NET': 49.9, 'Python': 69.9, 'Java': 59.9, 'C语言': 45.9, 'PHP': 79.9}
①p1 = {key: value for key, value in prices.items() if value > 50}
  print(p1)
  tech_names = {'Python', 'Java', 'C语言'}

②p2 = {key: value for key, value in prices.items() if key in tech_names}
  print(p2)
```

```
p3 = dict((key, value) for key, value in prices.items() if value > 50)   # 慢
print(p3)

tech_names = {'Python', 'Java', 'C语言'}
p4 = {key: prices[key] for key in prices.keys() if key in tech_names}   # 慢
print(p4)
```

在 Python 程序中，虽然大部分可以用字典推导式解决的问题，也可以通过创建元组序列，然后将它们传给 dict() 函数来完成，例如①中的做法。但是使用字典推导式的方案更加清晰，而且实际运行起来也要快很多，以②中的字典 prices 进行测试，效率要提高两倍左右。执行上述代码后会输出：

```
{'Python': 69.9, 'Java': 59.9, 'PHP': 79.9}
{'Python': 69.9, 'Java': 59.9, 'C语言': 45.9}
{'Python': 69.9, 'Java': 59.9, 'PHP': 79.9}
{'Python': 69.9, 'Java': 59.9, 'C语言': 45.9}
```

2.3.9　根据记录进行分组

在 Python 程序中，可以将字典或对象实例中的信息根据某个特定的字段（比如日期）分组迭代数据。在 Python 的 itertools 模块中提供了内置函数 groupby()，能够方便地对数据进行分组处理。使用函数 groupby() 的语法格式如下所示：

```
groupby(iterable [,key]):
```

函数 groupby() 能够创建一个迭代器，对 iterable 生成的连续项进行分组，在分组过程中会查找重复项。如果 iterable 在多次连续迭代中生成同一项，则会定义一个组。如果将函数 groupby() 应用到一个分类列表中，那么分组将定义该列表中的所有唯一项。key（如果已提供）是一个函数，被应用于每一项，如果此函数存在返回值，该值将用于后续项而不是该项本身的比较，此函数返回的迭代器生成元素（key, group），其中 key 是分组的键值，group 是迭代器，生成组成该组的所有项。

下面的实例文件 fen.py 演示了使用函数 groupby() 对数据进行分组的过程。

源码路径：daima\第 2 章\fen.py

```
from itertools import groupby
from operator import itemgetter
things = [('2012-05-21', 11), ('2012-05-21', 3), ('2012-05-22', 10),
          ('2012-05-22', 4), ('2012-05-22', 22),('2012-05-23', 33)]
for key, items in groupby(things, itemgetter(0)):
    print(key)

for subitem in items:
  print(subitem)
print('-' * 20)
```

执行后会输出：

```
2012-05-21
2012-05-22
2012-05-23
('2012-05-23', 33)
```

再看下面的实例文件 fenzu.py，演示了使用函数 groupby() 分组复杂数据的过程。

源码路径：daima\第 2 章\fenzu.py

```
①rows = [
    {'address': '5412 N CLARK', 'data': '07/01/2018'},
    {'address': '5232 N CLARK', 'data': '07/04/2018'},
    {'address': '5542 E 58ARK', 'data': '07/02/2018'},
    {'address': '5152 N CLARK', 'data': '07/03/2018'},
    {'address': '7412 N CLARK', 'data': '07/02/2018'},
    {'address': '6789 w CLARK', 'data': '07/03/2018'},
    {'address': '9008 N CLARK', 'data': '07/01/2018'},
    {'address': '2227 W CLARK', 'data': '07/04/2018'}
]
```

```
②from operator import itemgetter
  from itertools import groupby

  rows.sort(key=itemgetter('data'))
  for data, items in groupby(rows, key=itemgetter('data')):
    print(data)
    for i in items:
③             print(' ', i)

④from collections import defaultdict
  rows_by_date = defaultdict(list)
  for row in rows:
⑤      rows_by_date[row['data']].append(row)

⑥for r in rows_by_date['07/04/2018']:
    print(r)
```

在①中创建包含时间和地址的一系列字典数据。

在②～③中根据日期以分组的方式迭代数据，首先以目标字段 date 对序列进行排序，然后使用 itertools.groupby()函数进行分组。这里的重点是，首先要根据感兴趣的字段对数据进行排序，因为函数 groupby()只能检查连续的项，如果不首先排序的话，将无法按照预想的方式对记录进行分组。

如果只是想简单地根据日期将数据分组到一起，并放进一个大的数据结构以允许进行随机访问，那么建议像④～⑤那样使用函数 defaultdict()构建一个一键多值字典。

在⑥中访问每个日期的记录。

执行上述代码后会输出：

```
07/01/2018
    {'address': '5412 N CLARK', 'data': '07/01/2018'}
    {'address': '9008 N CLARK', 'data': '07/01/2018'}
07/02/2018
    {'address': '5542 E 58ARK', 'data': '07/02/2018'}
    {'address': '7412 N CLARK', 'data': '07/02/2018'}
07/03/2018
    {'address': '5152 N CLARK', 'data': '07/03/2018'}
    {'address': '6789 w CLARK', 'data': '07/03/2018'}
07/04/2018
    {'address': '5232 N CLARK', 'data': '07/04/2018'}
    {'address': '2227 W CLARK', 'data': '07/04/2018'}
{'address': '5232 N CLARK', 'data': '07/04/2018'}
{'address': '2227 W CLARK', 'data': '07/04/2018'}
```

2.3.10 转换并换算数据

在 Python 程序中，我们可以对字典或列表中的数据同时进行转换和换算操作。此时需要先对数据进行转换或筛选操作，然后调用换算（reduction）函数（例如 sum()、min()、max()）进行处理。

（1）函数 sum()：进行求和计算，语法格式如下所示。

```
sum(iterable[, start])
```

❑ 参数 iterable：可迭代对象，如列表。

❑ 参数 start：指定相加的参数，如果没有设置这个值，默认为 0。

例如下面展示了使用函数 sum()的过程：

```
>>>sum([0,1,2])
3
>>> sum((2, 3, 4), 1)          # 元组计算总和后再加 1
10
>>> sum([0,1,2,3,4], 2)        # 列表计算总和后再加 2
12
```

（2）函数 min()：返回给定参数的最小值，参数可以是序列。语法格式如下所示。

```
min( x, y, z, .... )
```

- ❑ 参数 x：数值表达式。
- ❑ 参数 y：数值表达式。
- ❑ 参数 z：数值表达式。

（3）函数 max()：返回给定参数的最大值，参数可以是序列。使用方法和参数说明跟 min() 函数相同。

下面的实例文件 zuixiaoda.py 演示了使用函数 min() 获取最小值的过程。

源码路径：daima\第 2 章\zuixiaoda.py

```python
print ("min(80, 100, 1000) : ", min(80, 100, 1000))
print ("min(-20, 100, 400) : ", min(-20, 100, 400))
print ("min(-80, -20, -10) : ", min(-80, -20, -10))
print ("min(0, 100, -400) : ", min(0, 100, -400))

print ("max(80, 100, 1000) : ", max(80, 100, 1000))
print ("max(-20, 100, 400) : ", max(-20, 100, 400))
print ("max(-80, -20, -10) : ", max(-80, -20, -10))
print ("max(0, 100, -400) : ", max(0, 100, -400))
```

执行后会输出：

```
min(80, 100, 1000) :   80
min(-20, 100, 400) :   -20
min(-80, -20, -10) :   -80
min(0, 100, -400) :   -400
max(80, 100, 1000) :   1000
max(-20, 100, 400) :   400
max(-80, -20, -10) :   -10
max(0, 100, -400) :   100
```

下面的实例文件 zuixiaoda.py 演示了同时对数据进行转换和换算的过程。

源码路径：daima\第 2 章\zuixiaoda.py

```python
nums = [1, 2, 3, 4, 5]
s = sum( x*x for x in nums )
print(s)
import os
files = os.listdir('.idea')
if any(name.endswith('.py') for name in files):
    print('这是一个Python文件!')
else:
    print('这里没有Python文件!')
s = ('RMB', 50, 128.88)
print(','.join(str(x) for x in s))

portfolio = [
    {'name': 'AAA', 'shares': 50},
    {'name': 'BBB', 'shares': 65},
    {'name': 'CCC', 'shares': 40},
    {'name': 'DDD', 'shares': 35}
]

min_shares = min(s['shares'] for s in portfolio)
```

在上述代码中，以一种非常优雅的方式将数据的换算和转换结合在一起，具体方法是在函数参数中使用生成器表达式。执行结果如图 2-26 所示。

2.3.11　将多个映射合并为单个映射

如果在 Python 程序中有多个字典或映射，想要在逻辑上将它们合并为一个单独的映射结构，并且以此执行某些特定的操作，例如查找某个值或检查某个键是否存在，可以考虑将多个映射合并为单个映射。下面的实例文件 hebing.py 演示了将多个映射合并为单个映射的过程。

```
55
这里没有Python文件!
RMB,50,128.88
35
```

图 2-26　执行结果

源码路径：daima\第 2 章\hebing.py

```python
①a = {'x': 1, 'z': 3 }
```

```
b = {'y': 2, 'z': 4 }

from collections import ChainMap
c = ChainMap(a,b)

print(c['x']) # Outputs 1 (from a)
print(c['y']) # Outputs 2 (from b)
②print(c['z']) # Outputs 3 (from a)

③print(len(c))
print(list(c.keys()))
④print(list(c.values()))

⑤c['z'] = 10
c['w'] = 40
del c['x']
⑥print(a)
```

①～②在执行查找操作之前必须先检查这两个字典（例如，先在 a 中查找，如果没找到，再去 b 中查找）。在上述代码中演示了一种非常简单的方法，就是利用 collections 模块中的 ChainMap 来解决这个问题。

ChainMap 可以接收多个映射，这样可在逻辑上让它们表现为一个单独的映射结构。但是这些映射在字面上并不会合并在一起。相反，ChainMap 只是简单地维护一个记录底层映射关系的列表，然后重定义常见的字典操作来扫描这个列表。③～④演示了这个特性。

在⑤～⑥中，如果有重复的键，那么将会采用第一个映射中对应的值。所以上述代码中的 c['z']总是引用字典 a 中的值，而不是引用字典 b 中的值。实现修改映射的操作总会作用在列出的第一个映射结构上。

执行结果如图 2-27 所示。

```
1
2
3
3
['x', 'y', 'z']
[1, 2, 3]
{'z': 10, 'w': 40}
```

图 2-27　执行结果

第 3 章

常用的算法思想

算法思想有很多，例如枚举、递归、分治、贪心、试探法、动态迭代和模拟等。本章将详细讲解常用算法思想的基本知识，希望读者理解并掌握这些算法思想的基本用法和核心知识，为步入本书后面知识的学习打下基础。

3.1 枚举算法思想

枚举算法也叫穷举算法，最大特点是在面对任何问题时会去尝试每一种解决方法。在进行归纳推理时，如果逐个考察了某类事件的所有可能情况，因而得出一般结论，那么这个结论是可靠的，这种归纳方法叫作枚举法。

3.1.1 枚举算法基础

枚举算法的思想是：将问题的所有可能的答案一一列举，然后根据条件判断答案是否合适，保留合适的，丢弃不合适的。在 Python 语言中，枚举算法一般使用 while 循环或 if 语句实现。使用枚举算法解题的基本思路如下。

（1）确定枚举对象、枚举范围和判定条件。

（2）逐一列举可能的解，验证每个解是否是问题的解。

枚举算法一般按照如下 3 个步骤进行。

（1）解的可能范围，不能遗漏任何一个真正解，也要避免有重复。

（2）判断是否是真正解的方法。

（3）使可能解的范围降至最小，以便提高解决问题的效率。

枚举算法的主要流程如图 3-1 所示。

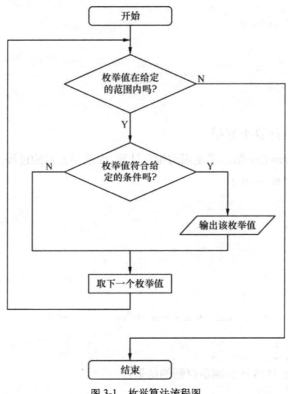

图 3-1　枚举算法流程图

3.1.2 实践演练——24 点游戏

24 点是一款经典的棋牌类益智游戏，要求四个数字的运算结果等于二十四。这个游戏用扑克牌更容易开展：拿一副牌，抽去大小王后（初练时也可以把 J/Q/K 拿去），剩下 1~10 这 40

张牌（以下用 1 代替 A）。任意抽取 4 张牌（称为牌组），用加、减、乘、除（可加括号，高级玩家也可用乘方开方运算）把牌面上的数算成 24。每张牌必须且只能用一次。例如抽出的牌是 3、8、8、9，那么算式为(9−8)×8×3=24。

在下面的实例文件 qiong.py 中，演示了使用穷举法计算 24 点的过程。根据四个数和三个运算符，构造三种中缀表达式，要求遍历并计算每一种可能。显然可能的形式不止三种。但是，其他形式要么得不到 24 点，要么在加、乘意义上可以转换为这三种形式的表达式。

源码路径：daima\第 3 章\qiong.py

```python
def twentyfour(cards):
    '''史上最短计算24点代码'''
    for nums in itertools.permutations(cards):    # 四个数
        for ops in itertools.product('+-*/', repeat=3):    # 三个运算符（可重复！）
                    # 构造三种中缀表达式 (bsd)
                    bds1 = '({0}{4}{1}){5}({2}{6}{3})'.format(*nums, *ops)    # (a+b)*(c-d)
                    bds2 = '(({0}{4}{1}){5}{2}){6}{3}'.format(*nums, *ops)    # (a+b)*c-d
                    bds3 = '{0}{4}({1}{5}({2}{6}{3}))'.format(*nums, *ops)    # a/(b-(c/d))

                    for bds in [bds1, bds2, bds3]:    # 遍历
                        try:
                                if abs(eval(bds) - 24.0) < 1e-10:    # eval函数
                                    return bds
                        except ZeroDivisionError:    # 零除错误！
                                continue

    return 'Not found!'

for card in cards:
    print(twentyfour(card))
```

执行后会输出：

```
((1+1)+1)*8
((1+1)+2)*6
(1+2)*(1+7)
((1*1)+2)*8
(1+2)*(9-1)
#省略后面的
```

3.1.3 实践演练——计算平方根

下面的实例文件 pingf.py 演示了使用穷举法计算 25 的平方根的过程。

源码路径：daima\第 3 章\pingf.py

```python
x = 25
epsilon = 0.01
step = epsilon**2
numGuesses = 0
ans = 0.03
high= 6.25
ans= 4.6875
low= 4.6875


while abs(ans**2 - x) >= epsilon and ans <= x:
    ans += step
    numGuesses += 1
print('numGuesses =', numGuesses)
```

执行后会显示经过 3115 次猜测后得到的结果：

```
numGuesses = 3115
4.998999999999274 is close to square root of 25
```

3.2 递归算法思想

因为递归算法思想往往用函数的形式来体现，所以递归算法需要预先编写功能函数。这些

函数拥有独立的功能，能够实现解决某个问题的具体功能，当需要时直接调用即可。在本节的内容中，将详细讲解递归算法思想的基本知识。

3.2.1 递归算法基础

在计算机编程应用中，递归算法对解决大多数问题是十分有效的，它能够使算法的描述变得简洁且易于理解。递归算法有如下 3 个特点。

（1）递归过程一般通过函数或子过程来实现。

（2）递归算法在函数或子过程的内部，直接或间接地调用自己的算法。

（3）递归算法实际上是把问题转换为规模缩小的同类问题的子问题，然后递归调用函数或过程来表示问题的解。

在使用递归算法时，读者应该注意如下 4 点。

（1）递归是在过程或函数中调用自身的过程。

（2）在使用递归策略时，必须有一个明确的递归结束条件，称为递归出口。

（3）递归算法通常显得很简洁，但是运行效率较低，所以一般不提倡用递归算法设计程序。

（4）在递归调用过程中，系统用栈来存储每一层的返回点和局部量。如果递归次数过多，则容易造成栈溢出，所以一般不提倡用递归算法设计程序。

3.2.2 实践演练——解决"斐波那契数列"问题

为了说明递归算法的基本用法，接下来将通过一个具体实例的实现过程，详细讲解递归算法思想在编程过程中的基本应用。

1. 问题描述

斐波那契数列因数学家列昂纳多·斐波那契以兔子繁殖为例而引入，故又称为"兔子数列"。一般而言，兔子在出生两个月后，就有繁殖能力，一对兔子每个月能生出一对小兔子来。如果所有兔子都不死，那么一年以后可以繁殖多少对兔子？

2. 算法分析

以新出生的一对小兔子进行如下分析。

（1）第一个月小兔子没有繁殖能力，所以还是一对。

（2）2 个月后，一对小兔子生下一对新的小兔子，所以共有两对兔子。

（3）3 个月以后，老兔子又生下一对，因为小兔子还没有繁殖能力，所以一共是 3 对。

……

依此类推，可以列出关系表，如表 3-1 所示。

表 3-1 月数与兔子对数关系表

月数	1	2	3	4	5	6	7	8	…
对数	1	1	2	3	5	8	13	21	…

表中的数字 1，1，2，3，5，8，…构成一个数列，这个数列有个十分明显的特点：前面相邻两项之和，构成后一项。对这个特点的证明：每月的大兔子数为上月的兔子数，每月的小兔子数为上月的大兔子数，某月兔子的对数等于前面紧邻两个月兔子对数的和。

由此可以得出具体算法，如下所示：

设置初始值为 $F_0=1$，第 1 个月兔子的总数是 $F_1=1$。

第 2 个月兔子的总数是 $F_2=F_0+F_1$。

第 3 个月兔子的总数是 $F_3=F_1+F_2$。

第 4 个月兔子的总数是 $F_4 = F_2 + F_3$。

……

第 n 个月兔子的总数是 $F_n = F_{n-2} + F_{n-1}$。

3. 具体实现

在下面的实例文件 di.py 中，演示了使用递归算法计算斐波那契数列的第 n 项值的过程。

源码路径：daima\第 3 章\di.py

```python
fib_table = {}

def fib_num(n):
    if (n <= 1):
        return n
    if n not in fib_table:
        fib_table[n] = fib_num(n - 1) + fib_num(n - 2)
    return fib_table[n]

n = int(input("输入斐波那契数列的第n项 \n"))
print("斐波那契数列的第", n, "项是", fib_num(n))
```

执行后会输出：

```
输入斐波那契数列的第n项
4
斐波那契数列的第4项是3
```

3.2.3　实践演练——解决"汉诺塔"问题

为了说明递归算法的基本用法，接下来将通过一个具体实例的实现过程，详细讲解递归算法思想在编程中的基本应用。

1. 问题描述

寺院里有 3 根柱子，第一根有 64 个盘子，从上往下盘子越来越大。方丈要求小和尚 A_1 把这 64 个盘子全部移动到第 3 根柱子上。在移动的时候，始终只能小盘子压着大盘子，而且每次只能移动一个盘子。

方丈发布命令后，小和尚 A_1 就马上开始了工作，下面看他的工作过程。

（1）聪明的小和尚 A_1 在移动时，觉得很难，另外他也非常懒惰，所以找小和尚 A_2 来帮他。他觉得要是 A_2 能把前 63 个盘子先移动到第二根柱子上，自己再把最后一个盘子直接移动到第三根柱子上，再让 A_2 把刚才的前 63 个盘子从第二根柱子上移动到第三根柱子上，整个任务就完成了。所以他找到另一个小和尚 A_2，然后下了如下命令。

① 把前 63 个盘子移动到第二根柱子上。

② 把第 64 个盘子移动到第三根柱子上。

③ 把前 63 个盘子移动到第三根柱子上。

（2）小和尚 A_2 接到任务后，也觉得很难，所以他也和 A_1 想的一样：要是有一个人能把前 62 个盘子先移动到第三根柱子上，再把最后一个盘子直接移动到第二根柱子上，再让那个人把刚才的前 62 个盘子从第三根柱子上移动到第二根柱子上，任务就算完成了。所以他找了另一个小和尚 A_3，然后下了如下命令。

① 把前 62 个盘子移动到第三根柱子上。

② 自己把第 63 个盘子移动到第二根柱子上。

③ 把前 62 个盘子移动到第二根柱子上。

（3）小和尚 A_3 接到任务后，又把移动前 61 个盘子的任务"依葫芦画瓢"地交给了小和尚 A_4，这样一直递推下去，直到把任务交给第 64 个小和尚 A_{64} 为止。

（4）此时此刻，任务马上就要完成了，只剩下小和尚 A_{63} 和 A_{64} 要做的工作了。

小和尚 A_{64} 移动第 1 个盘子，把它移开，然后小和尚 A_{63} 移动给他分配的第 2 个盘子。

小和尚 A_{64} 再把第 1 个盘子移动到第 2 个盘子上。到这里 A_{64} 的任务完成，A_{63} 完成了 A_{62} 交给他的任务的第一步。

2. 算法分析

从上面小和尚的工作过程可以看出，只有 A_{64} 的任务完成后，A_{63} 的任务才能完成，只有小和尚 A_2 与小和尚 A_{64} 的任务完成后，小和尚 A_1 剩余的任务才能完成。只有小和尚 A_1 剩余的任务完成后，才能完成方丈吩咐给他的任务。由此可见，整个过程是一个典型的递归问题。接下来我们以有 3 个盘子的情况来分析。

具体步骤如下。

（1）第 1 个小和尚命令第 2 个小和尚先把第一根柱子上的前 2 个盘子移动到第二根柱子上（借助第三根柱子）。

（2）第 1 个小和尚自己把第一根柱子上最后那个盘子移动到第三根柱子上。

（3）第 1 个小和尚命令第 2 个小和尚把前两个盘子从第二根柱子移动到第三根柱子上。

显然，第（2）步很容易实现。

其中第（1）步，第 2 个小和尚有两个盘子，继续执行以下步骤。

① 第 3 个小和尚把第一根柱子上的第 1 个盘子移动到第三根柱子上（借助第二根柱子）。

② 第 2 个小和尚自己把第一根柱子上的第 2 个盘子移动到第二根柱子上。

③ 第 3 个小和尚把第 1 个盘子从第三根柱子移动到第二根柱子上。

同样，上面的第②步很容易实现，但第 3 个小和尚只需要移动 1 个盘子，所以他不用再下派任务了（注意：这就是停止递归的条件，也叫边界值）。

第③步可以分解为，第 2 个小和尚还是有两个盘子，继续执行以下步骤。

（a）第 3 个小和尚把第二根柱子上的第 1 个盘子移动到第一根柱子上。

（b）第 2 个小和尚把第 2 个盘子从第二根柱子移动到第三根柱子上。

（c）第 3 个小和尚把第一根柱子上的盘子移动到第三根柱子上。

分析组合起来就是：1→3，1→2，3→2，借助第三根柱子移动到第二根柱子；1→3 是懒人留给自己的活；2→1，2→3，1→3 是借助别人帮忙，从第一根柱子移动到第三根柱子一共需要七步来完成。

如果是 4 个盘子，则第一个小和尚的命令中，第①步和第③步各有 3 个盘子，所以各需要 7 步，共 14 步，再加上第 1 个小和尚的第①步，所以 4 个盘子总共需要 7+1+7=15 步；同样，5 个盘子需要 15+1+15=31 步，6 个盘子需要 31+1+31=63 步……由此可以知道，移动 n 个盘子需要（$2n-1$）步。

假设用 hannuo(n,a,b,c) 表示把第一根柱子上的 n 个盘子借助第 2 根柱子移动到第 3 根柱子上。由此可以得出如下结论：第①步的操作是 hannuo($n-1,1,3,2$)，第③步的操作是 hannuo($n-1,2,1,3$)。

3. 具体实现

在下面的实例文件 hannuo.py 中，演示了使用递归算法解决"汉诺塔"问题的过程。

源码路径：daima\第 3 章\hannuo.py

```
i = 1
def move(n, mfrom, mto) :
  global i
  print("第%d步:将%d号盘子从%s -> %s" %(i, n, mfrom, mto))
  i += 1

def hanoi(n, A, B, C) :
  if n == 1 :
    move(1, A, C)
  else :
```

```
        hanoi(n - 1, A, C, B)
        move(n, A, C)
        hanoi(n - 1, B, A, C)

#********************程序入口********************
try :
    n = int(input("please input a integer :"))
    print("移动步骤如下: ")
    hanoi(n, 'A', 'B', 'C')
except ValueError:
    print("please input a integer n(n > 0)!" )
```

执行后会输出：

```
please input a integer :4
移动步骤如下:
第1步:将1号盘子从A -> B
第2步:将2号盘子从A -> C
第3步:将1号盘子从B -> C
第4步:将3号盘子从A -> B
第5步:将1号盘子从C -> A
第6步:将2号盘子从C -> B
第7步:将1号盘子从A -> B
第8步:将4号盘子从A -> C
第9步:将1号盘子从B -> C
第10步:将2号盘子从B -> A
第11步:将1号盘子从C -> A
第12步:将3号盘子从B -> C
第13步:将1号盘子从A -> B
第14步:将2号盘子从A -> C
第15步:将1号盘子从B -> C
```

3.2.4　实践演练——解决"阶乘"问题

为了说明递归算法的基本用法，接下来将通过一个具体实例的实现过程，详细讲解使用递归算法思想解决阶乘问题的方法。

1. 问题描述

阶乘（factorial）是基斯顿·卡曼（Christian Kramp）于 1808 年发明的一种运算符号。自然数 $1\sim n$ 连乘叫作 n 的阶乘，记作 $n!$。

例如要求 4 的阶乘，则阶乘式是 $1\times2\times3\times4$，得到的积是 24，即 24 就是 4 的阶乘。

例如要求 6 的阶乘，则阶乘式是 $1\times2\times3\times\cdots\times6$，得到的积是 720，即 720 就是 6 的阶乘。

例如要求 n 的阶乘，则阶乘式是 $1\times2\times3\times\cdots\times n$，假设得到的积是 x，x 就是 n 的阶乘。

下面列出了 $0\sim10$ 的阶乘。

0!=1

1!=1

2!=2

3!=6

4!=24

5!=120

6!=720

7!=5040

8!=40320

9!=362880

10!=3628800

2. 算法分析

假如计算 6 的阶乘，则计算过程如图 3-2 所示。

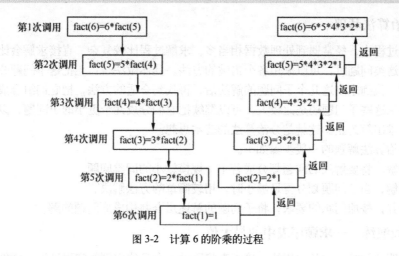

图 3-2 计算 6 的阶乘的过程

3. 具体实现

根据上述算法分析，下面的实例文件 gui.py 演示了使用递归算法计算并显示 10 之内的阶乘的过程。

源码路径：daima\第 3 章\gui.py

```python
def fact(n):
    print("factorial has been called with n = " + str(n))
    if n == 1:
        return 1
    else:
        res = n * fact(n - 1)
        print("intermediate result for ", n, " * fact(", n - 1, "): ", res)
        return res
print(fact(10))
```

执行后会输出：

```
factorial has been called with n = 10
factorial has been called with n = 9
factorial has been called with n = 8
factorial has been called with n = 7
factorial has been called with n = 6
factorial has been called with n = 5
factorial has been called with n = 4
factorial has been called with n = 3
factorial has been called with n = 2
factorial has been called with n = 1
intermediate result for  2  * fact( 1 ):  2
intermediate result for  3  * fact( 2 ):  6
intermediate result for  4  * fact( 3 ):  24
intermediate result for  5  * fact( 4 ):  120
intermediate result for  6  * fact( 5 ):  720
intermediate result for  7  * fact( 6 ):  5040
intermediate result for  8  * fact( 7 ):  40320
intermediate result for  9  * fact( 8 ):  362880
intermediate result for  10  * fact( 9 ):  3628800
3628800
```

3.3 分治算法思想

本节将要讲解的分治算法也采取各个击破的方法，将一个规模为 N 的问题分解为 K 个规模较小的子问题，这些子问题相互独立且与原问题性质相同。只要求出子问题的解，就可得到原问题的解。

3.3.1　分治算法基础

在编程过程中，经常遇到处理数据相当多、求解过程比较复杂、直接求解会比较耗时的问题。在求解这类问题时，可以采用各个击破的方法。具体做法是：先把这个问题分解成几个较小的子问题，找到求出这几个子问题的解法后，再找到合适的方法，把它们组合成求整个大问题的解。如果这些子问题还是比较大，可以继续把它们分成几个更小的子问题，以此类推，直至可以直接求出解为止。这就是分治算法的基本思想。

使用分治算法解题的一般步骤如下。

（1）分解，将要解决的问题划分成若干个规模较小的同类问题。

（2）求解，当子问题划分得足够小时，用较简单的方法解决。

（3）合并，按原问题的要求，将子问题的解逐层合并构成原问题的解。

3.3.2　实践演练——求顺序表中的最大值

为了说明分治算法的基本用法，接下来将通过一个具体实例的实现过程，详细讲解分治算法思想在编程中的基本应用。

下面的实例文件 zuida.py 演示了使用分治算法求顺序表中最大值的过程。

源码路径：daima\第 3 章\zuida.py

```python
# 基本子算法（子问题规模小于或等于 2 时）
def get_max(max_list):
    return max(max_list)  # 这里偷个懒！

# 分治法 版本二
def solve2(init_list):
    n = len(init_list)
    if n <= 2:  # 若问题规模小于或等于 2，解决
        return get_max(init_list)

    # 分解（子问题规模为 n/2）
    left_list, right_list = init_list[:n // 2], init_list[n // 2:]

    # 递归（树），分治
    left_max, right_max = solve2(left_list), solve2(right_list)

    # 合并
    return get_max([left_max, right_max])

if __name__ == "__main__":
    # 测试数据
    test_list = [12, 2, 23, 45, 67, 3, 2, 4, 45, 63, 24, 23]
    # 求最大值
    print(solve2(test_list))  # 67
```

执行后会输出：

```
67
```

3.3.3　实践演练——判断某个元素是否在列表中

下面的实例文件 qi.py 演示了使用分治算法判断某个元素是否在列表中的过程。

源码路径：daima\第 3 章\qi.py

```python
# 子问题算法（子问题规模为 1）
def is_in_list(init_list, el):
    return [False, True][init_list[0] == el]

# 分治法
def solve(init_list, el):
    n = len(init_list)
    if n == 1:  # 若问题规模等于 1，直接解决
        return is_in_list(init_list, el)
```

```
    # 分解（子问题规模为 n/2）
    left_list, right_list = init_list[:n // 2], init_list[n // 2:]

    # 递归（树），分治，合并
    res = solve(left_list, el) or solve(right_list, el)

    return res

if __name__ == "__main__":
    # 测试数据
    test_list = [12, 2, 23, 45, 67, 3, 2, 4, 45, 63, 24, 23]
    # 查找
    print(solve(test_list, 45))  # True
    print(solve(test_list, 5))  # False
```

执行后会输出：

```
True
False
```

3.3.4 实践演练——找出一组序列中第 k 小的元素

下面的实例文件 k.py 演示了使用分治算法找出一组序列中第 k 小的元素的过程。

源码路径：daima\第 3 章\k.py

```
# 划分（基于主元 pivot），注意：非就地划分
def partition(seq):
    pi = seq[0]  # 挑选主元
    lo = [x for x in seq[1:] if x <= pi]  # 所有小的元素
    hi = [x for x in seq[1:] if x > pi]  # 所有大的元素
    return lo, pi, hi

# 查找第 k 小的元素
def select(seq, k):
    # 分解
    lo, pi, hi = partition(seq)
    m = len(lo)
    if m == k:
        return pi  # 解决！
    elif m < k:
        return select(hi, k - m - 1)  # 递归（树），分治
    else:
        return select(lo, k)  # 递归（树），分治

if __name__ == '__main__':
    seq = [3, 4, 1, 6, 3, 7, 9, 13, 93, 0, 100, 1, 2, 2, 3, 3, 2]
    print(select(seq, 3))
    print(select(seq, 1))
```

执行后会输出：

```
2
1
```

3.4 贪心算法思想

本节所要讲解的贪心算法也称为贪婪算法，它在求解问题时总想用当前看来最好的方法来实现。这种算法思想不从整体最优上考虑问题，而仅仅考虑某种意义上的局部最优来求解问题。虽然贪心算法并不能得到所有问题的整体最优解，但是当面对范围相当广泛的许多问题时，能产生整体最优解或整体最优解的近似解。由此可见，贪心算法只是追求某个范围内最优，可以称为"温柔的贪婪"。

3.4.1 贪心算法基础

贪心算法从问题的某个初始解出发，逐步逼近给定的目标，以便尽快求出更好的解。当达

到算法中的某一步不能再继续前进时，就停止算法，给出一个近似解。由贪心算法的特点和思路可看出，贪心算法存在以下 3 个问题。

（1）不能保证最后的解是最优的。

（2）不能用来求最大解或最小解问题。

（3）只能求满足某些约束条件的可行解的范围。

贪心算法的基本思路如下。

（1）建立数学模型来描述问题。

（2）把求解的问题分成若干个子问题。

（3）对每一子问题求解，得到子问题的局部最优解。

（4）把子问题的局部最优解合并成原来问题的一个解。

实现该算法的基本过程如下。

（1）从问题的某一初始解出发。

（2）while 能向给定总目标前进一步。

（3）求出可行解的一个解元素。

（4）由所有解元素组合成问题的一个可行解。

3.4.2　实践演练——解决"找零"问题

为了说明贪心算法的基本用法，接下来将通过一个具体实例的实现过程，详细讲解解决"找零"问题的方法。

1．问题描述

假设只有 1 分、2 分、5 分、1 角、2 角、5 角、1 元面值的硬币。在超市结账时，如果需要找零钱，收银员希望将最少的硬币数找给顾客。那么，给定需要找的零钱数目，如何求得最少的硬币数呢？

2．算法分析

在找零钱时可以有多种方案，例如补零钱 0.5 元时可有以下方案。

（1）1 枚 0.5 元硬币。

（2）2 枚 0.2 元硬币、1 枚 0.1 元硬币。

（3）5 枚 0.1 元硬币。

……

3．具体实现

编写实例文件 ling.py，具体实现代码如下所示。

源码路径：daima\第 3 章\ling.py

```
def main():
    d = [0.01,0.02,0.05,0.1,0.2,0.5,1.0]  # 存储每种硬币的面值
    d_num = []  # 存储每种硬币的数量
    s = 0
    # 拥有的零钱总和
    temp = input('请输入每种零钱的数量：')
    d_num0 = temp.split(" ")

    for i in range(0, len(d_num0)):
        d_num.append(int(d_num0[i]))
        s += d[i] * d_num[i]  # 计算出收银员有多少钱

    sum = float(input("请输入需要找的零钱："))

    if sum > s:
        # 当输入的总金额比收银员的总金额多时，无法找零
        print("数据有错")
```

```
        return 0

    s = s - sum
    # 要想用的硬币数量最少，需要利用所有大面值的硬币，因此从数组的大面值的元素开始遍历
    i = 6
    while i >= 0:
        if sum >= d[i]:
            n = int(sum / d[i])
            if n >= d_num[i]:
                n = d_num[i]  # 更新n
            sum -= n * d[i] # 贪心算法的关键步骤，令sum动态改变
            print("用了%d个%f枚硬币"%(n, d[i]))
        i -= 1

if __name__ == "__main__":
    main()
```

执行后，首先输入拥有的硬币个数，然后输入需要找零的金额，例如 0.8 元，按下 Enter 键后会输出找零方案：

```
请输入每种硬币的数量: 12 11 11 11 11 11 11
请输入需要找的零钱: 0.8
用了1枚0.500000元硬币
用了1枚0.200000元硬币
用了1枚0.100000元硬币
```

3.4.3 实践演练——解决"汽车加油"问题

1. 问题描述

一辆汽车加满油后可行驶 n 千米，旅途中有若干个加油站。设计一个有效算法，指出应在哪些加油站停靠加油，使沿途加油次数最少。对于给定的 $n(n \le 5000)$ 千米和 $k(k \le 1000)$ 个加油站位置，编程计算最少加油次数。

2. 具体实现

下面的实例文件 jiayou.py 演示使用贪心算法解决"汽车加油"问题的过程。

源码路径：daima\第 3 章\jiayou.py

```
def greedy():
    n = 100
    k = 5
    d = [50,80,39,60,40,32]
    # 表示加油站之间的距离
    num = 0
    # 表示加油次数
    for i in range(k):
        if d[i] > n:
            print('no solution')
            # 如果得到的任何一个数值大于n，则无法计算
            return

    i, s = 0, 0
    # 利用s进行迭代
    while i <= k:
        s += d[i]
        if s >= n:
            # 当局部和大于n时，将则局部和更新为当前距离
            s = d[i]
            # 贪心意在让每一次加满油之后跑尽可能远的距离
            num += 1
        i += 1
    print(num)

if __name__ == '__main__':
    greedy()
```

执行后会输出：

3

3.5　试探算法思想

试探算法也叫回溯法，试探算法的处事方式比较委婉，它先暂时放弃关于问题规模大小的限制，并将问题的候选解按某种顺序逐一枚举和检验。当发现当前候选解不可能是正确的解时，就选择下一个候选解。如果当前候选解除不满足问题规模要求外，能够满足所有其他要求，则继续扩大当前候选解的规模，并继续试探。如果当前候选解满足包括问题规模在内的所有要求，该候选解就是问题的一个解。在试探算法中，放弃当前候选解，并继续寻找下一个候选解的过程称为回溯。扩大当前候选解的规模，并继续试探的过程称为向前试探。

3.5.1　试探算法基础

使用试探算法解题的基本步骤如下所示。

（1）针对所给问题，定义问题的解空间。

（2）确定易于搜索的解空间结构。

（3）以深度优先方式搜索解空间，并在搜索过程中用剪枝函数避免无效搜索。

为了求得问题的正确解，试探算法会先委婉地试探某种可能的情况。在进行试探的过程中，一旦发现原来选择的假设情况是不正确的，立即会自觉地退回一步重新选择，然后继续向前试探，如此这般反复进行，直至得到解或证明无解时才死心。

假设存在一个可以用试探法求解的问题 P，该问题表达为：对于已知的由 n 元组 $(y_1, y_2, \cdots, y_n)$ 组成的一个状态空间 $E=\{(y_1, y_2, \cdots, y_n) \mid y_i \in S_i, i=1, 2, \cdots, n\}$，给定关于 n 元组中一个分量的一个约束集 D，要求 E 中满足 D 的全部约束条件的所有 n 元组。其中，S_i 是分量 y_i 的定义域，且 $|S_i|$ 有限，$i=1, 2, \cdots, n$。E 中满足 D 的全部约束条件的任一 n 元组为问题 P 的一个解。

解问题 P 的最简单方法是使用枚举法，即对 E 中的所有 n 元组逐一检测是否满足 D 的全部约束条件，如果满足，则为问题 P 的一个解。但是这种方法的计算量非常大。

对于现实中的许多问题，所给定的约束集 D 具有完备性，即 i 元组 $(y_1, y_2, \cdots, y_i)$ 满足 D 中仅涉及 $y_1, y_2, \cdots, y_j$ 的所有约束，这意味着 j（$j<i$）元组 $(y_1, y_2, \cdots, y_j)$ 一定也满足 D 中仅涉及 $y_1, y_2, \cdots, y_j$ 的所有约束，$i=1, 2, \cdots, n$。换句话说，只要存在 $0 \leqslant j \leqslant n-1$，使得 $(y_1, y_2, \cdots, y_j)$ 违反 D 中仅涉及 $y_1, y_2, \cdots, y_j$ 的约束之一，则以 $(y_1, y_2, \cdots, y_j)$ 为前缀的任何 n 元组 $(y_1, y_2, \cdots, y_j, y_{j+1}, \cdots, y_n)$ 一定也违反 D 中仅涉及 $y_1, y_2, \cdots, y_i$ 的一个约束，$n \geqslant i > j$。因此，对于约束集 D 具有完备性的问题 P，一旦检测断定某个 j 元组 $(y_1, y_2, \cdots, y_j)$ 违反 D 中仅涉及 $y_1, y_2, \cdots, y_j$ 的一个约束，就可以肯定，以 $(y_1, y_2, \cdots, y_j)$ 为前缀的任何 n 元组 $(y_1, y_2, \cdots, y_j, y_{j+1}, \cdots, y_n)$ 都不会是问题 P 的解，因而不必去搜索和检测它们。试探算法就是针对这类问题而推出的，比枚举算法的效率更高。

3.5.2　实践演练——解决"八皇后"问题

为了说明试探算法的基本用法，接下来将通过一个具体实例的实现过程，详细讲解试探法算法思想在编程中的基本应用。

1. 问题描述

"八皇后"问题是一个古老而著名的问题，是试探法的典型例题。该问题由 19 世纪的数学家高斯于 1850 年手工解决：在 8×8 的国际象棋上摆放 8 个皇后，使其不能互相攻击，即任意两个皇后都不能处于同一行、同一列或同一斜线上，问有多少种摆法。

2．算法分析

首先将这个问题简化，简化为 4×4 的棋盘，你知道有两种摆法，每行摆在列 2、4、1、3 或列 3、1、4、2 上。

输入：无。

输出：显示一种可行方案，可以随时调整并显示新的方案。例如，[7,3,0,2,5,1,6,4] 就是一种正确的方案。

试探算法将每行的可行位置入栈（就是放入数组 $a[5]$，用的是 $a[1]$~$a[4]$），不行就退栈换列重试，直到找到一套方案并输出。接着从第一行换列重试其他方案。

3．具体实现

在下面的实例文件 bahuang.py 中，演示了使用试探法解决八皇后问题的过程。为了简化问题，考虑到 8 个皇后不同行，则每一行放置一个皇后，每一行的皇后可以放置于第 0~7 列，我们认为每一行的皇后有 8 种状态。那么，我们只要套用子集树模板，从第 0 行开始，自上而下，对每一行的皇后，遍历它的 8 个状态即可。

源码路径：daima\第 3 章\bahuang.py

```python
n = 8
x = []  # 一个解（n元数组）
X = []  # 一组解


# 冲突检测：判断 x[k] 是否与前面的x[0]~x[k-1]冲突
def conflict(k):
    global x

    for i in range(k):  # 遍历前面的x[0]~x[k-1]]
        if x[i] == x[k] or abs(x[i] - x[k]) == abs(i - k):  # 判断是否与 x[k] 冲突
            return True
    return False


# 套用子集树模板
def queens(k):  # 到达第k行
    global n, x, X

    if k >= n:  # 超出最底行
        # print(x)
        X.append(x[:])  # 保存（一个解），注意x[:]
    else:
        for i in range(n):  # 遍历第 0~n-1 列（即n个状态）
            x.append(i)  # 皇后置于第i列，入栈
            if not conflict(k):  # 剪枝
                queens(k + 1)
            x.pop()  # 回溯，出栈


# 解的可视化（根据一个解x，复原棋盘。'X'表示皇后）
def show(x):
    global n

    for i in range(n):
        print('. ' * (x[i]) + 'X ' + '. ' * (n - x[i] - 1))


# 测试
queens(0)  # 从第0行开始

print(X[-1], '\n')
show(X[-1])
```

执行后会输出：

```
[7, 3, 0, 2, 5, 1, 6, 4]
```

```
. . . . . . . . X
. . . X . . . . .
X . . . . . . . .
. . X . . . . . .
. . . . . . X . .
. X . . . . . . .
. . . . . . . X .
. . . . X . . . .
```

3.5.3　实践演练——解决"迷宫"问题

1. 问题描述

给定一个迷宫，入口已知。问是否有路径从入口到出口，若有，则输出一条这样的路径。
注意移动可以从上、下、左、右、上左、上右、下
左、下右八个方向进行。输入 0 表示可走，输入 1
表示墙。为方便起见，用 1 将迷宫围起来以避免边
界问题。

2. 算法分析

考虑到左、右是相对的，因此修改为：北、东
北、东、东南、南、西南、西、西北八个方向，如
图 3-3 所示。在任意一格内，有 8 个方向可以选择，
即 8 种状态可选。因此从入口格子开始，每进入一
格都要遍历这 8 种状态。显然，可以套用试探法的
子集树模板。解的长度是不固定的。

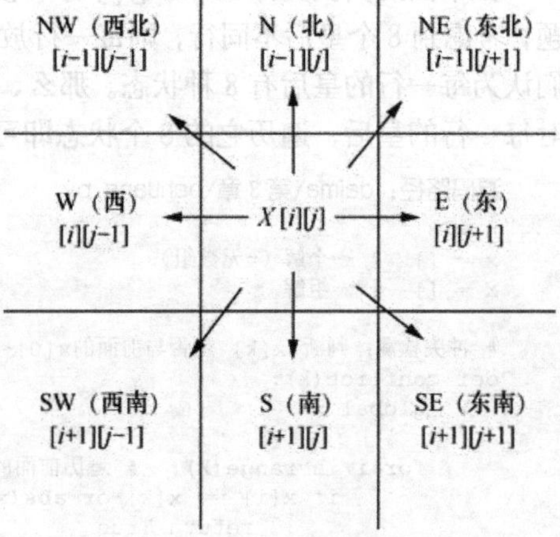

3. 具体实现

下面的实例文件 mi.py 演示了使用试探法解决
迷宫问题的过程。

图 3-3　迷宫问题

源码路径：daima\第 3 章\mi.py

```python
# 迷宫（1是墙，0是通路）
maze = [[1, 1, 1, 1, 1, 1, 1, 1, 1, 1],
        [0, 0, 1, 0, 1, 1, 1, 1, 0, 1],
        [1, 1, 0, 1, 0, 1, 1, 0, 1, 1],
        [1, 0, 1, 1, 1, 0, 0, 1, 1, 1],
        [1, 1, 1, 0, 1, 1, 1, 0, 1, 1],
        [1, 1, 0, 1, 1, 1, 1, 1, 0, 1],
        [1, 0, 1, 0, 0, 1, 1, 1, 1, 0],
        [1, 1, 1, 1, 1, 0, 1, 1, 1, 1]]


m, n = 8, 10    # 8行，10列
entry = (1, 0)  # 迷宫入口
path = [entry]  # 一个解（路径）
paths = []      # 一组解


# 移动的方向（顺时针8个: N, EN, E, ES, S, WS, W, WN）
directions = [(-1, 0), (-1, 1), (0, 1), (1, 1), (1, 0), (1, -1), (0, -1), (-1, -1)]


# 冲突检测
def conflict(nx, ny):
    global m, n, maze

    # 是否在迷宫中，以及是否可通行
    if 0 <= nx < m and 0 <= ny < n and maze[nx][ny] == 0:
        return False

    return True


# 套用子集树模板
```

```
def walk(x, y):    # 到达(x,y)格子
    global entry, m, n, maze, path, paths, directions

    if (x, y) != entry and (x % (m - 1) == 0 or y % (n - 1) == 0):    # 出口
        # print(path)
        paths.append(path[:])              # 直接保存，未做最优化
    else:
        for d in directions:               # 遍历8个方向(即8种状态)
            nx, ny = x + d[0], y + d[1]
            path.append((nx, ny))    # 保存，新坐标入栈
            if not conflict(nx, ny):    # 剪枝
                maze[nx][ny] = 2    # 标记，已访问(奇怪，这两句只能放在if代码块内!)
                walk(nx, ny)
                maze[nx][ny] = 0    # 回溯，恢复
            path.pop()    # 回溯，出栈


# 解的可视化（根据一个解x，复原迷宫路径，'2'表示通路）
def show(path):
    global maze

    import pprint, copy

    maze2 = copy.deepcopy(maze)

    for p in path:
        maze2[p[0]][p[1]] = 2    # 通路

    pprint.pprint(maze)              # 原迷宫
    print()
    pprint.pprint(maze2)             # 带通路的迷宫


# 测试
walk(1, 0)
print(paths[-1], '\n')    # 看看最后一条路径
show(paths[-1])
```

执行后会输出：

```
[(1, 0), (1, 1), (2, 2), (1, 3), (2, 4), (3, 5), (4, 4), (4, 3), (5, 2), (6, 3), (6, 4), (7, 5)]

[[1, 1, 1, 1, 1, 1, 1, 1, 1, 1],
 [0, 0, 1, 0, 1, 1, 1, 1, 0, 1],
 [1, 1, 0, 1, 0, 1, 1, 0, 1, 1],
 [1, 0, 1, 1, 1, 0, 0, 1, 1, 1],
 [1, 1, 1, 0, 0, 1, 1, 0, 1, 1],
 [1, 1, 0, 1, 1, 1, 1, 1, 0, 1],
 [1, 0, 1, 0, 0, 1, 1, 1, 1, 0],
 [1, 1, 1, 1, 0, 1, 1, 1, 1, 1]]

[[1, 1, 1, 1, 1, 1, 1, 1, 1, 1],
 [2, 2, 1, 2, 1, 1, 1, 1, 0, 1],
 [1, 1, 2, 1, 2, 1, 1, 0, 1, 1],
 [1, 0, 1, 1, 1, 2, 0, 1, 1, 1],
 [1, 1, 1, 2, 2, 1, 1, 0, 1, 1],
 [1, 1, 2, 1, 1, 1, 1, 1, 0, 1],
 [1, 0, 1, 2, 2, 1, 1, 1, 1, 0],
 [1, 1, 1, 1, 1, 2, 1, 1, 1, 1]]
```

3.6 迭代算法思想

迭代法也称辗转法，是一种不断用变量的旧值递推新值的过程，在解决问题时总是重复利用一种方法。与迭代法相对应的是直接法（又称为一次解法），即一次性解决问题。迭代法又分为精确迭代和近似迭代。"二分法"和"牛顿迭代法"属于近似迭代法，功能比较类似。

3.6.1　迭代算法基础

迭代算法是用计算机解决问题的一种基本方法。它利用计算机运算速度快、适合做重复性操作的特点，让计算机对一组指令（或一定步骤）重复执行，在每次执行这组指令（或这些步骤）时，都从变量的原值推出它的一个新值。

在使用迭代算法解决问题时，需要做好如下 3 个方面的工作。

（1）确定迭代变量。

在可以使用迭代算法解决的问题中，至少存在一个迭代变量，即直接或间接地不断由旧值递推出新值的变量。

（2）建立迭代关系式。

迭代关系式是指如何从变量的前一个值推出下一个值的公式或关系。通常可以使用递推或倒推的方法来建立迭代关系式，迭代关系式的建立是解决迭代问题的关键。

（3）对迭代过程进行控制。

在编写迭代程序时，必须确定在什么时候结束迭代过程，不能让迭代过程无休止地重复执行下去。通常可分如下两种情况来控制迭代过程。

① 所需的迭代次数是确定的，可以计算出来，可以构建一个固定次数的循环来实现对迭代过程的控制。

② 所需的迭代次数无法确定，需要进一步分析出用来结束迭代过程的条件。

3.6.2　实践演练——解决"非线程方程组"问题

非线性方程是指含有指数函数和余弦函数等非线性函数的方程，例如，$e^x - \cos(\pi x) = 0$。与线性方程相比，无论是解的存在性，还是求解的计算公式，非线性方程都比线性方程要复杂得多，对于一般线性方程 $f(x) = 0$，既无直接法可用，也无一定规则可寻。

下面的实例文件 Iteration.py 演示了使用迭代算法解决"非线程方程组"问题的过程。

源码路径：daima\第 3 章\Iteration.py

```python
import math    #为了使用cos函数

def takeStep(Xcur):
    Xnex=[0,0,0];
    Xnex[0]=math.cos(Xcur[1]*Xcur[2])/3.0+1.0/6
    Xnex[1]=math.sqrt(Xcur[0]*Xcur[0]+math.sin(Xcur[2])+1.06)/9.0-0.1
    Xnex[2]=-1*math.exp(-1*Xcur[0]*Xcur[1])/20.0-(10*math.pi-3)/60
    return Xnex

def initialize():
    X0=[0.1,0.1,-0.1]
    return X0

def ColculateDistance(Xcur,Xnew):
    temp=[Xcur[0]-Xnew[0],Xcur[1]-Xnew[1],Xcur[2]-Xnew[2]]
    dis=math.sqrt(temp[0]*temp[0]+temp[1]*temp[1]+temp[2]*temp[2])
    return dis

def iteration(eps,maxIter):
    cur_eps=10000
    Xcur=initialize()
    Xnew=[0,0,0]
    iterNum=1
    print("-------------------------开始迭代-------------------------")
    print("  迭代次数  |    Xk1    |    Xk2    |    Xk3    |    eps    ")

    while (cur_eps>eps and iterNum<maxIter) :
        Xnew=takeStep(Xcur);
        cur_eps=ColculateDistance(Xcur,Xnew)
        print("     %d        %.8f  %.8f  %.8f  %8.8f"%(iterNum,Xcur[0],Xcur[1],Xcur[2],
```

```
cur_eps))
                iterNum+=1
                Xcur=Xnew
        return 0


iteration(10**-10,200)
```

执行后会输出：

```
-------------------------开始迭代-------------------------
迭代次数  |   Xk1   |    Xk2    |    Xk3    |    eps
    1     0.10000000  0.10000000  -0.10000000  0.58923871
    2     0.49998333  0.00944115  -0.52310127  0.00941924
    3     0.49999593  0.00002557  -0.52336331  0.00023523
    4     0.50000000  0.00001234  -0.52359814  0.00001231
    5     0.50000000  0.00000003  -0.52359847  0.00000031
    6     0.50000000  0.00000002  -0.52359877  0.00000002
    7     0.50000000  0.00000002  -0.52359878  0.00000000
```

使用迭代法求根时应注意以下两种可能发生的情况。

（1）如果方程无解，算法求出的近似根序列就不会收敛，迭代过程会变成死循环，因此在使用迭代算法前应先考察方程是否有解，并在程序中对迭代次数进行限制。

（2）方程虽然有解，但迭代公式选择不当，或迭代的初始近似根选择不合理，也会导致迭代失败。

3.7 技 术 解 惑

3.7.1 衡量算法的标准是什么

算法的优劣有如下 5 个标准。

❑ 确定性。算法的每一种运算必须有确定的意义，这种运算应执行何种动作应无二义性，目的明确。

❑ 可行性。要求算法中待实现的运算都是可行的，即至少在原理上能由人用纸和笔在有限的时间内完成。

❑ 输入。一个算法有零个或多个输入，在算法运算开始之前给出算法所需数据的初值，这些输入来自特定的对象集合。

❑ 输出。输出是算法运算的结果，一个算法会产生一个或多个输出，输出同输入具有某种特定关系。

❑ 有穷性。一个算法总是在执行有穷步的运算后终止，即该算法是有终点的。

通常有如下两种衡量算法效率的方法。

❑ 事后统计法。该方法的缺点是必须在计算机上实际运行程序，容易被其他因素掩盖算法本质。

❑ 事前分析估算法。该方法的优点是可以预先比较各种算法，以便均衡利弊从中选优。

与算法执行时间相关的因素如下。

❑ 算法所用"策略"。

❑ 算法所解问题的"规模"。

❑ 编程所用"语言"。

❑ "编译"的质量。

❑ 执行算法的计算机的"速度"。

在上述因素中，后 3 个因素受计算机硬件和软件的制约，因为是"估算"，所以只需要考虑前两个因素即可。

事后统计容易陷入盲目境地，例如，当程序执行很长时间仍未结束时，不易判别是程序错了还是确实需要那么长时间。

算法的"运行工作量"通常随问题规模的增长而增长，所以应该用"增长趋势"来作为比较不同算法的优劣的准则。假如，随着问题规模 n 的增长，算法执行时间的增长率与 $f(n)$ 的增长率相同，可记作 $T(n) = O(f(n))$，称 $T(n)$ 为算法的（渐近）时间复杂度。

究竟如何估算算法的时间复杂度呢？任何一个算法都是由一个"控制结构"和若干"原操作"组成的，所以可以将算法的执行时间看作：所有原操作的执行时间之和 Σ（原操作(i)的执行次数 × 原操作(i)的执行时间）。

算法的执行时间与所有原操作的执行次数之和成正比。对于所研究的问题来说，从算法中选取一种基本操作的原操作，以该基本操作在算法中重复执行的次数作为算法时间复杂度的依据。以这种衡量效率的办法得出的不是时间量，而是一种对增长趋势的量度。它与软硬件环境无关，只暴露算法本身执行效率的优劣。

3.7.2 递推和递归有什么差异

递推和递归虽然只有一个字的差异，但两者之间是不同的。递推像是多米诺骨牌，根据前面几个得到后面的；递归是大事化小，比如"汉诺塔"（Hanoi）问题就是典型的递归问题。如果一个问题既可以用递归算法求解，也可以用递推算法求解，此时往往选择用递推算法，因为递推的效率比递归高。

3.7.3 总结分治算法能解决什么类型的问题

分治算法所能解决的问题一般具有以下 4 个特征。

（1）当问题的规模缩小到一定程度时，就可以容易地解决问题。此特征绝大多数问题都可以满足，因为问题的计算复杂性一般随着问题规模的增加而增加。

（2）问题可以分解为若干个规模较小的相同子问题，即该问题具有最优子结构性质。此特征是应用分治算法的前提，也是大多数问题都可以满足的，此特征反映了递归思想的应用。

（3）利用该问题分解出的子问题的解可以合并为该问题的解，此特征最为关键，能否利用分治算法完全取决于问题是否具有特征③，如果具备特征①和特征②，而不具备特征③，则可以考虑用贪婪算法或动态迭代法。

（4）该问题所分解出的各个子问题是相互独立的，即子问题之间不包含公共的子问题。此特征涉及分治算法的效率问题，如果各子问题不是独立的，则分治算法要做许多不必要的工作，重复地解公共的子问题。此时虽然可采用分治算法，但一般用动态迭代法较好。

3.7.4 分治算法的机理是什么

分治策略的思想起源于对问题解的特性所做出的观察和判断，即：原问题可以划分成 k 个子问题，然后用一种方法将这些子问题的解合并，合并的结果就是原问题的解。既然知道解可以以某种方式构造出来，就没有必要（使用枚举回溯）进行大批量的搜索了。枚举、回溯、分支限界利用了计算机工作的第一个特点——高速，不怕数据量大；分治算法思想利用了计算机工作的第二个特点——重复。

3.7.5 为什么说贪婪算法并不是解决问题的最优方案

还是看"装箱"问题，以说明贪婪算法并不是解决问题的最优方案。该算法依次将物品放到第一个能放进去的箱子中，该算法虽不能保证找到最优解，但还是能找到非常好的解。设 n 件物品的体积按从大到小排序，即有 $V_0 \geq V_1 \geq \cdots \geq V_{n-1}$。如不满足上述要求，只要先对这 n 件物品按它们的体积从大到小排序，然后按排序结果对物品重新编号即可。

再看下面的例子：假设有 6 件物品，它们的体积分别为 60、45、35、20、20 和 20 单位体积，箱子的容量为 100 单位体积。按上述算法计算，需要 3 只箱子，各箱子所装物品分别为：第一只箱子装物品 1、3；第二只箱子装物品 2、4、5；第三只箱子装物品 6。但最优解为两只箱子即可，分别装物品 1、4、5 和 2、3、6。这个例子说明，贪心算法不一定能找到最优解。

3.7.6 回溯算法会影响算法效率吗

下面是回溯的 3 个要素。

（1）解空间：要解决问题的范围，不知道范围的搜索是不可能找到结果的。

（2）约束条件：包括隐形的和显性的，题目中的要求以及题目描述中隐含的约束条件，是搜索有解的保证。

（3）状态树：构造深搜过程的依据，整个搜索以状态树展开。

回溯算法适合解决没有要求求出最优解的问题，如果采用，一定要注意跳出条件及搜索完成的标志，否则会陷入泥潭不可自拔。

下面是影响算法效率的因素。

❑ 搜索树的结构、解的分布、约束条件的判断。

❑ 改进回溯算法的途径。

❑ 搜索顺序。

❑ 节点少的分支优先，解多的分支优先。

❑ 让回溯尽量早发生。

3.7.7 递归算法与迭代算法有什么区别

递归是从上向下逐步拓展需求，最后从下向上运算，即由 $f(n)$ 拓展到 $f(1)$，再由 $f(1)$ 逐步算回 $f(n)$。迭代是直接从下向上运算，由 $f(1)$ 算到 $f(n)$。递归是在函数内调用本身，迭代是循环求值，对于熟悉其他算法的读者不推荐使用递归算法。

虽然递归算法的效率低一点，但是递归便于理解、可读性强，随着现在计算机性能的提升，建议对其他算法不熟悉的初学者使用递归算法来解决问题。

第 4 章

线性表、队列和栈

在本书第 3 章中，已经讲解了现实中最常用的 6 种算法思想。其实这些算法都是用来处理数据的，这些被处理的数据必须按照一定的规则进行组织。当这些数据之间存在一种或多种特定关系时，通常将这些关系称为结构。在 Python 语言的数据之间一般存在如下 3 种基本结构。

（1）线性结构：数据元素间是一对一关系。

（2）树形结构：数据元素间是一对多关系。

（3）网状结构：数据元素间是多对多关系。

本章将首先详细讲解线性数据结构的基本知识。

4.1 线性表操作

线性表中各个数据元素之间是一对一关系，除第一个和最后一个数据元素外，其他数据元素都是首尾相接的。因为线性表的逻辑结构简单，便于实现和操作，所以该数据结构在实际应用中被广泛采用。在本节中，将详细讲解线性表的基本知识。

4.1.1 线性表的特性

线性表是一种最基本、最简单、最常用的数据结构。在实际应用中，线性表都是以栈、队列、字符串、数组等特殊线性表的形式来使用的。因为这些特殊线性表都有自己的特性，所以掌握这些特殊线性表的特性，对于数据运算的可靠性和提高操作效率是至关重要的。

线性表是一种线性结构，是一个含有 $n \geq 0$ 个节点的有限序列。在节点中，有且仅有一个开始节点没有前趋节点并且有一个后继节点，有且仅有一个终端节点没有后继节点并且有一个前趋节点，其他节点都有且仅有一个前趋节点和一个后继节点。通常可以把线性表表示成线性序列：k_1，k_2，$\cdots$，k_n，其中 k_1 是开始节点，k_n 是终端节点。

1. 线性结构的特征

在编程领域中，线性结构具有如下两个基本特征。

（1）集合中必须存在唯一的"第一元素"和"最后元素"。

（2）除最后元素外，均有唯一的后继元素；除第一元素外，均有唯一的前趋元素。

由 $n(n \geq 0)$ 个数据元素（节点）a_1，a_2，$\cdots$，a_n 组成的有限序列，数据元素的个数 n 定义为表的长度。当 $n = 0$ 时称为空表，通常将非空的线性表（$n > 0$）记作：$(a_1$，a_2，$\cdots$，$a_n)$。数据元素 $a_i(1 \leq i \leq n)$ 没有特殊含义，不必"追根问底"地研究，它只是一个抽象的符号，其具体含义在不同的情况下可以不同。

2. 线性表的基本操作过程

线性表虽然只是一对一关系，但是其操作功能非常强大，具备很多操作技能。线性表的基本操作如下。

（1）Setnull(*L*)：置空表。

（2）Length(*L*)：求表的长度和表中各元素的个数。

（3）Get(*L*,*i*)：获取表中的第 i 个元素（$1 \leq i \leq n$）。

（4）Prior(*L*,*i*)：获取 i 的前趋元素。

（5）Next(*L*,*i*)：获取 i 的后继元素。

（6）Locate（*L*,*x*)：返回指定元素在表中的位置。

（7）Insert(*L*,*i*,*x*)：插入新元素。

（8）Delete(*L*,*x*)：删除已有元素。

（9）Empty(*L*)：判断表是否为空。

3. 线性表的结构特点

线性表具有如下结构特点。

（1）均匀性：虽然不同数据表的数据元素各种各样，但同一线性表的各数据元素必须有相同的类型和长度。

（2）有序性：各数据元素在线性表中的位置只取决于它们的序号。数据元素之前的相对位置是线性的，即存在唯一的"第一个"和"最后一个"数据元素，除了第一个和最后一个元素外，其他元素的前面只有一个数据元素直接前趋，后面只有一个数据元素直接后继。

4.1.2　顺序表操作

在现实应用中，有两种实现线性表数据元素存储功能的方法，分别是顺序存储结构和链式存储结构。顺序表操作是最简单的操作线性表的方法，此方法的主要操作功能有以下几种。

（1）计算顺序表的长度。

数组的最小索引是 0，顺序表的长度就是数组中最后一个元素的索引 last 加 1。

（2）执行清空操作。

清空操作是指清除顺序表中的数据元素，最终目的是使顺序表为空，此时 last 等于-1。

（3）判断顺序表是否为空。

当顺序表的 last 为-1 时，表示顺序表为空，此时会返回 true；否则返回 false，表示不为空。

（4）判断顺序表是否已满。

当顺序表已满时，last 等于 maxsize-1，此时会返回 true；如果不满，则返回 false。

（5）执行附加操作。

在顺序表不满的情况下进行附加操作，在表的末端添加一个新元素，然后将顺序表的索引 last 加 1。

（6）执行插入操作。

在顺序表中插入数据的方法非常简单，只需要在顺序表的第 i 个位置插入一个值为 item 的新元素即可。插入新元素后，会使原来长度为 n 的表 $(a_1, a_2, \cdots, a_{i-1}, a_i, a_{i+1}, \cdots, a_n)$ 的长度变为 $(n+1)$，也就是变为 $(a_1, a_2, \cdots, a_{i-1}, item, a_i, a_{i+1}, \cdots, a_n)$。$i$ 的取值范围为 $1 \leq i \leq n+1$，当 i 为 $n+1$ 时，表示在顺序表的末尾插入数据元素。

在顺序表中插入一个新数据元素的基本步骤如下。

① 判断顺序表的状态，判断是否已满和插入的位置是否正确。当表已满或插入的位置不正确时，不能插入。

② 当表未满且插入的位置正确时，将 $a_n \sim a_i$ 依次向后移动，为新的数据元素空出位置。在算法中用循环来实现。

③ 将新的数据元素插入到空出的第 i 个位置。

④ 修改 last 以修改表长，使其仍指向顺序表的最后一个数据元素。

在顺序表中插入数据的示意图如图 4-1 所示。

下标	元素		下标	元素
0	A		0	A
1	B		1	B
2	C		2	C
3	D		3	D
4	E		4	Z
5	F		5	E
6	G		6	F
7	H		7	G
			8	H
	...			...
MAXSIZE-1			MAXSIZE-1	
插入前			插入后	

图 4-1　在顺序表中插入数据

（7）执行删除操作。

可以删除顺序表中的第 i 个数据元素，删除后使原来长度为 n 的表（a_1, a_2, …,a_{i-1}, a_i, a_{i+1}, …, a_n）变为长度为（$n-1$）的表，即（a_1, a_2, …, a_{i-1}, a_{i+1}, …, a_n）。i 的取值范围为 $1 \leqslant i \leqslant n$。当 i 为 n 时，表示删除顺序表末尾的数据元素。

在顺序表中删除数据元素的基本流程如下。

① 判断顺序表是否为空，判断删除的位置是否正确。当表为空或删除的位置不正确时，不能删除。

② 如果表为空且删除的位置正确，将 a_{i+1}~a_n 依次向前移动，在算法中用循环来实现移动功能。

③ 修改 last 以修改表长，使它仍指向顺序表的最后一个数据元素。

图 4-2 展示了在顺序表中删除元素的前后变化过程。图 4-2 中，表原来的长度是 8，如果删除第 5 个元素 E，在删除后为了满足顺序表的先后关系，必须将第 6~8 个元素（下标为 5~7）向前移动一位。

下标	元素		下标	元素
0	A		0	A
1	B		1	B
2	C		2	C
3	D		3	D
4	F		4	F
5	G		5	G
6	H		6	H
7			7	
			8	
	⋮			⋮
MAXSIZE-1			MAXSIZE-1	

图 4-2　在顺序表中删除元素

（8）获取表元。

通过获取表元运算可以返回顺序表中第 i 个数据元素的值，i 的取值范围是 $1 \leqslant i \leqslant last+1$。因为表中的数据是随机存取的，所以当 i 的取值正确时，获取表元运算的时间复杂度为 $O(1)$。

（9）按值查找。

所谓按值查找，是指在顺序表中查找满足给定值的数据元素。给定值就像住址的门牌号一样，必须具体到某单元某室，否则会找不到。按值查找就像 Word 中的搜索功能一样，可以在繁多的文字中找到需要查找的内容。在顺序表中找到给定值的基本流程如下所示。

① 从第一个元素起，依次与给定值进行比较，如果找到，返回在顺序表中首次出现的与给定值相等的数据元素的序号，称为查找成功。

② 如果没有找到，说明在顺序表中没有与给定值匹配的数据元素，返回一个特殊值来表示查找失败。

4.1.3　实践演练——实现线性表顺序存储的插入操作

顺序表是通过一组地址连续的存储单元对线性表中的数据进行存储的，相邻的两个元素在物理位置上也是相邻的。比如，如果第 1 个元素存储在线性表的起始位置 LOC(1)，那么第 i 个元素便存储在 LOC(1)+($i-1$)*sizeof(ElemType)位置，其中 sizeof(ElemType)表示每一个元素所占的空间。具体结构如图 4-3 所示。

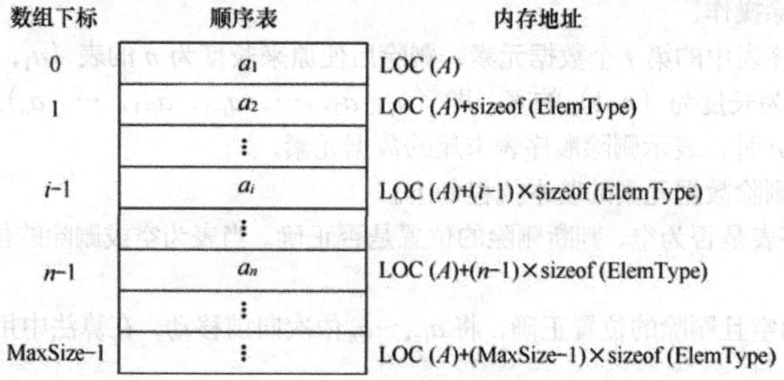

数组下标	顺序表	内存地址

图 4-3　顺序表的结构

下面的实例文件 cha.py 演示了在线性表顺序存储结构中插入新元素的方法。

源码路径：daima\第 4 章\cha.py

```
def insert_list(L, i, element):
    L_lenght = len(L)
    if i < 1 or i > L_lenght:
        return False
    if i <= L_lenght:
        for k in range(i-1, L_lenght)[::-1]:
            L[k+1:k+2] = [L[k]]
        L[i-1] = element
    print(L)
    return True
L = [1,2,3,4]
insert_list(L, 2, 0)
```

执行后会在数组 *L* 中插入元素 0：

```
[1, 0, 2, 3, 4]
```

4.1.4　实践演练——实现线性表顺序存储的删除操作

下面的实例文件 xian.py 演示了在线性表顺序存储结构中删除数据元素的方法。

源码路径：daima\第 4 章\xian.py

```
L=[1,2,3,4,5,7,8]
def delete_list(L,i):
    L_lenght = len(L)
    if i<1 or i>L_lenght:
        return false
    if i<L_lenght:
        del L[i]
        for k in range(i+1,L_lenght-1)[::1]:
            L[k]= L[k+1]
    print(L)

delete_list(L,5)
```

执行后会删除数组中索引为 5 的值。

```
[1, 2, 3, 4, 5, 8]
```

4.1.5　实践演练——顺序表的插入、检索、删除和反转操作

下面的实例文件 shun.py 演示了实现顺序表基本操作的方法，包括插入、检索、删除和反转等常见操作。

源码路径：daima\第 4 章\shun.py

```
class SeqList(object):
    def __init__(self, max=8):
        self.max = max          #默认为8
        self.num = 0
        self.date = [None] * self.max
        #list()会默认创建八个元素大小的列表，num=0，并有链接关系
```

```
            #用list实现list有些荒谬，全当练习
            #self.last = len(self.date)
            #当列表满时，扩建的方式省略
    def is_empty(self):
        return self.num is 0

    def is_full(self):
        return self.num is self.max

    #获取某个位置的元素
    def __getitem__(self, key):
        if not isinstance(key, int):
            raise TypeError
        if 0<= key < self.num:
            return self.date[key]
        else:
            #表为空或者索引超出范围都会引发索引错误
            raise IndexError

    #设置某个位置的元素
    def __setitem__(self, key, value):
        if not isinstance(key, int):
            raise TypeError
    #只能访问列表里已有的元素。self.num=0时，一个都不能访问；self.num=1时，只能访问0
        if 0<= key < self.num:
            self.date[key] = value      #该位置无元素会发生错误
        else:
            raise IndexError

    def clear(self):
        self.__init__()

    def count(self):
        return self.num

    def __len__(self):
        return self.num

    #加入元素的方法 append()和insert()
    def append(self,value):
        if self.is_full():
                #等下扩建列表
                print("list is full")
                return
        else:
                self.date[self.num] = value
                self.num += 1
    #实现插入操作
    def insert(self,key,value):
        if not isinstance(key, int):
            raise TypeError
        if key<0:    #暂时不考虑负数索引
            raise IndexError
        #当key大于元素个数时，默认插入尾部
        if key>=self.num:
            self.append(value)
        else:
                #移动key后的元素
                for i in range(self.num, key, -1):
                        self.date[i] = self.date[i-1]
                #赋值
                self.date[key] = value
                self.num += 1

    #删除元素的操作
    def pop(self,key=-1):
        if not isinstance(key, int):
            raise    TypeError
        if self.num-1 < 0:
```

```
                        raise IndexError("pop from empty list")
                elif key == -1:
                        #原来的数还在，但列表不识别
                        self.num -= 1
                else:
                        for i in range(key,self.num-1):
                                self.date[i] = self.date[i+1]
                        self.num -= 1
        #搜索操作
        def index(self,value,start=0):
                for i in range(start, self.num):
                        if self.date[i] == value:
                                return i
                #没找到
                raise ValueError("%d is not in the list" % value)

        #列表反转
        def reverse(self):
                i,j = 0, self.num - 1
                while i<j:
                        self.date[i], self.date[j] = self.date[j], self.date[i]
                        i,j = i+1, j-1

if __name__=="__main__":
        a = SeqList()
        print(a.date)
        #num == 0
        print(a.is_empty())
        a.append(0)
        a.append(1)
        a.append(2)
        print(a.date)
        print(a.num)
        print(a.max)
        a.insert(1,6)
        print(a.date)
        a[1] = 5
        print(a.date)
        print(a.count())

        print("返回值为2(第一次出现)的索引: ", a.index(2, 1))
        print("====")
        t = 1
        if t:
                a.pop(1)
                print(a.date)
                print(a.num)
        else:
                a.pop()
                print(a.date)
                print(a.num)
        print("========")
        print(len(a))

        a.reverse()
        print(a.date)

        print(a.is_full())
        a.clear()
        print(a.date)
        print(a.count())
```

执行后会输出：

```
[None, None, None, None, None, None, None, None]
True
[0, 1, 2, None, None, None, None, None]
3
8
[0, 6, 1, 2, None, None, None, None]
[0, 5, 1, 2, None, None, None, None]
```

```
4
返回值为2(第一次出现)的索引：3
====
[0, 1, 2, 2, None, None, None, None]
3
========
3
[2, 1, 0, 2, None, None, None, None]
False
[None, None, None, None, None, None, None, None]
0

Process finished with exit code 0
```

4.2 链表操作

在现实应用中有两种实现线性表数据元素存储功能的方法：顺序存储结构和链式存储结构。你在 4.1 节中学习了顺序表的基本知识，了解到顺序表可以利用物理上的相邻关系，表达出逻辑上的前驱和后继关系。顺序表有一条硬性规定，即用连续的存储单元顺序存储线性表中的各个元素。根据这条硬性规定，当对顺序表进行插入和删除操作时，必须移动数据元素才能实现线性表逻辑上的相邻关系。很可惜的是，这种操作会影响运行效率。要想解决上述影响效率的问题，需要获取链式存储结构的帮助。

4.2.1 什么是链表

链式存储结构不需要用地址连续的存储单元来实现，而是通过"链"建立起数据元素之间的次序关系。所以它不要求逻辑上相邻的两个数据元素在物理结构上也相邻，在插入和删除时无须移动元素，从而提高了运行效率。链式存储结构主要有单链表、循环链表、双向链表、静态链表等几种形式。

| data | next |

图 4-4 链表的节点结构

顾名思义，链表就像锁链一样，由一节一节的节点连在一起，组成一条数据链。链表的节点结构如图 4-4 所示。其中，data 表示自定义的数据，next 表示下一个节点的地址。链表的结构为：head 保存首节点的地址，如图 4-5 所示。

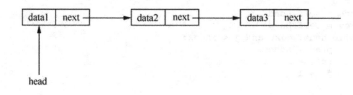

图 4-5 链表的结构

使用 Python 语言实现链表的基本流程如下所示。

（1）定义节点类 Node，代码如下所示。

```python
class Node:
    '''
    data: 节点保存的数据
    _next: 保存下一个节点对象
    '''
    def __init__(self, data, pnext=None):
        self.data = data
        self._next = pnext
```

```
        def __repr__(self):
            '''
            用来定义Node的字符输出,
            print用于输出data
            '''
            return str(self.data)
```

（2）定义链表操作类，例如链表头属性 head，链表长度属性 length。通过如下方法 isEmpty() 判断链表是否为空。

```
def isEmpty(self):
    return (self.length == 0)
```

（3）使用如下方法 append() 在链表末尾增加一个节点。

```
def append(self, dataOrNode):
    item = None
    if isinstance(dataOrNode, Node):
        item = dataOrNode
    else:
        item = Node(dataOrNode)

    if not self.head:
        self.head = item
        self.length += 1

    else:
        node = self.head
        while node._next:
            node = node._next
        node._next = item
        self.length += 1
```

（4）通过如下方法 delete() 删除一个节点。

```
        def delete(self, index):
            if self.isEmpty():
                print("this chain table is empty.")
                return

            if index < 0 or index >= self.length:
                print('error: out of index')
                return

            if index == 0:
                self.head = self.head._next
                self.length -= 1
                return

            j = 0
            node = self.head
            prev = self.head
            while node._next and j < index:
                prev = node
                node = node._next
                j += 1

            if j == index:
                prev._next = node._next
                self.length -= 1
```

（5）通过如下方法 update() 修改一个节点。

```
def update(self, index, data):
    if self.isEmpty() or index < 0 or index >= self.length:
        print 'error: out of index'
        return
    j = 0
    node = self.head
    while node._next and j < index:
        node = node._next
        j += 1

    if j == index:
```

```
                node.data = data
```
(6) 通过如下方法 getItem()查找一个节点。
```
    def getItem(self, index):
        if self.isEmpty() or index < 0 or index >= self.length:
            print("error: out of index")
            return
        j = 0
        node = self.head
        while node._next and j < index:
            node = node._next
            j += 1

        return node.data
```
(7) 通过如下方法 getIndex()查找一个节点的索引。
```
    def getIndex(self, data):
        j = 0
        if self.isEmpty():
            print("this chain table is empty")
            return
    node = self.head
        while node:
            if node.data == data:
                return j
            node = node._next
            j += 1

        if j == self.length:
            print("%s not found" % str(data))
            return
```
(8) 通过如下方法 insert()插入一个新的节点。
```
    def insert(self, index, dataOrNode):
        if self.isEmpty():
            print("this chain tabale is empty")
            return

        if index < 0 or index >= self.length:
            print("error: out of index")
            return

        item = None
        if isinstance(dataOrNode, Node):
            item = dataOrNode
        else:
            item = Node(dataOrNode)

        if index == 0:
            item._next = self.head
            self.head = item
            self.length += 1
            return

        j = 0
        node = self.head
        prev = self.head
        while node._next and j < index:
            prev = node
            node = node._next
            j += 1

        if j == index:
            item._next = node
            prev._next = item
            self.length += 1
```
(9) 通过如下方法 clear()清空链表。
```
def clear(self):
    self.head = None
    self.length = 0
```

4.2.2 实践演练——实现完整链表操作

下面的实例文件 wanlian.py 演示了完整实现链表并进行操作测试的过程。文件 wanlian.py 的主要实现代码如下所示。

源码路径：daima\第 4 章\wanlian.py

```
#清除单链表
def clear(self):
    LList.__init__(self)

#判断单链表是否为空
def is_empty(self):
    return self._head is None

#计算单链表元素的个数，有两种方式：遍历列表或返回 _num
def count(self):
    return self._num
    """
    p = self._head
    num = 0
    while p:
        num += 1
        p = p.next
    return num
    """
def __len__(self):
    p = self._head
    num = 0
    while p:
        num += 1
        p = p.next
    return num

#在表首端插入元素
def prepend(self, elem):
    self._head = LNode(elem, self._head)
    self._num += 1

#删除表首端元素
def pop(self):
    if self._head is None:
        raise LinkedListUnderflow("in pop")
    e = self._head.elem
    self._head = self._head.next
    self._num -= 1
    return e

#在表末端插入元素
def append(self, elem):
    if self._head is None:
        self._head = LNode(elem)
        self._num += 1
        return
    p = self._head
    while p.next:
        p = p.next
    p.next = LNode(elem)
    self._num += 1

#删除表末端元素
def pop_last(self):
    if self._head is None:
        raise LinkedListUnderflow("in pop_last")
    p = self._head
    #表中只有一个元素
    if p.next is None:
        e = p.elem
        self._head = None
```

```
            self._num -= 1
            return e
        while p.next.next:
            p = p.next
        e = p.next.elem
        p.next = None
        self._num -= 1
        return e
```

```
#发现满足条件的第一个表元素
    def find(self, pred):
        p = self._head
        while p:
            if pred(p.elem):
                return p.elem
            p = p.next
```

```
#发现满足条件的所有元素
    def filter(self, pred):
        p = self._head
        while p:
            if pred(p.elem):
                yield p.elem
            p = p.next
```

```
#显示
    def printall(self):
        p = self._head
        while p:
            print(p.elem, end="")
            if p.next:
                print(", ",end="")
            p = p.next
        print("")
```

```
#查找某个值，列表有的话，返回True，没有的话返回False
    def search(self, elem):
        p = self._head
        foundelem = False
        while p and not foundelem:
            if p.elem == elem:
                foundelem = True
            else:
                p = p.next
        return foundelem
```

```
#找出元素第一次出现时的位置
    def index(self, elem):
        p = self._head
        num = -1
        found = False
        while p and not found:
            num += 1
            if p.elem == elem:
                found = True
            else:
                p = p.next
        if found:
            return num
        else:
            raise ValueError("%d is not in the list!" % elem)
```

```
#删除第一个出现的elem
    def remove(self, elem):
        p = self._head
        pre = None
        while p:
            if p.elem == elem:
                if not pre:
                    self._head = p.next
```

```
                    else:
                            pre.next = p.next
                    break
            else:
                    pre = p
                    p = p.next
        self._num -= 1

#在指定位置插入值
def insert(self, pos, elem):
    #当值大于count时默认在尾端插入
    if pos >= self.count():
        self.append(elem)
    #其他情况
    elif 0<=pos<self.count():
        p = self._head
        pre = None
        num = -1
        while p:
            num += 1
            if pos == num:
                if not pre:
                    self._head = LNode(elem, self._head)
                    self._num += 1
                else:
                    pre.next = LNode(elem,pre.next)
                    self._num += 1
                break
            else:
                pre = p
                p = p.next
    else:
        raise IndexError

#删除表中的第i个元素
def __delitem__(self, key):
    if key == len(self) - 1:
        #pop_lasy num自减
        self.pop_last()
    elif 0<=key<len(self)-1:
        p = self._head
        pre = None
        num = -1
        while p:
            num += 1
            if num == key:
                if not pre:
                    self._head = pre.next
                    self._num -= 1
                else:
                    pre.next = p.next
                    self._num -=1
                break
            else:
                pre = p
                p = p.next
    else:
        raise IndexError

#根据索引获得该位置的元素
def __getitem__(self, key):
    if not isinstance(key, int):
        raise TypeError
    if 0<=key<len(self):
        p = self._head
        num = -1
        while p:
            num += 1
            if key == num:
                return p.elem
```

```
            else:
                p = p.next
        else:
            raise IndexError

    # ==
    def __eq__(self, other):
        #两个都为空列表，则相等
        if len(self)==0 and len(other)==0:
            return True
        #两个列表的元素个数相等，在每个元素都相等的情况下，两个列表相等
        elif len(self) == len(other):
            for i in range(len(self)):
                if self[i] == other[i]:
                    pass
                else:
                    return False
            #全部遍历完后，两个列表相等
            return True
        #两个列表的元素个数不相等，返回Fasle
        else:
            return False
    # !=
    def __ne__(self, other):
        if self.__eq__(other):
            return False
        else:
            return True
    # >
    def __gt__(self, other):
        l1 = len(self)
        l2 = len(other)
        if not isinstance(other, LList):
            raise TypeError
        # 1.len(self) = len(other)
        if l1 == l2:
            for i in range(l1):
                if self[i] == other[i]:
                    continue
                elif self[i] < other[i]:
                    return False
                else:
                    return True
            #遍历完都相等的话，说明两个列表相等，所以返回False
            return False
        # 2.len(self) > len(other)
        if l1 > l2:
            for i in range(l2):
                if self[i] == other[i]:
                    continue
                elif self[i] < other[i]:
                    return False
                else:
                    return True
            #遍历完毕，前面的元素全部相等，则列表中元素个数多的一方大
            #if self[l2-1] == other[l2-1]:
            return True
        # 3.len(self) < len(other)
        if l1 < l2:
            for i in range(l1):
                if self[i] == other[i]:
                    continue
                elif self[i] < other[i]:
                    return False
                else:
                    return True
            #遍历完毕，前面的元素全部相等，则列表中元素个数多的一方大
            #if self[l2-1] == other[l2-1]:
            return False
    # <
```

```
            def __lt__(self, other):
                #列表相等情况下，>会返回False，<在这里的判断会返回True，有错误。所以要考虑在相等的情况下也为False
                if self.__gt__(other) or self.__eq__(other):
                    return False
                else:
                    return True
        #  >=
        def __ge__(self, other):
                """
                if self.__eq__(other) or self.__gt__(other):
                    return True
                else:
                    return False
                """
                #大于或等于和小于是完全相反的，所以可以依靠小于实现
                if self.__lt__(other):
                    return False
                else:
                    return True
        #  <=
        def __le__(self, other):
                """
                if self.__eq__(other) or self.__lt__(other):
                    return True
                else:
                    return False
                """
                ##小于或等于和大于是完全相反的，所以可以依靠大于实现
                if self.__gt__(other):
                    return False
                else:
                    return True


#example，大于5返回True的函数
def greater_5(n):
    if n>5:
        return True

if __name__=="__main__":
    mlist1 = LList()
    mlist2 = LList()
    mlist1.append(1)
    mlist2.append(1)
    mlist1.append(2)
    mlist2.append(2)
    #mlist1.append(2)
    mlist2.append(6)
    mlist2.append(11)
    mlist2.append(12)
    mlist2.append(14)
    mlist1.printall()
    mlist2.printall()
    #print(mlist1 == mlist2)
    #print(mlist1 != mlist2)
    print(mlist1 <= mlist2)
    mlist2.__delitem__(2)
    mlist2.printall()
```

执行后会输出：

```
1, 2
1, 2, 6, 11, 12, 14
True
1, 2, 11, 12, 14
```

4.2.3　实践演练——在链表中增加比较功能

　　判断元素是否相等的操作符是"=="，我们可以使用此操作符定义单链表的一个相等比较函数。在下面的实例文件 bijiao.py 中，基于本章上一个范例增加比较操作函数，并且基于字典

序的概念为链表定义大于、小于、大于或等于、小于或等于的判断功能。文件 bijiao.py 的主要实现代码如下所示。

源码路径：daima\第 4 章\bijiao.py

```python
class LList:

    """
    省略已实现部分
    """

    #根据索引获得该位置的元素
    def __getitem__(self, key):
        if not isinstance(key, int):
            raise TypeError
        if 0<=key<len(self):
            p = self._head
            num = -1
            while p:
                num += 1
                if key == num:
                    return p.elem
                else:
                    p = p.next
        else:
            raise IndexError

    #判断两个列表是否相等
    def __eq__(self, other):
        #两个都为空列表，则相等
        if len(self)==0 and len(other)==0:
            return True
        #两个列表中的元素个数相等，当每个元素都相等的情况下，两个列表相等
        elif len(self) == len(other):
            for i in range(len(self)):
                if self[i] == other[i]:
                    pass
                else:
                    return False
            #全部遍历完后，两个列表相等
            return True
        #两个列表中的元素个数不相等，返回Fasle
        else:
            return False
    #判断两个列表是否不相等
    def __ne__(self, other):
        if self.__eq__(other):
            return False
        else:
            return True
    # 判断一个列表是否大于另一个列表
    def __gt__(self, other):
        l1 = len(self)
        l2 = len(other)
        if not isinstance(other, LList):
            raise TypeError
        # 1.len(self) = len(other)
        if l1 == l2:
            for i in range(l1):
                if self[i] == other[i]:
                    continue
                elif self[i] < other[i]:
                    return False
                else:
                    return True
            #遍历完都相等的话，说明两个列表相等，所以返回False
            return False
        # 2.len(self) > len(other)
        if l1 > l2:
```

```
                        for i in range(l2):
                            if self[i] == other[i]:
                                continue
                            elif self[i] < other[i]:
                                return False
                            else:
                                return True
                    #遍历完毕，前面的元素全部相等，则列表中元素个数多的一方大
                    #if self[l2-1] == other[l2-1]:
                    return True
            # 3.len(self) < len(other)
            if l1 < l2:
                        for i in range(l1):
                            if self[i] == other[i]:
                                continue
                            elif self[i] < other[i]:
                                return False
                            else:
                                return True
                    #遍历完毕，前面的元素全部相等，则列表中元素个数多的一方大
                    #if self[l2-1] == other[l2-1]:
                    return False
    # 判断一个列表是否小于另一个列表
    def __lt__(self, other):
            #列表相等情况下，>会返回False，<在这里的判断会返回True，有错误。所以要考虑在相等的情况下也为False
            if self.__gt__(other) or self.__eq__(other):
                    return False
            else:
                    return True
    # 判断一个列表是否大于或等于另一个列表
    def __ge__(self, other):
            """
            if self.__eq__(other) or self.__gt__(other):
                    return True
            else:
                    return False
            """
            #大于或等于和小于是完全相反的，所以可以依靠小于实现
            if self.__lt__(other):
                    return False
            else:
                    return True
    # 判断一个列表是否小于或等于另一个列表
    def __le__(self, other):
            """
            if self.__eq__(other) or self.__lt__(other):
                    return True
            else:
                    return False
            """
            ##小于或等于和大于是完全相反的，所以可以依靠大于实现
            if self.__gt__(other):
                    return False
            else:
                    return True

if __name__=="__main__":
    mlist1 = LList()
    mlist2 = LList()
    mlist1.append(1)
    mlist2.append(1)
    mlist1.append(2)
    mlist2.append(2)
    #mlist1.append(2)
    mlist2.append(6)
    mlist2.append(11)
    mlist2.append(12)
    mlist2.append(14)
    mlist1.printall()
```

```
mlist2.printall()
print(mlist1 == mlist2)
print(mlist1 != mlist2)
print(mlist1 <= mlist2)
print(mlist2.__getitem__(1))
print(mlist1.__ne__(mlist2))
```

执行后会输出：

```
1, 2
1, 2, 6, 11, 12, 14
False
True
True
2
True
```

4.2.4 实践演练——单链表结构字符串

下面的实例文件 zifuchuan.py 演示了实现单链表结构字符串的过程。

源码路径：daima\第 4 章\zifuchuan.py

（1）定义单链表字符串类 string，对应实现代码如下所示。

```
class string(single_list):
    def __init__(self, value):
        self.value = str(value)
        single_list.__init__(self)
        for i in range(len(self.value)-1,-1,-1):
            self.prepend(self.value[i])

    def length(self):
        return self._num

    def printall(self):
        p = self._head
        print("字符串结构: ",end="")
        while p:
            print(p.elem, end="")
            if p.next:
                print("-->", end="")
            p = p.next
        print("")
```

（2）定义方法 naive_matching()以实现匹配算法，返回匹配的起始位置，对应实现代码如下所示。

```
def naive_matching(self, p):    #self为目标字符串，t为要查找的字符串
    if not isinstance(self, string) and not isinstance(p, string):
        raise stringTypeError
    m, n = p.length(), self.length()
    i, j = 0, 0
    while i < m and j < n:
        if p.value[i] == self.value[j]:#字符相同，考虑下一对字符
            i, j = i+1, j+1
        else:                          #字符不同，考虑t中下一个位置
            i, j = 0, j-i+1
    if i == m:                         #i==m，说明找到匹配，返回其下标
        return j-i
    return -1
```

（3）定义方法 matching_KMP()以实现 KMP 匹配算法，返回匹配的起始位置，对应实现代码如下所示。

```
def matching_KMP(self, p):
    j, i = 0, 0
    n, m = self.length(), p.length()
    while j < n and i < m:
        if i == -1 or self.value[j] == p.value[i]:
            j, i = j + 1, i + 1
        else:
            i = string.gen_next(p)[i]
```

```
        if i == m:
            return j - i
    return -1
```

（4）定义方法 gen_next()以生成 pnext 表，对应实现代码如下所示。

```
    @staticmethod
    def gen_next(p):
        i, k, m = 0, -1, p.length()
        pnext = [-1] * m
        while i < m - 1:
            if k == -1 or p.value[i] == p.value[k]:
                i, k = i + 1, k + 1
                pnext[i] = k
            else:
                k = pnext[k]
        return pnext
```

（5）定义方法 replace()，把 old 字符串出现的位置换成 new 字符串，对应实现代码如下所示。

```
    def replace(self, old, new):
        if not isinstance(self, string) and not isinstance(old, string) \
                and not isinstance(new, string):
            raise stringTypeError

        #删除匹配的旧字符串
        start = self.matching_KMP(old)
        for i in range(old.length()):
            self.delitem(start)
        #末尾情况下是用append操作追加的，顺序为正；而在前面的地方插入为前插；所以要分情况对待
        if start<self.length():
            for i in range(new.length()-1, -1, -1):
                self.insert(start,new.value[i])
        else:
            for i in range(new.length()):
                self.insert(start,new.value[i])


if __name__=="__main__":

    a = string("abcda")
    print("字符串长度: ",a.length())
    a.printall()
    b = string("abcabaabcdabdabcda")
    print("字符串长度: ", b.length())
    b.printall()
    print("朴素算法_匹配的起始位置: ",b.naive_matching(a),end=" ")
    print("KMP算法_匹配的起始位置: ",b.matching_KMP(a))
    c = string("xu")
    print("==")
    b.replace(a,c)
    print("替换后的字符串是: ")
    b.printall()
```

上述解决方案有一个缺陷，在初始化字符串 string 对象时使用的是 self.value = str(value)；而在后面使用匹配算法时，无论是朴素匹配还是 KMP 匹配，都使用对象的 value 值来做比较。所以对象在实现 replace()方法后的 start =b.mathcing_KMP(a)后依旧不会发生变化，会一直为 6。原因在于使用 self.value 进行匹配，所以 replace()方法后的链表字符串里的值并没有被用到，从而发生严重的错误。执行后会输出：

```
字符串长度:  5
字符串结构: a-->b-->c-->d-->a
字符串长度:  18
字符串结构: a-->b-->c-->a-->b-->a-->a-->b-->c-->d-->a-->b-->d-->a-->b-->c-->d-->a
朴素算法_匹配的起始位置: 6 KMP算法_匹配的起始位置: 6
==
替换后的字符串是:
字符串结构: a-->b-->c-->a-->b-->a-->x-->u-->b-->d-->a-->b-->c-->d-->a
```

在下面的实例文件 gaijin.py 中，基于上面的实例文件 zifuchuan.py 进行改进，通过 replace() 实现字符串类的多次匹配操作。文件 gaijin.py 的主要实现代码如下所示。

源码路径：daima\第 4 章\gaijin.py

```python
class string(single_list):
    def __init__(self, value):
        self.value = str(value)
        single_list.__init__(self)
        for i in range(len(self.value)-1,-1,-1):
            self.prepend(self.value[i])

    def length(self):
        return self._num

    #获取字符串对象值的列表，方便下面使用
    def get_value_list(self):
        l = []
        p = self._head
        while p:
            l.append(p.elem)
            p = p.next
        return l

    def printall(self):
        p = self._head
        print("字符串结构: ",end="")
        while p:
            print(p.elem, end="")
            if p.next:
                print("-->", end="")
            p = p.next
        print("")

    #朴素的串匹配算法，返回匹配的起始位置
    def naive_matching(self, p):    #self为目标字符串，t为要查找的字符串
        if not isinstance(self, string) and not isinstance(p, string):
            raise stringTypeError
        m, n = p.length(), self.length()
        i, j = 0, 0
        while i < m and j < n:
            if p.get_value_list()[i] == self.get_value_list()[j]:#字符相同，考虑下一对字符
                i, j = i+1, j+1
            else:                        #字符不同，考虑t中下一个位置
                i, j = 0, j-i+1
        if i == m:                       #i==m，说明找到匹配，返回其下标
            return j-i
        return -1

    #KMP匹配算法，返回匹配的起始位置
    def matching_KMP(self, p):
        j, i = 0, 0
        n, m = self.length(), p.length()
        while j < n and i < m:
            if i == -1 or self.get_value_list()[j] == p.get_value_list()[i]:
                j, i = j + 1, i + 1
            else:
                i = string.gen_next(p)[i]
        if i == m:
            return j - i
        return -1

    # 生成pnext表
    @staticmethod
    def gen_next(p):
        i, k, m = 0, -1, p.length()
        pnext = [-1] * m
        while i < m - 1:
            if k == -1 or p.get_value_list()[i] == p.get_value_list()[k]:
```

```
                    i, k = i + 1, k + 1
                    pnext[i] = k
            else:
                    k = pnext[k]
        return pnext

    #把old字符串出现的位置换成new字符串
    def replace(self, old, new):
        if not isinstance(self, string) and not isinstance(old, string) \
                and not isinstance(new, string):
            raise stringTypeError

        while self.matching_KMP(old) >= 0:
                #删除匹配的旧字符串
                start = self.matching_KMP(old)
                print("依次发现的位置:",start)
                for i in range(old.length()):
                        self.delitem(start)
                #末尾情况下是用append操作追加的，顺序为正；而在前面的地方插入为前插；所以要分情况对待
                if start<self.length():
                        for i in range(new.length()-1, -1, -1):
                                self.insert(start,new.value[i])
                else:
                        for i in range(new.length()):
                                self.insert(start,new.value[i])


if __name__=="__main__":

    a = string("abc")
    print("字符串长度: ",a.length())
    a.printall()
    b = string("abcbccdabc")
    print("字符串长度: ", b.length())
    b.printall()
    print("朴素算法_匹配的起始位置: ",b.naive_matching(a),end=" ")
    print("KMP算法_匹配的起始位置: ",b.matching_KMP(a))
    c = string("xu")
    print("==")
    b.replace(a,c)
    print("替换后的字符串是: ")
    b.printall()
    print(b.get_value_list())
```

其实上述方案依然有些缺陷，因为 Python 字符串对象是一个不变对象，所以 replace()方法并不会修改原先的字符串，而只是返回修改后的字符串，而这个字符串对象是用单链表结构实现的，在实现 replace()方法时改变了字符串对象本身的结构。执行后会输出：

```
字符串长度: 3
字符串结构:a-->b-->c
字符串长度: 10
字符串结构:a-->b-->c-->b-->c-->c-->d-->a-->b-->c
朴素算法_匹配的起始位置: 0 KMP算法_匹配的起始位置: 0
==
依次发现的位置: 0
依次发现的位置: 6
替换后的字符串是:
字符串结构: x-->u-->b-->c-->c-->d-->x-->u
['x', 'u', 'b', 'c', 'c', 'd', 'x', 'u']
```

4.3　先进先出的队列

队列是一种列表，不同的是，队列只能在队尾插入元素，在队首删除元素。队列用于存储按顺序排列的数据，先进先出，这点和栈不一样。在栈中，最后入栈的元素反而被优先处理。

可以将队列想象成在银行大厅排队的人群，排在最前面的人第一个办理业务，新来的人只能在后面排队，直到轮到他们为止。

4.3.1 什么是队列

队列严格按照"先来先得"原则，这一点和排队差不多。例如，在银行办理业务时都要先取一个号排队，早来的会先获得到柜台办理业务的待遇；购买火车票时需要排队，早来的先获得买票资格。计算机算法中的队列是一种特殊的线性表，只允许在表的前端进行删除操作，在表的后端进行插入操作。队列是一种比较有意思的数据结构，最先插入的元素也是最先被删除的；反之，最后插入的元素是最后被删除的，因此队列又称为"先进先出"（First In-First Out，FIFO）的线性表。进行插入操作的端称为队尾，进行删除操作的端称为队头。队列中没有元素时，称为空队列。

队列和栈一样，只允许在断点处插入和删除元素，入队算法如下。

（1）tail=tail+1。

（2）如果 tail=n+1，则 tail=1。

（3）如果 head=tail，即尾指针与头指针重合，则表示元素已装满队列，会施行"上溢"出错处理；否则 Q(tail)=X，结束整个过程，其中 X 表示新的入队元素。

队列的抽象数据类型定义是 ADT Queue，具体格式如下所示。

```
ADT Queue{
D={a_i |a_i∈ElemSet, i=1,2,…,n,  n≥0}      //数据对象
R={R1},R1={<a_{i-1},a_i>|a_{i-1},a_i∈D, i=2,3,…,n }//数据关系
…基本操作
}ADT Queue
```

队列的基本操作如下。

❑ InitQueue(&Q)

操作结果：构造一个空队列 Q。

❑ DestroyQueue(&Q)

初始条件：队列 Q 已存在。

操作结果：销毁队列 Q。

❑ ClearQueue(&Q)

初始条件：队列 Q 已存在。

操作结果：将队列 Q 重置为空队列。

❑ QueueEmpty(Q)

初始条件：队列 Q 已存在。

操作结果：若 Q 为空队列，则返回 True，否则返回 False。

❑ QueueLength(Q)

初始条件：队列 Q 已存在。

操作结果：返回队列 Q 中数据元素的个数。

❑ GetHead(Q,&e)

初始条件：队列 Q 已存在且非空。

操作结果：用 e 返回 Q 中的队头元素。

❑ EnQueue(&Q, e)

初始条件：队列 Q 已存在。

操作结果：插入元素 e 为 Q 的新的队尾元素。

❑ DeQueue(&Q, &e)

初始条件：队列 Q 已存在且非空。

操作结果：删除 Q 的队头元素，并用 e 返回其值。

❑　QueueTraverse(Q, visit())

初始条件：队列 Q 已存在且非空。

操作结果：从队头到队尾依次对 Q 的每个数据元素调用函数 visit()，一旦 visit()失败，操作也就失败。

4.3.2　Python 语言的队列操作

在 Python 语言中，常用的队列操作函数如下所示。

❑　queue()：定义一个空队列，无参数，返回值是空队列。

❑　enqueue(item)：在队列尾部加入一个数据项，参数是数据项，无返回值。

❑　dequeue()：删除队列头部的数据项，不需要参数，返回值是被删除的数据，队列本身有变化。

❑　isEmpty()：检测队列是否为空。无参数，返回布尔值。

❑　size()：返回队列中数据项的数量。无参数，返回一个整数。

4.3.3　实践演练——完整的顺序队列的操作

下面的实例文件 duilie.py 演示了实现 4 种常见队列操作的过程。

源码路径：daima\第 4 章\duilie.py

```
from queue import Queue #LILO队列
q = Queue()  #创建队列对象
q.put(0)      #在队列尾部插入元素
q.put(1)
q.put(2)
print('LILO队列',q.queue)       #查看队列中的所有元素
print(q.get())                   #返回并删除队列头部元素
print(q.queue)


from queue import LifoQueue #LIFO队列
lifoQueue = LifoQueue()
lifoQueue.put(1)
lifoQueue.put(2)
lifoQueue.put(3)
print('LIFO队列',lifoQueue.queue)
lifoQueue.get()                   #返回并删除队列尾部元素
lifoQueue.get()
print(lifoQueue.queue)


from queue import PriorityQueue #优先队列
priorityQueue = PriorityQueue()  #创建优先队列对象
priorityQueue.put(3)      #插入元素
priorityQueue.put(78)     #插入元素
priorityQueue.put(100)    #插入元素
print(priorityQueue.queue)     #查看优先级队列中的所有元素
priorityQueue.put(1)      #插入元素
priorityQueue.put(2)      #插入元素
print('优先级队列:',priorityQueue.queue)   #查看优先级队列中的所有元素
priorityQueue.get() #返回并删除优先级最低的元素
print('删除后剩余元素',priorityQueue.queue)
priorityQueue.get() #返回并删除优先级最低的元素
print('删除后剩余元素',priorityQueue.queue)   #删除后剩余元素
priorityQueue.get() #返回并删除优先级最低的元素
print('删除后剩余元素',priorityQueue.queue)   #删除后剩余元素
priorityQueue.get() #返回并删除优先级最低的元素
print('删除后剩余元素',priorityQueue.queue)   #删除后剩余元素
priorityQueue.get() #返回并删除优先级最低的元素
print('全部被删除后:',priorityQueue.queue)    #查看优先级队列中的所有元素


from collections import deque    #双端队列
dequeQueue = deque(['Eric','John','Smith'])
```

```
print(dequeQueue)
dequeQueue.append('Tom')          #在右侧插入新元素
dequeQueue.appendleft('Terry')    #在左侧插入新元素
print(dequeQueue)
dequeQueue.rotate(2)        #循环右移2次
print('循环右移2次后的队列',dequeQueue)
dequeQueue.popleft()        #返回并删除队列最左端元素
print('删除最左端元素后的队列：',dequeQueue)
dequeQueue.pop()            #返回并删除队列最右端元素
print('删除最右端元素后的队列：',dequeQueue)
```

执行后会输出：

```
LILO队列 deque([0, 1, 2])
0
deque([1, 2])
LIFO队列 [1, 2, 3]
[1]
[3, 78, 100]
优先级队列：[1, 2, 100, 78, 3]
删除后剩余元素 [2, 3, 100, 78]
删除后剩余元素 [3, 78, 100]
删除后剩余元素 [78, 100]
删除后剩余元素 [100]
全部被删除后：[]
deque(['Eric', 'John', 'Smith'])
deque(['Terry', 'Eric', 'John', 'Smith', 'Tom'])
循环右移2次后的队列 deque(['Smith', 'Tom', 'Terry', 'Eric', 'John'])
删除最左端元素后的队列：deque(['Tom', 'Terry', 'Eric', 'John'])
删除最右端元素后的队列：deque(['Tom', 'Terry', 'Eric'])
```

4.3.4　实践演练——基于列表实现的优先队列

下面的实例文件 youdui.py 演示了基于列表实现优先队列的过程。

源码路径：daima\第4章\youdui.py

```
class ListPriQueueValueError(ValueError):
    pass

class List_Pri_Queue(object):
    def __init__(self, elems = []):
        self._elems = list(elems)
        #从大到小排序，末尾值最小，但优先级最高，方便弹出且效率为O(1)
        self._elems.sort(reverse=True)

    #判断队列是否为空
    def is_empty(self):
        return self._elems is []

    #查看最高优先级 O(1)
    def peek(self):
        if self.is_empty():
            raise ListPriQueueValueError("in pop")
        return self._elems[-1]

    #弹出最高优先级 O(1)
    def dequeue(self):
        if self.is_empty():
            raise ListPriQueueValueError("in pop")
        return self._elems.pop()

    #入队新的优先级 O(n)
    def enqueue(self, e):
        i = len(self._elems) - 1
        while i>=0:
            if self._elems[i] < e:
                i -= 1
            else:
                break
        self._elems.insert(i+1, e)
```

```
if __name__=="__main__":
    l = List_Pri_Queue([4,6,1,3,9,7,2,8])
    print(l._elems)
    print(l.peek())
    l.dequeue()
    print(l._elems)
    l.enqueue(5)
    print(l._elems)
    l.enqueue(1)
    print(l._elems)
```

执行后会输出：

```
[9, 8, 7, 6, 4, 3, 2, 1]
1
[9, 8, 7, 6, 4, 3, 2]
[9, 8, 7, 6, 5, 4, 3, 2]
[9, 8, 7, 6, 5, 4, 3, 2, 1]
```

4.3.5　实践演练——基于堆实现的优先队列

下面的实例文件 dui.py 演示了基于堆实现优先队列的过程。

源码路径：daima\第 4 章\dui.py

```
class Heap_Pri_Queue(object):
    def __init__(self, elems = []):
        self._elems = list(elems)
        if self._elems:
            self.buildheap()

    #判断是否为空
    def is_empty(self):
        return self._elems is []

    #查看堆顶元素，即优先级最低的元素
    def peek(self):
        if self.is_empty():
            raise HeapPriQueueError("in pop")
        return self._elems[0]

    #将新的优先级加入队列O(log n)
    def enqueue(self, e):
        #在队列末尾创建一个空元素
        self._elems.append(None)
        self.siftup(e, len(self._elems) - 1)

    #新的优先级默认放在末尾，因此失去堆序，进行siftup，构建堆序
    #将e位移到正确的位置
    def siftup(self, e, last):
        elems, i, j = self._elems, last, (last-1)//2 #j为i的父节点
        while i>0 and e < elems[j]:
            elems[i] = elems[j]
            i, j = j, (j-1)//2
        elems[i] = e

    #堆顶值最小、优先级最高的出队，确保弹出元素后仍然维持堆序
    #将最后的元素放在堆顶，然后进行siftdown
    #   O(log₂n)
    def dequeue(self):
        if self.is_empty():
            raise HeapPriQueueError("in pop")
        elems = self._elems
        e0 = elems[0]
        e = elems.pop()
        if len(elems)>0:
            self.siftdown(e, 0, len(elems))
        return e0

    def siftdown(self, e, begin, end):
        elems, i, j = self._elems, begin, begin*2 + 1
        while j < end:
```

```
                if j+1 < end and elems[j] > elems[j+1]:
                    j += 1
                if e < elems[j]:
                    break
                elems[i] = elems[j]
                i, j = j, j*2+1
            elems[i] = e

        #构建堆序O(n)
        def buildheap(self):
            end = len(self._elems)
            for i in range(end//2, -1, -1):
                self.siftdown(self._elems[i], i, end)


if __name__=="__main__":
    l = Heap_Pri_Queue([5,6,1,2,4,8,9,0,3,7])
    print(l._elems)
    #[0, 2, 1, 3, 4, 8, 9, 6, 5, 7]
    l.dequeue()
    print(l._elems)
    #[1, 2, 7, 3, 4, 8, 9, 6, 5]
    print(l.is_empty())
    l.enqueue(0)
    print(l._elems)
    print(l.peek())
```

执行后会输出：

```
[0, 2, 1, 3, 4, 8, 9, 6, 5, 7]
[1, 2, 7, 3, 4, 8, 9, 6, 5]
False
[0, 1, 7, 3, 2, 8, 9, 6, 5, 4]
0
```

4.4　后进先出的栈

前面说过"先进先出"是一种规则，其实在很多时候"后进先出"也是一种规则。拿银行排队办理业务为例，假设银行工作人员通知说：今天的营业时间就要到了，还能办理 x 号到 y 号的业务，请 y 号以后的客户明天再来办理。也就是说，因为时间关系，排队队伍中的后来几位需要自觉退出，等第二天再来办理。本节将要讲的"栈"就遵循这一规则。栈是一种数据结构，是只能在某一端执行插入或删除操作的特殊线性表。栈按照后进先出的原则存储数据，先进的数据被压入栈底，最后进入的数据在栈顶。当需要读数据时，从栈顶开始弹出数据，最后一个数据第一个被读出来。栈通常也被称为后进先出的表。

4.4.1　什么是栈

栈允许在同一端执行插入和删除操作，允许执行插入和删除操作的一端称为栈顶（top），另一端称为栈底（bottom）。栈底是固定的，而栈顶是浮动的；如果栈中元素的个数为零，则被称为空栈。插入操作一般称为入栈（Push），删除操作一般称为出栈（Pop）。

1. 入栈

入栈将数据保存到栈顶。在执行入栈操作前，先修改栈顶指针，使其向上移一个元素位置，然后将数据保存到栈顶指针所指的位置。入栈操作的算法如下。

（1）如果 TOP≥n，则输出溢出信息，进行出错处理。在进栈前首先检查栈是否已满，如果满，则溢出；如果不满，则执行步骤（2）。

（2）设置 TOP=TOP+1，使栈指针加 1，指向进栈地址。

（3）设置 S(TOP)=X，结束操作，X 为新进栈的元素。

2. 出栈

出栈将栈顶的数据弹出，然后修改栈顶指针，使其指向栈中的下一个元素。出栈操作的算法如下：

（1）如果 TOP≤0，则输出下溢信息，并进行出错处理。在出栈前首先检查是否已为空栈，如果为空，则下溢信息；如果不为空，则执行步骤（2）。

（2）设置 X=S(TOP)，把出栈后的元素赋给 X。

（3）设置 TOP=TOP−1，结束操作，将栈指针减 1，指向栈顶。

在 Python 语言中，常见的栈操作如下所示。

- ❑ stack()：建立一个空的栈对象。
- ❑ push()：把一个元素添加到栈的顶层。
- ❑ pop()：删除栈的顶层元素，并返回这个元素。
- ❑ peek()：返回顶层的元素，并不删除它。
- ❑ isEmpty()：判断栈是否为空。
- ❑ size()：返回栈中元素的个数。

4.4.2　顺序栈

顺序栈是栈的顺序存储结构的简称，是运算受限的顺序表。在此需要注意如下 3 点。

（1）顺序栈中的元素用向量存放。

（2）栈底位置是固定不变的，可以设置为向量两端的任意一个端点。

（3）栈顶位置是随着进栈和出栈操作而变化的，用整型变量 top（通常称 top 为栈顶指针）指示当前栈顶位置。

1. 顺序栈的基本操作

❑ 进栈操作

进栈时，需要将 S->top 加 1。

✿ 注意：S->top==StackSize−1 表示栈满，出现"上溢"现象，即当栈满时，再执行进栈运算会产生空间溢出的现象。上溢是一种出错状态，应设法避免。

❑ 出栈操作

在出栈时，需要将 S->top 减 1。其中 S->top<0 表示这是一个空栈。当栈为空时，如果执行出栈运算，将会产生下溢现象。下溢是一种正常现象，常用作程序控制转移的条件。

2. 顺序栈运算

❑ 使用 Python 判断栈是否为空的算法代码如下所示。

```
# 判断栈是否为空，返回布尔值
def is_empty(self):
    return self.items == []
```

❑ 使用 Python 返回栈顶元素的算法代码如下所示。

```
def peek(self):
    return self.items[len(self.items) - 1]
```

❑ 使用 Python 返回栈大小的算法代码如下所示。

```
def size(self):
    return len(self.items)
```

❑ 使用 Python 把新的元素放进栈里面（也称为压栈、入栈或进栈）的算法代码如下所示。

```
def push(self, item):
    self.items.append(item)
```

❑ 使用 Python 把栈顶元素弹出去（也称为出栈）的算法代码如下所示。

```
def pop(self, item):
    return self.items.pop()
```

4.4.3 链栈

链栈是指栈的链式存储结构，是没有附加头节点的、运算受限的单链表，栈顶指针是链表的头指针。在推行链栈操作时需要注意如下两点。

（1）定义 LinkStack 结构类型是为了更便于在函数体中修改指针 top。

（2）如果要记录栈中元素个数，可以将元素的各个属性放在 LinkStack 类型中定义。

常用的链栈操作运算有 4 种，具体说明如下。

❑ 使用 Python 判断链栈是否为空的算法代码如下所示。

```python
def is_empty(self):
    return self._top is None
```

❑ 使用 Python 返回栈顶元素的算法代码如下所示。

```python
def top(self):
    if self.is_empty():
        raise StackUnderflow("in LStack.top()")
    return self._top.elem
```

❑ 使用 Python 把新的元素放进栈里面的算法代码如下所示。

```python
def push(self, elem):
    self._top = Node(elem, self._top)
```

❑ 使用 Python 把栈顶元素弹出去（也称为出栈）的算法代码如下所示。

```python
def pop(self):
    if self.is_empty():
        raise StackUnderflow("in LStack.pop()")
    result = self._top.elem
    self._top = self._top.next
    return result
```

4.4.4 实践演练——实现顺序栈操作

下面的实例文件 shunxu.py 演示了实现顺序栈基本操作的过程。

源码路径：daima\第 4 章\shunxu.py

```python
class Stack(object):
    # 初始化栈为空列表
    def __init__(self):
        self.items = []

    # 判断栈是否为空，返回布尔值
    def is_empty(self):
        return self.items == []

    # 返回栈顶元素
    def peek(self):
        return self.items[len(self.items) - 1]

    # 返回栈的大小
    def size(self):
        return len(self.items)

    # 把新的元素堆进栈里面（程序员喜欢把这个过程叫作压栈、入栈、进栈……）
    def push(self, item):
        self.items.append(item)

    # 把栈顶元素弹出去（程序员喜欢把这个过程叫作出栈……）
    def pop(self, item):
        return self.items.pop()


if __name__=="__main__":
    # 初始化一个栈对象
    my_stack = Stack()
    # 把'h'压入栈里
    my_stack.push('h')
    # 把'a'压入栈里
```

```
my_stack.push('a')
my_stack.push('c')
my_stack.push('d')
my_stack.push('e')
# 看一下栈的大小（有几个元素）
print(my_stack.size())
# 打印栈顶元素
print(my_stack.peek())
# 把栈顶元素弹出去，并打印出来
#print(my_stack.pop())
# 再看一下栈顶元素是谁
print(my_stack.peek())
# 这时候栈的大小是多少？
print(my_stack.size())
# 再弹出一个栈顶元素
#print(my_stack.pop())
# 看一下栈的大小
print(my_stack.size)
# 栈是不是空了？
print(my_stack.is_empty())
```

执行后会输出：

```
5
e
e
5
<bound method Stack.size of <__main__.Stack object at 0x000001CFD9410080>>
False
```

4.4.5 实践演练——使用顺序表方法和单链表方法实现栈

在 Python 程序中，栈可以用顺序表方式实现，也可以用链表方式实现。因为 Python 的内建数据结构太强大，可以用列表直接实现栈，这个方法比较简单快捷。下面的实例文件 liazhan.py 演示了使用顺序表方法和单链表方法实现栈的过程。

源码路径：daima\第 4 章\liazhan.py

```
#链表节点
class Node(object):
    def __init__(self, elem, next_ = None):
        self.elem = elem
        self.next = next_

#用顺序表实现栈
class SStack(object):
    def __init__(self):
        self._elems = []

    def is_empty(self):
        return self._elems == []

    def top(self):
        if self.is_empty():
            raise StackUnderflow
        return self._elems[-1]

    def push(self, elem):
        self._elems.append(elem)

    def pop(self):
        if self.is_empty():
            raise StackUnderflow
        return self._elems.pop()

#用链表实现栈
class LStack(object):
    def __init__(self):
        self._top = None
```

```
        def is_empty(self):
            return self._top is None

        def top(self):
            if self.is_empty():
                raise StackUnderflow("in LStack.top()")
            return self._top.elem

        def push(self, elem):
            self._top = Node(elem, self._top)

        def pop(self):
            if self.is_empty():
                raise StackUnderflow("in LStack.pop()")
            result = self._top.elem
            self._top = self._top.next
            return result


if __name__=="__main__":
    st1 = SStack()
    st1.push(3)
    st1.push(5)
    while not st1.is_empty():
        print(st1.pop())

    print("============")
    st2 = LStack()
    st2.push(3)
    st2.push(5)
    while not st2.is_empty():
        print(st2.pop())
```

执行后会输出：

```
5
3
============
5
3
```

4.5　实现堆队列操作

堆队列是一棵二叉树，并且拥有如下特点：它的父节点的值小于或等于它的任何子节点的值。如果采用数组来实现，可以把它们的关系表示为：heap[k] <= heap[2*k+1]和 heap[k] <= heap[2*k+2]，对于所有 k 值都成立，k 值从 0 开始计算。作为比较，可以认为不存的元素是无穷大的。堆队列有一个比较重要的特性，就是它的最小值元素是根元素：heap[0]。

4.5.1　Python 中的堆操作

在 Python 中对堆这种数据结构进行了模块化处理，开发者可以通过调用 heapq 模块来建立堆这种数据结构，同时 heapq 模块也提供了相应的方法来对堆进行操作。在 heapq 模块中包含如下成员。

❑ heapq.heappush(heap, item)：把一个 item 项压入堆 heap，同时维持堆的排序要求。
❑ heapq.heappop(heap)：弹出并返回堆 heap 里值最小的项，调整堆排序。如果堆为空，抛出 IndexError 异常。
❑ heapq.heappushpop(heap, item)：向堆 heap 里插入一个 item 项，并返回值最小的项。它组合了前面两个函数，这样更有效率。
❑ heapq.heapify(x)：在线性时间内，将列表 x 放入堆中。

- heapq.heapreplace(heap, item)：弹出值最小的项，并返回相应的值，最后把新项压入堆 heap。如果堆为空，抛出 IndexError 异常。
- heapq.merge(*iterables)：合并多个堆排序后的列表，返回一个迭代器来访问所有值。
- heapq.nlargest(*n*, iterable, key=None)：从数据集 iterable 中获取 *n* 项的最大值，以列表方式返回。如果提供了参数 key，则 key 是一个比较函数，用来比较元素之间的值。
- heapq.nsmallest(*n*, iterable, key=None)：从数据集 iterable 中获取 *n* 项的最小值，以列表方式返回。如果提供了参数 key，则 key 是一个比较函数，用来比较元素之间的值。相当于 sorted(iterable, key=key)[:*n*]。

下面的实例文件 dui1.py 演示了使用上述函数实现堆队列的过程。

源码路径：daima\第 4 章\dui1.py

```
import heapq
h = []
#使用heappush()把一项压入堆heap，同时维持堆的排序要求。
heapq.heappush(h, 5)
heapq.heappush(h, 2)
heapq.heappush(h, 8)
heapq.heappush(h, 4)
print(heapq.heappop(h))
heapq.heappush(h, 5)
#使用heapq.heappop(heap)
heapq.heappush(h, 2)
heapq.heappush(h, 8)
heapq.heappush(h, 4)
print(heapq.heappop(h))
print(heapq.heappop(h))
#使用heapq.heappushpop(heap, item)
h = []
heapq.heappush(h, 5)
heapq.heappush(h, 2)
heapq.heappush(h, 8)
print(heapq.heappushpop(h, 4))
#使用heapq.heapify(x)
h = [9, 8, 7, 6, 2, 4, 5]
heapq.heapify(h)
print(h)
#使用heapq.heapreplace(heap, item)
heapq.heapify(h)
print(heapq.heapreplace(h, 1))
print(h)
#使用heapq.merge(*iterables)
heapq.heapify(h)
l = [19, 11, 3, 15, 16]
heapq.heapify(l)
for i in heapq.merge(h,l):
    print(i, end = ',')
```

执行后会输出：

```
2
2
4
2
[2, 6, 4, 9, 8, 7, 5]
2
[1, 6, 4, 9, 8, 7, 5]
1,3,6,4,9,8,7,5,11,19,15,16,
```

4.5.2　实践演练——实现二叉堆操作

一种实现优先队列的经典方法便是采用二叉堆（Binary Heap），二叉堆能将优先队列的入队和出队复杂度都保持为 $O(\log_2 n)$。二叉堆的逻辑结构像二叉树，但用非嵌套的列表来实现。二叉堆有两种：键值总是最小的排在队首，称为"最小堆"（min heap）；反之，键值总是最大的排在队首，称为"最大堆"（max heap）。

在 Python 语言中，用于二叉堆操作的函数如下。

❑ binaryHeap()：创建一个空的二叉堆对象。

❑ insert(k)：将新元素压入堆中。

❑ findMin()：返回堆中的最小项，最小项仍保留在堆中。

❑ delMin()：返回堆中的最小项，同时从堆中删除。

❑ isEmpty()：返回堆是否为空。

❑ size()：返回堆中节点的个数。

❑ buildHeap(list)：从一个包含节点的列表里创建新堆。

下面的实例文件 brackets.py 演示了实现二叉堆操作的过程。

源码路径：daima\第 4 章\brackets.py

```python
class BinHeap:
    def __init__(self):
        self.heapList = [0]
        self.currentSize = 0


    def percUp(self,i):
        while i // 2 > 0:
            if self.heapList[i] < self.heapList[i // 2]:
                tmp = self.heapList[i // 2]
                self.heapList[i // 2] = self.heapList[i]
                self.heapList[i] = tmp
            i = i // 2

    def insert(self,k):
        self.heapList.append(k)
        self.currentSize = self.currentSize + 1
        self.percUp(self.currentSize)

    def percDown(self,i):
        while (i * 2) <= self.currentSize:
            mc = self.minChild(i)
            if self.heapList[i] > self.heapList[mc]:
                tmp = self.heapList[i]
                self.heapList[i] = self.heapList[mc]
                self.heapList[mc] = tmp
            i = mc

    def minChild(self,i):
        if i * 2 + 1 > self.currentSize:
            return i * 2
        else:
            if self.heapList[i*2] < self.heapList[i*2+1]:
                return i * 2
            else:
                return i * 2 + 1

    def delMin(self):
        retval = self.heapList[1]
        self.heapList[1] = self.heapList[self.currentSize]
        self.currentSize = self.currentSize - 1
        self.heapList.pop()
        self.percDown(1)
        return retval

    def buildHeap(self,alist):
        i = len(alist) // 2
        self.currentSize = len(alist)
        self.heapList = [0] + alist[:]
        while (i > 0):
            self.percDown(i)
```

```
            i = i - 1

bh = BinHeap()
bh.buildHeap([9,5,6,2,3])

print(bh.delMin())
print(bh.delMin())
print(bh.delMin())
print(bh.delMin())
print(bh.delMin())
```

执行后会输出：

```
2
3
5
6
9
```

4.6 技术解惑

4.6.1 顺序表插入操作的时间复杂度是多少

在顺序表上实现插入操作的过程看似比较复杂，其实实现起来比较简单，只是一个插入并重新排序的过程。在整个过程中，时间主要消耗在数据的移动上。在第 i 个位置插入一个元素，从 a_i 到 a_n 都要向后移动一个位置，一共需要移动 $n-i+1$ 个元素。i 的取值范围为 $1 \leq i \leq n+1$。当 i 等于 1 时，需要移动的元素个数最多，为 n 个；当 i 为 $n+1$ 时，不需要移动元素。如果在第 i 个位置插入的概率为 p_i，则平均移动数据元素的次数为 $n/2$。这说明在顺序表上执行插入操作，平均需要移动表中一半的数据元素。所以，插入操作的时间复杂度为 $O(n)$。

4.6.2 顺序表删除操作的时间复杂度是多少

顺序表的删除操作与插入操作一样，时间主要消耗在数据的移动上。当在第 i 个位置删除一个元素时，从 a_{i+1} 到 a_n 都要向前移动一个位置，共需要移动 $n-i$ 个元素，而 i 的取值范围为 $1 \leq i \leq n$。当 i 等于 1 时，需要移动 $n-1$ 个元素；当 i 为 n 时，不需要移动元素。假如在第 i 个位置删除的概率为 p_i，则平均移动数据元素的次数为 $(n-1)/2$。这说明在顺序表上进行删除操作平均需要移动表中一半的数据元素。所以，删除操作的时间复杂度为 $O(n)$。

4.6.3 顺序表按值查找操作的时间复杂度是多少

在顺序表中进行按值查找实现了一个比较运算，比较的次数与给定值在表中的位置和表长有关。当给定值与第一个数据元素相等时，比较次数为 1；当给定值与最后一个元素相等时，比较次数为 n。所以，平均比较次数为 $(n+1)/2$，时间复杂度为 $O(n)$。因为顺序表是用连续的空间存储数据元素，所以有很多种按值查找方法。如果顺序表是有序的，建议用折半查找法，这样可以较大地提高效率。

4.6.4 堆和栈的区别是什么

在计算机领域，堆、栈是不容忽视的概念。但对于很多初学者来说，对堆、栈的理解又显得模糊。堆、栈是数据结构，是程序运行时用于存放数据的地方。这可能是很多初学者已有的认识，因为作者曾经就是这么想的，将堆、栈和汇编语言中的"堆栈"一词混为一谈。

首先要知道，对于堆、栈这种数据结构，尽管常用到"堆栈"一词，但实际上堆、栈是两种数据结构：堆和栈。堆和栈都是一种数据项按序排列的数据结构。

❑ 栈就像装数据的桶或箱子。栈是一种具有后进先出性质的数据结构，也就是说，后存放的先取，先存放的后取。这就如同取出放在箱子里面最底下的东西（放入时间比较早的物品），首先要移开压在它上面的物品（放入时间比较晚的物品）。

❑ 堆像一棵倒过来的树。堆是一种经过排序的树型数据结构，每个节点都有一个值。通常所说的堆的数据结构，是指二叉堆。堆的特点是根节点的值最小（或最大），且根节点的两个子树也是堆。由于堆的这个特性，它常用来实现优先队列，堆可随意存取。这就如同在图书馆的书架上取书，虽然书的摆放是有顺序的，但是想取任意一本时不必像栈一样，先取出前面所有的书，书架这种机制不同于箱子，可以直接取出想要的书。

第 5 章

树

　　"树"原来是对一类植物的统称，主要由根、干、枝、叶组成。随着计算机的发展，在数据结构中，"树"被引申为由一个集合以及在该集合上定义的一种关系构成，包括根节点和若干棵子树。本章将探讨"树"这种数据结构的基本知识和具体用法。

5.1　树　基　础

在计算机领域，树是一种很常见的非线性数据结构。树能够把数据按照等级模式存储起来，例如树干中的数据比较重要，而小分支中的数据一般比较次要。"树"这种数据结构的内容比较"博大"，即使是这方面的专家，也不敢声称完全掌握了"树"。所以本书将只研究最常用的二叉树结构，并且讲解二叉树的一种实现——二叉查找树的基本知识。

5.1.1　什么是树

在学习二叉树的结构和行为之前，需要先给树下一个定义。数据结构中"树"的概念比较笼统，其中对树的如下递归定义最易于读者理解。

单个节点是一棵树，树根就是节点本身。设 T_1、T_2、…、T_k 是树，它们的根节点分别为 n_1、n_2、…、n_k。如果用一个新节点 n 作为 n_1、n_2、…、n_k 的父亲，得到一棵新树，节点 n 就是新树的根。称 n_1、n_2、…、n_k 为一组兄弟节点，它们都是节点 n 的子节点，称 n_1、n_2、..、n_k 为节点 n 的子树。

一棵典型的树的基本结构如图 5-1 所示。

由此可见，树是由边连接起来的一系列节点，树的一个实例就是公司的组织结构图，例如图 5-2 所示的一家软件公司的组织结构。

图 5-2 展示了这家公司的结构，图中的每个方框是一个节点，连接方框的线是边。显然，由节点表示的实体（人）构成一个组织，而边表示实体之间的关系。例如，技术总监直接向董事长汇报工作，所以在这两个节点之间有一条边。销售总监和技术总监之间没有直接用边来连接，所以这两个实体之间没有直接关系。

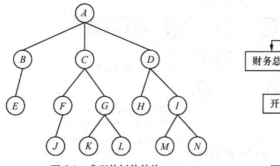

图 5-1　典型的树的结构

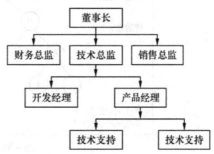

图 5-2　一家软件公司的组织结构图

由此可见，树是 $n(n\geq0)$ 个节点的有限集，作为"树"需要满足如下两个条件。

（1）有且仅有一个特定的称为根的节点。

（2）其余的节点可分为 m 个互不相交的有限集合 T_1、T_2、…、T_m，其中，每个集合又都是一棵树（子树）。

5.1.2　树的相关概念

学习编程的一大秘诀是：永远不要打无把握之仗。例如在学习 C 语言算法时，必须先学好 C 语言的基本用法，包括基本语法、指针、结构体等知识。这一秘诀同样适用于学习"树"这一数据结构，在学习之前需要先了解与"树"相关的几个概念。

❑　节点的度：指一个节点的子树个数。

❑　树的度：一棵树中节点的度的最大值。

- ❏ 叶子（终端节点）：度为 0 的节点。
- ❏ 分支节点（非终端节点）：度不为 0 的节点。
- ❏ 内部节点：除根节点之外的分支节点。
- ❏ 孩子：将树中某个节点的子树的根称为这个节点的孩子。
- ❏ 双亲：将某个节点的上层节点称为该节点的双亲。
- ❏ 兄弟：同一个双亲的孩子。
- ❏ 路径：如果在树中存在一个节点序列 k_1，k_2，…，k_j，使得 k_i 是 k_{i+1} 的双亲（$1 \leq i < j$），则称该节点序列是从 k_1 到 k_j 的一条路径。
- ❏ 祖先：如果树中节点 k 到 k_s 之间存在一条路径，则称 k 是 k_s 的祖先。
- ❏ 子孙：k_s 是 k 的子孙。
- ❏ 层次：节点的层次从根开始算起，第 1 层为根。
- ❏ 高度：树中节点的最大层次称为树的高度或深度。
- ❏ 有序树：将树中每个节点的各个子树看成从左到右的有序树。
- ❏ 无序树：有序树之外的称为无序树。
- ❏ 森林：指 $n(n \geq 0)$ 棵互不相交的树的集合。

✿ 注意：可以使用树中节点之间的父子关系来描述树形结构的逻辑特征。

图 5-3 展示了一张完整的树形结构图。

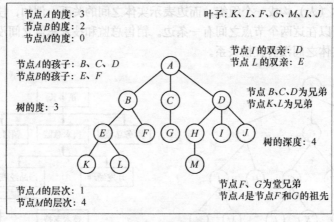

图 5-3　树形结构图

5.2　使用列表表示的树

图 5-4 展示了一棵简单的树以及相应的列表实现。

我们可以使用索引来访问列表的子树。树的根是 myTree[0]，根的左子树是 myTree[1]、右子树是 myTree[2]。例如在下面的实例文件 shu.py 中，演示了使用列表创建简单树的过程。树一旦被构建，就可以访问根和左、右子树。嵌套列表法的一个非常好的特性就是：子树的结构与树相同，本身是递归的。子树具有根节点和两个表示叶节点的空列表。列表的另一个优点是容易扩展到多叉树。在树不仅仅是一棵二叉树的情况下，另一棵子树只是另一个列表。

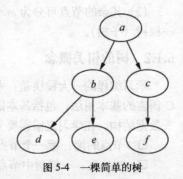

图 5-4　一棵简单的树

源码路径：daima\第5章\shu.py

```
myTree = ['a',
          ['b',
          ['d',[], []],
          ['e', [], []] ],
          ['c',   #right subtree
          ['f' ,[], []],
          [] ]
      ]
myTree = ['a', ['b', ['d',[],[]], ['e',[],[]] ], ['c', ['f',[],[]], [] ] ]
print(myTree)
print('left subtree = ', myTree[1])
print('root = ', myTree[0])
print('right subtree = ', myTree[2])
```

执行后会输出：

```
['a', ['b', ['d', [], []], ['e', [], []]], ['c', ['f', [], []], []]]
left subtree = ['b', ['d', [], []], ['e', [], []]]
root = a
right subtree = ['c', ['f', [], []], []]
```

5.3 二叉树详解

二叉树是指每个节点最多有两个子树的有序树，通常将两个子树的根分别称作"左子树"（left subtree）和"右子树"（right subtree）。本节将详细讲解二叉树的基本知识和具体用法。

5.3.1 二叉树的定义

二叉树是节点的有限集，可以是空集，也可以由一个根节点及两棵不相交的子树组成，通常将这两棵不相交的子树分别称作这个根节点的左子树和右子树。二叉树的主要特点如下。

（1）每个节点至多只有两棵子树，即不存在度大于 2 的节点。

（2）二叉树的子树有左右之分，次序不能颠倒。

（3）二叉树的第 i 层最多有 2^{i-1} 个节点。

（4）深度为 k 的二叉树最多有 2^k-1 个节点。

（5）对于任何一棵二叉树 T，如果其终端节点数（即叶节点数）为 n_0，度为 2 的节点数为 n_2，则 $n_0 = n_2 + 1$。

二叉树有如下 5 种基本形态：空二叉树，只有根节点的二叉树，右子树为空的二叉树，左子树为空的二叉树，左、右子树均非空的二叉树，如图 5-5（a）～（e）所示。

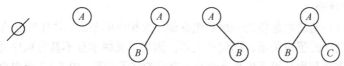

(a) 空二叉树　(b) 只有根节点　(c) 右子树为空　(d) 左子树为空　(e) 左、右子树均非空
　　　　　　　的二叉树　　　　的二叉树　　　　的二叉树　　　　的二叉树

图 5-5　二叉树的 5 种形态

另外，还存在两种特殊的二叉树形态，如图 5-6 所示。

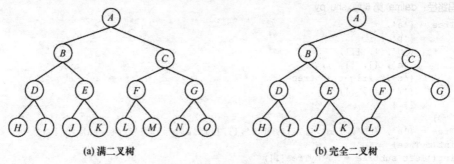

(a) 满二叉树　　　　　　　　　　　　　(b) 完全二叉树

图 5-6　二叉树的特殊形态

❑ 满二叉树：除叶节点外，每一个节点都有左右子叶，并且叶节点都处在最底层的二叉树中。

❑ 完全二叉树：只有最下面的两层节点的度小于 2，并且最下面一层的节点都集中在该层最左边的若干位置的二叉树中。

5.3.2　二叉树的性质

二叉树具有如下性质。

（1）在二叉树中，第 i 层的节点总数不超过 2^{i-1}。

（2）深度为 h 的二叉树最少有 h 个节点，最多有 2^h-1 个节点（$h \geqslant 1$）。

（3）对于任意一棵二叉树来说，如果叶节点数为 n_0，且度数为 2 的节点总数为 n_2，则 $n_0=n_2+1$。

（4）有 n 个节点的完全二叉树的深度为 $\mathrm{int}(\log_2 n)+1$。

（5）存在一棵有 n 个节点的完全二叉树，如果各节点以顺序方式存储，那么节点之间有如下关系。

① 如果 $i=1$，则节点 i 为根，无父节点；如果 $i>1$，则父节点编号为 $\mathrm{trunc}(n/2)$。

② 如果 $2i \leqslant n$，则左儿子（即左子树的根节点）的节点编号为 $2i$；如果 $2i>n$，则无左儿子。

③ 如果 $2i+1 \leqslant n$，则右儿子的节点编号为 $2i+1$；如果 $2i+1>n$，则无右儿子。

（6）假设有 n 个节点，能构成 $h(n)$ 种不同的二叉树，则 $h(n)$ 为卡特兰数的第 n 项，$h(n)=C(n,2n)/(n+1)$。

5.3.3　二叉树的存储结构

既然二叉树是一种数据结构，就得始终明白其任务——存储数据。在使用二叉树的存储数据时，一定要体现二叉树中各个节点之间的逻辑关系，即双亲和孩子之间的关系，只有这样才能向外人展示其独有功能。在应用中，会要求能从任何一个节点直接访问到其孩子，或直接访问到其双亲，或同时访问其双亲和孩子。

1.　顺序存储结构

二叉树的顺序存储结构是指用一维数组存储二叉树中的节点，并且节点的存储位置（下标）应该能体现节点之间的逻辑关系，即父子关系。因为二叉树本身不具有顺序关系，所以二叉树的顺序存储结构需要利用数组下标来反映节点之间的父子关系。由 5.3.2 节中介绍的二叉树的性质（5）可知，使用完全二叉树中节点的层序编号可以反映出节点之间的逻辑关系，并且这种反映是唯一的。对于一般的二叉树来说，可以增添一些并不存在的空节点，使之成为一棵完全二叉树，然后用一维数组顺序存储。

顺序存储的具体步骤如下。

（1）将二叉树按完全二叉树编号。根节点的编号为 1，如果某节点 i 有左孩子，则左孩子

的编号为 $2i$；如果某节点 i 有右孩子，则右孩子的编号为 $2i+1$。

（2）以编号为下标，将二叉树中的节点存储到一维数组中。

例如，图 5-7 展示了将一棵二叉树改造为完全二叉树及其顺序存储。

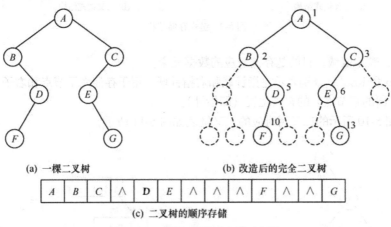

(a) 一棵二叉树   (b) 改造后的完全二叉树

A	B	C	$\wedge$	D	E	$\wedge$	$\wedge$	$\wedge$	F	$\wedge$	$\wedge$	G

(c) 二叉树的顺序存储

图 5-7 二叉树及其顺序存储示意图

因为二叉树的顺序存储结构一般仅适合于存储完全二叉树，所以如果使用上述存储方法，会有一个缺点——造成存储空间的浪费或形成右斜树。例如在图 5-8 中，一棵深度为 k 的右斜树，只有 k 个节点，却需要分配 $2k-1$ 个存储单元。

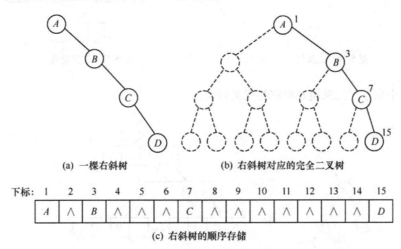

(a) 一棵右斜树   (b) 右斜树对应的完全二叉树

下标:	1	2	3	4	5	6	7	8	9	10	11	12	13	14	15
	A	$\wedge$	B	$\wedge$	$\wedge$	$\wedge$	C	$\wedge$	$\wedge$	$\wedge$	$\wedge$	$\wedge$	$\wedge$	$\wedge$	D

(c) 右斜树的顺序存储

图 5-8 右斜树及其顺序存储示意图

使用 Python 定义二叉树顺序存储结构数据的格式如下所示。

```python
class BinaryTreeNode(object):
    def __init__(self, data=None, left=None, right=None):
        self.data = data
        self.left = left
        self.right = right

class BinaryTree(object):
    def __init__(self, root=None):
        self.root = root
```

2. 链式存储结构

链式存储结构有两种，分别是二叉链存储结构和三叉链存储结构。二叉树的链式存储结构又称二叉链表，是指用一个链表来存储一棵二叉树。在二叉树中，每一个节点用链表中的一个链节点来存储。二叉树中标准存储方式的节点结构如图 5-9 所示。

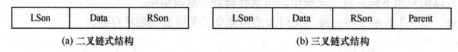

（a）二叉链式结构　　　　　　　　　　　（b）三叉链式结构

图 5-9　链式存储结构

- data：表示值域，目的是存储对应的数据元素。
- LSon 和 RSon：分别表示左指针域和右指针域，用于存储左子节点和右子节点（即左、右子树的根节点）的存储位置（即指针）。

例如，图 5-10 所示的二叉树对应的二叉链表如图 5-11 所示。

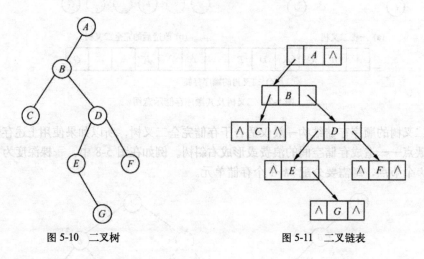

图 5-10　二叉树　　　　　　　　　　　　　图 5-11　二叉链表

图 5-12 中展示了二叉树和对应的三叉列表。

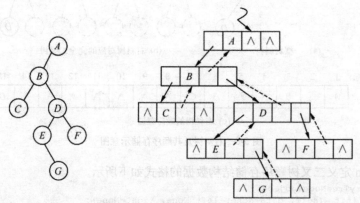

图 5-12　二叉树及对应的三叉列表

5.3.4　实践演练——使用嵌套列表表示树

下面的实例文件 qian.py 演示了使用嵌套列表表示树的过程。

源码路径：daima\第 5 章\qian.py

（1）通过如下代码构建一棵二叉树，该二叉树只是构建包含一个根节点和两个空子节点的列表。为了将左子树添加到树的根，我们需要插入一个新的列表到根列表的第二个位置。我们必须注意，如果列表中已经有值在第二个位置，我们需要跟踪它，将新节点插入树中作为其直接的左子节点。

```
def BinaryTree(r):
    return [r, [], []]
```

（2）通过如下 insertLeft()函数插入一个左子节点，首先判断当前左子节点的列表（可能是空的）长度是否大于 1。如果大于 1，在添加新的左子节点后，将原来的左子节点作为新节点的左子节点。这使我们能够将新节点插入到树中的任何位置。

```
def insertLeft(root,newBranch):
    t = root.pop(1)
    if len(t) > 1:
        root.insert(1,[newBranch,t,[]])
    else:
        root.insert(1,[newBranch, [], []])
    return root
```

（3）通过如下代码插入一个右子节点，具体原理和上面的插入左子节点相同。

```
def insertRight(root,newBranch):
    t = root.pop(2)
    if len(t) > 1:
        root.insert(2,[newBranch,[],t])
    else:
        root.insert(2,[newBranch,[],[]])
    return root
```

（4）为了完善树的实现，编写如下几个用于获取和设置根值的函数，以及几个用于获得左边或右边子树的函数。

```
def getRootVal(root):
    return root[0]

def setRootVal(root,newVal):
    root[0] = newVal

def getLeftChild(root):
    return root[1]

def getRightChild(root):
    return root[2]
```

（5）通过如下代码进行测试：

```
r = BinaryTree('a')
print(r.getRootVal())
print(r.getLeftChild())
r.insertLeft('b')
print(r.getLeftChild())
print(r.getLeftChild().getRootVal())
r.insertRight('c')
print(r.getRightChild())
print(r.getRightChild().getRootVal())
r.getRightChild().setRootVal('hello')
print(r.getRightChild().getRootVal())
```

执行后会输出：

```
a
None
<__main__.BinaryTree object at 0x00000221FC779AC8>
b
<__main__.BinaryTree object at 0x00000221FC779B00>
c
hello
```

5.3.5 实践演练——把二叉树的任何子节点当成二叉树

可以使用节点和引用来表示树，这时将定义具有根以及左右子树属性的类。使用节点和引用，我们认为树的结构如图 5-13 所示。

在下面的实例文件 jie.py 中，演示了把一棵二叉树的任何子节点当成二叉树进行处理的过程。在创建树的过程中存储一些键值，为左、右子节点赋值。注意，左、右子节点和根都是同一二叉树类的不同对象。我们可以把一棵二叉树的任何子节点当成二叉树处理。

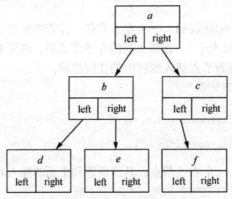

图 5-13　使用节点和引用表示简单的树

源码路径：daima\第 5 章\jie.py

（1）定义构造函数，把需要得到的类对象存储在根中。就像可以在列表中存储我们喜欢的任何一种类型一样，树的根对象可以指向任何一种类型。在上一节的例子中，我们将存储节点设置为根值的名称。使用节点和引用来表示图 5-2 中的树，我们将创建二叉树类的 6 个实例。

```
class BinaryTree:
    def __init__(self,rootObj):
        self.key = rootObj
        self.leftChild = None
        self.rightChild = None
```

（2）接下来看一下我们需要构建的根节点以外的函数。为了添加左子节点，将创建一棵新的二叉树，并设置根的左属性以指向这个新对象。添加左子节点的代码如下所示。

```
def insertLeft(self,newNode):
    if self.leftChild == None:
        self.leftChild = BinaryTree(newNode)
    else:
        t = BinaryTree(newNode)
        t.leftChild = self.leftChild
        self.leftChild = t
```

我们必须考虑两种情况进行插入。第一种情况是没有左子节点，当没有左子节点时，将新节点添加进来即可。第二种情况是当前存在左子节点，此时需要插入一个节点并将之前的子节点降一级。第二种情况由上面的 else 语句进行处理。

（3）至于 insertRight() 的代码必须考虑对称的情况。要么没有右子节点，要么必须插入到根节点和现有的右子节点之间。插入代码如下所示。

```
def insertRight(self,newNode):
    if self.rightChild == None:
        self.rightChild = BinaryTree(newNode)
    else:
        t = BinaryTree(newNode)
        t.rightChild = self.rightChild
        self.rightChild = t
```

（4）为了完成一棵简单的二叉树数据结构的定义，实现如下访问左、右子节点和根值的方法。

```
def getRightChild(self):
    return self.rightChild

def getLeftChild(self):
    return self.leftChild
```

```
def setRootVal(self,obj):
    self.key = obj

def getRootVal(self):
    return self.key
```

（5）通过如下代码进行测试。

```
r = BinaryTree('a')
print(r.getRootVal())
print(r.getLeftChild())
r.insertLeft('b')
print(r.getLeftChild())
print(r.getLeftChild().getRootVal())
r.insertRight('c')
print(r.getRightChild())
print(r.getRightChild().getRootVal())
r.getRightChild().setRootVal('hello')
print(r.getRightChild().getRootVal())
```

执行后会输出：

```
a
None
<__main__.BinaryTree object at 0x00000221FC779AC8>
b
<__main__.BinaryTree object at 0x00000221FC779B00>
c
hello
```

5.3.6 实践演练——实现二叉搜索树查找操作

二叉搜索树是指在二叉树中查找数据，在查找时需要遍历二叉树的所有节点，然后逐个比较数据是否是所要找的对象。当找到目标数据时，将返回该数据所在节点的指针。二叉查找树也称为二叉搜索树，是指当左子树不为空时，左子树的节点值小于根节点；右子树不为空时，右子树的节点值大于根节点。左、右子树分别为二叉查找树。

在 Python 语言中，实现二叉树查找操作的主要成员如下所示。

❑ map()：创建一个新的空 Map 集合。

❑ put(key,val)：在 Map 中增加一个新的键值对。如果这个键已经在这个 Map 中，那么就用新值代替旧值。

❑ get(key)：提供一个键，返回 Map 中保存的数据，或者返回 None。

❑ del：使用 del map[key]这条语句从 Map 中删除键值对。

❑ len()：返回 Map 中保存的键值对的数目。

❑ in：如果所给的键在 Map 中，使用 key in map 这条语句返回 True。

一棵二叉搜索树，如果具有左子树中的键值都小于父节点，而右子树中的键值都大于父节点的属性，我们将这种树称为 BST 搜索树。当我们实现 Map 时，二叉搜索方法将引导我们实现这一点。图 5-14 展示了二叉搜索树的这一特性，显示的键没有关联任何值。注意这种属性适用于每个父节点和子节点。所有左子树的键值都小于根节点的键值，所有右子树的键值都大于根节点的键值。

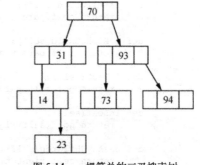

图 5-14　一棵简单的二叉搜索树

你现在已经知道什么是二叉搜索树了，接下来看看如何构造一棵二叉搜索树。我们在二叉搜索树中按图 5-14 显示的节点顺序插入这些键值，图 5-14 所示二叉搜索树存在的节点：70，31，93，94，14，23，73。因为 70 是第一个被插入到树中的值，它是根节点。接下来，31 小于 70，因此是 70 的左子树。接下来，93 大于 70，因此是 70 的右子树。我们现在填充了该树的两层，所以下一个键值，将会是 31 或 93 的左子树或右子树。由于 94 大于 70 和 93，因此变成 93 的右子树。同样，14 小于 70 和 31，因此成为 31 的左子树。23 也小于 31，因此必须是 31 的左子树。然而，23 大于 14，所以成为 14 的右子树。

为了实现二叉搜索树，我们将使用节点和引用的方法，这类似于我们实现链表和表达式树的过程。因为必须能够创建和使用一棵空的二叉搜索树，所以我们将使用两个类来实现，第一个类名为 BinarySearchTree，第二个类名为 TreeNode。

类 BinarySearchTree 以 TreeNode 类的一个引用作为二叉搜索树的根，大多数情况下，外部类定义的外部方法只需要检查树是否为空，如果树有节点，要求 BinarySearchTree 类中含有私有方法能够把根定义为参数。在这种情况下，如果树是空的或者我们想删除树的根，就必须采用特殊操作。类 BinarySearchTree 的构造函数以及一些其他函数的代码如下所示。

```python
class BinarySearchTree:

    def __init__(self):
        self.root = None
        self.size = 0

    def length(self):
        return self.size

    def __len__(self):
        return self.size

    def __iter__(self):
        return self.root.__iter__()
```

类 TreeNode 提供了许多辅助函数，使得 BinarySearchTree 类的方法更容易实现。在如下代码中，树节点的结构是由这些辅助函数实现的。正如我们看到的那样，这些辅助函数可以根据自己的位置，划分一个节点作为左孩子、右孩子以及该子节点的类型。TreeNode 类非常清楚地跟踪了每个父节点的属性。

```python
class TreeNode:
    def __init__(self,key,val,left=None,right=None,parent=None):
        self.key = key
        self.payload = val
        self.leftChild = left
        self.rightChild = right
        self.parent = parent

    def hasLeftChild(self):
        return self.leftChild

    def hasRightChild(self):
        return self.rightChild

    def isLeftChild(self):
        return self.parent and self.parent.leftChild == self

    def isRightChild(self):
        return self.parent and self.parent.rightChild == self

    def isRoot(self):
        return not self.parent

    def isLeaf(self):
        return not (self.rightChild or self.leftChild)

    def hasAnyChildren(self):
        return self.rightChild or self.leftChild

    def hasBothChildren(self):
        return self.rightChild and self.leftChild
```

```
        def replaceNodeData(self,key,value,lc,rc):
            self.key = key
            self.payload = value
            self.leftChild = lc
            self.rightChild = rc
            if self.hasLeftChild():
                self.leftChild.parent = self
            if self.hasRightChild():
                self.rightChild.parent = self
```

上述代码中有一个有趣的地方，我们使用了 Python 的可选参数。通过使用可选参数，可以很容易让我们在几种不同的情况下创建树节点。有时我们想创建一个新的树节点，即使我们已经有了父节点和子节点。与现有的父节点和子节点一样，我们可以将父节点和子节点作为参数的方式继续创建新的节点。有时我们也会创建包含键值对的树，我们不会传递父节点或子节点的任何参数。在这种情况下，我们将使用可选参数的默认值。

现在已经实现了 BinarySearchTree 和 TreeNode 类，接下来可以编写 put()方法，使我们能够建立二叉搜索树。put()方法是 BinarySearchTree 类的一个方法，这个方法将检查这棵树是否已经有根。如果没有，则创建一个新的树节点并把它设置为树的根。如果已经有一个根节点，我们就调用它自己进行递归，辅助函数_put()会按照如下算法搜索树：

❑ 从树的根节点开始，通过搜索二叉树来比较新的键值和当前节点的键值。如果新的键值小于当前节点，则搜索左子树；如果新的键值大于当前节点，则搜索右子树。
❑ 当搜索不到左（或右）子树时，我们在树中所处的位置就是设置新节点的位置。
❑ 向树中添加一个节点，创建一个新的 TreeNode 对象，并在这个节点的上一个节点中插入这个对象。

如下代码显示了在树中插入新节点的 Python 代码。_put()函数要按照上述步骤编写递归算法。注意，当插入一棵新的子树时，当前节点（CurrentNode）作为父节点传递给新树。

```
def put(self,key,val):
    if self.root:
        self._put(key,val,self.root)
    else:
        self.root = TreeNode(key,val)
    self.size = self.size + 1

def _put(self,key,val,currentNode):
    if key < currentNode.key:
        if currentNode.hasLeftChild():
            self._put(key,val,currentNode.leftChild)
        else:
            currentNode.leftChild = TreeNode(key,val,parent=currentNode)
    else:
        if currentNode.hasRightChild():
            self._put(key,val,currentNode.rightChild)
        else:
            currentNode.rightChild = TreeNode(key,val,parent=currentNode)
```

在实现 put()方法后，我们可以很容易地通过__setitem__方法()重载[]作为操作符来调用 put()方法，例如下面的实现代码。这使我们能够编写像 myZipTree['Plymouth'] = 55446 一样的 Python语句，这看上去就像 Python 字典。

```
def __setitem__(self,k,v):
    self.put(k,v)
```

下面的图 5-15 说明了将新节点插入到一棵二叉搜索树的过程。灰色节点显示了插入过程中遍历树节点的顺序。

树构造完毕后，接下来的任务是为给定的键值实现检索操作。get()方法比 put()方法更容易，因为它只需要递归二叉搜索树，直到发现不匹配的叶节点或找到匹配的键值为止。当找到匹配的键值后，就会返回节点中的值。

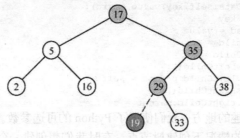

图 5-15 插入一个键值为 19 的节点

下面的演示代码实现了 get()、_get() 和 __getitem__() 方法。用_get() 方法搜索的方式与用 put() 方法选择左子树或右子树的逻辑相同。需要注意的是，_get() 方法返回从 TreeNode 中获取的值，_get() 方法可以作为一种灵活有效的方式，为 BinarySearchTree 的其他可能需要使用 TreeNode 中数据的方法提供参数。

```
def get(self,key):
    if self.root:
        res = self._get(key,self.root)
        if res:
            return res.payload
        else:
            return None
    else:
        return None

def _get(self,key,currentNode):
    if not currentNode:
        return None
    elif currentNode.key == key:
        return currentNode
    elif key < currentNode.key:
        return self._get(key,currentNode.leftChild)
    else:
        return self._get(key,currentNode.rightChild)

def __getitem__(self,key):
    return self.get(key)
```

通过实现__getitem__()方法，我们可以写一条看起来就像我们访问字典一样的 Python 语句，而事实上我们只是操作二叉搜索树，例如 Z = myziptree ['fargo']。正如你所看到的，__getitem__() 方法是在调用 get()。通过使用 get() 方法，我们可以借助 BinarySearchTree 的 __contains__() 方法来实现操作，__contains__() 方法简单地调用 get() 方法。如果有返回值，就返回 True；如果返回值是 None，就返回 False。具体代码如下所示。

```
def __contains__(self,key):
    if self._get(key,self.root):
        return True
    else:
        return False
```

下面的实例文件 chashu.py 演示了实现二叉查找树的过程。

源码路径：daima\第 5 章\chashu.py

```
class TreeNode:
    def __init__(self, val):
        self.val = val;
        self.left = None;
        self.right = None;

def insert(root, val):
    if root is None:
        root = TreeNode(val);
    else:
```

```
            if val < root.val:
                    root.left = insert(root.left, val);     # 递归地插入元素
            elif val > root.val:
                    root.right = insert(root.right, val);
        return root;

def query(root, val):
    if root is None:
            return;
    if root.val is val:
            return 1;
    if root.val < val:
            return query(root.right, val);     # 递归地查询
    else:
            return query(root.left, val);

def findmin(root):
    if root.left:
            return findmin(root.left);
    else:
            return root;

def delnum(root, val):
    if root is None:
            return;
    if val < root.val:
            return delnum(root.left, val);
    elif val > root.val:
            return delnum(root.right, val);
    else:    # 删除时，要区分左右孩子是否为空的情况
            if (root.left and root.right):

                    tmp = finmin(root.right);     # 找到后继结点
                    root.val = tmp.val;
                    root.right = delnum(root.right, val);   # 实际删除的是这个后继节点

            else:
                    if root.left is None:
                            root = root.right;
                    elif root.right is None:
                            root = root.left;
        return root;


# 测试代码
root = TreeNode(3);
root = insert(root, 2);
root = insert(root, 1);
root = insert(root, 4);

# print query(root,3);
print(query(root, 1))

root = delnum(root, 1);
print(query(root, 1))
```

执行后会输出：

```
1
None
```

二叉查找树中最左边的节点即为最小值，要查找最小值，只需要遍历左子树的节点，直到为空为止。同理，最右边的节点即为最大值。要查找最大值，只需要遍历右子树的节点，直到为空为止。

5.3.7 实践演练——实现二叉搜索树的删除操作

二叉搜索树的插入、查找和删除都是通过递归的方式来实现的。在删除一个节点的时候，先找到这个节点 S，假设这个节点的左右孩子都不为空，这时并非真正删除这个节点 S，而是在

其右子树中找到后继节点，将后继节点的值赋予 S，然后删除这个后继节点就可以。假设节点 S 的左孩子或右孩子为空，就能够直接删除这个节点 S。

在二叉搜索树中删除键值的演示代码如下所示，首要任务是找到二叉搜索树中要删除的节点。如果树含有一个以上的节点，使用_get()方法找到需要删除的节点。如果树只有一个节点，那么意味着我们要删除树的根，但是我们仍然要检查根的键值是否与要删除的键值匹配。在以上两种情况下，如果没有找到键，删除操作就会报错。

```
def delete(self,key):
    if self.size > 1:
        nodeToRemove = self._get(key,self.root)
        if nodeToRemove:
            self.remove(nodeToRemove)
            self.size = self.size-1
        else:
            raise KeyError('Error, key not in tree')
    elif self.size == 1 and self.root.key == key:
        self.root = None
        self.size = self.size - 1
    else:
        raise KeyError('Error, key not in tree')

def __delitem__(self,key):
    self.delete(key)
```

一旦找到要删除的节点，就必须考虑如下三种情况。

❑ 要删除的节点没有孩子，如图 5-16 所示。

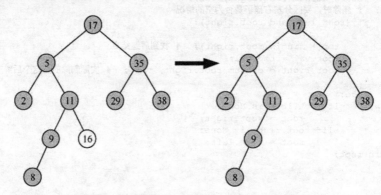

图 5-16　删除键值为 16 的节点，这个节点没有孩子

❑ 要删除的节点只有一个孩子，如图 5-17 所示。

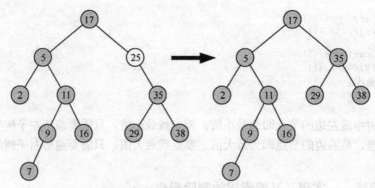

图 5-17　删除键值为 25 的节点，这个节点只有一个孩子

❑ 要删除的节点有两个孩子，如图 5-18 所示。

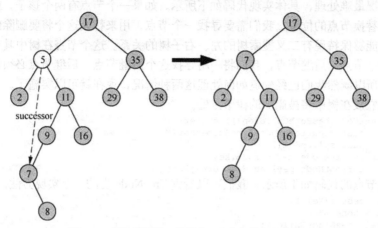

图 5-18　删除键值为 5 的节点，这个节点有两个孩子

第 1 种情况最简单，具体实现代码如下所示。如果当前节点没有孩子，我们需要做的就是引用删除该节点并删除父节点的引用。

```
if currentNode.isLeaf():
    if currentNode == currentNode.parent.leftChild:
        currentNode.parent.leftChild = None
    else:
        currentNode.parent.rightChild = None
```

第 2 种情况稍微复杂一些，具体实现代码如下所示。

```
else: # this node has one child
    if currentNode.hasLeftChild():
        if currentNode.isLeftChild():
            currentNode.leftChild.parent = currentNode.parent
            currentNode.parent.leftChild = currentNode.leftChild
        elif currentNode.isRightChild():
            currentNode.leftChild.parent = currentNode.parent
            currentNode.parent.rightChild = currentNode.leftChild
        else:
            currentNode.replaceNodeData(currentNode.leftChild.key,
                            currentNode.leftChild.payload,
                            currentNode.leftChild.leftChild,
                            currentNode.leftChild.rightChild)
    else:
        if currentNode.isLeftChild():
            currentNode.rightChild.parent = currentNode.parent
            currentNode.parent.leftChild = currentNode.rightChild
        elif currentNode.isRightChild():
            currentNode.rightChild.parent = currentNode.parent
            currentNode.parent.rightChild = currentNode.rightChild
        else:
            currentNode.replaceNodeData(currentNode.rightChild.key,
                            currentNode.rightChild.payload,
                            currentNode.rightChild.leftChild,
                            currentNode.rightChild.rightChild)
```

在上述代码中，如果节点只有一个孩子，那么可以简单地用孩子替换父母的位置。我们只讨论当前节点只有左子树的情况。具体过程如下。

❏ 如果当前节点是左子树，只需要更新左子树的引用以指向当前节点的父节点，然后更新父节点的左子树引用以指向当前节点的左子树。

❏ 如果当前节点是右子树，只需要更新右子树的引用以指向当前节点的父节点，然后更新父节点的右子树引用以指向当前节点的右子树。

❏ 如果当前节点没有父节点，那么它一定是根。这种情况下，我们只需要通过调用 replaceNodeData() 方法把键替换为左子树和右子树中的数据。

第 3 种情况最难处理，具体实现代码如下所示。如果一个节点有两个孩子，就不可能简单地用其中一个替换节点的位置，我们需要寻找一个节点，用来替换这个将要删除的节点，我们要求这个节点能够保持现有二叉搜索树的左、右子树的关系。这个节点在树中具有第二大的键值。我们称这个节点为后继节点，我们将一路寻找这个后继节点，后继节点必须保证没有一个以上的孩子。所以既然我们已经知道如何处理这两种情况，现在就可以实施了。一旦后继节点被删除，就把它放在树中将被删除的树节点处。

```
elif currentNode.hasBothChildren(): #interior
        succ = currentNode.findSuccessor()
        succ.spliceOut()
        currentNode.key = succ.key
        currentNode.payload = succ.payload
```

找到后继节点的代码如下所示，我们可以看到 TreeNode 类的一个实现方法。

```
def findSuccessor(self):
    succ = None
    if self.hasRightChild():
        succ = self.rightChild.findMin()
    else:
        if self.parent:
            if self.isLeftChild():
                    succ = self.parent
            else:
                    self.parent.rightChild = None
                    succ = self.parent.findSuccessor()
                    self.parent.rightChild = self
    return succ

def findMin(self):
    current = self
    while current.hasLeftChild():
        current = current.leftChild
    return current

def spliceOut(self):
    if self.isLeaf():
        if self.isLeftChild():
                self.parent.leftChild = None
        else:
                self.parent.rightChild = None
    elif self.hasAnyChildren():
        if self.hasLeftChild():
                if self.isLeftChild():
                    self.parent.leftChild = self.leftChild
                else:
                    self.parent.rightChild = self.leftChild
                self.leftChild.parent = self.parent
        else:
                if self.isLeftChild():
                    self.parent.leftChild = self.rightChild
                else:
                    self.parent.rightChild = self.rightChild
                self.rightChild.parent = self.parent
```

上述代码利用了二叉搜索树中序遍历的性质，从最小到最大打印出树中的节点。当寻找后继节点时需要考虑 3 种情况。

- 如果节点有右子节点，那么后继节点是右子树中最小的关键节点。
- 如果节点没有右子节点，而是其父节点的左子树，那么父节点是后继节点。
- 如果节点是其父节点的右子节点，而其本身无右子节点，那么这个节点的后继节点是其父节点的后继节点，但不包括这个节点。

现在对我们来说，首要的问题是从二叉搜索树中删除一个节点。其中 findMin()方法用来找到子树中的最小节点。因为最小值在任何二叉搜索树中都是树最左边的孩子节点，因此 findMin()

方法只需要简单地追踪左子树，直到找到没有左子树的叶节点为止。

另外还需要看看二叉搜索树的最后一个接口，假设我们已经按顺序简单遍历了子树上所有的键值，这肯定是用字典实现的。此时肯定会有读者要问：为什么不是树？我们虽然已经知道使用中序遍历二叉树的算法，然而写一个迭代器需要执行更多的操作，因为每次调用迭代器时，一个迭代器只返回一个节点。

Python 提供了一个用于创建迭代器的非常强大的功能。这个功能就是 yield。yield 类似于 return，返回一个值给调用者。然而，yield 也需要额外的步骤来暂停函数的执行，以便为下次调用函数时继续执行做准备。它的功能是创建可迭代对象，称为生成器。实现二叉树迭代器的代码如下所示。因为通过__iter__()重写 for x in 的操作符以进行迭代，所以整个过程是递归，这是__iter__()方法在 TreeNode 类中定义的 TreeNode 的实例递归。

```
def __iter__(self):
    if self:
        if self.hasLeftChild():
            for elem in self.leftChiLd:
                yield elem
        yield self.key
        if self.hasRightChild():
            for elem in self.rightChild:
                yield elem
```

下面的实例文件 erwan.py，演示了完整实现二叉查找树的过程，包括查找、插入、获取和删除键值等功能。

源码路径：daima\第 5 章\erwan.py

```
class TreeNode:
    def __init__(self, key, val, left=None, right=None, parent=None):
        self.key = key
        self.payload = val
        self.leftChild = left
        self.rightChild = right
        self.parent = parent

    def hasLeftChild(self):
        return self.leftChild

    def hasRightChild(self):
        return self.rightChild

    def isLeftChild(self):
        return self.parent and self.parent.leftChild == self

    def isRightChild(self):
        return self.parent and self.parent.rightChild == self

    def isRoot(self):
        return not self.parent

    def isLeaf(self):
        return not (self.rightChild or self.leftChild)

    def hasAnyChildren(self):
        return self.rightChild or self.leftChild

    def hasBothChildren(self):
        return self.rightChild and self.leftChild

    def replaceNodeData(self, key, value, lc, rc):
        self.key = key
        self.payload = value
        self.leftChild = lc
        self.rightChild = rc
        if self.hasLeftChild():
            self.leftChild.parent = self
```

```
                    if self.hasRightChild():
                        self.rightChild.parent = self


    class BinarySearchTree:

        def __init__(self):
            self.root = None
            self.size = 0

        def length(self):
            return self.size

        def __len__(self):
            return self.size

        def put(self, key, val):
            if self.root:
                self._put(key, val, self.root)
            else:
                self.root = TreeNode(key, val)
            self.size = self.size + 1

        def _put(self, key, val, currentNode):
            if key < currentNode.key:
                if currentNode.hasLeftChild():
                    self._put(key, val, currentNode.leftChild)
                else:
                    currentNode.leftChild = TreeNode(key, val, parent=currentNode)
            else:
                if currentNode.hasRightChild():
                    self._put(key, val, currentNode.rightChild)
                else:
                    currentNode.rightChild = TreeNode(key, val, parent=currentNode)

        def __setitem__(self, k, v):
            self.put(k, v)

        def get(self, key):
            if self.root:
                res = self._get(key, self.root)
                if res:
                        return res.payload
                else:
                        return None
            else:
                return None

        def _get(self, key, currentNode):
            if not currentNode:
                return None
            elif currentNode.key == key:
                return currentNode
            elif key < currentNode.key:
                return self._get(key, currentNode.leftChild)
            else:
                return self._get(key, currentNode.rightChild)

        def __getitem__(self, key):
            return self.get(key)

        def __contains__(self, key):
            if self._get(key, self.root):
                    return True
            else:
                    return False

        def delete(self, key):
            if self.size > 1:
```

```
                nodeToRemove = self._get(key, self.root)
                if nodeToRemove:
                    self.remove(nodeToRemove)
                    self.size = self.size - 1
                else:
                    raise KeyError('Error, key not in tree')
        elif self.size == 1 and self.root.key == key:
            self.root = None
            self.size = self.size - 1
        else:
            raise KeyError('Error, key not in tree')

    def __delitem__(self, key):
        self.delete(key)

    def spliceOut(self):
        if self.isLeaf():
            if self.isLeftChild():
                self.parent.leftChild = None
            else:
                self.parent.rightChild = None
        elif self.hasAnyChildren():
            if self.hasLeftChild():
                if self.isLeftChild():
                    self.parent.leftChild = self.leftChild
                else:
                    self.parent.rightChild = self.leftChild
                self.leftChild.parent = self.parent
            else:
                if self.isLeftChild():
                    self.parent.leftChild = self.rightChild
                else:
                    self.parent.rightChild = self.rightChild
                self.rightChild.parent = self.parent

    def findSuccessor(self):
        succ = None
        if self.hasRightChild():
            succ = self.rightChild.findMin()
        else:
            if self.parent:
                if self.isLeftChild():
                    succ = self.parent
                else:
                    self.parent.rightChild = None
                    succ = self.parent.findSuccessor()
                    self.parent.rightChild = self
        return succ

    def findMin(self):
        current = self
        while current.hasLeftChild():
            current = current.leftChild
        return current

    def remove(self, currentNode):
        if currentNode.isLeaf():  # leaf
            if currentNode == currentNode.parent.leftChild:
                currentNode.parent.leftChild = None
            else:
                currentNode.parent.rightChild = None
        elif currentNode.hasBothChildren():  # interior
            succ = currentNode.findSuccessor()
            succ.spliceOut()
            currentNode.key = succ.key
            currentNode.payload = succ.payload

        else:  # this node has one child
            if currentNode.hasLeftChild():
```

```
                    if currentNode.isLeftChild():
                        currentNode.leftChild.parent = currentNode.parent
                        currentNode.parent.leftChild = currentNode.leftChild
                    elif currentNode.isRightChild():
                        currentNode.leftChild.parent = currentNode.parent
                        currentNode.parent.rightChild = currentNode.leftChild
                    else:
                        currentNode.replaceNodeData(currentNode.leftChild.key,
                                                    currentNode.leftChild.payload,
                                                    currentNode.leftChild.leftChild,
                                                    currentNode.leftChild.rightChild)
                else:
                    if currentNode.isLeftChild():
                        currentNode.rightChild.parent = currentNode.parent
                        currentNode.parent.leftChild = currentNode.rightChild
                    elif currentNode.isRightChild():
                        currentNode.rightChild.parent = currentNode.parent
                        currentNode.parent.rightChild = currentNode.rightChild
                    else:
                        currentNode.replaceNodeData(currentNode.rightChild.key,
                                                    currentNode.rightChild.payload,
                                                    currentNode.rightChild.leftChild,
                                                    currentNode.rightChild.rightChild)

mytree = BinarySearchTree()
mytree[3] = "red"
mytree[4] = "blue"
mytree[6] = "yellow"
mytree[2] = "at"

print(mytree[6])
print(mytree[2])
```
执行后会输出：
```
yellow
at
```

5.3.8 遍历二叉树

遍历有沿途旅行之意，例如我们自助旅行时通常按照事先规划的线路，一个景点一个景点地浏览，为了节约时间，不会去重复的景点。计算机中的遍历是指沿着某条搜索路线，依次对树中的所有节点做一次访问，并且仅做一次。遍历是二叉树中最重要的运算之一，是在二叉树上进行其他运算的基础。

1．遍历方案

因为一棵非空的二叉树由根节点及左、右子树 3 个基本部分组成，所以在任何一个给定节点上，可以按某种次序执行如下 3 个操作。

❑ 访问节点本身（node，N）。

❑ 遍历该节点的左子树（left subtree，L）。

❑ 遍历该节点的右子树（right subtree，R）。

以上 3 种操作有 6 种执行次序，分别是 NLR、LNR、LRN、NRL、RNL、RLN。因为前 3 种次序与后 3 种次序对称，所以只讨论先左后右的前 3 种次序。

2．3 种遍历的命名

根据访问节点的操作，会发生如下 3 种遍历。

❑ NLR：前序遍历，又称先序遍历，访问节点的操作发生在遍历其左、右子树之前。

❑ LNR：中序遍历，访问节点的操作发生在遍历其左、右子树之间。

❑ LRN：后序遍历，访问节点的操作发生在遍历其左、右子树之后。

因为被访问的节点必是某个子树的根，所以 N、L 和 R 又可以理解为根、根的左子树和根的右子树，NLR、LNR 和 LRN 又分别被称为先根遍历、中根遍历和后根遍历。

3. 遍历算法

中序遍历的定义如下。

如果二叉树非空，可以按照下面的顺序进行操作。

首先，遍历左子树。然后，访问根节点。最后，遍历右子树。

先序遍历的定义如下。

如果二叉树非空，可以按照下面的顺序进行操作。

首先，访问根节点。然后，遍历左子树。最后，遍历右子树。

后序遍历的定义如下。

如果二叉树非空，可以按照下面的顺序进行操作。

首先，遍历左子树。然后，遍历右子树。最后，访问根节点。

先序遍历的结构如图 5-19 所示。中序遍历的结构如图 5-20 所示。后序遍历的结构如图 5-21 所示。

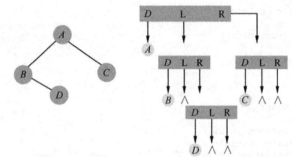

图 5-19　先序遍历

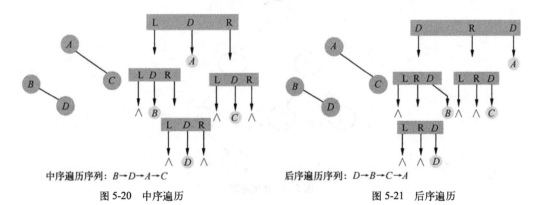

图 5-20　中序遍历　　　　　　　　图 5-21　后序遍历

在二叉树的按层遍历过程中，程序员只能使用循环队列进行处理，而不能方便地使用递归算法来编写代码。作者总结的主流编码流程如下。

（1）将第一层（即根节点）添加到队列中。

（2）将根节点的左右子树（即第二层）添加到队列中。

（3）依此类推，经过循环处理后，即可实现逐层遍历。

下面的实例文件 biancha.py 演示了分别实现二叉树的前序遍历、中序遍历和后序遍历的过程。

源码路径：daima\第 5 章\biancha.py

（1）构建一棵二叉树，具体实现代码如下所示。

```
class Node:
    def __init__(self, value=None, left=None, right=None):
        self.value = value
        self.left = left    # 左子树
        self.right = right   # 右子树
```

（2）分别实现二叉树的前序遍历、中序遍历和后序遍历，具体实现代码如下所示。

```
def preTraverse(root):
    '''
    前序遍历
    '''
    if root == None:
        return
    print(root.value)
    preTraverse(root.left)
    preTraverse(root.right)

def midTraverse(root):
    '''
    中序遍历
    '''
    if root == None:
        return
    midTraverse(root.left)
    print(root.value)
    midTraverse(root.right)

def afterTraverse(root):
    '''
    后序遍历
    '''
    if root == None:
        return
    afterTraverse(root.left)
    afterTraverse(root.right)
    print(root.value)
```

（3）开始验证，验证如图 5-22 所示的过程。

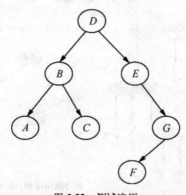

图 5-22　测试遍历

遍历测试的实现代码如下所示。

```
if __name__=='__main__':
    root=Node('D',Node('B',Node('A'),Node('C')),Node('E',right=Node('G',Node('F'))))
    print('前序遍历: ')
    preTraverse(root)
    print('\n')
    print('中序遍历: ')
    midTraverse(root)
    print('\n')
    print('后序遍历: ')
    afterTraverse(root)
    print('\n')
```

执行后会输出：

前序遍历：
D
B
A
C
E
G
F

中序遍历：
A
B
C
D
E
F
G

后序遍历：
A
C
B
F
G
E
D

5.3.9 线索二叉树

线索二叉树是指 n 个节点的二叉链表中含有 $n+1$ 个空指针域。利用二叉链表中的空指针域，存放指向节点在某种遍历次序下的前趋和后继节点的指针（这种附加的指针称为"线索"）。这种加上了线索的二叉链表称为线索链表，相应的二叉树称为线索二叉树（threaded binary tree）。根据线索性质的不同，线索二叉树可分为前序线索二叉树、中序线索二叉树和后序线索二叉树 3 种。

线索链表解决了二叉链表找左、右孩子困难的问题，也就是解决了无法直接找到该节点在某种遍历次序下的前趋和后继节点的问题。

假如存在一个拥有 n 个节点的二叉树，当采用链式存储结构时会有 $n+1$ 个空链域。这些空链域并非一无是处，在里面可以存放指向节点的直接前驱和直接后继的指针。如果节点有左子树，就使 lchild 域指示其左孩子，否则使 lchild 域指示其前驱；如果节点有右子树，就使 rchild 域指示其右孩子，否则使 rchild 域指示其后继。上述描述很容易混淆，为了避免混淆，有必要改变节点结构，例如可以在二叉存储结构的节点上增加两个标志域。

建立线索二叉树的过程是遍历一棵二叉树。在遍历过程中，需要检查当前节点的左、右指针域是否为空。如果为空，将它们改为指向前驱节点或后继节点的线索。

线索二叉树的结构如图 5-23 所示。

❑ ltag=0：指示节点的左孩子。
❑ ltag=1：指示节点的前驱。
❑ rtag=0：指示节点的右孩子。
❑ rtag=1：指示节点的后继。

lchild	ltag	data	rtag	rchild

图 5-23 线索二叉树的结构

　　因为能够比较快捷地在线索树上进行遍历，所以在遍历时先找到序列中的第一个节点，然后依次查找后继节点，直到后继为空。在实际应用中，比较重要的是在线索树中寻找节点的后继。那么究竟应该如何在线索树中找节点的后继呢？接下来以中序线索树为例进行讲解。

　　因为树中所有叶节点的右链是线索，所以右链域就直接指示节点的后继。树中所有非终端节点的右链均为指针，无法由此得到后继。根据中序遍历的规律可知，节点的后继是右子树中最左下的节点。这样就可以总结出在中序线索树中找前驱节点的规律是：如果左标志为"1"，则左链为线索，指示其前驱，否则前驱就是遍历左子树时最后访问的那个节点（左子树中最右下的节点）。

　　经过上述分析可知，在中序线索二叉树上遍历二叉树时不需要设栈，时间复杂度为 $O(n)$，并且在遍历过程中也无须由叶子向树根回溯，故遍历中序线索二叉树的效率较高。如果在程序中使用的二叉树经常需要遍历，该程序的存储结构就应该使用线索链表。

　　在后序线索树中找节点后继的过程比较复杂，有如下 3 种情况。

　　❑　如果节点 x 是二叉树的根，则其后继为空。

　　❑　如果节点 x 是其双亲的右孩子或左孩子，并且其双亲没有右子树，则其后继为其双亲。

　　❑　如果节点 x 是其双亲的左孩子，且其双亲有右子树，则其后继为双亲的右子树上按后序遍历列出的第一个节点。

　　那么，究竟如何进行二叉树的线索化呢？因为线索化能够将二叉链表中的空指针改为指向前驱或后继的线索，而只有在遍历时才能得到前驱或后继的信息，所以必须在遍历的过程中同步完成线索化过程，即在遍历的过程中逐一修改空指针，使其指向直接前驱。此时可以借助指针 pre，使 pre 指向刚刚访问过的节点，便于前驱线索指针的生成。前面的研究基本上是针对二叉树的，现在把目标转向树，看看树和二叉树具体有哪些异同点。

　　在实际应用中，通常使用多种形式的存储结构来表示树，常见形式有双亲表示法、孩子表示法、孩子-兄弟表示法。接下来讲解这 3 种常用链表结构的基本知识。

1. 双亲表示法

　　假设用一组连续空间来存储树的节点，同时在每个节点中设置一个指示器，设置指示器的目的是指示其双亲节点在链表中的位置。双亲表示法是一种存储结构，它利用了每个节点（除根以外）只有唯一的双亲的性质。在双亲表示法中，在求节点的孩子时必须遍历整个向量。这个过程比较费时，从而影响了效率，这是双亲表示法的最大弱点。双亲表示法如图 5-24 所示。

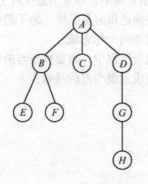

1	A	0
2	B	1
3	C	1
4	D	1
5	E	2
6	F	2
7	G	4
8	H	7

图 5-24　双亲表示法

2. 孩子表示法

　　因为树中每个节点可能有多棵子树，所以可以使用多重链表（每个节点有多个指针域，其中每个指针指向一棵子树的根节点）。与双亲表示法相反，孩子表示法能够方便地实现与孩子有关的操作，但是不适用于 PARENT(T, x) 操作。在现实中建议把双亲表示法和孩子表示法结合使用，即将双亲向量和孩子表头指针向量合在一起，这可以称作"双亲-孩子"表示法。孩子表示法如图 5-25 所示。

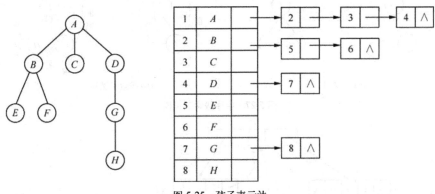

图 5-25 孩子表示法

3. 孩子-兄弟表示法

孩子-兄弟表示法又称为二叉树表示法或二叉链表表示法，是指以二叉链表作为树的存储结构。链表中节点的两个链域分别指向该节点的第一个孩子节点和下一个兄弟节点，分别命名为 fch 域和 nsib 域。

使用孩子-兄弟表示法的好处是便于实现各种树的操作，例如易于找节点孩子等操作。假如要访问节点 x 的第 i 个孩子，则只要先从 fch 域找到第 1 个孩子节点，然后沿着孩子节点的 nsib 域连续走 $i-1$ 步，便可以找到 x 的第 i 个孩子。如果为每个节点增设一个 PARENT 域，则同样能方便地实现 PARENT(T,x) 操作。孩子-兄弟表示法如图 5-26 所示。

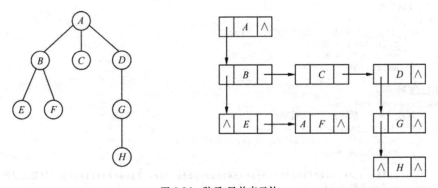

图 5-26 孩子-兄弟表示法

例如图 5-27（a）中的这棵二叉树，按照中序遍历得到的节点顺序为：$B \to F \to D \to A \to C \to G \to E \to H$。

再看看图 5-27（b）所示的这棵中序线索二叉树，因为节点 B 没有左子树，所以可以在左子树域中保存前驱节点指针。又因为在按照中序遍历节点时，B 是第一个节点，所以这个节点没有前驱。因为节点 B 的右子树不为空，所以不保存其后继节点的指针。节点 F 是叶节点，其左子树指针域保存前驱节点指针，指向节点 B；其右子树指针域保存后继节点指针，指向节点 D。图 5-28 显示了线索二叉树的存储结构。

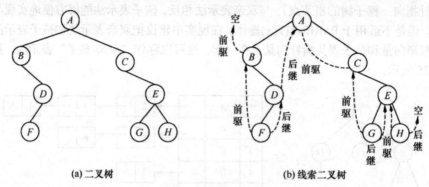

(a) 二叉树　　　　　　　　　　　　　　(b) 线索二叉树

图 5-27　中序线索二叉树

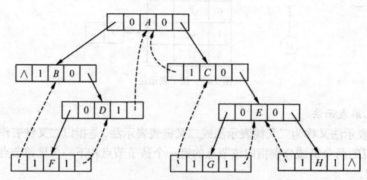

图 5-28　线索二叉树的存储结构

　　下面的实例文件 gaoshen.py 演示了获取二叉树的高度、宽度和深度的过程。另外，本实例还实现了二叉树的前序、后序和中序遍历，并且演示了遍历的非递归实现。

　　源码路径：daima\第 5 章\gaoshen.py

```
# 创建二叉树节点
class Node(object):
    def __init__(self, data, left, right):
        self.data = data
        self.left = None
        self.right = None


# 创建二叉树
class Tree(object):
    # 创建一棵树，默认会有一个根节点
    def __init__(self, data):
        self.root = Node(data, None, None)
        self.size = 1

        ############################################################为了计算二叉树的宽度而用
        # 存放各层节点数目
        self.n = []
        # 初始化层，否则列表访问无效
        for item in range(pow(2, 5)):
            self.n.append(0)
        # 索引标识
        self.maxwidth = 0
        self.i = 0


    # 求二叉树包含的节点数目
    def getsize(self):
        stack = [self.root]
        # 为了正确获取数目，这里需要先初始化一下
        self.size = 0
```

```
        while stack:
            temp = stack.pop(0)
            self.size += 1
            if temp.left:
                stack.append(temp.left)
            if temp.right:
                stack.append(temp.right)
        return self.size

# 默认以层次遍历打印出该二叉树
def print(self):
    stack = [self.root]
    while stack:
        temp = stack.pop(0)
        print(str(temp.data)+"\t", end='\t')
        if temp.left:
            stack.append(temp.left)
        if temp.right:
            stack.append(temp.right)
# 递归实现前序遍历
def qianxuDG(self, root):
    if root:
        print(root.data)
        self.qianxuDG(root.left)
        self.qianxuDG(root.right)

# 递归实现中序遍历
def zhongxuDG(self, root):
    if root:
        self.zhongxuDG(root.left)
        print(root.data)
        self.zhongxuDG(root.right)

# 求得二叉树的最大高度
def height(self, root):
    if not root:
        return 0
    ldeepth = self.height(root.left)
    rdeepth = self.height(root.right)
    return max(ldeepth+1, rdeepth+1)
# 求得二叉树的最大深度
def deepth(self, root):
    return self.height(root)-1
# 递归实现后序遍历
def houxuDG(self, root):
    if root:
        self.houxuDG(root.left)
        self.houxuDG(root.right)
        print(root.data)

# 二叉树的先序遍历非递归实现
def xianxu(self):
    """
    进栈向左走，如果当前节点有右子树，则先把右子树入栈，再把左子树入栈。实现先根遍历效果
    :return:
    """
    if self.root is None:
        return
    else:
        stack = [self.root]
        while stack:
            current = stack.pop()
            print(current.data)
            if current.right:
                stack.append(current.right)
            if current.left:
                stack.append(current.left)

# 二叉树的中序遍历非递归实现
```

```
    def zhongxu(self):
        if self.root is None:
            return
        else:
            # stack = [self.root]
            # current = stack[-1]
            stack = []
            current = self.root
            while len(stack)!=0 or current:
                if current:
                    stack.append(current)
                    current = current.left
                else:
                    temp = stack.pop()
                    print(temp.data)
                    current = temp.right

    # 二叉树的后序遍历非递归实现
    def houxu(self):
        if self.root is None:
            return
        else:
            stack1 = []
            stack2 = []
            stack1.append(self.root)
    # 对每一个头节点进行判断，先将该头节点放到栈2中，如果该节点有左子树，则放入栈1中，有右子树的话也放到栈1中
            while stack1:
                current = stack1.pop()
                stack2.append(current)
                if current.left:
                    stack1.append(current.left)
                if current.right:
                    stack1.append(current.right)
            # 直接遍历输出stack2即可
            while stack2:
                print(stack2.pop().data)

    # 求一棵二叉树的最大宽度
    def width(self, root):
        if root is None:
            return
        else:
            # 如果是访问根节点
            if self.i == 0:
                # 第一层加一
                self.n[0] =1
                # 到达第二层
                self.i += 1
                if root.left:
                    self.n[self.i] += 1
                if root.right:
                    self.n[self.i] += 1
                # print('临时数据: ', self.n)
            else:
                # 访问子树
                self.i += 1
                # print('二叉树所在层数: ', self.i)
                if root.left:
                    self.n[self.i] += 1
                if root.right:
                    self.n[self.i] += 1
            # 开始判断，取出最大值
            # maxwidth = max(maxwidth, n[i])
            # maxwidth.append(max(max(maxwidth), n[i]))
            self.maxwidth= max(self.maxwidth, self.n[self.i])
            # 遍历左子树
            self.width(root.left)
            # 往上退一层
            self.i -= 1
```

```
                    # 遍历右子树
                    self.width(root.right)

                    return self.maxwidth


if __name__ == '__main__':
    # 手动创建一棵二叉树
    print('手动创建一棵二叉树')
    tree = Tree(1)
    tree.root.left = Node(2, None, None)
    tree.root.right = Node(3, None, None)
    tree.root.left.left = Node(4, None, None)
    tree.root.left.right = Node(5, None, None)
    tree.root.right.left = Node(6, None, None)
    tree.root.right.right = Node(7, None, None)
    tree.root.left.left.left = Node(8, None, None)
    tree.root.left.left.right = Node(9, None, None)
    tree.root.left.right.left = Node(10, None, None)
    tree.root.left.right.left = Node(11, None, None)
    # 测试一下是否创建成功
    print('测试一下是否创建成功')
    print(tree.root.data)
    print(tree.root.left.data)
    print(tree.root.right.data)
    print(tree.root.left.left.data)
    print(tree.root.left.right.data)
    # 调用方法打印一下效果：以层次遍历实现
    print('调用方法打印一下效果：以层次遍历实现')
    tree.print()
    print('前序遍历递归实现')
    # 前序遍历递归实现
    tree.qianxuDG(tree.root)
    # 中序遍历递归实现
    print('中序遍历递归实现')
    tree.zhongxuDG(tree.root)
    # 后序遍历递归实现
    print('后序遍历递归实现')
    tree.houxuDG(tree.root)
    # 求取二叉树的高度
    print('求取二叉树的高度')
    print(tree.height(tree.root))
    # 求取二叉树的深度
    print('求取二叉树的深度')
    print(tree.deepth(tree.root))
    # 二叉树的非递归先序遍历实现
    print('二叉树的非递归先序遍历实现')
    tree.xianxu()
    print('中序非递归遍历测试')
    tree.zhongxu()
    print('后序非递归遍历测试')
    tree.houxu()
    print('二叉树的最大宽度为：  {}'.format(tree.width(tree.root)))
    print('二叉树的节点数目为：  {}'.format(tree.getsize()))
```

执行后会输出：

```
手动创建一棵二叉树
测试一下是否创建成功
1
2
3
4
5
调用方法打印一下效果：以层次遍历实现
1    2    3    4    5    6    7    8    9    11
前序遍历递归实现
1
2
```

```
4
8
9
5
11
3
6
7
中序遍历递归实现
8
4
9
2
11
5
1
6
3
7
后序遍历递归实现
8
9
4
11
5
2
6
7
3
1
求取二叉树的高度
4
求取二叉树的深度
3
二叉树的非递归先序遍历实现
1
2
4
8
9
5
11
3
6
7
中序非递归遍历测试
8
4
9
2
11
5
1
6
3
7
后序非递归遍历测试
8
9
4
11
5
2
6
7
3
1
二叉树的最大宽度为：　4
二叉树的节点数目为：　10
```

5.4　霍夫曼树

霍夫曼树是所有"树"结构中最优秀的树之一，也称为哈夫曼树或最优二叉树，它是 n 个带权叶节点构成的所有二叉树中，带权路径长度 WPL 最小的二叉树。图 5-29 是霍夫曼树示意图。

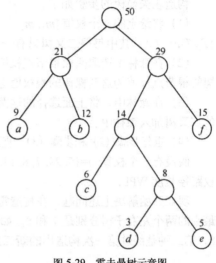

- ❏ a 的编码为 00。
- ❏ b 的编码为 01。
- ❏ c 的编码为 100。
- ❏ d 的编码为 1010。
- ❏ e 的编码为 1011。
- ❏ f 的编码为 11。

5.4.1　霍夫曼树基础

1. 几个概念
- ❏ 路径：从树中一个节点到另一个节点之间的分支构成这两个节点之间的路径。

图 5-29　霍夫曼树示意图

- ❏ 路径长度：路径上的分支数目称为路径长度。
- ❏ 树的路径长度：从树根到每一个节点的路径长度之和。
- ❏ 节点的带权路径长度：从节点到树根之间的路径长度与节点上权的乘积。
- ❏ 树的带权路径长度：树中所有叶节点的带权路径长度的和。记作：

$$WPL = \sum_{k=1}^{n} W_k l_k$$

霍夫曼树（最优二叉树）：假设有 n 个权值 $\{m_1, m_2, m_3, \cdots, m_n\}$，可以构造一棵具有 n 个叶节点的二叉树，则其中带权路径长度 WPL 最小的二叉树称作最优二叉树，也叫霍夫曼树。

根据上述定义，霍夫曼树是带权路径长度最小的二叉树。假设一棵二叉树有 4 个节点，分别是 A、B、C、D，其权重分别是 5、7、2、13，通过这 4 个节点可以构成多棵二叉树，图 5-30 显示了 3 种情况。

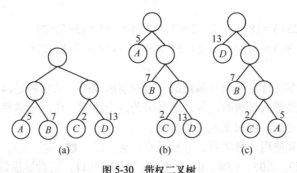

图 5-30　带权二叉树

因为霍夫曼树的带权路径长度是各节点的带权路径长度之和，所以图 5-30 所示的各二叉树的带权路径长度，分别是节点 A、B、C、D 的带权路径长度的和，具体计算过程如下所示。

（1）WPL=$5 \times 2 + 7 \times 2 + 2 \times 2 + 13 \times 2$=54

（2）WPL=5×1+7×2+2×3+13×3=64

（3）WPL=1×13+2×7+3×2+5×3=48

2. 构造霍夫曼树的过程

构造霍夫曼树的步骤如下。

（1）将给定的 n 个权值 $\{m_1, m_2, \cdots, m_n\}$ 作为 n 个根节点的权值构造具有 n 棵二叉树的森林 $\{T_1, T_2, \cdots, T_n\}$，其中每棵二叉树只有一个根节点。

（2）在森林中选取两棵根节点权值最小的二叉树作为左右子树构造一棵新二叉树，新二叉树的根节点权值为这两棵树的根权值之和。

（3）在森林中，将上面选择的这两棵根权值最小的二叉树从森林中删除，并将刚刚新构造的二叉树加入森林中。

（4）重复步骤（2）和步骤（3），直到森林中只有一棵二叉树为止，这棵二叉树就是哈夫曼树。

假设有一个权集 $m=\{5, 29, 7, 8, 14, 23, 3, 11\}$，要求构造关于 m 的一棵霍夫曼树，并求其加权路径长度 WPL。

现在开始解决上述问题，在构造霍夫曼树的过程中，当第二次选择两棵权值最小的树时，最小的两个左右子树分别是 7 和 8，如图 5-31 所示。这里的 8 有两种，第一种是原来权集中的 8，第二种是经过第一次构造出的新二叉树的根的权值。

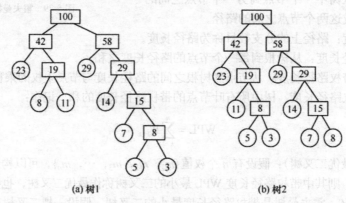

图 5-31　树 1 和树 2

所以 7 与不同的 8 相结合，便生成了不同的霍夫曼树，但是它们的 WPL 是相同的，计算过程如下。

树 1：WPL=2×23+3×(8+11)+2×29+3×14+4×7+5×(3+5)=271

树 2：WPL=2×23+3×11+4×(3+5)+2×29+3×14+4×(7+8)=271

3. 霍夫曼编码

在现实中，如果要设计电文总长最短的二进制前缀编码，其实就是以 n 种字符出现的频率作为权，然后设计一棵霍夫曼树的过程。正是因为这个原因，所以通常将二进制前缀编码称为霍夫曼编码。假设存在如下针对某电文的描述：

在一份电文中一共使用 8 种字符，分别是☆、★、○、●、◎、◇、◆、▲，它们出现的概率分别为 0.05、0.29、0.07、0.08、0.14、0.23、0.03、0.11，请尝试设计霍夫曼编码。

霍夫曼编码的具体过程如图 5-32 所示。

在树 1 中，编码如下所示。

☆的编码是 11110。★的编码是 10。○的编码是 1110。●的编码是 010。◎的编码是 110。◇的编码是 00。◆的编码是 11111。▲的编码是 011。

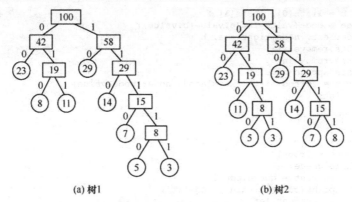

(a) 树1　　　　　　　　　　　　(b) 树2

图 5-32　树 1 和树 2 的编码

在树 2 中，编码如下所示。

☆的编码是 0110。★的编码是 10。○的编码是 1110。●的编码是 1111。◎的编码是 110。
◇的编码是 00。◆的编码是 0111。▲的编码是 010。

在现实应用中，通常在内存中分配一些连续的区域来保存霍夫曼二叉树。可以将这部分内
存区域作为一个一维数组，通过数组的序号访问不同的二叉树节点。

5.4.2　实践演练——使用面向过程方式和面向对象方式实现霍夫曼树

下面的实例文件 huo.py 演示了分别使用面向过程方式和面向对象方式实现霍夫曼树的过程。

源码路径：daima\第 5 章\huo.py

```python
class Node(object):
    def __init__(self, value, left=None, right=None):
        self.value = value
        self.left = None
        self.right = None

class Huffman(object):

    def __init__(self, items=[]):
        while len(items)!=1:
            a, b = items[0], items[1]
            newvalue = a.value + b.value
            newnode = Node(value=newvalue)
            newnode.left, newnode.right = a, b
            items.remove(a)
            items.remove(b)
            items.append(newnode)
            items = sorted(items, key=lambda node: int(node.value))
            # 每次都要记得更新霍夫曼树的根节点
            self.root = newnode

    def print(self):
        queue = [self.root]
        while queue:
            current = queue.pop(0)
            print(current.value, end='\t')
            if(current.left):
                queue.append(current.left)
            if current.right:
                queue.append(current.right)
        print()

def sortlists(lists):
    return sorted(lists, key=lambda node: int(node.value))

def create_huffman_tree(lists):
    while len(lists)>1:
```

```
                a, b = lists[0], lists[1]
                node = Node(value=int(a.value+b.value))
                node.left, node.right = a, b
                lists.remove(a)
                lists.remove(b)
                lists.append(node)
                lists = sorted(lists, key=lambda node: node.value)
        return lists


    def scan(root):
        if root:
            queue = [root]
            while queue:
                current = queue.pop(0)
                print(current.value, end='\t')
                if current.left:
                    queue.append(current.left)
                if current.right:
                    queue.append(current.right)
    if __name__ == '__main__':
        ls = [Node(i) for i in range(1, 5)]
        huffman = Huffman(items=ls)
        huffman.print()
        print('=====================================')
        lssl = [Node(i) for i in range(1, 5)]
        root = create_huffman_tree(lssl)[0]
        scan(root)
```

　　在上述代码中，先对序列进行排序，然后找到序列中最小的两个值，并在序列中删除这两个值。求和之后放到原来的序列中，再次进行排序。进行下一次循环的执行，直到序列中只剩下一个元素时可以停止。执行后会输出：

```
10   4   6   3   3   1   2
=================================
10   4   6   3   3   1   2
```

5.4.3　实践演练——实现霍夫曼树的基本操作

　　下面的实例文件 bianma.py 演示了实现基本霍夫曼树操作的过程。

源码路径：daima\第 5 章\bianma.py

```
# 构建树节点类
class TreeNode(object):
    def __init__(self, data):
        self.val = data[0]
        self.priority = data[1]
        self.leftChild = None
        self.rightChild = None
        self.code = ""
# 创建树节点队列函数
def creatnodeQ(codes):
    q = []
    for code in codes:
        q.append(TreeNode(code))
    return q
# 为队列添加节点元素，并保证优先度从大到小排列
def addQ(queue, nodeNew):
    if len(queue) == 0:
        return [nodeNew]
    for i in range(len(queue)):
        if queue[i].priority >= nodeNew.priority:
            return queue[:i] + [nodeNew] + queue[i:]
    return queue + [nodeNew]
# 定义节点队列类
class nodeQeuen(object):

    def __init__(self, code):
        self.que = creatnodeQ(code)
        self.size = len(self.que)
```

```python
    def addNode(self,node):
        self.que = addQ(self.que, node)
        self.size += 1

    def popNode(self):
        self.size -= 1
        return self.que.pop(0)
# 各个字符在字符串中出现的次数，即计算优先度
def freChar(string):
    d ={}
    for c in string:
        if not c in d:
            d[c] = 1
        else:
            d[c] += 1
    return sorted(d.items(),key=lambda x:x[1])
# 创建霍夫曼树
def creatHuffmanTree(nodeQ):
    while nodeQ.size != 1:
        node1 = nodeQ.popNode()
        node2 = nodeQ.popNode()
        r = TreeNode([None, node1.priority+node2.priority])
        r.leftChild = node1
        r.rightChild = node2
        nodeQ.addNode(r)
    return nodeQ.popNode()

codeDic1 = {}
codeDic2 = {}
# 由霍夫曼树得到霍夫曼编码表
def HuffmanCodeDic(head, x):
    global codeDic, codeList
    if head:
        HuffmanCodeDic(head.leftChild, x+'0')
        head.code += x
        if head.val:
            codeDic2[head.code] = head.val
            codeDic1[head.val] = head.code
        HuffmanCodeDic(head.rightChild, x+'1')
# 字符串编码
def TransEncode(string):
    global codeDic1
    transcode = ""
    for c in string:
        transcode += codeDic1[c]
    return transcode
# 字符串解码
def TransDecode(StringCode):
    global codeDic2
    code = ""
    ans = ""
    for ch in StringCode:
        code += ch
        if code in codeDic2:
            ans += codeDic2[code]
            code = ""
    return ans
# 举例
string = "AAGGDCCCDDDGFBBBFFGGDDDDGGGEFFDDCCCCDDFGAAA"
t = nodeQeuen(freChar(string))
tree = creatHuffmanTree(t)
HuffmanCodeDic(tree, '')
print(codeDic1,codeDic2)
a = TransEncode(string)
print(a)
aa = TransDecode(a)
print(aa)
print(string == aa)
```

（1）构建树节点类 TreeNode，共有 5 个属性：节点的值，节点的优先度，节点的左子节点，节点的右子节点，节点值的编码（这些属性都是必需的）。

（2）创建树节点队列函数 creatnodeQ()，对于所有的字母节点，我们将其组成一个队列，这里使用 list 列表来完成队列的功能。将所有树节点放进队列中，当然传进来的是按优先度从小到大已排序的元素列表。

（3）通过函数 addQ() 为队列添加节点元素，并保证优先度从大到小排列。当有新生成的节点时，将其插入列表，并放在合适位置，使队列依然按优先度从小到大排列。

（4）定义节点队列类 nodeQeuen，在初始化创建类时需要传进一个列表，列表中的每个元素是由字母与优先度组成的元组。元组的第一个元素是字母，第二个元素是优先度（即文本中出现的次数）。在初始化类时，调用"树节点队列创建函数"，队列中的每个元素都是一个树节点。类中还包含队列规模属性以及另外两个操作函数：节点添加函数和节点弹出函数。在节点添加函数中直接调用之前定义的函数，输入的参数为队列和新节点，并对队列规模加一。在弹出第一个元素时直接调用列表的 pop(0) 函数，同时将队列规模减一。

（5）通过函数 freChar() 计算文本中各个字母的优先度，即出现的次数。首先定义一个字典，遍历文本中的每一个字母。若字母不在字典里，说明是第一次出现，则定义该字母为键，键值为 1；若字典里有，则只需要将相应的键值加一。遍历后就得到了每个字母出现的次数。

（6）使用函数 creatHuffmanTree()，由霍夫曼树得到编码表，定义两个全局字典，分别用于存放字母编码，一个字典用于编码，另一个字典用于解码，这样程序操作起来比较方便。

执行后会输出：

```
{'E': '0000', 'B': '0001', 'A': '001', 'G': '01', 'D': '10', 'F': '110', 'C': '111'}
{'0000': 'E', '0001': 'B', '001': 'A', '01': 'G', '10': 'D', '110': 'F', '111': 'C'}
0010010101011011111111010100111000010001000111011001011010101001010100001101101010101111
111111101011001001001001
AAGGDCCCDDDGFBBBFFGGDDDDGGGEFFDDCCCCDDFGAAA
True
```

5.4.4 总结霍夫曼编码的算法实现

霍夫曼编码的实现一般分两个步骤：构造一棵 n 节点的霍夫曼树和对霍夫曼树中的 n 个叶节点进行编码。一棵有 n 个叶节点的霍夫曼树共有 $2n-1$ 个节点，可以存储在一个大小为 $2n-1$ 的一维数组中。进一步确定节点结构的方法为：在构成霍夫曼树之后，为了求取具体编码，需要从子节点到根节点逆向进行；而为了求取具体译码，需要从根节点到子节点正向进行。对每个节点而言，既需要知道双亲的信息，又需要知道孩子的信息，所以使用二叉链表的形式不能很好地满足要求，而需要使用增加一个指向双亲节点指针域的三叉链表。n 个字符的编码可存储在二维数组中，因为每个字符的编码长度不等，所以需要动态分配数组以存储霍夫曼编码。实现霍夫曼编码的基本流程如图 5-33 所示。

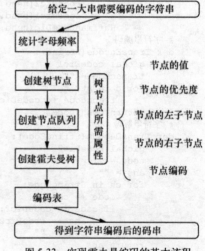

图 5-33 实现霍夫曼编码的基本流程

5.5 技 术 解 惑

5.5.1 树和二叉树的差别是什么

树和二叉树相比，主要有如下两个差别。

（1）树中节点的最大度数没有限制，而二叉树节点的最大度数为 2。

（2）树的节点没有左、右之分，而二叉树的节点有左、右之分。

在程序员的日常编程应用中，通常将二叉树用作二叉查找树和二叉堆。

1．二叉查找树

二叉排序树（binary sort tree）又称二叉查找树，它或者是一棵空树，或者是具有下列性质的二叉树。

（1）若左子树不空，则左子树上所有节点的值均小于它的根节点的值。

（2）若右子树不空，则右子树上所有节点的值均大于它的根节点的值。

（3）左、右子树也分别为二叉排序树。

2．二叉堆

二叉堆是一种特殊的堆，是完全二叉树或近似完全二叉树，是节点的一个有限集合，该集合或者为空，或者由一个根节点和两棵分别称为左子树和右子树的、互不相交的二叉树组成。二叉堆满足堆特性：父节点的键值总是大于或等于任何一个子节点的键值。二叉堆一般用数组表示。

5.5.2 二叉树和链表的效率比较

如果数据按照链表来组织，访问数据元素的最坏情形耗时 $O(n)$；而对于二叉树来说，访问数据元素的最坏情形耗时 $O(\log_2 n)$。在为输入的 n 个数据元素创建二叉树的同时，也已经对数据进行了有序排列（左子树节点值小于根节点，右子树节点值大于根节点），这样就使得在搜索数据时可以少遍历 $\log_2(2/n)$ 的数据，这是一种典型的分治思想应用。又由于为输入的 n 个数据元素创建链表或二叉树的时间复杂度是一样的，因此可以说遍历搜索数据元素时，二叉树结构比链表的效率高。

但是，二叉树结构遍历中时间效率的提高是通过对空间的额外需求换来的，其相比链表需要更多的空间来存储。

5.5.3 如何输出二叉树中的所有路径

路径的定义就是从根节点到叶节点的点的集合。要输出二叉树中的所有路径，还需要利用递归来实现。先用一个列表保存经过的节点，如果已经是叶节点，那么输出列表的所有内容；如果不是，那么将节点加入列表，然后继续递归调用该函数，只不过入口的参数变成了该节点的左子树和右子树。

第 6 章

图

本章将要讲解的"图"是一种比较复杂的数据结构，这是一种网状结构，并且任何数据都可以用"图"表示。本章将详细介绍网状关系结构中"图"的基本知识，为读者学习本书后面的知识打下基础。

6.1 图 的 起 源

要想研究"图"的起源和基本概念，需要从哥尼斯堡七桥问题的故事说起。

柯尼斯堡位于立陶宛的普雷格尔河畔。在河中有两个小岛，城市与小岛由七座小桥相连，如图 6-1（a）所示。当时城中居民热衷于思考这样一个问题：游人是否可以从城市或小岛的一点出发，经由七座桥，并且只经由每座桥一次，然后回到原地。

针对上述问题，很多人不得其解，就算有解，也是结果各异，并且都声称自己的才是正确的。在 200 多年前的 1736 年，瑞士数学家欧拉解决了这个在当时非常著名的柯尼斯堡七桥问题，并专门为其发表了第一篇图论方向的论文。从此以后，"图"这一概念便走上了历史舞台。当时，欧拉用一个十分简明的工具，即图 6-1（b）所示的这张图，解决了这个问题。图 6-1（b）中的节点用以表示河两岸及两个小岛，边表示小桥，如果游人可以做出所要求的那种游历，那么必可从图的某一节点出发，经过每条边一次且仅经过一次后又回到原节点。这时，对每个节点而言，每离开一次，就相应地要进入一次，而每次进出不得重复同一条边，因而它应当与偶数条边相连接。由于图 6-1（b）中并非每个节点都与偶数条边相连接，因此游人不可能做出所要求的游历。

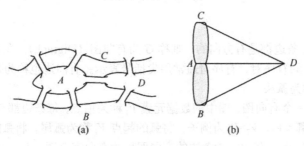

图 6-1 柯尼斯堡七桥问题

图 6-1（b）是对图 6-1（a）的抽象，不必关心图 6-1（b）中图形的节点的位置，也不必关心边的长短和形状，只需要关心节点与边的连接关系即可。也就是说，所研究的图和几何图形是不同的，而是一种数学结构。

图 6-1 中的图 G 由如下 3 个部分组成。

❑ 非空集合 $V(G)$：称为图 G 的节点集，其成员称为节点（node）或顶点（vertex）。

❑ 集合 $E(G)$：称为图 G 的边集，其成员称为边（edge）。

❑ 函数 $\Psi(G)$：有穷非空顶点集合 V 和顶点间的边集合 E 组成的一种数据结构，表示为 $G=(V, E)$。$E(G) \rightarrow (V(G), V(G))$ 被称为边与顶点的关联映射（associate mapping）。此处的 $(V(G), V(G))$ 称为 $V(G)$ 的偶对集，其中成员偶对的格式是 (u, v)，u 和 v 是未必不同的节点。当 $\Psi(G(e))=(u,v)$ 时称边 e 关联端点 u 和 v。当 (u,v) 作为有序偶对时，e 称为有向边，e 以 u 为起点，以 v 为终点，图 G 称为有向图（directed graph）；当 (u,v) 用作无序偶对时，称 e 为无向边，图 G 称为无向图。

图 G 通常用三元序组 $<V(G), E(G), \Psi(G)>$ 表示，也可以用 $<V, E, \Psi>$ 表示。图是一种数学结构，由两个集合以及它们之间的一个映射组成。从严格意义上说，图 6-1（b）是图的直观表示，也通常被称为图的图示。

柯尼斯堡七桥问题虽然已经逐步淡出人们的视线，但是它为我们带来的"图"对一概念，对计算机技术的发展起到巨大的推动作用。衍生产品"图"是一种非线性的数据结构，图中任何两个数据元素之间都可能相关，也就是说，图中节点之间的关系可以是任意的。图非常有用，可用于解决许多学科的实际应用问题。

6.2　图的相关概念

要想步入"图"的内部世界，要想探索"图"的无限功能，需要先从底部做起，了解几个与"图"相关的概念。在图 6-2 中，分别显示了两种典型的图——无向图和有向图。

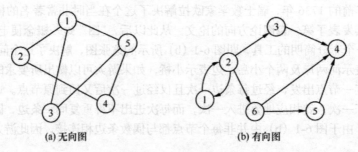

图 6-2　图的两种形式

1. 有向图

如果图 G 中的每条边都是有方向的，则称 G 为有向图（Digraph）。在有向图中，一条有向边是由两个顶点组成的有序对，有序对通常用尖括号表示。有向边也称为弧，将边的起点称为弧尾，将边的终点称为弧头。

例如，图 6-3 是一个有向图，图中的数据元素 V_1 称为顶点，每条边都有方向，称为有向边，也称为弧（arc）。以弧 $<V_1, V_2>$ 作为例子，将弧的起点 V_1 称为弧尾，将弧的终点 V_2 称为弧头。称顶点 V_2 是 V_1 的邻接点，有 $n(n-1)$ 条边的有向图称为有向完全图。

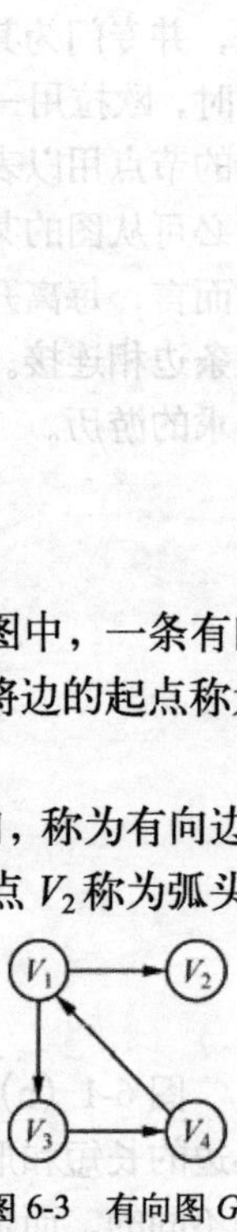

在图 6-3 中，图 G_1 的二元组描述如下所示。

$G_1 = (V, E)$

$V = \{ V_1, V_2, V_3, V_4 \}$

$E = \{ <V_1, V_2>, <V_1, V_3>, <V_3, V_4>, <V_4, V_1> \}$

图 6-3　有向图 G_1

因为"图"的知识博大精深，很多高深知识是为数字科学研究做准备的。对于程序员来说，一般不用掌握那些高深莫测的知识，为此本书不考虑图的以下 3 种情况。

（1）顶点到其自身的弧或边。

（2）在边集合中出现相同的边。

（3）同一图中同时有无向边和有向边。

2. 无向图

如果图中的每条边都是没有方向的，这种图被称为无向图。无向图中的边都是顶点的无序对，通常用圆括号表示无序对。

例如，图 6-4 就是一个无向图，图中每条边都是没有方向，边用 E 表示。现在以边 (V_1, V_2) 为例，称顶点 V_1 和 V_2 相互为邻接点，则存在 $n(n-1)/2$ 条边的无向图称为无向完全图。

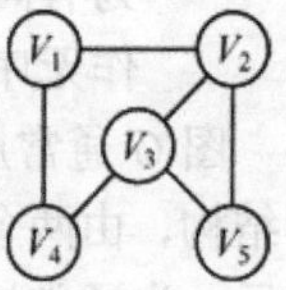

在图 6-4 中，关于图 G_2 的二元组描述如下所示。

$G_2 = (V, E)$

图 6-4　无向图 G_2

$V=\{V_1，V_2，V_3，V_4，V_5\}$

$E=\{(V_1，V_2)，(V_1，V_4)，(V_2，V_3)，(V_2，V_5)，(V_3，V_4)，(V_3，V_5)\}$

3．顶点

通常将图中的数据元素称为顶点，通常用 V 表示顶点的集合。在图 6-5 中，图 G_1 的顶点集合是 $V(G_1)=\{A，B，C，D\}$。

4．完全图

如果无向图中的任意两个顶点之间都存在着一条边，则将此无向图称为无向完全图。如果有向图中的任意两个顶点之间都存在着方向相反的两条弧，则将此有向图称为有向完全图。通过以上描述，聪明的读者应该得出一个结论：包含 n 个顶点的无向完全图有 $n(n-1)/2$ 条边，包含 n 个顶点的有向完全图有 $n(n-1)$ 条边。

5．稠密图和稀疏图

一个图当接近完全图时被称为稠密图，反之将含有较少边数（即 $e<<n(n-1)$）的图称为稀疏图。

6．权和网

图中每一条边（弧）都可以有一个相关的数值，将这种与边相关的数值称为权。权能够表示从一个顶点到另一个顶点的距离或花费的代价。边上带有权的图称为带权图，也称作网，图 6-6 所示的是有向网 G_3。

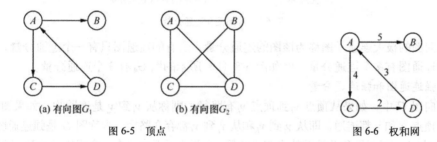

图 6-5　顶点　　　　　　　　　　　　　　　　图 6-6　权和网

7．子图

假设存在两个图 $G=(V，E)$ 和 $G'=(V'，E')$，如果 V' 是 V 的子集（即 $V'\subseteq V$），并且 E' 是 E 的子集（即 $E'\subseteq E$），则称 G' 是 G 的子图。图 6-7 所示是前面图 G_1 的部分子图。

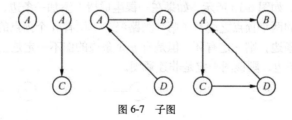

图 6-7　子图

8．邻接点

在无向图 $G=(V，E)$ 中，如果边 $(v_i，v_j)\in E$，则称顶点 v_i 和 v_j 互为邻接点（adjacent）；边 $(v_i，v_j)$ 依附于顶点 v_i 和 v_j，即 v_i 和 v_j 相关联。

9．顶点的度

顶点的度是指与顶点相关联的边的数量。在有向图中，以顶点 v_i 为弧尾的弧的值称为顶点 v_i 的出度，以顶点 v_i 为弧头的弧的值称为顶点 v_i 的入度，顶点 v_i 的入度与出度的和是顶点 v_i 的度。

假设在一个图中有 n 个顶点和 e 条边，每个顶点的度为 $d_i(1\leqslant i\leqslant n)$，则有如下结论：

$$e = \frac{1}{2}\sum_{i=1}^{n}d_i$$

10. 路径

如果图中存在一个从顶点 v_i 到顶点 v_j 的顶点序列，则这个顶点序列被称为路径。在图中有如下两种路径。

- 简单路径：指路径中的顶点不重复出现。
- 回路或环：指路径中除了第一个顶点和最后一个顶点相同以外，其余顶点不重复。一条路径上经过的边的数目称为路径长度。

11. 连通图和连通分量

在无向图 G 中，当从顶点 v_i 到顶点 v_j 有路径时，v_i 和 v_j 是连通的。如果在无向图 G 中，任意两个顶点都连通，则称图 G 为连通图，例如图 6-5 (b) 所示的图 G_2 是一个连通图；否则称为非连通图，例如图 6-8 (a) 所示的图 G_4 是一个无向图。

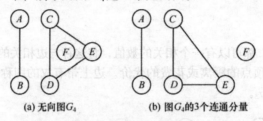

(a) 无向图 G_4　　　　(b) 图 G_4 的 3 个连通分量

图 6-8　连通图和连通分量

将无向图的极大连通子图称为该图的连通分量。所有的连通图只有一个连通分量，就是它本身。非连通图有多个连通分量，例如图 6-8 (b) 所示的图 G_4 有 3 个连通分量。

12. 强连通图和强连通分量

在有向图 G 中，如果从顶点 v_i 到顶点 v_j 有路径，则称从 v_i 到 v_j 是连通的。如果图 G 中的任意两个顶点 v_i 和 v_j 都连通，即从 v_i 到 v_j 和从 v_j 到 v_i 都存在路径，则称图 G 是强连通图。在有向图中，将极大连通子图称为该图的强连通分量。在强连通图中只有一个强连通分量，即它本身。在非强连通图中有多个强连通分量。例如图 6-5 中的图 G_1 有两个强连通分量，如图 6-9 所示。

13. 生成树

一个连通图的生成树是指一个极小连通子图，虽然它含有图中的全部顶点，但只有足以构成一棵树的 $n-1$ 条边，如图 6-10 所示。如果在一棵生成树上添加一条边，必定构成一个环，因为这条边使得它依附的两个顶点之间有了第二条路经。一棵有 n 个顶点的生成树有且仅有 $n-1$ 条边，如果多于 $n-1$ 条边，则一定有环。但是有 $n-1$ 条边的图不一定是生成树，如果一个图有 n 个顶点和小于 $n-1$ 条边，则该图一定是非连通图。

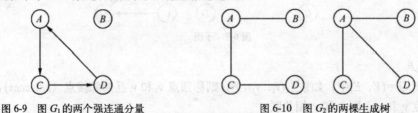

图 6-9　图 G_1 的两个强连通分量　　　　图 6-10　图 G_2 的两棵生成树

14. 无向边和顶点关系

如果 (v_i, v_j) 是一条无向边，则称顶点 v_i 和 v_j 互为邻接 (adjacent) 点，或称 v_i 和 v_j 相邻接；并称 (v_i, v_j) 依附或关联 (incident) 于顶点 v_i 和 v_j，或称 (v_i, v_j) 与顶点 v_i 和 v_j 相关联。例如有 n 个顶点的连通图最多有 $n(n-1)/2$ 条边，即一个无向完全图，且最少有 $n-1$ 条边。

6.3 存储结构

构建数据结构的最终目的是存储数据，所以在研究图的时候，需要更加深入地研究"图"的存储结构。关于图的存储结构，除了存储图中各个顶点本身的信息之外，还要存储顶点之间的所有关系。图中常用的存储结构有两种，分别是邻接矩阵和邻接表，接下来将开始步入存储结构的学习阶段。

6.3.1 使用邻接矩阵表示图

邻接矩阵是指能够表示顶点之间相邻关系的矩阵，假设 $G=(V,E)$ 是一个具有 $n(n>0)$ 个顶点的图，顶点的顺序依次为 $(v_0, v_1, \ldots, v_{n-1})$，则 G 的邻接矩阵 A 是 n 阶方阵，在定义时要根据 G 的不同而不同，具体说明如下。

（1）如果 G 是无向图，则 A 定义为：

$$A[i][j] = \begin{cases} 1, & 若（v_i, v_j）\in E(G) \\ 0, & 其他 \end{cases}$$

（2）如果 G 是有向图，则 A 定义为：

$$A[i][j] = \begin{cases} 1, & 若（v_i, v_j）\in E(G) \\ 0, & 其他 \end{cases}$$

（3）如果 G 是网，则定义为：

$$A[i][j] = \begin{cases} w_{ij}, & 若 v_i \neq v_j 且（v_i, v_j）\in E(G) 或 <v_i, v_j> \in E(G) \\ 0, & v_i = v_j \\ \infty, & 其他 \end{cases}$$

推出邻接矩阵的目的是表示一种关系。表示这种关系的方法非常简单，具体表示方法如下：
（1）用一个一维数组存放顶点信息。
（2）用一个二维数组表示 n 个顶点之间的关系。
如果有一个如图 6-3 所示的有向图 G_1，则有向图 G_1 对应的邻接矩阵如图 6-11 所示。

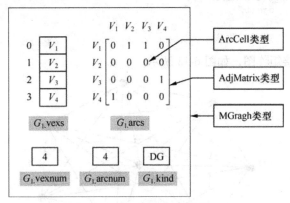

图 6-11 有向图 G_1 的邻接矩阵

如果有一个如图 6-4 所示的无向图 G_2，则无向图 G_2 的邻接矩阵如图 6-12 所示。

	V_1	V_2	V_3	V_4	V_5
V_1	0	1	0	1	0
V_2	1	0	1	0	1
V_3	0	1	0	1	1
V_4	1	0	1	0	0
V_5	0	1	1	0	1

G_2.vexs　　　　　　G_2.arcs

| 5 | | 6 | | UDG |

G_2.vexnum　　　G_2.arcnum　　　G_2.kind

图 6-12　无向图 G_2 的邻接矩阵

6.3.2　实践演练——将邻接矩阵输出成图

在下面的实例文件 lintu.py 中，定义了一个邻接矩阵，然后通过循环的方式添加数据，最后输出生成的图像。

源码路径：daima\第 6 章\lintu.py

```
import networkx as nx
import matplotlib.pyplot as plt
import numpy as np

G = nx.Graph()
Matrix = np.array(
    [
        [0, 1, 1, 1, 1, 1, 0, 0],  # a
        [0, 0, 1, 0, 1, 0, 0, 0],  # b
        [0, 0, 0, 1, 0, 0, 0, 0],  # c
        [0, 0, 0, 0, 1, 0, 0, 0],  # d
        [0, 0, 0, 0, 0, 1, 0, 0],  # e
        [0, 0, 1, 0, 0, 0, 1, 1],  # f
        [0, 0, 0, 0, 0, 1, 0, 1],  # g
        [0, 0, 0, 0, 0, 1, 1, 0]   # h
    ]
)
for i in range(len(Matrix)):
    for j in range(len(Matrix)):
        G.add_edge(i, j)

nx.draw(G)
plt.show()
```

执行后会生成邻接矩阵图，如图 6-13 所示。

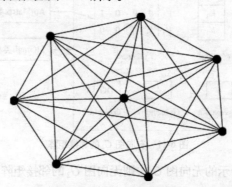

图 6-13　生成的邻接矩阵图

6.3.3 使用邻接表表示图

虽然邻接矩阵比较简单，只需要使用二维数组即可实现存取操作。但是除了完全图之外，其他图的任意两个顶点并不都是相邻接的，所以邻接矩阵中有很多零元素，特别是当 n 较大，并且边数和完全图的边数（$n-1$）相比很少时，邻接矩阵会非常稀疏，这样会浪费存储空间。为了解决这个问题，此时邻接表便光荣地登上了历史舞台。

邻接表是由邻接矩阵改造而来的一种链接结构，因为只考虑非零元素，所以节省了零元素所占的存储空间。邻接矩阵的每一行都有一个线性链接表，线性链接表的表头对应邻接矩阵中该行的顶点，线性链接表中的每个节点对应着邻接矩阵中该行的一个非零元素。

对于图 G 中的每个顶点，可以使用邻接表把所有依附于 V_i 的边链成一个单链表，这个单链表称为顶点的邻接表（adjacency list）。通常将表示边信息的节点称为表节点，将表示顶点信息的节点称为头节点，它们的具体结构分别如图 6-14 和图 6-15 所示。

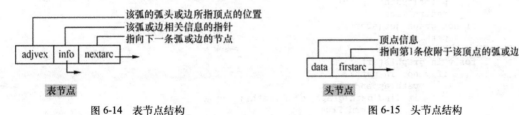

图 6-14 表节点结构　　　　　图 6-15 头节点结构

假设有一个如图 6-3 所示的有向图 G_1，则有向图 G_1 的邻接表如图 6-16 所示。假设有一个如图 6-4 所示的无向图 G_2，则无向图 G_2 的邻接表如图 6-17 所示。

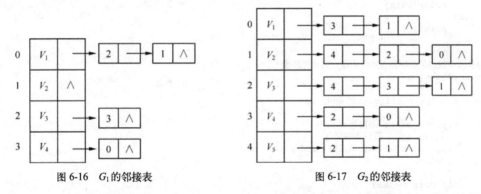

图 6-16 G_1 的邻接表　　　　　图 6-17 G_2 的邻接表

对于有 n 个顶点、e 条边的无向图来说，如果采取邻接表作为存储结构，则需要 n 个表头节点和 $2e$ 个表节点。假设有一个如图 6-18 所示的有向图 G_3，则有向图 G_3 的邻接表如图 6-19 所示。

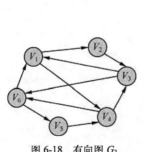

图 6-18 有向图 G_3

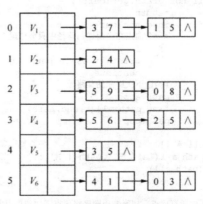

图 6-19 有向图 G_3 的邻接表

6.3.4 实践演练——使用邻接表表示图

对于图结构的实现来说，最直观的方式之一就是使用邻接表。基本上就是针对每个节点设置一个邻接表。下面的实例文件 tu.py 演示了使用邻接表表示法对图进行操作的过程。

源码路径：daima\第 6 章\tu.py

```python
#图的邻接表表示法
graph = {'A': ['B', 'C'],
         'B': ['C', 'D'],
         'C': ['D'],
         'D': ['C','G','H'],
         'E': ['F'],
         'F': ['C']}

#从图中找出任意一条从起始顶点到终止顶点的路径
def find_path(graph, start, end, path=[]):
    if start == end:
        print("path", path)
        return True
    if not graph.get(start):
        path.pop()
        return False
    for v in graph[start]:
        if v not in path:
            path.append(v)
            if find_path(graph,v,end,path):
                return True
    return False

path = []
if find_path(graph, 'A', 'C', path=path):
    print(path)
else:
    print(1)


#从图中找出从起始顶点到终止顶点的所有路径
import copy

def find_path_all(curr, end, path):
    '''
    :param curr: 当前顶点
    :param end: 要到达的顶点
    :param path: 当前顶点的一条父路径
    :return:
    '''
    if curr == end:
        path_tmp = copy.deepcopy(path)
        path_all.append(path_tmp)
        return
    if not graph.get(curr):
        return
    for v in graph[curr]:
        #一个顶点在当前递归路径中只能出现一次，否则会陷入死循环
        if v in path:
            print("v %s in path %s" %(v, path))
            continue
        #构造下次递归的父路径
        path.append(v)
        find_path_all(v,end,path)
        path.pop()

path_all = []
find_path_all('A', 'G',path=['A'])
print(path_all)


#遍历图中所有顶点，按照遍历顺序将顶点添加到列表中
```

```
vertex = []
def dfs(v):
    if v not in graph:
        return
    for vv in graph[v]:
        if vv not in vertex:
            vertex.append(vv)
            dfs(vv)

for v in graph:
    if v not in vertex:
        vertex.append(v)
        dfs(v)
print(vertex)
```

执行后会输出：

```
path ['B', 'C']
['B', 'C']
v C in path ['A', 'B', 'C', 'D']
v D in path ['A', 'B', 'D', 'C']
v C in path ['A', 'C', 'D']
[['A', 'B', 'C', 'D', 'G'], ['A', 'B', 'D', 'G'], ['A', 'C', 'D', 'G']]
['A', 'B', 'C', 'D', 'G', 'H', 'E', 'F']
```

6.4 图 的 遍 历

图的遍历是指从图的某个顶点出发，按照某种方法访问图中所有的顶点且仅访问一次。为了节省时间，一定要对所有顶点仅访问一次，为此，需要为每个顶点设置访问标志。例如可以为图设置访问标志数组 visited[n]，用于标识图中每个顶点是否被访问过，其初始值为 0（"假"）。如果访问过顶点 v_i，则设置 visited[i] 为 1（"真"）。图的遍历分为两种，分别是深度优先搜索（depth-first search）和广度优先搜索（breadth-first search）。

✿ 注意：图的遍历工作要比树的遍历工作复杂，这是因为图中的顶点关系是任意的，这说明图中顶点之间是多对多关系，并且图中还可能存在回路，所以在访问某个顶点后，可能沿着某条路径搜索后又回到该顶点。

6.4.1 深度优先搜索

使用深度优先搜索是为了到达被搜索结构的叶节点，即不包含任何超链接的 HTML 文件。当在一个 HTML 文件中选择一个超链接后，被链接的 HTML 文件会执行深度优先搜索。深度优先搜索会沿该 HTML 文件上的超链接进行搜索，一直搜索到不能再深入为止，然后返回到某个 HTML 文件，再继续选择该 HTML 文件中的其他超链接。当没有其他超链接可选择时，就表明搜索已经结束。

深度优先搜索基础

深度优先搜索的过程，是对每一条可能的分支路径深入到不能再深入为止的过程，并且每个节点只能访问一次。深度优先搜索的优点是能遍历 Web 站点或深层嵌套的文档集合；缺点是因为 Web 结构相当深，有可能导致一旦进去，再也出不来的情况发生。

假设图 6-20 所示的是一个无向图，如果从 A 点发起深度优先搜索（以下访问次序并不是唯一的，第二个点既可以是 B，也可以是 C 或 D），则可能得到如下访问过程：A→B→E（如果没有路，则回溯到 A）→C→F→H→G→D（如果没有路，则最终回溯到 A，如果 A 也没有未访问的相邻节点，本次搜索结束）。

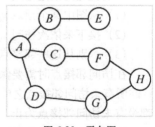

图 6-20 无向图

假设图 6-20 所示的无向图的初始状态是图中所有顶点都未被访问，第一个访问顶点是 v，则对此连通图的深度优先搜索的算法流程如下。

（1）访问顶点 v 并标记顶点 v 已访问。

（2）检查顶点 v 的第一个邻接顶点 w。

（3）如果存在顶点 v 的邻接顶点 w，则继续执行算法，否则算法结束。

（4）如果顶点 w 未被访问过，则从顶点 w 出发进行深度优先搜索。

（5）查找顶点 v 的 w 邻接顶点的下一个邻接顶点，回到步骤（3）。

在图 6-21 中，展示了深度优先搜索的过程，其中实箭头代表访问方向，虚箭头代表回溯方向，箭头旁边的数字代表搜索顺序，A 为起点。首先访问 A，然后按图中序号对应的顺序进行深度优先搜索。图中序号对应步骤的解释如下。

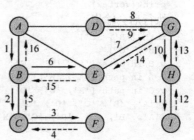

图 6-21　图的深度优先搜索过程

（1）节点 A 的未访问邻接点有 B、E、D，首先访问 A 的第一个未访问邻接点 B。

（2）节点 B 的未访问邻接点有 C、E，首先访问 B 的第一个未访问邻接点 C。

（3）节点 C 的未访问邻接点只有 F，访问 F。

（4）节点 F 没有未访问邻接点，回溯到 C。

（5）节点 C 已没有未访问邻接点，回溯到 B。

（6）节点 B 的未访问邻接点只剩下 E，访问 E。

（7）节点 E 的未访问邻接点只剩下 G，访问 G。

（8）节点 G 的未访问邻接点有 D、H，首先访问 G 的第一个未访问邻接点 D。

（9）节点 D 没有未访问邻接点，回溯到 G。

（10）节点 G 的未访问邻接点只剩下 H，访问 H。

（11）节点 H 的未访问邻接点只有 I，访问 I。

（12）节点 I 没有未访问邻接点，回溯到 H。

（13）节点 H 已没有未访问邻接点，回溯到 G。

（14）节点 G 已没有未访问邻接点，回溯到 E。

（15）节点 E 已没有未访问邻接点，回溯到 B。

（16）节点 B 已没有未访问邻接点，回溯到 A。

这样就完成了深度优先搜索操作，相应的访问序列为：$A \rightarrow B \rightarrow C \rightarrow F \rightarrow E \rightarrow G \rightarrow D \rightarrow H \rightarrow I$。为图 6-21 中所有节点之间加上了标有实箭头的边，这样就构成了一棵以 A 为根的树，这棵树被称为深度优先搜索树。

6.4.2　广度优先搜索

广度优先搜索是指按照广度方向进行搜索，算法思想如下所示。

（1）从图中某个顶点 v_0 出发，先访问 v_0。

（2）接下来依次访问 v_0 的各个未访问邻接点。

（3）分别从这些邻接点出发，依次访问各个未访问邻接点。

在访问邻接点时需要保证：如果 v_i 和 v_k 是当前端节点，并且 v_i 在 v_k 之前被访问，则应该在 v_k 的所有未访问邻接点之前访问 v_i 的所有未访问邻接点。重复上述步骤（3），直到所有端节点都没有未访问邻接点为止。

连通图的广度优先搜索的算法流程如下。

（1）从初始顶点 v 出发开始访问顶点 v，并在访问时标记顶点 v 已访问。

（2）顶点 v 进入队列。

（3）当队列非空时继续执行，为空则结束算法。

（4）通过出队列（往外走的队列）获取队头顶点 x。

（5）查找顶点 x 的第一个邻接顶点 w。

（6）如果不存在顶点 x 的邻接顶点 w，则转到步骤（3），否则循环执行下面的步骤。

① 如果顶点 w 尚未被访问，则访问顶点 w 并标记顶点 w 已访问。

② 顶点 w 进入队列。

③ 查找顶点 x 的下一个邻接顶点 w，转到步骤（6）。

如果此时还有未被访问的顶点，则选一个未被访问的顶点作为起点，然后重复上述过程，直至所有顶点均被访问过为止。

在图 6-22 中，展示了广度优先搜索的过程，其中箭头代表搜索方向，箭头旁边的数字代表搜索顺序，A 为起点。首先访问 A，然后按图中序号对应的顺序进行广度优先搜索。图中序号对应步骤的具体说明如下。

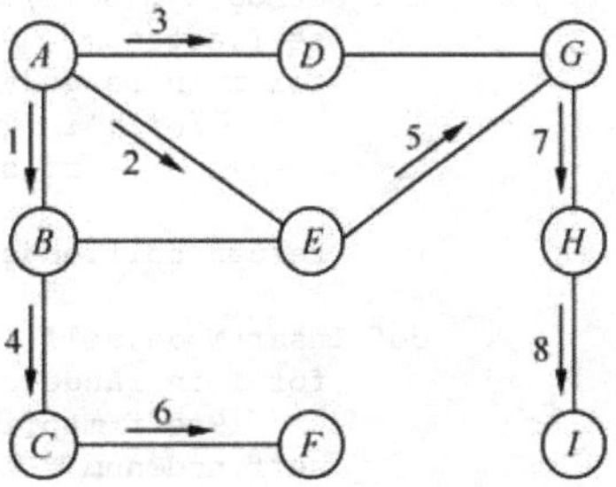

① 节点 A 的未访问邻接点有 B、E、D，首先访问 A 的第一个未访问邻接点 B。

② 访问 A 的第二个未访问邻接点 E。

③ 访问 A 的第三个未访问邻接点 D。

图 6-22 图的广度优先搜索过程

④ 由于 B 在 E、D 之前被访问，因此接下来应访问 B 的未访问邻接点，B 的未访邻接点只有 C，所以访问 C。

⑤ 由于 E 在 D、C 之前被访问，因此接下来应访问 E 的未访问邻接点，E 的未访问邻接点只有 G，所以访问 G。

⑥ 由于 D 在 C、G 之前被访问，因此接下来应访问 D 的未访问邻接点，D 没有未访问邻接点，所以直接考虑在 D 之后被访问的节点 C，即接下来应访问 C 的未访问邻接点。C 的未访问邻接点只有 F，所以访问 F。

⑦ 由于 G 在 F 之前被访问，因此接下来应访问 G 的未访问邻接点。G 的未访问邻接点只有 H，所以访问 H。

（7）由于 F 在 H 之前被访问，因此接下来应访问 F 的未访问邻接点。F 没有未访问邻接点，所以直接考虑在 F 之后被访问的节点 H，即接下来应访问 H 的未访问邻接点。H 的未访问邻接点只有 I，所以访问 I。

到此为止，广度优先搜索过程结束，相应的访问序列为：A→B→E→D→C→G→F→H→I。为图 6-22 中所有节点之间加上标有箭头的边，这样就构成了一棵以 A 为根的树，这棵树被称为广度优先搜索树。

在遍历过程中需要设置一个初值为"false"的访问标志数组 visited[n]，如果某个顶点被访问，则设置 visited[n] 的值为"true"。

6.4.3 实践演练——实现图的深度优先和广度优先搜索

下面的实例文件 wuduan.py 演示了实现图的深度优先和广度优先搜索的过程。其中，将 Python 的图邻接矩阵法作为存储结构，0 表示没有边，1 表示有边。

源码路径：daima\第 6 章\wuduan.py

```
class Graph:
    def __init__(self, maps=[], nodenum=0, edgenum=0):
        self.map = maps    # 图的矩阵结构
        self.nodenum = len(maps)
```

```
                    self.edgenum = edgenum

    #    self.nodenum = GetNodenum()#节点数
    #    self.edgenum = GetEdgenum()#边数
    def isOutRange(self, x):
        try:
            if x >= self.nodenum or x <= 0:
                raise IndexError
        except IndexError:
            print("节点下标出界")

    def GetNodenum(self):
        self.nodenum = len(self.map)
        return self.nodenum

    def GetEdgenum(self):
        self.edgenum = 0
        for i in range(self.nodenum):
            for j in range(self.nodenum):
                if self.map[i][j] is 1:
                    self.edgenum = self.edgenum + 1
        return self.edgenum

    def InsertNode(self):
        for i in range(self.nodenum):
            self.map[i].append(0)
        self.nodenum = self.nodenum + 1
        ls = [0] * self.nodenum
        self.map.append(ls)

    # 假删除，只是归零而已
    def DeleteNode(self, x):
        for i in range(self.nodenum):
            if self.map[i][x] is 1:
                self.map[i][x] = 0
                self.edgenum = self.edgenum - 1
            if self.map[x][i] is 1:
                self.map[x][i] = 0
                self.edgenum = self.edgenum - 1

    def AddEdge(self, x, y):
        if self.map[x][y] is 0:
            self.map[x][y] = 1
            self.edgenum = self.edgenum + 1

    def RemoveEdge(self, x, y):
        if self.map[x][y] is 0:
            self.map[x][y] = 1
            self.edgenum = self.edgenum + 1

    def BreadthFirstSearch(self):
        def BFS(self, i):
            print(i)
            visited[i] = 1
            for k in range(self.nodenum):
                if self.map[i][k] == 1 and visited[k] == 0:
                    BFS(self, k)

        visited = [0] * self.nodenum
        for i in range(self.nodenum):
            if visited[i] is 0:
                BFS(self, i)

    def DepthFirstSearch(self):
        def DFS(self, i, queue):

            queue.append(i)
            print(i)
            visited[i] = 1
```

```
                if len(queue) != 0:
                    w = queue.pop()
                    for k in range(self.nodenum):
                        if self.map[w][k] is 1 and visited[k] is 0:
                            DFS(self, k, queue)

        visited = [0] * self.nodenum
        queue = []
        for i in range(self.nodenum):
            if visited[i] is 0:
                DFS(self, i, queue)


def DoTest():
    maps = [
        [-1, 1, 0, 0],
        [0, -1, 0, 0],
        [0, 0, -1, 1],
        [1, 0, 0, -1]]
    G = Graph(maps)
    G.InsertNode()
    G.AddEdge(1, 4)
    print("广度优先遍历")
    G.BreadthFirstSearch()
    print("深度优先遍历")
    G.DepthFirstSearch()


if __name__ == '__main__':
    DoTest()
```

执行后会输出：

```
广度优先遍历
0
1
4
2
3
深度优先遍历
0
1
4
2
3
```

6.5 图的连通性

"连通性"是指从表面结构上描述景观中各单元之间相互联系的客观程度。前面讲解的线性结构是一对一关系，只有相邻元素才有关系。在树结构中开始有了分支，所以非相邻的数据可能也有关系，但只能是父子关系。为了能够包含自然界的所有数据，以及那些表面看来毫无关系但也可能存在关系的数据，此时线性结构和树已经不够用了，需要用图来保存这些关系，可以将具有各种关系的元素称为有连通性。本章在前面已经介绍了连通图和连通分量的基本概念，在本节的内容中，将介绍判断一个图是否为连通图的知识，并介绍计算连通图的连通分量的方法，为读者学习本书后面的知识打下基础。

6.5.1 无向图的连通分量

在对图进行遍历时，在连通图中无论是使用广度优先搜索还是深度优先搜索，只需要调用一次搜索过程。也就是说，只要从任一顶点出发就可以遍历图中的各个顶点。如果是非连通图，则需要多次调用搜索过程，并且每次调用得到的顶点访问序列是各连通分量中的顶点集。

例如，图 6-23（a）所示的是一个非连通图，按照它的邻接表进行深度优先搜索遍历，调用 3 次 DepthFirstSearch() 后得到的访问顶点序列为：

1，2，4，3，9

5，6，7

8，10

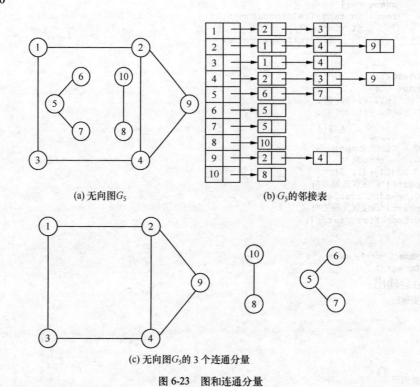

(a) 无向图 G_5　　　　　　　　　　(b) G_5 的邻接表

(c) 无向图 G_5 的 3 个连通分量

图 6-23　图和连通分量

可以使用图的遍历过程来判断一个图是否连通。如果在遍历的过程中不止一次地调用搜索过程，则说明该图就是一个非连通图。使用了几次调用搜索过程，这个图就有几个连通分量。

6.5.2　实践演练——通过二维数组建立无向图

下面的实例文件 create_undirected_matrix.py 演示了使用二维数组建立无向图的过程。

源码路径：daima\第 6 章\create_undirected_matrix.py

```python
def create_undirected_matrix(my_graph):
    nodes = ['a', 'b', 'c', 'd', 'e', 'f', 'g', 'h']

    matrix = [[0, 1, 1, 1, 1, 1, 0, 0],   # a
              [0, 0, 1, 0, 1, 0, 0, 0],   # b
              [0, 0, 1, 0, 1, 0, 0, 0],   # c
              [0, 0, 0, 0, 1, 0, 0, 0],   # d
              [0, 0, 0, 0, 0, 1, 0, 0],   # e
              [0, 0, 1, 0, 0, 0, 1, 1],   # f
              [0, 0, 0, 0, 0, 1, 0, 1],   # g
              [0, 0, 0, 0, 0, 1, 1, 0]]   # h

    my_graph = Graph_Matrix(nodes, matrix)
    print(my_graph)
    return my_graph

def draw_directed_graph(my_graph):
    G = nx.DiGraph()  # 建立一个空的无向图G
    for node in my_graph.vertices:
```

```
        G.add_node(str(node))
    # for edge in my_graph.edges:
    # G.add_edge(str(edge[0]), str(edge[1]))
    G.add_weighted_edges_from(my_graph.edges_array)

    print("nodes:", G.nodes())    # 输出全部的节点
    print("edges:", G.edges())    # 输出全部的边
    print("number of edges:", G.number_of_edges())    # 输出边的数量
    nx.draw(G, with_labels=True)
    plt.savefig("directed_graph.png")
    plt.show()


if __name__ == '__main__':
    my_graph = Graph_Matrix()
    created_graph = create_undirected_matrix(my_graph)

    draw_directed_graph(created_graph)
```

执行结果如图 6-24 所示。

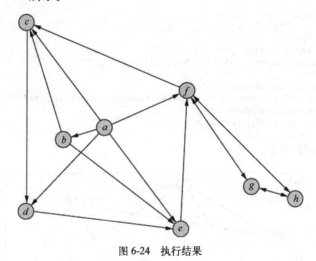

图 6-24　执行结果

6.5.3　实践演练——根据邻接矩阵绘制无向图

现在有 7 个点[0, 1, 2, 3, 4, 5, 6]，这 7 个点之间的邻接矩阵如表 6-1 所示，请根据邻接矩阵绘制出相应的图。

表 6-1　7 个点之间的邻接矩阵

	0	1	0	1	0	1	0
0	0	1	0	1	0	1	0
1	1	0	1	1	1	1	1
2	0	1	0	1	0	1	0
3	1	1	1	0	1	1	1
4	0	1	0	1	0	1	1
5	1	1	1	1	1	0	0
6	0	1	0	1	0	1	0

可以将点之间的关系构造成如下矩阵 N：

[[0,3,5,1]

[1,5,4,3]

[2,1,3,5]

[3,5,1,4]

[4,5,1,3]

[5,3,4,1]

[6,3,1,4]]

下面的实例文件 yizhi.py 解决了上述问题，具体实现代码如下所示。

源码路径：daima\第 6 章\yizhi.py

```
#将点之间的联系构造成如下矩阵N
N = [[0, 3, 5, 1],
    [1, 5, 4, 3],
    [2, 1, 3, 5],
    [3, 5, 1, 4],
    [4, 5, 1, 3],
    [5, 3, 4, 1],
    [6, 3, 1, 4]]
G=nx.Graph()
point=[0,1,2,3,4,5,6]
G.add_nodes_from(point)
edglist=[]
for i in range(7):
        for j in range(1,4):
                edglist.append((N[i][0],N[i][j]))
G=nx.Graph(edglist)
position = nx.circular_layout(G)
nx.draw_networkx_nodes(G,position, nodelist=point, node_color="r")
nx.draw_networkx_edges(G,position)
nx.draw_networkx_labels(G,position)
plt.show()
```

执行结果如图 6-25 所示。

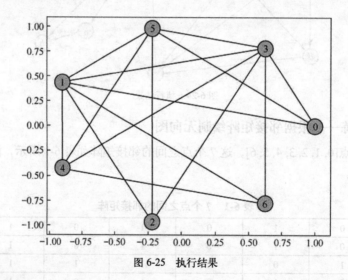

图 6-25　执行结果

6.5.4　最小生成树

最小生成树（Minimum Spanning Tree，MST）是指在一个连通网的所有生成树中，各边的代价之和最小的那棵生成树。为了向大家说明最小生成树的性质，下面举例来讲解。假设 $M=(V,\{E\})$ 是一连通网，U 是顶点集 V 的一个非空子集。如果 (u,v) 是一条具有最小权值的边，其中 $u \in U, v \in V-U$，则存在一棵包含边 (u,v) 的最小生成树。假设命名为 SHU。

可以使用反证法来证明上述性质：假设不存在包含边 (u,v) 的这棵最小生成树，如果任取一棵最小生成树 SHU，将 (u,v) 加入 SHU。根据树的性质，此时在 SHU 中肯定形成一条包含 (u,v) 的回路，并且在回路中肯定有一条边 (u',v') 的权值，大于或等于 (u,v) 的权值。删除 (u,v)

后会得到一棵代价小于或等于 SHU 的生成树 SHU'，并且 SHU'是一棵包含边（u,v）的最小生成树。这样就与假设相矛盾了。

上述性质称为 MST 性质。在现实应用中，可以利用此性质生成一个连通网的最小生成树，常用的普利姆算法和克鲁斯卡尔算法也利用了 MST 性质。

1. 普里姆算法

假设 $N=(V,\{E\})$ 是连通网，JI 是最小生成树中边的集合，则算法如下所示。

（1）初始 $U=\{u_0\}(u_0 \in V)$, JI=ϕ。

（2）在所有 $u \in U$, $v \in V-U$ 的边中选一条代价最小的边（u_0, v_0）并入集合 JI，同时将 v_0 并入 U。

（3）重复步骤（2），直到 $U=V$ 为止。

此时在 JI 中肯定包含 $n-1$ 条边，则 $T=(V,\{JI\})$ 为 N 的最小生成树。由此可以看出，普里姆算法会逐步增加 U 中的顶点，这被称为"加点法"。在选择最小边时，可能有多条同样权值的边可选，此时任选其一。

为了实现普里姆算法，需要先设置一个辅助数组 closedge[ ]，用于记录从 U 到 $V-U$ 具有最小代价的边。因为每个顶点 $v \in V-U$，所以在辅助数组中有一个分量 closedge[v]，它包括两个域 vex 和 lowcost，其中 lowcost 存储该边上的权，则有：

```
closedge[v].lowcoast=Min({cost(u,v) | u∈U})
```

2. 克鲁斯卡尔算法

假设 $N=(V,\{E\})$ 是连通网，如果将 N 中的边按照权值从小到大进行排列，则克鲁斯卡尔算法的流程如下所示。

（1）将 n 个顶点看成 n 个集合。

（2）按照权值从小到大的顺序选择边，所选的边的两个顶点不能在同一个顶点集合内，将该边放到生成树边的集合中，同时将该边的两个顶点所在的顶点集合合并。

（3）重复步骤（2），直到所有的顶点都在同一个顶点集合内。

6.5.5 实践演练——实现最小生成树和拓扑序列

下面的实例文件 tuopu.py 演示了如何实现最小生成树和拓扑序列功能。

源码路径：daima\第 6 章\tuopu.py

```python
def prim_min_tree(self, root=None):
    """最小生成树：普里姆算法"""
    spanning_tree = {}

    def light_edge():
        min_weight = 10000
        edge = None
        for node in self.visited.keys():
            for other in self.node_neighbors[node]:
                if not other in self.visited:
                    if self.edge_weight((node, other)) != -1 and self.edge_
                      weight((node, other)) < min_weight:
                        min_weight = self.edge_weight((node, other))
                        edge = (node, other)
        return edge, min_weight

    def get_unvisited_node():
        for node in self.nodes():
            if not node in self.visited:
                return node

    while len(self.visited.keys()) != len(self.nodes()):
        edge, min_weight = light_edge()
        if edge:
            spanning_tree[(edge[0], edge[1])] = min_weight
```

```
                        self.visited[edge[1]] = True
            else:
                    node = root if root else get_unvisited_node()
                    if node:
                        self.visited[node] = True
        return spanning_tree

    def topological_sorting(self):
        """拓扑序列的逆序列:找到入度为0的,取出,删除以Ta为开始的边,重复此操作"""
        in_degree = copy.deepcopy(self.in_degree)
        order = []

        def find_zero_in_degree_node():
            for k, v in in_degree.items():
                if v == 0 and (not k in self.visited):
                    return k
            return None
```

执行后会输出:

```
最小生成树 {(1, 3): 1, (3, 2): 3, (3, 6): 4, (6, 4): 2, (2, 5): 5}
topological_sorting: [1, 3, 2, 6, 4, 5]
最短路径(到哪个点,距离): {0: 0, 2: 10, 4: 30, 5: 60, 3: 50}
```

6.5.6 关键路径

关键路径非常重要,其地位犹如象棋中的"将"(帅),即使己方的车马炮全军覆没,只要将对方的"将"(帅)斩首,胜利也将属于你。关键路径之所以重要,是因为它是网络终端元素的序列,该序列具有最长的总工期并决定了整个项目的最短完成时间。

在工程计划和经营管理中经常用到有向图的关键路径,用有向图表示工程计划的方法有如下两种。

(1)用顶点表示活动,用有向弧表示活动间的优先关系。

(2)用顶点表示事件,用弧表示活动,弧的权值表示活动所需要的时间。

把上述第二种方法构造的有向无环图称为表示活动的(Activity on Edge,AOE)网。AOE网在工程计划和管理中经常用到。在 AOE 网中有如下两个非常重要的点。

❑ 源点:唯一一个入度为 0 的顶点。

❑ 汇点:唯一一个出度为 0 的顶点。

完成整个工程任务所需的时间,是从源点到汇点的最长路径的长度,该路径被称为关键路径。关键路径上的活动被称为关键活动。如果这些活动中的某一项活动未能按期完成,则会推迟整个工程的完成时间。反之,如果能够加快关键活动的进度,则可以提前完成整个工程。

例如,在图 6-26 所示的 AOE 网中一共有 9 个事件,分别对应顶点 v_0,v_1,v_2,…,v_7 和 v_8,在图中只给出了各顶点的下标。其中,v_0 为源点,表示整个工程可以开始;v_4 表示 a_4 和 a_5 已经完成,a_7 和 a_8 可以开始;v_8 是汇点,表示整个工程结束。

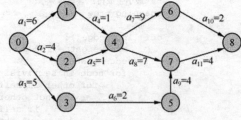

图 6-26 AOE 网

$v_0 \sim v_8$ 的最长路径有两条,分别是(v_0,v_1,v_4,v_7,v_8)和(v_0,v_1,v_4,v_6,v_8),长度都是 18。关键活动为(a_1,a_4,a_7,a_{10})或(a_1,a_2,a_8,a_{11})。关键活动 a_1 计划用 6 天完成,如果 a_1 提前两天完成,则整个工程也提前两天完成。

在讲解关键路径算法之前,接下来将讲解几个重要的相关概念。

1. 事件 v_i 的最早发生时间 ve(i)

事件 v_i 的最早发生时间是指从源点到顶点 v_i 的最长路径的长度。可以从源点开始,按照拓扑顺序向汇点递推的方式来计算 ve(i)。

```
ve(0)=0;
```

```
      ve(i)=Max{ve(k)+dut(<k,i>)}
    <k,i>∈T,1≤i≤n-1;
```

其中，T 为所有以 i 为头的弧 $<k,i>$ 的集合；dut($<k,i>$) 为与弧 $<k,i>$ 对应的活动的持续时间。

2. 事件 v_i 的最晚发生时间 vl(i)

事件 v_i 的最晚发生时间是指在保证汇点按其最早发生时间发生的前提下，事件 v_i 的最晚发生时间。在求出 ve(i) 的基础上，可从汇点开始，按逆拓扑顺序向源点递推的方式来计算 vl(i)。

```
    vl(n-1)=ve(n-1);
      vl(i)=Min{vl(k)+dut(<i,k>)}
    <i,k>∈S,0≤i≤n-2;
```

其中，S 为所有以 i 为尾的弧 $<i,k>$ 的集合；dut($<i,k>$) 为与弧 $<i,k>$ 对应的活动的持续时间。

3. 活动 a_i 的最早开始时间 $e(i)$

如果活动 a_i 对应的弧为 $<j,k>$，则 $e(i)$ 等于从源点到顶点 j 的最长路径的长度，即 $e(i)$=ve(j)。

4. 活动 a_i 的最晚开始时间 $l(i)$

活动 a_i 的最晚开始时间是指在保证事件 v_k 的最晚发生时间为 vl(k) 的前提下，活动 a_i 的最晚开始时间。

5. 活动 a_i 的松弛时间

活动 a_i 的松弛时间是指 a_i 的最晚开始时间与最早开始时间的差，即 $l(i)-e(i)$。

对图 6-26 所示的 AOE 网计算关键路径的结果如表 6-2 所示。

表 6-2 关键路径计算结果

顶点	ve	v	活动	e	l	1-e
0	0	0	a_1	0	0	0
1	6	6	a_2	0	2	2
2	4	6	a_3	0	3	3
3	5	8	a_4	6	6	0
4	7	7	a_5	4	6	2
5	7	10	a_6	5	8	3
6	16	16	a_7	7	7	0
7	14	14	a_8	7	7	0
8	18	18	a_9	7	10	3
			a_{10}	16	16	0
			a_{11}	14	14	0

由表 6-2 可以看出，图 6-26 所示的 AOE 网有两条关键路径，一条是由 a_1、a_4、a_7、a_{10} 组成的关键路径，另一条是由 a_1、a_4、a_8、a_{11} 组成的关键路径。

6.5.7 实践演练——递归解决 AOE 网最长关键路径的问题

下面是 BAT 公司的某个面试题目，如图 6-27 所示。

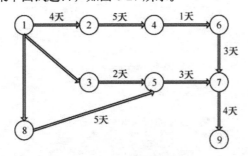

图 6-27 项目进展流程图

每个项目都有完成时间和若干个前置条件，圆圈表示项目 ID，无箭头一端表示另一端项目开始的前置条件，求总项目（或每个项目）的最短完成时间。

实例文件 guanjian.py 的具体实现代码如下所示。

源码路径：daima\第 6 章\guanjian.py

```
class Pro:
        def __init__(self,pro_id,require_time,previous,pro_list):
                self.pro_id = pro_id
                self.require_time = require_time
                self.previous = previous
                pro_list.append(self)

        def ShowSelf(self):
                print(self.id,self.require_time,self.previous,)

        def run(self):
                total = 0
                tmp = []
                if self.pro_id == 0:
                        return 0
                a = len(self.previous)
                for x in range(a):
                        tmp.append(pro_list[self.previous[x]].run() + self.require_time)
                print(tmp)
                total = max(tmp)
                print(total)
                return total

pro_list = []
pro_0 = Pro(0, 0, [0], pro_list)
pro_1 = Pro(1, 4, [0], pro_list)
pro_2 = Pro(2, 3, [1], pro_list)
pro_3 = Pro(3, 2, [1], pro_list)
pro_4 = Pro(4, 5, [2], pro_list)
pro_5 = Pro(5, 3, [3,4,8], pro_list)
pro_6 = Pro(6, 1, [4], pro_list)
pro_7 = Pro(7, 3, [5,6], pro_list)
pro_8 = Pro(8, 5, [1], pro_list)
pro_9 = Pro(9, 4, [7], pro_list)

total_time = pro_9.run()        #此处为总项目，也可以是单个项目
print("Total_time:",total_time)
```

执行后会输出：

```
[4]
4
[6]
6
[4]
4
[7]
7
[12]
12
[4]
4
[9]
9
[9, 15, 12]
15
[4]
4
[7]
7
[12]
12
[13]
13
```

```
[18, 16]
18
[22]
22
Total_time: 22
```

6.6　寻求最短路径

都说两点之间直线最短，那么带权图中什么路径最短呢？带权图的最短路径是指两点间的路径中边权和最小的路径，接下来将研究图中最短路径的问题。

6.6.1　求某一顶点到其他各顶点的最短路径

假设有一个带权的有向图 $Y=(V,\{E\})$，Y 中的边权为 $W(e)$。已知源点为 v_0，求 v_0 到其他各顶点的最短路径。例如，在图 6-28 所示的带权有向图中，假设 v_0 是源点，则 v_0 到其他各顶点的最短路径如表 6-3 所示，其中各最短路径按路径长度从小到大的顺序排列。

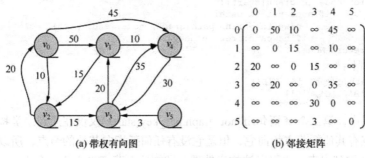

图 6-28　一个带权有向图及其邻接矩阵

表 6-3　v_0 到其他各顶点的最短路径

源点	终点	最短路径	路径长度
v_0	v_2	v_0，v_2	10
	v_3	v_0，v_2，v_3	25
	v_1	v_0，v_2，v_3，v_1	45
	v_4	v_0，v_4	45
	v_5	v_0，v_5	无最短路径

几乎没有编程语言把图作为一种直接支持的数据类型，Python 也不例外。然而，图很容易通过列表和词典来构造。比如，有如下所示的一个简单的图。

```
A -> B
A -> C
B -> C
B -> D
C -> D
D -> C
E -> F
F -> C
```

上述图有 6 个节点（$A\sim F$）和 8 段弧，可以通过下面的 Python 数据结构来表示。

```
graph = {'A': ['B', 'C'],
         'B': ['C', 'D'],
         'C': ['D'],
         'D': ['C'],
         'E': ['F'],
         'F': ['C']}
```

这是一个词典，每个 key 都是图的节点。每个 key 都对应一个列表，列表里面存放的是直接通过一段弧和这个节点连接的节点。这个图非常简单，不过更简单的是用数字代替字母来表示一个节点。不过，用名字（字母）来表示很方便，而且也便于扩展，比如可以改成城市的名字等。

可以编写如下所示的函数来判断两个节点间的路径，它的参数是一个图、一个起点和一个终点。它会返回一个列表，列表里面存有组成这条路径的节点（包括起点和终点）。如果两个节点之间没有路径的话，那就返回 None。相同的节点不会在返回的路径中出现两次或两次以上（就是说不会包括环）。这个算法用到一个很重要的技术，叫作回溯：它会去尝试每一种可能，直到找到结果为止。

```python
def find_path(graph, start, end, path=[]):
    path = path + [start]
    if start == end:
        return path
    if not graph.has_key(start):
        return None
    for node in graph[start]:
        if node not in path:
            newpath = find_path(graph, node, end, path)
            if newpath: return newpath
    return None
```

测试结果如下：

```python
>>> find_path(graph, 'A', 'D')
    ['A', 'B', 'C', 'D']
>>>
```

在上述代码中，第二个 if 语句(if not graph.has_key(start):)仅仅在遇到一类特殊的节点时才有用，这类节点有其他的节点指向它，但是它没有任何弧指向其他的节点，所以不会在图这个词典中作为 key 被列出来。也可以这样来处理，即把这个节点也作为一个 key，但是有一个空的列表来表示其没有指向其他节点的弧，不过不列出来会更好一些。

注意，当调用 find_graph()的时候，使用了 3 个参数，但是实际上使用了 4 个参数——还有一个参数是当前已经走过的路径。这个参数的默认值是一个空的列表"[]"，表示还没有节点被访问过。这个参数用来避免路径中存在环（for 循环中的第一个 if 语句）。path 这个参数本身不会修改，我们用"path = path + [start]"只是创建了一个新的列表。如果我们使用"path.append(start)"的话，就修改了 path 的值，这样会产生灾难性后果。如果使用元组的话，我们可以保证这是不会发生的。在使用的时候要写"path = path + (start,)"，注意，"(start)"并不是一个单体元组，只是一个括号表达式而已。

我们可以通过如下函数实现返回一个节点到另一个节点的所有路径的功能，而不仅仅查找第一条路径。

```python
def find_all_paths(graph, start, end, path=[]):
    path = path + [start]
    if start == end:
        return [path]
    if not graph.has_key(start):
        return []
    paths = []
    for node in graph[start]:
        if node not in path:
            newpaths = find_all_paths(graph, node, end, path)
            for newpath in newpaths:
                paths.append(newpath)
    return paths
```

测试结果如下。

```python
>>> find_all_paths(graph, 'A', 'D')
    [['A', 'B', 'C', 'D'], ['A', 'B', 'D'], ['A', 'C', 'D']]
>>>
```

还可以通过如下函数实现查找最短路径功能。

```
def find_shortest_path(graph, start, end, path=[]):
        path = path + [start]
        if start == end:
                return path
        if not graph.has_key(start):
                return None
        shortest = None
        for node in graph[start]:
                if node not in path:
                        newpath = find_shortest_path(graph, node, end, path)
                        if newpath:
                                if not shortest or len(newpath) < len(shortest):
                                        shortest = newpath
        return shortest
```

测试结果如下。

```
>>> find_shortest_path(graph, 'A', 'D')
    ['A', 'C', 'D']
```

6.6.2 任意一对顶点间的最短路径

前面介绍的方法只能求出源点到其他顶点的最短路径，怎样计算任意一对顶点间的最短路径呢？正确的做法是将每一顶点作为源点，然后重复调用迪杰斯特拉（Dijkstra）算法 n 次即可实现，这种做法的时间复杂度为 $O(n^3)$。由此可见，这种做法的效率并不高。伟大的古人弗洛伊德创造了一种形式更加简洁的弗洛伊德算法来解决这个问题。虽然弗洛伊德算法的时间复杂度也是 $O(n^3)$，但是整个过程非常简单。

1. 弗洛伊德（Floyd-Warshall）算法

弗洛伊德算法会按如下步骤同时求出图 G（假设图 G 用邻接矩阵法表示）中任意一对顶点 v_i 和 v_j 间的最短路径。

（1）将 v_i 到 v_j 的最短路径长度初始化为 g.arcs[i][j]，接下来开始 n 次比较和修正。

（2）在 v_i 和 v_j 之间加入顶点 v_0，比较 (v_i, v_0, v_j) 和 (v_i, v_j) 的路径长度，用其中较短的路径作为 v_i 到 v_j 且中间顶点号不大于 0 的最短路径。

（3）在 v_i 和 v_j 之间加入顶点 v_1，得到 $(v_i, \cdots, v_1)$ 和 $(v_1, \cdots, v_j)$，其中 $(v_i, \cdots, v_1)$ 是 v_i 到 v_1 且中间顶点号不大于 0 的最短路径，$(v_1, \cdots, v_j)$ 是 v_1 到 v_j 且中间顶点号不大于 0 的最短路径，这两条路径在步骤（2）中已求出。将 $(v_i, \cdots, v_1, \cdots, v_j)$ 与步骤（2）中已求出的最短路径进行比较，这个最短路径满足下面的两个条件。

❑ v_i 到 v_j 且中间顶点号不大于 0 的最短路径。

❑ 取其中较短的路径作为 v_i 到 v_j 且中间顶点号不大于 1 的最短路径。

（4）在 v_i 和 v_j 之间加入顶点 v_2，得 $(v_i, \cdots, v_2)$ 和 $(v_2, \cdots, v_j)$，其中 $(v_i, \cdots, v_2)$ 是 v_i 到 v_2 且中间顶点号不大于 1 的最短路径，$(v_2, \cdots, v_j)$ 是 v_2 到 v_j 且中间顶点号不大于 1 的最短路径，这两条路径在步骤（3）中已经求出。将 $(v_i, \cdots, v_2, \cdots, v_j)$ 与步骤（3）中已求出的最短路径进行比较，这个最短路径满足下面的条件。

❑ v_i 到 v_j 且中间顶点号不大于 1 的最短路径。

❑ 取其中较短的路径作为 v_i 到 v_j 且中间顶点号不大于 2 的最短路径。

这样依此类推，经过 n 次比较和修正后来到步骤 $(n-1)$，会求得 v_i 到 v_j 且中间顶点号不大于 $n-1$ 的最短路径，这肯定是从 v_i 到 v_j 的最短路径。

图 G 中所有顶点的偶数对 (v_i, v_j) 间的最短路径长度对应一个 n 阶方阵 D。在上述 $n+1$ 步中，D 的值不断变化，对应一个 n 阶方阵序列。定义格式如下所示。

n 阶方阵序列：D^{-1}, D^0, D^1, D^2, $\cdots$, D^{N-1}

其中，$D^{-1}[i][j]$= g.arcs[i][j]，$D^k[i][j]$=min$\{D^{k-1}[i][j], D^{k-1}[i][k]+ D^{k-1}[k][j]\}$，$0 \leqslant k \leqslant n-1$。

其中，D^{n-1} 中为所有顶点的偶数对（v_i，v_j）间的最终最短路径长度。

2. 迪杰斯特拉（Dijkstra）算法

假如有向图 G_6 的带权邻接矩阵和带权有向图如图 6-29 所示。如果对 G_6 执行迪杰斯特拉算法，则得到从 v_0 到其余各顶点的最短路径，以及运算过程中 **D** 向量的变化状况，具体过程如表 6-4 所示。

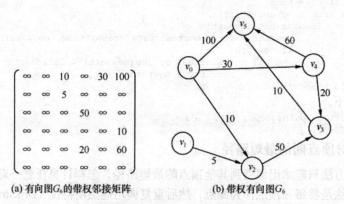

(a) 有向图 G_6 的带权邻接矩阵　　　　(b) 带权有向图 G_6

图 6-29　带权邻接矩阵和带权有向图

表 6-4　最短路径求解过程

顶点	从 v_0 到各顶点的 D 值和最短路径的求解过程				
	$i=1$	$i=2$	$i=3$	$i=4$	$i=5$
v_1	∞	∞	∞	∞	无
v_2	10 (v_0,v_2)				
v_3	∞	60 (v_0,v_2,v_3)	50 (v_0,v_4,v_5)		
v_4	30 (v_0,v_4)	30 (v_0,v_4)			
$v5$	100 (v_0,v_5)	100 (v_0,v_5)	90 (v_0,v_4,v_5)	60 (v_0,v_4,v_3,v_5)	
vj	v2	v4	v3	v5	
S	$\{v_0,v_2\}$	$\{v_0,v_2,v_4\}$	$\{v_0,v_2,v_3,v_4\}$	$\{v_0,v_2,v_3,v_4,v_5\}$	

3. Bellman-Ford 算法

Bellman-Ford 算法用于求单源点的最短路径，可以判断有无负权回路（若有，则不存在最短路径），时效性较好，时间复杂度为 $O(VE)$。Bellman-Ford 算法用于求解单源点的最短路径问题。

单源点的最短路径问题是指：给定一个加权有向图 G 和源点 s，对于图 G 中的任意一点 v，求从 s 到 v 的最短路径。与迪杰斯特拉算法不同的是，在 Bellman-Ford 算法中，边的权值可以为负数。设想从图中找到一条环路（即从 v 出发，经过若干个点之后又回到 v）且这条环路中所有边的权值之和为负。那么通过这个环路，环路中任意两点的最短路径就可以无穷小下去。如果不处理这条负环路，程序就会永远运行下去。Bellman-Ford 算法具有分辨这种负环路的能力。

6.6.3　实践演练——使用 Dijkstra 算法计算指定点到其他各顶点的路径

下面的实例文件 duan.py 演示了使用 Dijkstra 算法计算指定点到其他各顶点的路径的过程。

源码路径：daima\第 6 章\duan.py

```
G = {1: {1: 0, 2: 1, 3: 12},
     2: {2: 0, 3: 9, 4: 3},
     3: {3: 0, 5: 5},
     4: {3: 4, 4: 0, 5: 13, 6: 15},
     5: {5: 0, 6: 4},
     6: {6: 0}}


# 每次找到离源点最近的一个顶点，然后以该顶点为中心进行扩展
# 最终的从源点到其余所有点的最短路径
# 一种贪婪算法

def Dijkstra(G, v0, INF=999):
    """ 使用Dijkstra 算法计算指定点v0到图G中任意点的最短路径
        INF为设定的无限远距离值
        此方法不能解决负权边问题
    """
    book = set()
    minv = v0

    # 源点到其余各顶点的初始路径
    dis = dict((k, INF) for k in G.keys())
    dis[v0] = 0

    while len(book) < len(G):
        book.add(minv)    # 确定当前顶点的距离
        for w in G[minv]:    # 以当前点的中心向外扩散
            if dis[minv] + G[minv][w] < dis[w]:    # 如果从当前点扩展到某一点的距离小与已知最短距离
                dis[w] = dis[minv] + G[minv][w]    # 对已知距离进行更新

        new = INF    # 从剩下的未确定点中选择最小距离点作为新的扩散点
        for v in dis.keys():
            if v in book: continue
            if dis[v] < new:
                new = dis[v]
                minv = v
    return dis


dis = Dijkstra(G, v0=1)
print(dis.values())
```

执行后会输出：

```
dict_values([0, 1, 8, 4, 13, 17])
```

6.6.4 实践演练——使用 Floyd-Warshall 算法计算图的最短路径

下面的实例文件 fuluo.py 演示了使用 Floyd-Warshall 算法求图的两点之间最短路径的过程。具体算法思想如下所示。

❑ 每个顶点都有可能使得两个顶点之间的距离变短。

❑ 当两点之间不允许有第三个点时，这些点之间的最短路径就是初始路径。

源码路径：daima\第 6 章\fuluo.py

```
# 字典的第1个键为起点城市，第2个键为目标城市，键值为两个城市间的直接距离
# 将不相连点设为INF,方便更新两点之间的最小值
INF = 99999
G = {1:{1:0,    2:2,    3:6,    4:4},
     2:{1:INF,  2:0,    3:3,    4:INF},
     3:{1:7,    2:INF,  3:0,    4:1},
     4:{1:5,    2:INF,  3:12,   4:0}
     }


# Floyd-Warshall算法的核心语句
# 分别在只允许经过某个点k的情况下，更新点和点之间的最短路径
for k in G.keys():       # 不断试图往两点i和j之间添加新的点k，更新最短距离
```

```
        for i in G.keys():
            for j in G[i].keys():
                if G[i][j] > G[i][k] + G[k][j]:
                    G[i][j] = G[i][k] + G[k][j]


    for i in G.keys():
        print(G[i].values())
```

执行后会输出：

```
dict_values([0, 2, 5, 4])
dict_values([9, 0, 3, 4])
dict_values([6, 8, 0, 1])
dict_values([5, 7, 10, 0])
```

6.6.5 实践演练——使用 Bellman-Ford 算法计算图的最短路径

对于一个包含 n 个顶点、m 条边的图，使用 Bellman-Ford 算法计算源点到任意点的最短路径。循环 $n-1$ 轮，每轮对 m 条边进行一次松弛操作。Bellman-Ford 算法的规则如下。

（1）在一个含有 n 个顶点的图中，任意两点之间的最短路径最多包含 $n-1$ 条边。

（2）最短路径肯定是一条不包含回路的简单路径（回路包括正权回路与负权回路）。

❑ 如果最短路径中包含正权回路，去掉这条回路后一定可以得到更短的路径。

❑ 如果最短路径中包含负权回路，每多走一次这条回路，路径更短，不存在最短路径。

（3）最短路径肯定是一条不包含回路的简单路径，即最多包含 $n-1$ 条边，所以进行 $n-1$ 次松弛即可。

下面的实例文件 bell.py 演示了使用 Bellman-Ford 算法解决图的最短路径负权边问题的过程。

源码路径：daima\第 6 章\bell.py

```
G = {1: {1: 0, 2: -3, 5: 5},
     2: {2: 0, 3: 2},
     3: {3: 0, 4: 3},
     4: {4: 0, 5: 2},
     5: {5: 0}}


def getEdges(G):
    """ 输入图G，返回其边与端点的列表 """
    v1 = []    # 出发点
    v2 = []    # 对应的相邻到达点
    w = []     # 顶点v1到顶点v2的边的权值
    for i in G:
        for j in G[i]:
            if G[i][j] != 0:
                w.append(G[i][j])
                v1.append(i)
                v2.append(j)
    return v1, v2, w


class CycleError(Exception):
    pass


def Bellman_Ford(G, v0, INF=999):
    v1, v2, w = getEdges(G)
    # 初始化源点与所有点之间的最短距离
    dis = dict((k, INF) for k in G.keys())
    dis[v0] = 0
    # 核心算法
    for k in range(len(G) - 1):    # 循环 n-1轮
        check = 0    # 用于标记本轮松弛中dis是否发生更新
        for i in range(len(w)):    # 对每条边进行一次松弛操作
            if dis[v1[i]] + w[i] < dis[v2[i]]:
                dis[v2[i]] = dis[v1[i]] + w[i]
                check = 1
        if check == 0: break

    # 检测负权回路
```

```
# 如果在 n-1 次松弛之后，最短路径依然发生变化，则该图必然存在负权回路
flag = 0
for i in range(len(w)):    # 对每条边再尝试进行一次松弛操作
        if dis[v1[i]] + w[i] < dis[v2[i]]:
                flag = 1
                break
    if flag == 1:
            #             raise CycleError()
            return False
    return dis

v0 = 1
dis = Bellman_Ford(G, v0)
print(dis.values())
```

执行后会输出：

```
dict_values([0, -3, -1, 2, 4])
```

6.6.6　实践演练——使用 Dijkstra 算法解决加权的最短路径问题

问题描述：存在图 6-30 所示的关系图，寻找出加权的最短路径。

在下面的实例文件 duan.py 中，演示了使用 Dijkstra 算法解决加权的最短路径问题的过程。首先建立 3 张散列表，其中 graph 用于存储关系图，costs 用于存储各个节点的开销（开销是指从起点到该节点的最小权重），parents 用于存储各个节点的父节点是谁。然后创建一个用来存储已经处理过的节点 processed 的数组。最后查看所有节点，只要有节点未处理，就循环执行如下所示过程。

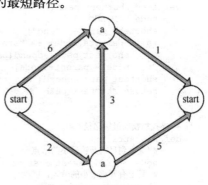

图 6-30　关系图

（1）获取开销最小的节点，就是离起点最近的节点。

（2）计算经过该节点到达其全部邻居的开销。

（3）若这个开销小于原本该节点自己记录中的开销，就更新邻居的开销和邻居的父节点。

（4）将这个节点添加到已经处理的数组中。

源码路径：daima\第 6 章\duan.py

```
# 用散列表实现图的关系
graph = {}
graph["start"] = {}
graph["start"]["a"] = 6
graph["start"]["b"] = 2
graph["a"] = {}
graph["a"]["end"] = 1
graph["b"] = {}
graph["b"]["a"] = 3
graph["b"]["end"] = 5
graph["end"] = {}

# 创建节点的开销表，开销是指从start到该节点的权重
# 无穷大
infinity = float("inf")
costs = {}
costs["a"] = 6
costs["b"] = 2
costs["end"] = infinity

# 父节点散列表
parents = {}
parents["a"] = "start"
parents["b"] = "start"
parents["end"] = None

# 已经处理过的节点，需要记录
```

```
    processed = []

    # 找到开销最小的节点
    def find_lowest_cost_node(costs):
        # 初始化数据
        lowest_cost = infinity
        lowest_cost_node = None
        # 遍历所有节点
        for node in costs:
                # 该节点没有被处理
            if not node in processed:
                    # 如果当前节点的开销比已经存在的开销小，则更新该节点为开销最小的节点
                    if costs[node] < lowest_cost:
                        lowest_cost = costs[node]
                        lowest_cost_node = node
        return lowest_cost_node

    # 找到最短路径
    def find_shortest_path():
        node = "end"
        shortest_path = ["end"]
        while parents[node] != "start":
            shortest_path.append(parents[node])
            node = parents[node]
        shortest_path.append("start")
        return shortest_path

    # 寻找加权的最短路径
    def dijkstra():
        # 查询到目前开销最小的节点
        node = find_lowest_cost_node(costs)
        # 只要有开销最小的节点，就循环
        while node is not None:
            # 获取该节点的当前开销
            cost = costs[node]
            # 获取该节点相邻的节点
            neighbors = graph[node]
            # 遍历这些相邻节点
            for n in neighbors:
                    # 计算经过当前节点到达相邻节点的开销,即当前节点的开销加上当前节点到相邻节点的开销
                    new_cost = cost + neighbors[n]
                    # 如果计算获得的开销比该节点原本的开销小，更新该节点的开销和父节点
                    if new_cost < costs[n]:
                        costs[n] = new_cost
                        parents[n] = node
            # 遍历完该节点的所有相邻节点，说明该节点已经处理完毕
            processed.append(node)
            # 去查找下一个开销最小的节点，若存在，则继续执行循环；若不存在，结束循环
            node = find_lowest_cost_node(costs)
        # 循环完毕，说明所有节点都已经处理完毕
        shortest_path = find_shortest_path()
        shortest_path.reverse()
        print(shortest_path)
    # 测试
    dijkstra()
```

执行后会输出：

```
['start', 'b', 'a', 'end']
```

6.7　技术解惑

6.7.1　几种最短路径算法的比较

最短路径问题是图论研究中的一个经典算法问题，旨在寻找图（由节点和路径组成）中两

节点之间的最短路径。算法的具体形式有如下几种。

- ❑ 确定起点的最短路径问题：已知起始节点，求最短路径的问题。
- ❑ 确定终点的最短路径问题：与确定起点的问题相反，是已知终止节点，求最短路径的问题。在无向图中该问题与确定起点的问题完全等同，在有向图中该问题等同于把所有路径方向反转的确定起点的问题。
- ❑ 确定起点和终点的最短路径问题：已知起点和终点，求两节点之间的最短路径。
- ❑ 全局最短路径问题：求图中所有的最短路径。

1. 弗洛伊德算法

弗洛伊德算法用于求多源、无负权边的最短路径，用矩阵记录图，时效性较差，时间复杂度为 $O(n^3)$，空间复杂度为 $O(n^2)$。它是解决任意两点间最短路径的一种算法，可以正确处理有向图或负权边的最短路径问题。

弗洛伊德算法的原理是动态规划：

设 $D_{i,j,k}$ 为从 i 到 j 的只以 $(1, \cdots, k)$ 集合中的节点为中间节点的最短路径的长度。

如果最短路径经过点 k，则 $D_{i,j,k} = D_{i,k,k-1} + D_{k,j,k-1}$；

如果最短路径不经过点 k，则 $D_{i,j,k} = D_{i,j,k-1}$。

因此，$D_i, D_j, D_k = \min(D_{i,k,k-1} + D_{k,j,k-1}, D_{i,j,k-1})$。

在实际算法中，为了节约空间，可以直接在原有空间中进行迭代，这样空间可降至二维。

弗洛伊德算法的描述如下。

```
for k <-1 to n do
for i <- 1 to n do
for j <- 1 to n do
if (Di,k + Dk,j < Di,j) then
Di,j <- Di,k + Dk,j;
```

其中，$D_{i,j}$ 表示由点 i 到点 j 的代价，当 $D_{i,j}$ 为 ∞ 时表示两点之间没有任何连接。

2. 迪杰斯特拉算法

迪杰斯特拉算法用于求单源、无负权边的最短路径，时效性较好，时间复杂度为 $O(VV+E)$。源点可达的话，$O(V \lg V + E \lg V) \geq O(E \lg V)$。

对于稀疏图，$E=VV/\lg V$，所以以算法的时间复杂度可为 $O(V^2)$。若把斐波那契堆作为优先队列的话，算法的时间复杂度则为 $O(V \lg V + E)$。

3. 队列优化算法（Shortest Path Faster Algorithm, SPFA）

它是对 Bellman-Ford 算法的优化，时效性相对好，时间复杂度为 $O(kE)$，其中 $k << V$。

与 Bellman-ford 算法类似，SPFA 采用一系列的松弛操作以得到从某个节点出发到达图中其他所有节点的最短路径。所不同的是，SPFA 通过维护一个队列，使得一个节点的当前最短路径被更新之后没必要立刻去更新其他的节点，从而大大减少了重复操作的次数。

SPFA 算法可以用于存在负数边权的图，这与迪杰斯特拉算法是不同的。

与迪杰斯特拉算法和 Bellman-ford 算法都不同，SPFA 算法的时间效率是不稳定的，即它对于不同的图所需要的时间有很大的差别。

在最好的情形下，每一个节点都只入队一次，算法实际上变为广度优先遍历，时间复杂度仅为 $O(E)$。另一方面，存在这样的例子，使得每一个节点都被入队 $(V-1)$ 次，此时算法退化为 Bellman-ford 算法，时间复杂度为 $O(VE)$。

SPFA 在负边权图上可以完全取代 Bellman-ford 算法，另外在稀疏图中也表现良好。但是在非负边权图中，为了避免最坏情况的出现，通常使用效率更加稳定的迪杰斯特拉算法及其使用堆优化后的版本。通常 SPFA 在一类网格图中的表现不尽如人意。

6.7.2　邻接矩阵与邻接表的对比

（1）在邻接表中，每个线性链接表中各个节点的顺序是任意的。

（2）只使用邻接表中的各个线性链接表，不能说明它们顶点之间的邻接关系。

（3）在无向图中，某个顶点的度数=该顶点对应的线性链接表的节点数；在有向图中，某个顶点的出度数=该顶点对应的线性链接表的节点数。

为了让读者分清邻接矩阵与邻接表，下面对两者进行了对比。假设图为 G，顶点数为 n，边数为 e，邻接矩阵与邻接表的对比信息如表 6-5 所示。

表 6-5　邻接矩阵与邻接表的对比

对比项	邻接矩阵	邻接表
存储空间	$O(n+n^2)$	$O(n+e)$
创建图的算法	$T_1(n)=O(e+n^2)$ 或 $T_2(n)=O(en+n^2)$	$T_1(n)=O(n+e)$ 或 $T_2(n)=O(en)$
在无向图中求第 i 顶点的度	$\sum_{j=0}^{n-1} G.\text{arcs}[i][j].adj$ （第 i 行之和）或 $\sum_{j=0}^{n-1} G.\text{arcs}[j][i].adj$ （第 i 列之和）	$G.\text{vertices}[i].\text{firstarc}$ 所指向的邻接表包含的节点个数
在无向网中求第 i 顶点	第 i 行/列中 adj 值不为 INFINITY 的元素个数	
在有向图中求第 i 顶点的入/出度	入度为：$\sum_{j=0}^{n-1} G.\text{arcs}[j][i].adj$ （第 i 列） 出度为：$\sum_{j=0}^{n-1} G.\text{arcs}[i][j].adj$ （第 i 行）	入度：扫描各顶点的邻接表，统计表节点中 adjvex 为 i 的表节点个数：$T(n)=O(n+e)$ 出度：$G.\text{vertices}[i].\text{firstarc}$ 所指向的邻接表包含的节点个数
在有向网中求第 i 顶点的入/出度	入度为：第 i 列中 adj 值不为 INFINITY 的元素个数 出度为：第 i 行中 adj 值不为 INFINITY 的元素个数	
统计边/弧数	无向图：$\dfrac{1}{2}\sum_{i=0}^{n-1}\sum_{j=0}^{n-1} G.\text{arcs}[i][j].adj$ 无向网：$G.\text{arcs}$ 中 adj 值不为 INFINITY 的元素个数的一半 有向图：$\sum_{i=0}^{n-1}\sum_{j=0}^{n-1} G.\text{arcs}[i][j].adj$ 有向网：$G.\text{arcs}$ 中 adj 值不为 INFINITY 的元素个数	无向图/网：图中表节点数目的一半 有向图/网：图中表节点的数目

在表 6-5 中，$T_1(n)$ 是指在输入边/弧时，输入的顶点信息是顶点的编号；而 $T_2(n)$ 是指在输入边/弧时，输入的是顶点本身的信息，此时需要查找顶点在图中的位置。

6.7.3　比较深度优先算法和广度优先算法

深度优先搜索不保证第一次碰到某个状态时，找到的就是到这个状态的最短路径。在这个算法的后期，可能发现任何状态的不同路径。如果路径长度是问题求解所关心的，那么当算法碰到重复状态时，这个算法应该保存沿最短路径到达的版本。这可以通过把每个状态保存成一个三元组（状态，双亲，路径长度）来实现。当产生孩子时，路径长度值会加 1，并且算法会把它和这个孩子保存在一起。如果沿多条路径到达同一个孩子，那么可以用这个信息来保留最好的版本。在简单的深度优先搜索中保留状态的最佳版本不能保证沿最短路径到达目标。

与选择数据驱动搜索还是目标驱动搜索一样，选取深度优先搜索还是广度优先搜索依赖于要解决的具体问题。要考虑的主要特征包括发现目标的最短路径的重要性、空间的分支因子、计算时间的可行性、计算空间的可用性、到达目标节点的平均路径长度以及需要所有解还是仅需要发现的第一个解。对于以上这些要素，每种方法都有优势和不足。

广度优先因为广度优先搜索总是在分析第 $n+1$ 层之前分析第 n 层上的所有节点，所以广度优先搜索找到的到达目标节点的路径总是最短的。在已经知道存在一个简单解的问题中，广度优先搜索可以保证发现这个解。可惜的是，如果存在一个不利的分支因子，也就是各个状态都有相对很多个后代，那么数目巨大的组合数可能使算法无法在现有可用内存的条件下找到解。这是由每一层的未展开节点都必须存储在开放空间中这一事实造成的。对于很深的搜索，或状态空间的分支因子很高的情况，这个问题可能变得非常棘手。

如果每个状态平均有 B 个孩子，那么给定层上的状态数是上一层上状态数的 B 倍。这样第 n 层上的状态数为 Bn。当广度优先搜索开始分析第 n 层时，它要把所有这些状态放入开放空间中。例如，在国际象棋游戏中，当解路径很长时，这可能是不允许的。

深度优先搜索可以迅速地深入搜索空间。如果已知解路径很长，那么深度优先搜索不会浪费时间来搜索图中的大量"浅层"状态。另一方面，深度优先搜索可能在深入空间时"迷失"，错过到达目标的更短路径，甚至会陷入一直不能到达目标的无限长路径中。

选择深度优先搜索还是广度优先搜索的最佳答案是仔细分析问题空间并向这个领域的专家咨询。例如，对于国际象棋来说，广度优先搜索就是不可能的。在更简单的游戏中，广度优先搜索不仅是可能的，而且可能是避免迷失的唯一方法。

第 7 章

查 找 算 法

本书前几章已经介绍了数据结构的基本知识，包括线性表、树、图，并讨论了这些结构的存储映象，以及相应的运算。从本章开始，本书将详细介绍数据结构中查找和排序的基本知识，为读者学习本书后面的知识打下基础。

7.1 几个相关概念

在学习查找算法之前，需要先理解以下几个概念。

（1）列表：由同一类型的数据元素或记录构成的集合，可以使用任意数据结构实现。

（2）关键字：数据元素的某个数据项的值，能够标识列表中的一个或一组数据元素。如果一个关键字能够唯一标识列表中的一个数据元素，则称其为主关键字，否则称其为次关键字。当数据元素中仅有一个数据项时，数据元素的值就是关键字。

（3）查找：根据指定的关键字的值，在某个列表中查找与关键字的值相同的数据元素，并返回该数据元素在列表中的位置。如果找到相应的数据元素，则查找是成功的，否则查找是失败的，此时应返回空地址及失败信息，并可根据要求插入这个不存在的数据元素。显然，查找算法中涉及如下 3 类参量。

① 查找对象 K，即具体找什么。

② 查找范围 L，即在什么地方找。

③ K 在 L 中的位置，即查找的结果是什么。

其中，①、②是输入参量，③是输出参量。在函数中不能没有输入参量，可以使用函数返回值来表示输出参量。

（4）平均查找长度：为了确定数据元素在列表中的位置，需要将关键字个数的期望值与指定值进行比较，这个期望值被称为查找算法在查找成功时的平均查找长度。如果列表的长度为 n，查找成功时的平均查找长度为：

$$ASL = P_1 C_1 + P_2 C_2 + \cdots + P_n C_n = \sum_{i=1}^{n} P_i C_i$$

式中，P_i 表示查找列表中第 i 个数据元素的概率；C_i 为找到列表中的第 i 个数据元素时，已经进行过的关键字比较次数。因为查找算法的基本运算是在关键字之间进行比较，所以可用平均查找长度来衡量查找算法的性能。

查找的基本方法可分为两大类，分别是比较式查找法和计算式查找法。其中，比较式查找法又可以分为基于线性表的查找法和基于树的查找法，通常将计算式查找法称为散列（Hash）查找法。

7.2 基于线性表的查找法

线性表是一种最简单的数据结构，线性表中的查找方法可分为 3 种，分别是顺序查找法、折半查找法和分块查找法。下面将分别介绍上述 3 种查找方法的基本知识。

7.2.1 顺序查找法

顺序查找也称为线性查找，属于无序查找算法。顺序查找法的特点是逐一比较指定的关键字与线性表中各个元素的关键字，直到查找成功或失败为止。假设一个列表的长度为 n，如果要查找里面第 i 个数据元素，则需要进行 $n-i+1$ 次比较，即 $C_i=n-i+1$。假设查找每个数据元素的概率相等，即 $P_i=1/n$，则顺序查找算法的平均查找长度为：

$$ASL = \sum_{i=1}^{n} P_i C_i = \frac{1}{n}\sum_{i=1}^{n} C_i = \frac{1}{n}\sum_{i=1}^{n}(n-i+1) = \frac{1}{2}(n+i)$$

顺序查找从线性表数据结构的一端开始，顺序扫描，依次将扫描到的节点关键字与给定值 k 相比较。若相等，则表示查找成功；若扫描结束后仍没有找到关键字等于 k 的节点，表示查找失败。

1. 复杂度分析

❏ 当查找成功时的平均查找长度为：

（假设每个数据元素的概率相等）ASL $= 1/n(1+2+3+\cdots+n) = (n+1)/2$

❏ 当查找不成功时，需要做 $n+1$ 次比较，时间复杂度为 $O(n)$。

所以，顺序查找的时间复杂度为 $O(n)$。

2. 举例

其实 Python 语言中提供了内置函数以实现查找功能，例如在下面的实例文件 nei.py 中，演示了使用内置函数实现查找功能的过程。

源码路径：daima\第 7 章\nei.py

```
aList=[1,2,3,4,5,6,3,8,9]
print(5 in aList )          #查找5是否在列表中
print(aList.index(5))       #返回第一个数据5的下标
print(aList.index(5,4,10))  #返回从下标4到10（不包含）查找到的数据5
print(aList.count(5) )      #返回数据5的个数
```

执行后会输出：

```
True
4
4
1
```

假设给定一个整数 s 和一个整数数组 a，判断 s 是否在 a 中，要求不使用 Python 自带的 "if s in a" 语句。既然没有说明 a 有什么特性，那么我们就只能假定它是一个随机数组。要判断 s 是否在 a 中，需要逐个访问 a 中的元素并和 s 比较，一旦找到就返回 True。如果 a 遍历完了还没找到，则返回 False。这个过程实现起来非常简单，例如下面的演示代码：

```
def seq_search(s, a):
    for i in range(len(a)):
        if s == a[i]:
            return True
    return False
```

可以通过如下代码进行测试：

```
a = [13,42,3,4,7,5,6]
s = 7print seq_search(s,a)

a2 = [10,25,3,4,780,5,6]
s = 70print seq_search(s,a2)
```

测试后会输出：

```
TrueFalse
```

上述过程的时间复杂度如表 7-1 所示。

表 7-1 时间复杂度

情况	最好	最坏	平均
找到了	1	n	$n/2$
没找到	n	n	n

对于没找到的情况，数组总是要遍历一次。而对于元素在数组中的情况，则要分运气好坏，或许第一个就是，或许最后一个才是，平均而言则是 $n/2$。

7.2.2 实践演练——实现顺序查找算法

下面将通过一个实例的实现过程，详细讲解实现顺序查找算法的具体方法。实例文件 cha.py 的具体实现代码如下所示。

源码路径：daima\第 7 章\cha.py

```
aList=[1,2,3,4,5,6,3,8,9]
sign=False                              #初始时没找到
x=int(input("请输入要查找的整数："))
for i in range(len(aList)):
    if aList[i]==x:
        print("整数%d在列表中，是第%d个数"%(x,i+1))
        sign=True
if sign==False:
    print("整数%d不在列表中"%x)
```

执行后会输出：

请输入要查找的整数：2
整数2在列表中，是第2个数

下面的实例文件 youxu.py 演示了实现有序列表查找功能的过程。

源码路径：daima\第 7 章\youxu.py

```
def ordersequentialSearch(alist,item):
    pos = 0
    found = False
    stop = False
    while pos < len(alist) and not found and not stop:
        if alist[pos] == item:
            found = True
        else:
            if alist[pos] > item:
                stop = True
            else:
                pos = pos + 1
    return found
list = [1,2,3,4,5,6,7]
print(ordersequentialSearch(list,3))
print(ordersequentialSearch(list,9))
```

执行后会输出：

```
True
False
```

下面的实例文件 wuxu.py 演示了实现无序列表查找功能的过程。

源码路径：daima\第 7 章\wuxu.py

```
def sequentialSearch(alist, item):
    pos = 0
    found = False

    while pos < len(alist) and not found:
        if alist[pos] == item:
            found = True
        else:
            pos = pos + 1
    return found


list = [2, 3, 1, 4, 5, 6, 0]
print(sequentialSearch(list, 5))
print(sequentialSearch(list, 7))
```

执行后会输出：

```
True
False
```

7.2.3 折半查找法

折半查找法又称为二分查找法，此方法要求待查找的列表必须是按关键字大小有序排列的顺序表。折半查找法的查找过程如下所示。

（1）将表中间位置记录的关键字与查找关键字做比较，如果两者相等，则表示查找成功；否则，利用中间位置记录将表分成前、后两个子表。

（2）如果中间位置记录的关键字大于查找关键字，则进一步查找前一个子表；否则，查找后一个子表。

（3）重复以上过程，直到找到满足条件的记录为止，此时表明查找成功。

（4）如果最终子表不存在，则表明查找不成功。

接下来用平均查找长度分析折半查找法的性能，可以使用一个称为判定树的二叉树来描述折半查找过程。首先验证树中的每一个节点对应表中的一条记录，但节点值不是用来记录关键字的，而是用于记录表中的位置序号。根节点对应当前区间的中间记录，左子树对应前一个子表，右子树对应后一个子表。当折半查找成功时，关键字的比较次数不会超过判定树的深度。因为判定树的叶节点和所在层次的差是 1，所以 n 个节点的判定树的深度与 n 个节点的完全二叉树的深度相等，都是 $\log_2(n+1)$。这样，折半查找成功时，关键字比较次数最多不超过 $\log_2(n+1)$。相应地，当折半查找失败时，其整个过程对应于判定树中从根节点到某个含空指针的节点的路径。所以当折半查找成功时，关键字比较次数也不会超过判定树的深度 $\log_2(n+1)$。可以假设表的长度 $n=2h-1$，则判定树一定是深度为 h 的满二叉树，即 $\log_2(n+1)$。又假设每条记录的查找概率相等，则折半查找成功时的平均查找长度为：

$$\mathrm{ASL}_{bs} = \sum_{i-1}^{n} P_i C_i = \frac{1}{n}\sum_{i-1}^{n} j \times 2^{j-1} = \frac{n+1}{n}\log_2(n+1) - 1$$

在此假设将长度为 n 的表分成 b 块，每块含有 s 个元素，即 $b=n/s$。

折半查找法具有比较次数少、查找速度快和平均性能好的优点。缺点是要求待查表为有序表，且插入和删除困难。因此，折半查找法适用于不经常变动且查找频繁的有序列表。

在最坏情况下，关键字比较次数为 $\log_2(n+1)$，且期望时间复杂度为 $O(\log_2 n)$。

❋ 注意：折半查找的前提条件是需要有序表顺序存储，对于静态查找表，一次排序后不再变化，折半查找能得到不错的效率。但对于需要频繁执行插入或删除操作的数据集来说，维护有序的排序会带来不小的工作量，不建议使用。

7.2.4　实践演练——使用折半查找法查找数据

折半查找是对于有序序列而言的。每次折半，查找区间大约缩小一半。low 和 high 分别为查找区间的第一个下标与最后一个下标。出现 low>high 时，说明目标关键字在整个有序序列中不存在，查找失败。例如在下面的实例文件 zhe.py 中，演示了使用折半查找法查找指定数字的过程。

源码路径：daima\第 7 章\zhe.py

```
def BinSearch(array, key, low, high):
    mid = int((low+high)/2)
    if key == array[mid]:  # 若找到
        return array[mid]
    if low > high:
        return False

    if key < array[mid]:
        return BinSearch(array, key, low, mid-1)    #递归
    if key > array[mid]:
        return BinSearch(array, key, mid+1, high)


if __name__ == "__main__":
    array = [4, 13, 27, 38, 49, 49, 55, 65, 76, 97]
    ret = BinSearch(array, 76, 0, len(array)-1)  # 通过折半查找法，找到76
    print(ret)
```

执行后会输出：

76

折半查找（Binary Search）法的核心是，在查找表中不断取中间元素与查找值进行比较，以二分之一的倍率进行表范围的缩小。在下面的实例文件 er.py 中，演示了使用折半查找法查找指定数字的过程。

源码路径：daima\第 7 章\er.py

```
def binary_search(lis, key):
    low = 0
    high = len(lis) - 1
    time = 0
    while low < high:
        time += 1
        mid = int((low + high) / 2)
        if key < lis[mid]:
            high = mid - 1
        elif key > lis[mid]:
            low = mid + 1
        else:
            # 打印折半的次数
            print("times: %s" % time)
            return mid
    print("times: %s" % time)
    return False

if __name__ == '__main__':
    LIST = [1, 5, 7, 8, 22, 54, 99, 123, 200, 222, 444]
    result = binary_search(LIST, 99)
    print(result)
```

执行后会输出：

```
times: 3
6
```

下面的实例文件 er1.py 演示了折半查找法的另外一种解决方案。

源码路径：daima\第 7 章\er1.py

```
def binarySearch(alist, item):
    first = 0
    last = len(list) - 1
    found = False

    while first <= last and not found:
        midpoint = (first + last) // 2
        if alist[midpoint] == item:
            found = True
        else:
            if item < alist[midpoint]:
                last = midpoint - 1
            else:
                first = midpoint + 1
    return found


list = [0, 1, 2, 3, 4, 5, 6, 7, 8]
print(binarySearch(list, 3))
print(binarySearch(list, 10))
```

执行后会输出：

```
True
False
```

下面的实例文件 di.py 演示了使用递归法实现折半查找法的过程。

源码路径：daima\第 7 章\di.py

```
def binarySearchCur(alist,item):
    if len(alist) == 0:
        return False
    else:
        midpoint = len(alist) // 2
        if alist[midpoint] == item:
```

```
                    return True
            else:
                if item < alist[midpoint]:
                        return binarySearchCur(alist[:midpoint],item)
                else:
                        return binarySearchCur(alist[midpoint+1:],item)
list = [0, 1, 2, 3, 4, 5, 6, 7, 8]
print(binarySearchCur(list, 3))
print(binarySearchCur(list, 10))
```

执行后会输出：

```
True
False
```

7.2.5　插值查找法

在介绍插值查找法之前，读者首先考虑一个新问题，为什么前面的算法一定要折半，而不是折四分之一或更多呢？打个比方，在英文字典里查 "apple"，你下意识翻开字典时，是翻前面的页还是后面的页呢？如果让你查 "zoo"，你又会怎么查？显然，这里你绝对不会是从字典的中间开始查起，而是有一定目的的往前或往后翻。同样，要在取值范围为 1～10000 的含 100 个元素且从小到大均匀分布的数组中查找 5，我们自然会考虑从数组下标较小的元素开始查找。

经过以上分析可知，折半查找这种查找方式不是自适应的（也就是说，它是傻瓜式的）。在折半查找中查找点的计算过程如下。

```
mid=(low+high)/2; //即mid=low+1/2*(high-low);
```

通过类比，我们可以将查找的点改进为：

```
mid=low+(key-a[low])/(a[high]-a[low])*(high-low)
```

也就是将上述比例参数 1/2 改进为自适应的，根据关键字在整个有序表中所处的位置，让 mid 值的变化更靠近关键字 key，这样也就间接减少了比较次数。

插值查找法的基本思想是：基于二分查找法，将查找点的选择改进为自适应选择，可以提高查找效率。当然，差值查找也属于有序查找。

注意：对于表比较大，而关键字分布又比较均匀的查找表来说，插值查找法的平均性能比折半查找要好很多。反之，数组中如果元素分布非常不均匀，那么插值查找未必是合适的选择。

插值查找法查找成功或失败的时间复杂度均为 $O(\log_2(\log_2 n))$。

7.2.6　实践演练——使用插值查找法查找指定的数据

插值的核心就是使用公式 value = (key−list[low])/(list[high] −list[low])，用 value 代替二分查找中的 1/2。在下面的实例文件 cha.py 中，演示了使用插值查找法查找指定数据的过程。

源码路径：daima\第 7 章\cha.py

```
def binary_search(lis, key):
    low = 0
    high = len(lis) - 1
    time = 0
    while low < high:
        time += 1
        # 计算mid值是插值查找法的核心代码
        mid = low + int((high - low) * (key - lis[low])/(lis[high] - lis[low]))
        print("mid=%s, low=%s, high=%s" % (mid, low, high))
        if key < lis[mid]:
            high = mid - 1
        elif key > lis[mid]:
            low = mid + 1
        else:
            # 打印查找的次数
            print("times: %s" % time)
            return mid
    print("times: %s" % time)
    return False
```

```
if __name__ == '__main__':
    LIST = [1, 5, 7, 8, 22, 54, 99, 123, 200, 222, 444]
    result = binary_search(LIST, 444)
    print(result)
```

执行后会输出：

```
mid=10, low=0, high=10
times: 1
10
```

7.2.7 分块查找法

分块查找法要求将列表组织成下面的索引顺序结构。

- ❑ 块（子表）：一般情况下，块的长度均匀，最后一块可以不满。每块中元素任意排列，即块内无序，但块与块之间有序。
- ❑ 索引顺序表：其中每个索引项对应一个块并记录每个块的起始位置，以及每个块中的最大关键字（或最小关键字）。索引表按关键字有序排列。

图 7-1 为一个索引顺序表，包括 3 个块。第 1 个块的起始地址为 0，块内最大关键字为 25。第 2 个块的起始地址为 5，块内最大关键字为 58。第 3 个块的起始地址为 10，块内最大关键字为 88。

分块查找的基本过程如下。

（1）为了确定待查记录所在的块，先将待查关键字 K 与索引表中的关键字进行比较，在此可以使用顺序查找法或折半查找法进行查找。

（2）继续用顺序查找法，在相应块内查找关键字为 K 的元素。

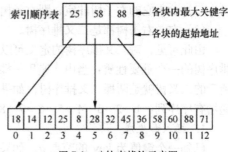

图 7-1 分块查找法示意图

假如在图 7-1 所示的索引顺序表中查找 36，则具体过程如下。

（1）将 36 与索引顺序表中的关键字进行比较，因为 25＜36＜58，所以 36 在第 2 个块中。

（2）在第 2 个块中顺序查找，最后在 8 号单元中找到 36。

分块查找的平均查找长度由两部分构成，分别是查找索引顺序表时的平均查找长度 L_B，以及在相应块内进行顺序查找的平均查找长度 L_W。

$$ASL_{bs}=L_B+L_W$$

假设将长度为 n 的表分成 b 块，且每块含 s 个元素，则 $b=n/s$。又假定表中每个元素的查找概率相等，则每个索引项的查找概率为 $1/b$，块中每个元素的查找概率为 $1/s$。若用顺序查找法确定待查元素所在的块，则有如下结论。

$$L_B = \frac{1}{b}\sum_{j-1}^{b} j = \frac{b+1}{2}$$

$$L_W = \frac{1}{s}\sum_{i-1}^{s} i = \frac{s+1}{2}$$

$$ASL_{bs} = L_B + L_W = \frac{(b+s)}{2}+1$$

将 $b = \frac{n}{s}$ 代入后得到：

$$ASL_{bs} = \frac{1}{2}\left(\frac{n}{s}+s\right)+1$$

如果用折半查找法确定待查元素所在的块，则有如下结论。

$$L_b = \log_2(b+1) - 1$$

$$\text{ASL}_{bs} = \log_2(b+1) - 1 + \frac{s+1}{2} \approx \log_2\left(\frac{n}{s}+1\right) + \frac{s}{2}$$

7.3　基于树的查找法

基于树的查找是指在树结构中查找某个指定的数据。基于树的查找法又称为树表查找法，能够将待查表组织成特定树的形式，并且能够在树结构中实现查找。基于树的查找法主要包括二叉排序树、平衡二叉树和 B 树等。

7.3.1　二叉排序树

二叉排序树又称为二叉查找树，这是一种特殊结构的二叉树，在现实中通常被定义为一棵空树，或者被描述为具有如下性质的二叉树。

（1）如果它的左子树非空，则左子树上所有节点的值均小于根节点的值。

（2）如果它的右子树非空，则右子树上所有节点的值均大于根节点的值。

（3）左、右子树都是二叉排序树。

由此可见，对二叉排序树的定义可以用一个递归定义的过程来描述。由上述定义可知二叉排序树的一个重要性质：当中序遍历一棵二叉排序树时，可以得到一个递增有序序列。图 7-2 所示的二叉树就是两棵二叉排序树，如果中序遍历图 7-2（a）所示的二叉排序树，可得到如下递增有序序列：1→2→3→4→5→6→7→8→9。

1．插入和生成

已知一个键值为 key 的节点 J，如果将其插入二叉排序树中，需要保证插入后仍然符合二叉排序树的定义。可以使用下面的方法进行插入操作。

（1）如果二叉排序树是空树，则 key 成为二叉排序树的根。

（2）如果二叉排序树非空，将 key 与二叉排序树的根进行如下比较。

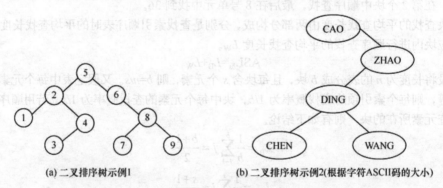

(a) 二叉排序树示例1　　　　　(b) 二叉排序树示例2(根据字符ASCII码的大小)

图 7-2　二叉排序树

❑　如果 key 的值等于根节点的值，停止插入。

❑　如果 key 的值小于根节点的值，将 key 插入左子树。

❑　如果 key 的值大于根节点的值，将 key 插入右子树。

假如有一个元素序列，可以利用上述算法创建一棵二叉排序树。首先，将二叉排序树初始化为一棵空树，然后逐个读入元素。每读入一个元素，就建立一个新的节点，将这个节点插入当前已生成的二叉排序树中，通过调用上述二叉排序树的插入算法可以将新节点插入。

假设关键字的输入顺序为 45、24、53、12、28、90，按上述算法生成的二叉排序树的过程如图 7-3 所示。

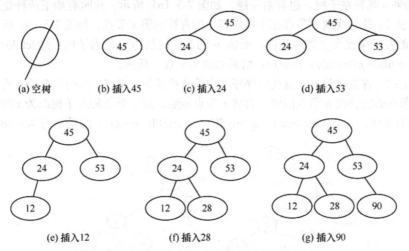

图 7-3　二叉排序树的建立过程

对于同样一些元素值，如果输入顺序不同，所创建的二叉树的形态也不同。假如在上面的例子中，输入顺序为 24、53、90、12、28、45，则生成的二叉排序树如图 7-4 所示。

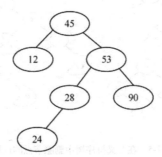

图 7-4　输入顺序不同，会建立不同的二叉排序树

例如，下面是用 Python 实现二叉树插入操作的代码。

```
# 插入
def insert(self, data):
    flag, n, p = self.search(self.root, self.root, data)
    if not flag:
        new_node = Node(data)
        if data > p.data:
            p.rchild = new_node
        else:
            p.lchild = new_node
```

2.　删除操作

从二叉排序树中删除某个节点，就是仅删除这个节点，而不是把以该节点为根的所有子树都删除，并且还要保证删除后得到的二叉树仍然满足二叉排序树的性质。即，在二叉排序树中删除一个节点相当于删除有序序列中的一个节点。

在执行删除操作之前，首先要查找确定被删节点是否在二叉排序树中，如果不在，不需要做任何操作。假设要删除的节点是 p，节点 p 的双亲节点是 f，如果节点 p 是节点 f 的左孩子。在删除时需要分如下 3 种情况来讨论。

（1）如果 p 为叶节点，可以直接将其删除。

（2）如果 p 节点只有左子树或右子树，可将 p 的左子树或右子树，直接改为其双亲节点 f 的左子树或右子树。

（3）如果 p 既有左子树，也有右子树，如图 7-5（a）所示。此时有如下两种处理方法。

❑ 方法 1：首先找到 p 节点在中序序列中的直接前驱 s 节点，如图 7-5（b）所示。然后将 p 的左子树改为 f 的左子树，而将 p 的右子树改为 s 的右子树：f->lchild=p->lchild；s->rchild= p->rchild；free(p)；结果如图 7-5（c）所示。

❑ 方法 2：首先找到 p 节点在中序序列中的直接前驱 s 节点，如图 7-5（b）所示。然后用 s 节点的值替代 p 节点的值，再将 s 节点删除，原 s 节点的左子树改为 s 的双亲节点 q 的右子树：p->data=s->data；q->rchild= s->lchild；free(s)；结果如图 7-5（d）所示。

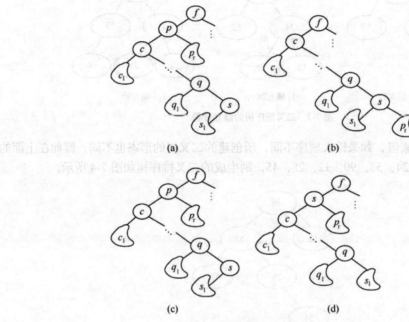

图 7-5 在二叉排序树中删除节点的过程

例如，下面是用 Python 实现二叉树删除操作的代码。

```python
# 删除
def delete(self, root, data):
    flag, n, p = self.search(root, root, data)
    if flag is False:
        print "无该关键字，删除失败"
    else:
        if n.lchild is None:
            if n == p.lchild:
                p.lchild = n.rchild
            else:
                p.rchild = n.rchild
            del n
        elif n.rchild is None:
            if n == p.lchild:
                p.lchild = n.lchild
            else:
                p.rchild = n.lchild
            del n
        else:  # 左、右子树均不为空
            pre = n.rchild
            if pre.lchild is None:
                n.data = pre.data
                n.rchild = pre.rchild
```

```
                              del pre
                    else:
                        next = pre.lchild
                        while next.lchild is not None:
                              pre = next
                              next = next.lchild
                        n.data = next.data
                        pre.lchild = next.rchild
                        del next
```

3. 查找操作

可以将二叉排序树看作一个有序表，在这棵二叉排序树上可以进行查找操作。二叉排序树的查找过程是一个逐步缩小查找范围的过程，可以根据二叉排序树的特点，首先将待查关键字 k 与根节点关键字 t 进行比较。如果 $k=t$，则返回根节点地址；如果 $k<t$，则进一步查左子树；如果 $k>t$，则进一步查右子树。

因为二叉排序树的查找过程是一个递归过程，所以可以使用递归算法来实现，也可以使用循环的方式直接实现二叉排序树的查找过程。

下面是用 Python 实现二叉排序树查找操作的代码。

```
    # 搜索
    def search(self, node, parent, data):
        if node is None:
            return False, node, parent
        if node.data == data:
            return True, node, parent
        if node.data > data:
            return self.search(node.lchild, node, data)
        else:
            return self.search(node.rchild, node, data)
```

7.3.2　实践演练——实现二叉树的完整操作

下面的实例文件 ercha.py 演示了实现二叉树完整操作的过程，包括二叉树节点的搜索、插入、删除、先序遍历和后序遍历操作。

源码路径：daima\第 7 章\ercha.py

```
class Node:
    def __init__(self, data):
        self.data = data
        self.lchild = None
        self.rchild = None

class BST:
    def __init__(self, node_list):
        self.root = Node(node_list[0])
        for data in node_list[1:]:
            self.insert(data)

    # 搜索
    def search(self, node, parent, data):
        if node is None:
            return False, node, parent
        if node.data == data:
            return True, node, parent
        if node.data > data:
            return self.search(node.lchild, node, data)
        else:
            return self.search(node.rchild, node, data)

    # 插入
    def insert(self, data):
        flag, n, p = self.search(self.root, self.root, data)
        if not flag:
            new_node = Node(data)
            if data > p.data:
                p.rchild = new_node
```

```
                        else:
                            p.lchild = new_node

            # 删除
            def delete(self, root, data):
                flag, n, p = self.search(root, root, data)
                if flag is False:
                    print("无该关键字，删除失败")
                else:
                    if n.lchild is None:
                        if n == p.lchild:
                            p.lchild = n.rchild
                        else:
                            p.rchild = n.rchild
                        del p
                    elif n.rchild is None:
                        if n == p.lchild:
                            p.lchild = n.lchild
                        else:
                            p.rchild = n.lchild
                        del p
                    else:    # 左、右子树均不为空
                        pre = n.rchild
                        if pre.lchild is None:
                            n.data = pre.data
                            n.rchild = pre.rchild
                            del pre
                        else:
                            next = pre.lchild
                            while next.lchild is not None:
                                pre = next
                                next = next.lchild
                            n.data = next.data
                            pre.lchild = next.rchild
                            del p

            # 先序遍历
            def preOrderTraverse(self, node):
                if node is not None:
                    print(node.data,)
                    self.preOrderTraverse(node.lchild)
                    self.preOrderTraverse(node.rchild)

            # 中序遍历
            def inOrderTraverse(self, node):
                if node is not None:
                    self.inOrderTraverse(node.lchild)
                    print(node.data,)
                    self.inOrderTraverse(node.rchild)

            # 后序遍历
            def postOrderTraverse(self, node):
                if node is not None:
                    self.postOrderTraverse(node.lchild)
                    self.postOrderTraverse(node.rchild)
                    print(node.data,)

a = [49, 38, 65, 97, 60, 76, 13, 27, 5, 1]
bst = BST(a)    # 创建二叉查找树
bst.inOrderTraverse(bst.root)    # 中序遍历

bst.delete(bst.root, 49)
print(bst.inOrderTraverse(bst.root))
```

执行后会输出：

```
1
5
13
27
```

```
38
49
60
65
76
97
1
5
13
27
38
60
65
76
97
None
```

7.3.3 平衡二叉树

算法中有一个硬性规定，平衡二叉树要么是空树，要么是具有下列性质的二叉排序树。

（1）左子树与右子树的高度之差的绝对值小于或等于 1。

（2）左子树和右子树也是平衡二叉树。

使用平衡二叉树的目的是提高查找效率，其平均查找长度为 $O(\log_2 n)$。

一般情况下，只有祖先节点为根的子树才有可能失衡。当下层的祖先节点恢复平衡后，会使上层的祖先节点恢复平衡，所以应该调整最下面的失衡子树。因为平衡因子为 0 的祖先不可能失衡，所以从新插入节点开始向上遇到的第一个其平衡因子不等于 0 的祖先节点，是第一个可能失衡的节点。如果失衡，需要调整以该节点为根的子树。根据不同的失衡情况，对应的调整方法也不相同。下面讨论具体的失衡类型及对应的调整方法。

1. LL 型

假设最低层失衡节点为 A，在节点 A 的左子树的左子树插入新节点 S 后，导致失衡，如图 7-6（a）所示。由 A 和 B 的平衡因子可以推知和 B_L、B_R以及 A_R 相同的深度。为了恢复平衡并保持二叉排序树的特性，可以将 A 改为 B 的右子，将 B 原来的右子 B_R 改为 A 的左子，如图 7-6（b）所示。这相当于以 B 为轴，对 A 做了一次顺时针旋转。

在一般二叉排序树的节点中，可以增加一个存放平衡因子的域 bf，这样就可以用来表示平衡二叉树。打个比方，表示节点的字母同时也用于表示指向该节点的指针，则 LL 型失衡

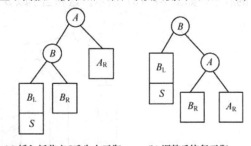

(a) 插入新节点S后失去平衡　　(b) 调整后恢复平衡

图 7-6　二叉排序树的 LL 型平衡旋转

的特点是：A->bf=2，B->bf=1。将调整后的二叉树的根节点 B "接到"原 A 处。令 A 原来的父指针为 FA，如果 FA 非空，则用 B 代替 A，当作 FA 的左子或右子；否则原来的 A 就是根节点，此时应令根指针 t 指向 B。

2. LR 型

假设最低层失衡节点是 A，在节点 A 的左子树的右子树插入新节点 S 后，导致失衡，如图 7-7（a）所示。在图 7-7（a）中假设在 C_L 下插入 S，如果在 C_R 下插入 S，与对树的调整方法相同，不同的是调整后 A 和 B 的平衡因子。由 A、B、C 的平衡因子容易推知，C_L 与 C_R 的深度相同，B_L 与 A_R 的深度相同，并且 B_L、A_R 的深度比 C_L、C_R 的深度大 1。为了恢复平衡并保持二叉排序树特性，可以将 B 改为 C 的左子，将 C 原来的左子 C_L 改为 B 的右子。将 A 改为 C 的右子，将 C 原来的右子 C_R 改为 A 的左子，如图 7-7（b）所示。这相当于对 B 做了一次逆时针旋转，对 A 做了一次顺时针旋转。

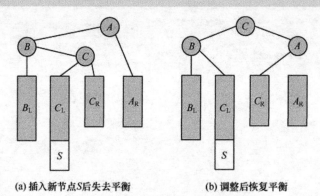

(a) 插入新节点S后失去平衡　　　　　　　(b) 调整后恢复平衡

图 7-7　二叉排序树的 LR 型平衡旋转

上面提到了在 C_L 下插入 S 和在 C_R 下插入 S 两种情况。在现实应用中还有另外一种情况，即 B 的右子树为空，C 本身就是插入的新节点 S。此时 C_L、C_R、B_L 和 A_R 都为空。这种情况下，对树的调整方法仍然相同，不同的是调整后的 A 和 B 的平衡因子都为 0。

LR 型失衡的特点是：$A\text{->bf}=2$，$B\text{->bf}=-1$。

针对上述 3 种不同情况，可以修改 A、B、C 的平衡因子。将调整后的二叉树的根节点 C "接到" 原 A 处，使 A 原来的父指针为 FA。如果 FA 非空，则用 C 代替 A 并当作 FA 的左子或右子；否则原来的 A 就是根节点，此时应令根指针 t 指向 C。

3. RR 型

RR 型与 LL 型相互对称。假设最低层失衡节点为 A，在节点 A 的右子树的右子树插入新节点 S 后，导致失衡，如图 7-8 (a) 所示。由 A 和 B 的平衡因子可知，B_L、B_R 以及 A_L 的深度相同。为恢复平衡并保持二叉排序树特性，可以将 A 改为 B 的左子，将 B 原来的左子 B_L 改为 A 的右子，如图 7-8 (b) 所示。这相当于以 B 为轴，对 A 做了一次逆时针旋转。

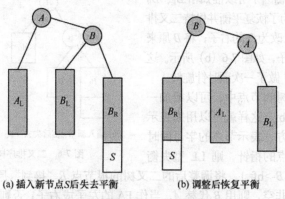

(a) 插入新节点S后失去平衡　　　　　　　(b) 调整后恢复平衡

图 7-8　二叉排序树的 RR 型平衡旋转

RR 型失衡的特点是：$A\text{->bf}=-2$，$B\text{->bf}=-1$。最后将调整后的二叉树的根节点 B "接到" 原 A 处，令 A 原来的父指针为 FA，如果 FA 非空，则用 B 代替 A 并当作 FA 的左子或右子；否则原来的 A 就是根节点，此时应使根指针 t 指向 B。

4. RL 型

RL 型与 LR 型相互对称。假设最低层的失衡节点是 A，在节点 A 的右子树的左子树插入新节点 S 后，导致失衡，如图 7-9 (a) 所示。假设在图中的 C_R 下插入 S，如果在 C_L 下插入 S，则对树的调整方法相同，不同的是调整后 A、B 的平衡因子。由 A、B、C 的平衡因子可知，C_L 与 C_R 的深度相同，A_L 与 B_R 的深度相同，并且 A_L、B_R 的深度比 C_L、C_R 的深度大 1。为了恢复平衡并保持二叉排序树特性，可以先将 B 改为 C 的右子，将 C 原来的右子 C_R 改为 B 的左子；将 A 改为 C 的左子，将 C 原来的左子 C_L 改为 A 的右子，如图 7-9（b）所示。这相当于对 B 做了一次顺时针旋转，对 A 做了一次逆时针旋转。

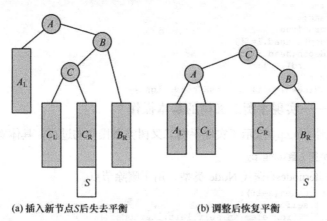

(a) 插入新节点 S 后失去平衡　　　　　　　　(b) 调整后恢复平衡

图 7-9　二叉排序树的 RL 型平衡旋转

除了前面介绍的在 C_L 下插入 S 和在 C_R 下插入 S 两种情况外，还有 B 的左子树为空这一种情况。因为 C 是插入的新节点 S，所以 C_L、C_R、A_L、B_R 均为空。这种情况下，对树的调整方法仍然相同，不同的是调整后的 A 和 B 的平衡因子均为 0。

RL 型失衡的特点是：$A\text{->}bf=-2$，$B\text{->}bf=1$。然后针对上述 3 种不同情况，修改 A、B、C 的平衡因子。最后，将调整后的二叉树的根节点 C "接到"原 A 处。令 A 原来的父指针为 FA，如果 FA 非空，则用 C 代替 A 并当作 FA 的左子或右子；否则原来的 A 就是根节点，此时应令根指针 t 指向 C。

由此可以看出，在平衡二叉树上插入新节点 S 时，主要通过以下 3 个步骤实现。

（1）查找应插入的位置，同时记录离插入位置最近的可能失衡节点 A（A 的平衡因子不等于 0）。

（2）插入新节点 S，并修改从 A 到 S 路径上各节点的平衡因子。

（3）根据 A、B 的平衡因子，判断是否失衡以及失衡类型，并做相应处理。

在 Python 语言中，判断平衡二叉树的方法有两种。第一种方法使用递归返回判断结果和子节点深度，先判断该节点是否平衡，然后递归以判断左节点和右节点是否平衡。

```python
# 判断二叉树是否为平衡二叉树
def process(head):
    if head is None:
        return True, 0
    leftData = process(head.left)
    if not leftData[0]:
        return False, 0
    rightData = process(head.right)
    if not rightData[0]:
        return False, 0
    if abs(leftData[1]-rightData[1]) > 1:
        return False, 0
    return True, max(leftData[1],rightData[1]) + 1
```

第二种判断二叉树是否为平衡二叉树的方法是先判断该节点是否平衡，然后递归以判断左节点和右节点是否平衡。

```python
# 递归求取当前节点的深度
def getdepth(node):
    if not node:
        return 0
```

```
        ld = getdepth(node.left)
        rd = getdepth(node.right)
        return max(ld, rd) + 1


    def isB(head):
        if not head:
            return True
        ld = getdepth(head.left)
        rd = getdepth(head.right)
        if abs(ld - rd) > 1:
            return False
        return isB(head.left) and isB(head.right)
```

7.3.4　实践演练——实现平衡二叉树的基本操作

下面的实例文件 ping.py 演示了实现平衡二叉树完整操作的过程，具体实现流程如下所示。

源码路径：daima\第 7 章\ping.py

（1）通过方法 iternodes()迭代 Node 类型，用于删除节点。

```
        def iternodes(self):
            if self.left != None:
                for elem in self.left.iternodes():
                    yield elem

            if self != None and self.key != None:
                yield self

            if self.right != None:
                for elem in self.right.iternodes():
                    yield elem
```

（2）通过如下代码找出最小元素。

```
    def findMin(self):
        if self.root is None:
            return None
        else:
            return self._findMin(self.root)


    def _findMin(self,node):
        if node.left:
            return self._findMin(node.left)
        else:
            return node
```

（3）通过如下代码找出最大元素。

```
    def findMax(self):
        if self.root is None:
            return None
        else:
            return self._findMax(self.root)


    def _findMax(self,node):
        if node.right:
            return self._findMax(node.right)
        else:
            return node
```

（4）通过如下代码计算节点高度。

```
    def height(self, node):
        if (node == None):
            return 0;
        else:
            m = self.height(node.left);
            n = self.height(node.right);
            return max(m, n)+1;
```

（5）通过如下代码实现 LL 型旋转。

```
    def singleLeftRotate(self,node):
        k1=node.left
```

```
        node.left=k1.right
        k1.right=node
        node.height=max(self.height(node.right),self.height(node.left))+1
        k1.height=max(self.height(k1.left),node.height)+1
        return k1
```

(6) 通过如下代码实现 RR 型旋转。

```
def singleRightRotate(self,node):
    k1=node.right
    node.right=k1.left
    k1.left=node
    node.height=max(self.height(node.right),self.height(node.left))+1
    k1.height=max(self.height(k1.right),node.height)+1
    return k1
```

(7) 通过如下代码实现 LR 型旋转。

```
def doubleLeftRotate(self,node):
    node.left=self.singleRightRotate(node.left)
    return self.singleLeftRotate(node)
```

(8) 通过如下代码实现 RL 型旋转。

```
def doubleRightRotate(self,node):
    node.right=self.singleLeftRotate(node.right)
    return self.singleRightRotate(node)
```

(9) 通过如下代码实现插入功能。

```
def insert(self, key):
    if not self.root:
        self.root=AVLTree.__AVLNode(key)
    else:
        self.root=self._insert(self.root, key)

def _insert(self, node, key):
    if node is None:
        node=AVLTree.__AVLNode(key)
    elif key<node.key:
        node.left=self._insert(node.left, key)
        if (self.height(node.left)-self.height(node.right))==2:
            if key<node.left.key:
                node=self.singleLeftRotate(node)
            else:
                node=self.doubleLeftRotate(node)

    elif key>node.key:
        node.right=self._insert(node.right, key)
        if (self.height(node.right)-self.height(node.left))==2:
            if key<node.right.key:
                node=self.doubleRightRotate(node)
            else:
                node=self.singleRightRotate(node)

    node.height=max(self.height(node.right),self.height(node.left))+1
    return node
```

(10) 通过如下代码实现删除功能。

```
def delete(self, key):
    if key in self:
        self.root=self.remove(key, self.root)

def remove(self, key, node):
    if node is None:
        raise KeyError('Error,key not in tree');
    elif key<node.key:
        node.left=self.remove(key,node.left)
        if (self.height(node.right)-self.height(node.left))==2:
            if self.height(node.right.right)>=self.height(node.right.left):
                node=self.singleRightRotate(node)
            else:
                node=self.doubleRightRotate(node)
        node.height=max(self.height(node.left),self.height(node.right))+1
```

```
        elif key>node.key:
            node.right=self.remove(key,node.right)
            if (self.height(node.left)-self.height(node.right))==2:
                if self.height(node.left.left)>=self.height(node.left.right):
                    node=self.singleLeftRotate(node)
                else:
                    node=self.doubleLeftRotate(node)
            node.height=max(self.height(node.left),self.height(node.right))+1

        elif node.left and node.right:
            if node.left.height<=node.right.height:
                minNode=self._findMin(node.right)
                node.key=minNode.key
                node.right=self.remove(node.key,node.right)
            else:
                maxNode=self._findMax(node.left)
                node.key=maxNode.key
                node.left=self.remove(node.key,node.left)
                node.height=max(self.height(node.left),self.height(node.right))+1
        else:
            if node.right:
                node=node.right
            else:
                node=node.left

    return node
```

（11）通过如下代码实现返回节点的原始信息功能。

```
def iternodes(self):
    if self.root != None:
        return self.root.iternodes()
    else:
        return [None];
```

（12）通过如下代码实现寻找节点路径功能。

```
def findNodePath(self, root, node):
    path = [];
    if root == None or root.key == None:
        path = [];
        return path

    while (root != node):
        if node.key < root.key:
            path.append(root);
            root = root.left;
        elif node.key >= root.key:
            path.append(root);
            root = root.right;
        else:
            break;

    path.append(root);
    return path;
```

（13）通过如下代码实现寻找父节点功能。

```
def parent(self, root, node):
    path = self.findNodePath(root, node);
    if (len(path)>1):
        return path[-2];
    else:
        return None;
```

（14）通过如下代码实现是否左孩子判断功能。

```
def isLChild(self, parent, lChild):
    if (parent.getLeft() != None and parent.getLeft() == lChild):
        return True;

    return False;
```

（15）通过如下代码实现是否右孩子判断功能。

```
        def isRChild(self, parent, rChild):
            if (parent.getRight() != None and parent.getRight() == rChild):
                return True;

        return False;
```

（16）通过如下代码计算某元素处在树的第几层，假设树的根为 0 层，这个计算方法和求节点的高度是不一样的。

```
        def level(self, elem):
            if self.root != None:
                node = self.root;
                lev = 0;

                while (node != None):
                    if elem < node.key:
                        node = node.left;
                        lev+=1;
                    elif elem > node.key:
                        node = node.right;
                        lev+=1;
                    else:
                        return lev;

                return -1;

            else:
                return -1;
```

（17）通过如下代码进行测试。

```
if __name__ == '__main__':
    avl = AVLTree();

    a = [20, 30, 40, 120, 13, 39, 38, 40, 18, 101];
    b = [[10, 1], [3, 0], [4, 0], [13, -1], [2, 0], [18, 0], [40, -1], [39, 0], [12, 0]];

    for item in b:
        avl.insert(item);

    avl.info();

    print(45 in avl);
    print(len(avl));

    '''
    avl.delete(40);
    avl.info();
    avl.delete(100);
    avl.info();
    avl.insert(1001);
    avl.info();
    '''

    for item in avl.iternodes():
        item.info();
        print(avl.findNodePath(avl.root, item));
        print('Parent:', avl.parent(avl.root, item));
        print('Level:', avl.level(item.key));
        print('\n');
```

执行后会输出：

```
[[2, 0], [3, 0], [4, 0], [10, 1], [12, 0], [13, -1], [18, 0], [39, 0], [40, -1]]
False
9
Key=[2, 0], LChild=None, RChild=None, H=1
[__AVLNode([4, 0], [3, 0], [13, -1], 4), __AVLNode([3, 0], [2, 0], None, 2), __AVLNode(
    [2, 0], None, None, 1)]
Parent: [3, 0]
Level: 2
```

```
Key=[3, 0], LChild=[2, 0], RChild=None, H=2
[__AVLNode([4, 0], [3, 0], [13, -1], 4), __AVLNode([3, 0], [2, 0], None, 2)]
Parent: [4, 0]
Level: 1


Key=[4, 0], LChild=[3, 0], RChild=[13, -1], H=4
[__AVLNode([4, 0], [3, 0], [13, -1], 4)]
Parent: None
Level: 0


Key=[10, 1], LChild=None, RChild=[12, 0], H=2
[__AVLNode([4, 0], [3, 0], [13, -1], 4), __AVLNode([13, -1], [10, 1], [39, 0], 3), __
    AVLNode([10, 1], None, [12, 0], 2)]
Parent: [13, -1]
Level: 2


Key=[12, 0], LChild=None, RChild=None, H=1
[__AVLNode([4, 0], [3, 0], [13, -1], 4), __AVLNode([13, -1], [10, 1], [39, 0], 3), __
    AVLNode([10, 1], None, [12, 0], 2), __AVLNode([12, 0], None, None, 1)]
Parent: [10, 1]
Level: 3


Key=[13, -1], LChild=[10, 1], RChild=[39, 0], H=3
[__AVLNode([4, 0], [3, 0], [13, -1], 4), __AVLNode([13, -1], [10, 1], [39, 0], 3)]
Parent: [4, 0]
Level: 1


Key=[18, 0], LChild=None, RChild=None, H=1
[__AVLNode([4, 0], [3, 0], [13, -1], 4), __AVLNode([13, -1], [10, 1], [39, 0], 3), __
    AVLNode([39, 0], [18, 0], [40, -1], 2), __AVLNode([18, 0], None, None, 1)]
Parent: [39, 0]
Level: 3


Key=[39, 0], LChild=[18, 0], RChild=[40, -1], H=2
[__AVLNode([4, 0], [3, 0], [13, -1], 4), __AVLNode([13, -1], [10, 1], [39, 0], 3), __
    AVLNode([39, 0], [18, 0], [40, -1], 2)]
Parent: [13, -1]
Level: 2


Key=[40, -1], LChild=None, RChild=None, H=1
[__AVLNode([4, 0], [3, 0], [13, -1], 4), __AVLNode([13, -1], [10, 1], [39, 0], 3), __
    AVLNode([39, 0], [18, 0], [40, -1], 2), __AVLNode([40, -1], None, None, 1)]
Parent: [39, 0]
Level: 3
```

7.4 散 列 法

散列法定义了一种将字符组成的字符串转换为固定长度（一般情况下长度更短）的数值或索引值的方法。由于通过更短的散列值相比用原始值进行数据库搜索的速度更快，这种方法一般用来在数据库中建立索引并进行搜索，同时还用在各种解密算法中。散列法又称为关键字地址计算法等，相应的表称为散列表。

7.4.1 散列法的基本思想

（1）在元素关键字 k 和元素存储位置 p 之间建立对应关系 f，使得 $p=f(k)$，f 称为散列函数。

（2）在创建散列表时，把关键字为 k 的元素直接存入地址为 $f(k)$ 的单元。

（3）当查找关键字为 k 的元素时，利用散列函数计算出该元素的存储位置 $p=f(k)$，从而达到按关键字直接存取元素的目的。

注意： 如果关键字集合很大，则关键字值中不同的元素可能会映象到与散列表相同的地址，即 $k_1 \neq k_2$，但是 $H(k_1)=H(k_2)$，上述现象称为冲突。在这种情况下，通常称 k_1 和 k_2 是同义词。在实际应用中，无法避免上述冲突，只能通过改进散列函数的性能来减少冲突。

散列法主要包括以下两方面的内容：①如何构造散列函数；②如何处理冲突。

散列法是一种典型以空间换时间的算法，比如原来一个长度为 100 的数组，对其查找，只需要遍历且匹配相应记录即可。从空间复杂度上看，假如数组中存储的是 Byte 类型的数据，那么该数组占用 100 字节空间。现在我们采用散列法，我们前面说过必须有一条规则，以约束键与存储位置的关系，因而需要一个固定长度的散列表。此时，仍然是 100 字节的数组，假设我们需要 100 字节用来记录键与存储位置的关系，那么总的空间为 200 字节，而且用于记录规则的表根据规则大小可能是不定的。

7.4.2 构造散列函数

在构造散列函数时需要遵循如下原则。

（1）函数本身便于计算。

（2）计算出来的地址分布均匀，即对于任一关键字 k，$f(k)$ 对应不同地址的概率相等，目的是尽可能减少冲突。

构造散列函数的方法有多种，下面讨论最为常用的方法。

1. 数字分析法

如果提前知道关键字集合，当每个关键字的位数比散列表的地址码位数多时，可以从关键字中选出分布较均匀的若干位来构成散列地址。假设有 80 条记录，关键字是一个 8 位的十进制整数：$m_1m_2m_3 \cdots m_7m_8$，若散列表长度取值 100，则散列表的地址空间为 00～99。如果经过分析之后，各关键字中 m_4 和 m_7 的取值分布比较均匀，则散列函数为 $H(\text{key})=H(m_1m_2m_3 \cdots m_7m_8)=m_4m_7$。反之，如果经过分析之后，各关键字中 m_1 和 m_8 的取值分布很不均匀，例如 m_1 都等于 5，m_8 都等于 2，则散列函数为 $H(\text{key})=H(m_1m_2m_3 \cdots m_7m_8)=m_1m_8$，这种用不均匀的取值构造函数的算法误差会比较大，所以不可取。

2. 平方取中法

如果无法确定关键字中哪几位分布比较均匀，可以先求出关键字的平方值，然后按照需要取平方值的中间几位作为散列地址。因为平方后的中间几位和关键字中的每一位都相关，所以不同的关键字会以较高的概率产生不同的散列地址。

假设把英文字母在字母表中的位置序号作为英文字母的内部编码，例如 K 的内部编码为 11，E 的内部编码为 05，Y 的内部编码为 25，A 的内部编码为 01，B 的内部编码为 02，由此可以得出关键字"KEYA"的内部编码为 11052501。同理，也可以得到关键字"KYAB""AKEY""BKEY"的内部编码。对关键字进行平方运算之后，取出第 7～9 位作为关键字的散列地址，如表 7-2 所示。

表 7-2 平方取中法求得的散列地址

关键字	内部编码	内部编码的平方值	$H(k)$关键字的散列地址
KEYA	11050201	122157778355001	778
KYAB	11250102	126564795010404	795
AKEY	01110525	001233265775625	265
BKEY	02110525	004454315775625	315

3. 分段叠加法

分段叠加法是指按照散列表地址位数将关键字分成位数相等的几部分，其中最后一部分可以比较短。然后将这几部分相加，舍弃最高进位后的结果就是关键字的散列地址。分段叠加有折叠法与移位法两种。移位法是指将分割后的每部分低位对齐相加，折叠法是指从一端向另一端沿分割边界来回折叠，用奇数段表示正序，用偶数段表示倒序，然后将各段相加。

4. 除留余数法

为了更直观地了解除留余数法，在此举一个例子。假设散列表长为 n，p 为小于或等于 n 的最大素数，则散列函数为：

```
h(k)=k % p,
```

其中，%为模 p 的取余运算。

假设待散列元素为（18，75，60，43，54，90，46），表长 $n=10$，$p=7$，则有：

```
h(18)=18 % 7=4    h(75)=75 % 7=5    h(60)=60 % 7=4
h(43)=43%7=1      h(54)=54%7=5      h(90)=90%7=6
h(46)=46%7=4
```

此时冲突较多，为减少冲突，可以取较大的 n 值和 p 值，例如 $n=p=13$，此时结果如下：

```
h(18)=18%13=5     h(75)=75%13=10    h(60)=60%13=8
h(43)=43%13=4     h(54)=54%13=2     h(90)=90%13=12
h(46)=46%13=7
```

此时没有冲突，如图 7-10 所示。

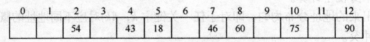

图 7-10　使用除留余数法求散列地址

5. 伪随机数法

伪随机数法是指采用一个伪随机函数当作散列函数，即 $h(key)=random(key)$。

在实际应用中，应根据具体情况灵活采用不同的方法，并使用实际数据来测试性能，以便做出正确判定。在判断时通常需要考虑如下 5 个因素：

- ❑ 计算散列函数所需时间（简单）。
- ❑ 关键字的长度。
- ❑ 散列表大小。
- ❑ 关键字分布情况。
- ❑ 记录查找频率。

7.4.3　处理冲突

使用性能良好的散列函数可以减少冲突，但是通常不可能完全避免冲突，所以解决冲突是散列法的另一个关键问题。无论是在创建散列表时，还是在查找散列表时都会遇到冲突，在这两种情况下解决冲突的方法是一致的。以创建散列表为例，有以下 4 种常用的解决冲突的方法。

1. 开放定址法

开放定址法也称为再散列法，基本思想如下所示。

当关键字 key 的散列地址 $m=H(key)$ 出现冲突时，以 m 为基础产生另一个散列地址 m_1，如果 m_1 还是冲突，再以 m 为基础产生另一个散列地址 m_2……如此继续，直到找出一个不冲突的散列地址 m_i 为止，此时将相应元素存入其中。

开放定址法遵循如下通用的再散列函数形式。

$$H_i=(H(key)+d_i)\% \ m \quad i=1，2，…，n$$

其中，$H(key)$ 为散列函数，m 为表长，d_i 为增量序列。增量序列的取值方式不同，相应的再散列方式也不同。主要有如下 3 种再散列方式。

（1）线性探测再散列，特点是发生冲突时，顺序查看表中的下一单元，直到找出一个空单元或查遍全表，格式如下。

d_i=1，2，3，…，m-1

（2）二次探测再散列。特点是当发生冲突时，在表的左右进行跳跃式探测，比较灵活，格式如下。

d_i=1^2，-1^2，2^2，-2^2，…，k^2，$-k^2$ （$k \leqslant m/2$）

（3）伪随机探测再散列。在具体实现时需要先建立一个伪随机数发生器，例如i=(i+p)％m，并设置一个随机数作为起点，格式如下。

d_i=伪随机数序列。

2. 再散列法

再散列法能够同时构造多个不同的散列函数，具体格式如下所示。

H_i=RH$_i$（key）i=1，2，…，k

当散列地址H_i=RH$_i$（key）发生冲突时计算另一个散列地址，直到冲突不再产生为止。这种方法不易产生聚集，但增加了计算时间。

3. 链地址法

链地址法的基本思想是：用所有散列地址为i的元素构成一个同义词链的单链表，并将单链表的头指针存放在散列表的第i个单元中。链地址法适用于经常进行插入和删除的情况，其中的查找、插入和删除操作主要在同义词链中进行。

假设有如下一组关键字。

32，40，36，53，16，46，71，27，42，24，49，64

散列表的长度为13，散列函数为H(key)=key％13，则用链地址法处理冲突的结果如图7-11所示。

上组关键字的平均查找长度ASL=(1×7+2×4+3×1)/12=1.5。

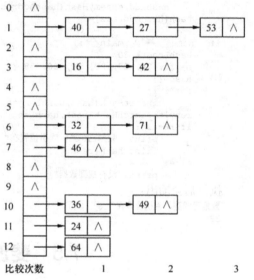

图 7-11　用链地址法处理冲突时的散列表

4. 建立公共溢出区

建立公共溢出区的基本思想是将散列表分为基本表和溢出表两部分，凡是和基本表发生冲突的元素，一律填入溢出表。

7.4.4　散列表的查找过程

散列表的查找过程与散列表的创建过程一样。当想查找关键字为K的元素时，首先计算$p0$=hash(K)，然后根据计算结果进行处理。

（1）如果单元p_0为空，则不存在所查的元素。

（2）如果单元p_0中元素的关键字为K，则找到所查元素。

否则重复下述操作来解决冲突过程：按解决冲突的方法，找出下一个散列地址p_i，如果单元p_i为空，则不存在所查的元素；如果单元p_i中元素的关键字为K，则找到所查元素。

7.4.5　实践演练——使用散列表查找数据

下面的实例文件 haxi.py 演示了使用散列表查找数据的过程。

源码路径：daima\第 7 章\haxi.py

```python
#用除留余数法实现的散列函数
def myHash(data,hashLength,):
    return data % hashLength
#散列表检索数据
def searchHash(hash,hashLength,data):
    hashAddress=myHash(data,hashLength)
    #指定hashAddress存在，但并非关键值，则用开放定址法解决
    while hash.get(hashAddress) and hash[hashAddress]!=data:
        hashAddress+=1
        hashAddress=hashAddress%hashLength
    if hash.get(hashAddress)==None:
        return None
    return hashAddress

#将数据插入散列表
def insertHash(hash,hashLength,data):
    hashAddress=myHash(data,hashLength)
    #如果key存在，说明已经被别人占用，需要解决冲突
    while(hash.get(hashAddress)):
        #用开放定些法
        hashAddress+=1
        hashAddress=myHash(hashAddress,hashLength)
    hash[hashAddress]=data

if __name__ == '__main__':
    hashLength=20
    L=[13, 29, 27, 28, 26, 30, 38 ]
    hash={}
    for i in L:
        insertHash(hash,hashLength,i)
    result=searchHash(hash,hashLength,38)
    if result:
        print("数据已找到，索引位置在",result)
        print(hash[result])
    else:
        print("没有找到数据")
```

执行后会输出：
```
数据已找到，索引位置在 18
38
```

7.5 斐波那契查找法

斐波那契搜索（Fibonacci search）又称斐波那契查找，是区间内单峰函数的搜索技术。斐波那契搜索就是在二分查找的基础上根据斐波那契数列进行分割的。本节将简要介绍波那契查找法的基本知识，为读者学习本书后面的知识打下基础。

7.5.1 斐波那契查找法介绍

在介绍斐波那契查找法之前，我们先介绍一下与它紧密相连并且大家都熟知的一个概念——黄金分割。黄金比例又称黄金分割，是指事物各部分间一定的数学比例关系，即将整体一分为二，较大部分与较小部分之比等于整体与较大部分之比，比值约为 1:0.618 或 1.618:1。0.618 被公认为最具有审美意义的比例数值，这个数值的作用不仅仅体现在诸如绘画、雕塑、音乐、建筑等艺术领域，而且在管理、工程设计等方面也有着不可忽视的作用，因此被称为黄金分割。

请看下面数学应用中的斐波那契数列。

1, 1, 2, 3, 5, 8, 13, 21, 34, 55, 89, …

在斐波那契数列中，从第三个数开始，后边每一个数都是前两个数的和。我们会发现，随着斐波那契数列的递增，前后两个数的比值会越来越接近 0.618，利用这个特性，我们就可以将

黄金比例运用到查找技术中。具体结构如图 7-12 所示。

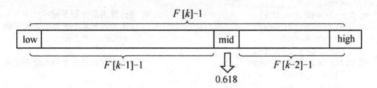

图 7-12　斐波那契查找法

斐波那契查找法是对二分查找的一种提升，通过运用黄金比例的概念在数列中选择查找点进行查找，提高查找效率。同样，斐波那契查找法也属于一种有序查找算法。相对于折半查找，斐波那契查找将待比较的 key 值与处在 mid=(low+high)/2 位置的元素比较，比较结果分为如下三种情况。

❑　相等：mid 位置的元素即为所求。
❑　大于：low=mid+1。
❑　小于：high=mid-1。

斐波那契查找与折半查找相似，能够根据斐波那契序列的特点对有序表进行分割。要求开始表中记录的个数比某个斐波那契数小 1，即 $n=F(k)-1$。将 k 值与处在 $F(k-1)$ 位置的记录进行比较（即 mid=low+$F(k-1)$ -1，比较结果也分为如下三种。

❑　相等：mid 位置的元素即为所求。
❑　大于：low=mid+1，k-=2。

🌸　注意：low=mid+1 说明待查找的元素在[mid+1,high]范围内，k-=2 说明范围[mid+1,high]内的元素个数为 $n- (F(k-1))= F(k)-1-F(k-1)=F(k)-F(k-1) -1=F(k-2) -1$ 个，所以可以递归地应用斐波那契查找法。

❑　小于：high=mid-1，k-=1。

🌸　注意：low=mid+1 说明待查找的元素在[low,mid-1]范围内，k-=1 说明范围[low,mid-1]内的元素个数为 $F(k-1) -1$ 个，所以可以递归地应用斐波那契查找法。

斐波那契查找法最坏情况下的时间复杂度为 $O(\log_2 n)$，且期望复杂度也为 $O(\log_2 n)$。

7.5.2　实践演练——使用斐波那契查找法

使用斐波那契查找法的前提是有一个包含斐波那契数列。在下面的实例文件 feibo.py 中，首先创建一个斐波那契数列，然后使用斐波那契查找法查找里面的指定数据。

源码路径：daima\第 7 章\feibo.py

```python
from pylab import *

def FibonacciSearch(data, length, key):
    F = [0,1]
    count = 1;
    low = 0
    high = length-1
    if(key < data[low] or key>data[high]):        #索引超出范围，返回错误
        print("Error!!! The ", key, " is not in the data!!!")
        return -1

    data = list(data)
    while F[count] < length:                       #生成斐波那契数列
        F.append(F[count-1] + F[count])
        count = count + 1
    low = F[0]
    high = F[count]

    while length-1 < F[count-1]:                   #将数据个数补全
        data.append(data[length-1])
```

```
            length = length + 1
        data = array(data)
        while(low<=high):
                mid = low+F[count-1]                    #计算当前分割下标
                if(data[mid] > key):                    #若查找记录小于当前分割记录
                        high = mid-1                     #调整分割记录
                        count = count-1
                elif(data[mid] < key):                  #若查找记录大于当前分割记录
                        low = mid+1
                        count = count-2
                else:                                    #若查找记录等于当前分割记录
                        return mid
        if(data[mid] != key):                           #数据key不在查询列表data中，返回错误
                print("Error!!! The ", key, " is not in the data!!!")
                return -1


length = 11

data = array([0,1,16,24,35,48,59,62,73,88,99])
key = 35
idx = FibonacciSearch(data, length, key)
print(data)
print("The ", key, " is the ", idx+1, "th value of the data.")
```

执行后会输出：

```
[ 0  1 16 24 35 48 59 62 73 88 99]
The  35  is the  5 th value of the data.
```

7.6　高级树表查找算法

本章前面讲解了最简单的树表查找算法：二叉树查找算法。除此之外，我们还可以使用 2-3 查找树、B 树（平衡多路查找树）、B+树和红黑树等算法。

7.6.1　2-3 查找树介绍

和本章前面介绍的二叉树不同，2-3 查找树运用每个节点保存一个或两个值。对于普通的 2 节点（2-node），保存 1 个键和左右两个子节点。对于 3 节点（3-node），保存两个键。

1. 定义

2-3 查找树的具体定义如下所示。

❑ 要么为空，要么是下面的两种情况。

❑ 对于 2 节点，保存一个键及对应的值，以及两个指向左右子节点的节点。左节点也是一个 2-3 节点，所有的值比键小；右节点也是一个 2-3 节点，所有的值比键大。

❑ 对于 3 节点，保存两个键及对应的值，以及三个指向左、中、右子节点的子节点。左节点也是一个 2-3 节点，所有的值均比两个键中最小的键还要小；中间节点也是一个 2-3 节点，中间节点的键值在两个根节点键值之间；右节点也是一个 2-3 节点，右节点的所有键值比两个键值中最大的键值还要大。

2. 性质

2-3 查找树的性质如下所示。

❑ 如果中序遍历 2-3 查找树，就可以得到排好序的序列。

❑ 在一个完全平衡的 2-3 查找树中，根节点到每一个空节点的距离都相同（这也是平衡树中"平衡"一词的概念，根节点到叶节点的最长距离对应于查找算法的最坏情况，而平衡树中根节点到叶节点的距离都一样，最坏情况也具有对数复杂度）。

3. 复杂度分析

2-3 查找树的查找效率与树的高度是息息相关的。在最坏情况下，也就是所有的节点都是 2 节点，

查找效率为 lg N。在最好情况下，所有的节点都是 3 节点，查找效率为 lg$_3N$，约等于 0.631lg N。

对于距离来说，对于有 100 万个节点的 2-3 树，树的高度在 12~20 之间；对于有 10 亿个节点的 2-3 树，树的高度在 18~30 之间。

对于插入来说，只需要常数次操作即可完成，因为只需要修改与该节点关联的节点即可，不需要检查其他节点，所以效率和查找类似。

7.6.2 红黑树介绍

前面介绍的 2-3 查找树能保证在插入元素之后保持树的平衡状态，在最坏情况下，即所有的子节点都是 2 节点，树的高度为 lg$N$，从而保证最坏情况下的时间复杂度。但是 2-3 查找树实现起来比较复杂，于是就有了一种简单实现 2-3 查找树的数据结构，即红黑树（Red-Black Tree）。

1. 基本思想

红黑树的基本思想就是对 2-3 查找树进行编码，尤其是对 2-3 查找树中的 3 节点添加额外的信息。红黑树中将节点之间的链接分为两种不同类型：红色链接，用来链接两个 2 节点以表示一个 3 节点；黑色链接，用来链接普通的 2-3 节点。特别地，使用红色链接的两个 2 节点来表示一个 3 节点，并且向左倾斜，即一个 2 节点是另一个 2 节点的左子节点。这种做法的好处是查找的时候不用做任何修改，和普通的二叉查找树相同。

2. 特性

红黑树的特性有如下 5 条。

（1）每个节点要么是黑色，要么是红色。

（2）根节点是黑色。

（3）每个叶节点（NIL）是黑色。

（4）如果一个节点是红色的，则它的子节点必须是黑色的。

（5）从一个节点到该节点的子孙节点的所有路径上包含相同数目的黑节点。

> 注意：特性（3）中的叶节点是只为空（NIL 或 NULL）的节点。

在特性（5）中，确保没有一条路径会比其他路径长出两倍。因而，红黑树是相对接近平衡的二叉树。

红黑树的示意图如图 7-13 所示。

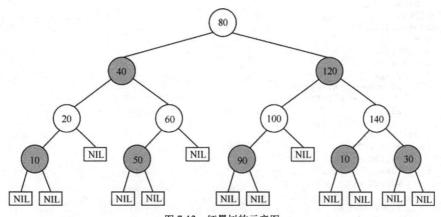

图 7-13 红黑树的示意图

7.6.3 实践演练——使用红黑树操作数据

下面的实例文件 hong.py 演示了实现红黑树的定义、左旋转、右旋转、上色和元素插入等操作的过程。

源码路径：daima\第 7 章\hong.py

```python
#定义红黑树
class RBTree(object):
    def __init__(self):
        self.nil = RBTreeNode(0)
        self.root = self.nil
class RBTreeNode(object):
    def __init__(self, x):
        self.key = x
        self.left = None
        self.right = None
        self.parent = None
        self.color = 'black'
        self.size=None
#左旋转
def LeftRotate( T, x):
    y = x.right
    x.right = y.left
    if y.left != T.nil:
        y.left.parent = x
    y.parent = x.parent
    if x.parent == T.nil:
        T.root = y
    elif x == x.parent.left:
        x.parent.left = y
    else:
        x.parent.right = y
    y.left = x
    x.parent = y
#右旋转
def RightRotate( T, x):
    y = x.left
    x.left = y.right
    if y.right != T.nil:
        y.right.parent = x
    y.parent = x.parent
    if x.parent == T.nil:
        T.root = y
    elif x == x.parent.right:
        x.parent.right = y
    else:
        x.parent.left = y
    y.right = x
    x.parent = y
#红黑树的插入
def RBInsert( T, z):
    y = T.nil
    x = T.root
    while x != T.nil:
        y = x
        if z.key < x.key:
            x = x.left
        else:
            x = x.right
    z.parent = y
    if y == T.nil:
        T.root = z
    elif z.key < y.key:
        y.left = z
    else:
        y.right = z
    z.left = T.nil
    z.right = T.nil
    z.color = 'red'
    RBInsertFixup(T, z)
    return z.key, '颜色为', z.color
#红黑树的上色
```

```python
def RBInsertFixup( T, z):
    while z.parent.color == 'red':
        if z.parent == z.parent.parent.left:
            y = z.parent.parent.right
            if y.color == 'red':
                z.parent.color = 'black'
                y.color = 'black'
                z.parent.parent.color = 'red'
                z = z.parent.parent
            else:
                if z == z.parent.right:
                    z = z.parent
                    LeftRotate(T, z)
                z.parent.color = 'black'
                z.parent.parent.color = 'red'
                RightRotate(T,z.parent.parent)
        else:
            y = z.parent.parent.left
            if y.color == 'red':
                z.parent.color = 'black'
                y.color = 'black'
                z.parent.parent.color = 'red'
                z = z.parent.parent
            else:
                if z == z.parent.left:
                    z = z.parent
                    RightRotate(T, z)
                z.parent.color = 'black'
                z.parent.parent.color = 'red'
                LeftRotate(T, z.parent.parent)
    T.root.color = 'black'
def RBTransplant( T, u, v):
    if u.parent == T.nil:
        T.root = v
    elif u == u.parent.left:
        u.parent.left = v
    else:
        u.parent.right = v
    v.parent = u.parent


def RBDelete(T, z):
    y = z
    y_original_color = y.color
    if z.left == T.nil:
        x = z.right
        RBTransplant(T, z, z.right)
    elif z.right == T.nil:
        x = z.left
        RBTransplant(T, z, z.left)
    else:
        y = TreeMinimum(z.right)
        y_original_color = y.color
        x = y.right
        if y.parent == z:
            x.parent = y
        else:
            RBTransplant(T, y, y.right)
            y.right = z.right
            y.right.parent = y
        RBTransplant(T, z, y)
        y.left = z.left
        y.left.parent = y
        y.color = z.color
    if y_original_color == 'black':
        RBDeleteFixup(T, x)
#红黑树的删除
def RBDeleteFixup( T, x):
    while x != T.root and x.color == 'black':
        if x == x.parent.left:
```

```
                    w = x.parent.right
                    if w.color == 'red':
                        w.color = 'black'
                        x.parent.color = 'red'
                        LeftRotate(T, x.parent)
                        w = x.parent.right
                    if w.left.color == 'black' and w.right.color == 'black':
                        w.color = 'red'
                        x = x.parent
                    else:
                        if w.right.color == 'black':
                            w.left.color = 'black'
                            w.color = 'red'
                            RightRotate(T, w)
                            w = x.parent.right
                        w.color = x.parent.color
                        x.parent.color = 'black'
                        w.right.color = 'black'
                        LeftRotate(T, x.parent)
                        x = T.root
                else:
                    w = x.parent.left
                    if w.color == 'red':
                        w.color = 'black'
                        x.parent.color = 'red'
                        RightRotate(T, x.parent)
                        w = x.parent.left
                    if w.right.color == 'black' and w.left.color == 'black':
                        w.color = 'red'
                        x = x.parent
                    else:
                        if w.left.color == 'black':
                            w.right.color = 'black'
                            w.color = 'red'
                            LeftRotate(T, w)
                            w = x.parent.left
                        w.color = x.parent.color
                        x.parent.color = 'black'
                        w.left.color = 'black'
                        RightRotate(T, x.parent)
                        x = T.root
        x.color = 'black'

def TreeMinimum( x):
    while x.left != T.nil:
        x = x.left
    return x
#中序遍历
def Midsort(x):
    if x!= None:
        Midsort(x.left)
        if x.key!=0:
            print('key:', x.key,'x.parent',x.parent.key)
        Midsort(x.right)
nodes = [11,2,14,1,7,15,5,8,4]
T = RBTree()
for node in nodes:
    print('插入数据',RBInsert(T,RBTreeNode(node)))
print('中序遍历')
Midsort(T.root)
RBDelete(T,T.root)
print('中序遍历')
Midsort(T.root)
RBDelete(T,T.root)
print('中序遍历')
Midsort(T.root)
```

执行后会输出：

```
插入数据 (11, '颜色为', 'black')
插入数据 (2, '颜色为', 'red')
```

```
插入数据 (14, '颜色为', 'red')
插入数据 (1, '颜色为', 'red')
插入数据 (7, '颜色为', 'red')
插入数据 (15, '颜色为', 'red')
插入数据 (5, '颜色为', 'red')
插入数据 (8, '颜色为', 'red')
插入数据 (4, '颜色为', 'red')
中序遍历
key: 1 x.parent 2
key: 2 x.parent 7
key: 4 x.parent 5
key: 5 x.parent 2
key: 7 x.parent 0
key: 8 x.parent 11
key: 11 x.parent 7
key: 14 x.parent 11
key: 15 x.parent 14
中序遍历
key: 1 x.parent 2
key: 2 x.parent 8
key: 4 x.parent 5
key: 5 x.parent 2
key: 8 x.parent 0
key: 11 x.parent 14
key: 14 x.parent 8
key: 15 x.parent 14
中序遍历
key: 1 x.parent 2
key: 2 x.parent 11
key: 4 x.parent 5
key: 5 x.parent 2
key: 11 x.parent 0
key: 14 x.parent 11
key: 15 x.parent 14
```

7.6.4 B 树和 B+树

1. B 树

我们首先看看维基百科中对 B 树的定义：在计算机科学中，B 树（B Tree）是一种树状数据结构，它能够存储数据、对它们进行排序并允许以 $O(\log_2 n)$ 的时间复杂度进行查找、顺序读取、插入和删除的数据结构。概括来说，B 树就是一个节点可以拥有多于两个子节点的二叉查找树。与自平衡二叉查找树不同，B 树为系统最优化大块数据的读写操作。B 树算法减少了定位记录时所经历的中间过程，从而加快存取速度。B 树被普遍运用于数据库和文件系统。

由此可见，可以将 B 树看作对 2-3 查找树的一种扩展，即允许每个节点有 $M-1$ 个子节点。根节点至少有两个子节点，每个节点有 $M-1$ 个键，并且以升序排列。位于第 $M-1$ 个键和第 M 个键的子节点的值位于第 $M-1$ 个键和第 M 个键对应的值之间，其他节点至少有 $M/2$ 个子节点。

标准的 B 树如图 7-14 所示。

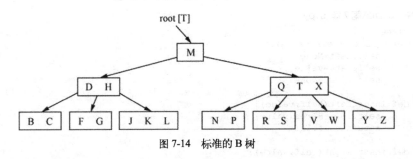

图 7-14 标准的 B 树

2. B+树

B+树是 B 树的一种变体，更适合实际应用中操作系统的文件索引和数据库索引。

B+树的基本特点如下所示。

（1）除了根节点之外的内部节点，每个节点最多有 *m* 个关键字，最少有 *m*/2 个关键字。其中每个关键字对应一个子树（也就是最多有 *m* 棵子树，最少有 *m*/2 棵子树）。

（2）根节点要么没有子树，要么至少有两棵子树。

（3）所有的叶节点包含全部的关键字以及这些关键字指向文件的指针，并且满足以下条件。

- 所有叶节点中的关键字按大小顺序排列。
- 相邻的叶节点顺序链接（相当于构成一个顺序链表）。
- 所有叶节点在同一层。

（4）所有分支节点的关键字都是对应子树中关键字的最大值。

3．两者的区别

B+树和 B 树相比，两者之间主要有如下 3 个不同点。

（1）内部节点中，关键字的个数与子树的个数相同，不像 B 树中，子树的个数总比关键字的个数多 1 个。

（2）所有指向文件的关键字及其指针都在叶节点中，不像 B 树，指向文件的有的关键字在内部节点中。换句话说，B+树中，内部节点仅仅起到索引的作用。

（3）在搜索过程中，如果查询和内部节点的关键字一致，那么搜索过程不停止，而是继续向下搜索这个分支。

根据 B+树的结构，我们可以发现 B+树相比于 B 树，在文件系统和数据库系统中更有优势，具体原因如下所示。

- B+树的磁盘读写代价更低：B+树的内部节点并没有指向关键字具体信息的指针。因此其内部节点相对 B 树更小。如果把所有同一内部节点的关键字存放在同一盘块中，那么盘块所能容纳的关键字数量也越多。一次性读入内存中的需要查找的关键字也就越多。相对来说 I/O 读写次数也就降低了。
- B+树的查询效率更加稳定：由于内部节点并不是最终指向文件内容的节点，而只是叶节点中关键字的索引，因此对任何关键字的查找必须走一条从根节点到叶节点的路。所有关键字查询的路径长度相同，导致每个数据的查询效率相当。
- B+树更有利于对数据库的扫描：B 树在提高磁盘 I/O 性能的同时并没有解决元素遍历效率低下的问题，而 B+树只需要遍历叶节点就可以解决对全部关键字信息的扫描，所以对于数据库中频繁使用的范围查询，B+树有着更高的性能。

7.6.5　实践演练——使用 B 树排序数据

下面的实例文件 b.py 演示了使用 B 树排序指定数据的过程。

源码路径：daima\第 7 章\b.py

```
class BTree:
    def __init__(self,value):
        self.left=None
        self.data=value
        self.right=None

    def insertLeft(self,value):
        self.left=BTree(value)
        return self.left

    def insertRight(self,value):
        self.right=BTree(value)
        return self.right
```

```
        def show(self):
            print(self.data)


def inorder(node):
    if node.data:
        if node.left:
            inorder(node.left)
        node.show()
        if node.right:
            inorder(node.right)


def rinorder(node):
    if node.data:
        if node.right:
            rinorder(node.right)
        node.show()
        if node.left:
            rinorder(node.left)

def insert(node,value):
    if value > node.data:
        if node.right:
            insert(node.right,value)
        else:
            node.insertRight(value)
    else:
        if node.left:
            insert(node.left,value)
        else:
            node.insertLeft(value)


if __name__ == "__main__":

    l=[88,11,2,33,22,4,55,33,221,34]
    Root=BTree(l[0])
    node=Root
    for i in range(1,len(l)):
        insert(Root,l[i])

    print("1---->10")
    inorder(Root)
    print("10--->1")
    rinorder(Root)
```

执行后会分别实现正序排序和逆序排序。

```
1---->10
2
4
11
22
33
33
34
55
88
221
10--->1
221
88
55
34
33
33
22
11
4
2
```

7.6.6 实践演练——使用 B+树操作数据

下面的实例文件 bjia.py 演示了使用 B+树操作处理指定数据的过程。具体实现流程如下所示。

源码路径：daima\第 7 章\bjia.py

(1) 创建 B+树，对应代码如下所示。

```python
class Bptree(object):
    class __InterNode(object):
        def __init__(self, M):
            if not isinstance(M, int):
                raise InitError('M must be int')
            if M <= 3:
                raise InitError('M must be greater then 3')
            else:
                self.__M = M
                self.clist = []     # 存放区间
                self.ilist = []     # 存放索引/序号
                self.par = None

        def isleaf(self):
            return False

        def isfull(self):
            return len(self.ilist) >= self.M - 1

        def isempty(self):
            return len(self.ilist) <= (self.M + 1) / 2 - 1

        @property
        def M(self):
            return self.__M
```

(2) 定义叶子类__Leaf，对应代码如下所示。

```python
    class __Leaf(object):
        def __init__(self, L):
            if not isinstance(L, int):
                raise InitError('L must be int')
            else:
                self.__L = L
                self.vlist = []
                self.bro = None     # 兄弟节点
                self.par = None     # 父节点

        def isleaf(self):
            return True

        def isfull(self):
            return len(self.vlist) > self.L

        def isempty(self):
            return len(self.vlist) <= (self.L + 1) / 2

        @property
        def L(self):
            return self.__L
```

(3) 实现插入操作，对应实现代码如下所示。

```python
    def insert(self, key_value):
        node = self.__root

        def split_node(n1):
            mid = self.M // 2    # 此处注意，可能出错
            newnode = Bptree.__InterNode(self.M)
            newnode.ilist = n1.ilist[mid:]
            newnode.clist = n1.clist[mid:]
            newnode.par = n1.par
            for c in newnode.clist:
                c.par = newnode
            if n1.par is None:
```

```
                        newroot = Bptree.__InterNode(self.M)
                        newroot.ilist = [n1.ilist[mid - 1]]
                        newroot.clist = [n1, newnode]
                        n1.par = newnode.par = newroot
                        self.__root = newroot
                    else:
                        i = n1.par.clist.index(n1)
                        n1.par.ilist.insert(i, n1.ilist[mid - 1])
                        n1.par.clist.insert(i + 1, newnode)
                    n1.ilist = n1.ilist[:mid - 1]
                    n1.clist = n1.clist[:mid]
                    return n1.par

            def split_leaf(n2):
                mid = (self.L + 1) // 2
                newleaf = Bptree.__Leaf(self.L)
                newleaf.vlist = n2.vlist[mid:]
                if n2.par == None:
                    newroot = Bptree.__InterNode(self.M)
                    newroot.ilist = [n2.vlist[mid].key]
                    newroot.clist = [n2, newleaf]
                    n2.par = newleaf.par = newroot
                    self.__root = newroot
                else:
                    i = n2.par.clist.index(n2)
                    n2.par.ilist.insert(i, n2.vlist[mid].key)
                    n2.par.clist.insert(i + 1, newleaf)
                    newleaf.par = n2.par
                n2.vlist = n2.vlist[:mid]
                n2.bro = newleaf

            def insert_node(n):
                if not n.isleaf():
                    if n.isfull():
                        insert_node(split_node(n))
                    else:
                        p = bisect_right(n.ilist, key_value)
                        insert_node(n.clist[p])
                else:
                    p = bisect_right(n.vlist, key_value)
                    n.vlist.insert(p, key_value)
                    if n.isfull():
                        split_leaf(n)
                    else:
                        return

            insert_node(node)
```

（4）实现搜索操作，对应实现代码如下所示。

```
    def search(self, mi=None, ma=None):
        result = []
        node = self.__root
        leaf = self.__leaf
        if mi is None or ma is None:
            raise ParaError('you need to setup searching range')
        elif mi > ma:
            raise ParaError('upper bound must be greater or equal than lower bound')

        def search_key(n, k):
            if n.isleaf():
                p = bisect_left(n.vlist, k)
                return (p, n)
            else:
                p = bisect_right(n.ilist, k)
                return search_key(n.clist[p], k)

        if mi is None:
            while True:
                for kv in leaf.vlist:
                    if kv <= ma:
```

```
                                result.append(kv)
                        else:
                            return result
                    if leaf.bro == None:
                        return result
                    else:
                        leaf = leaf.bro
        elif ma is None:
            index, leaf = search_key(node, mi)
            result.extend(leaf.vlist[index:])
            while True:
                if leaf.bro == None:
                    return result
                else:
                    leaf = leaf.bro
                    result.extend(leaf.vlist)
        else:
            if mi == ma:
                i, l = search_key(node, mi)
                try:
                    if l.vlist[i] == mi:
                        result.append(l.vlist[i])
                        return result
                    else:
                        return result
                except IndexError:
                    return result
            else:
                i1, l1 = search_key(node, mi)
                i2, l2 = search_key(node, ma)
                if l1 is l2:
                    if i1 == i2:
                        return result
                    else:
                        result.extend(l2.vlist[i1:i2])
                        return result
                else:
                    result.extend(l1.vlist[i1:])
                    l = l1
                    while True:
                        if l.bro == l2:
                            result.extend(l2.vlist[:i2])
                            return result
                        elif l.bro != None:
                            result.extend(l.bro.vlist)
                            l = l.bro
                        else:
                            return result;
```

（5）显示树中的所有数据，对应实现代码如下所示。

```
def show(self):
    print('this b+tree is:\n')
    q = deque()
    h = 0
    q.append([self.__root, h])
    while True:
        try:
            w, hei = q.popleft()
        except IndexError:
            return
        else:
            if not w.isleaf():
                print(w.ilist, 'the height is', hei)
                if hei == h:
                    h += 1
                q.extend([[i, h] for i in w.clist])
            else:
                print([(v.key, v.value) for v in w.vlist], 'the leaf is,', hei)
```

（6）实现删除操作，对应实现代码如下所示。

```
def delete(self, key_value):
    def merge(n, i):
        if n.clist[i].isleaf():
            n.clist[i].vlist = n.clist[i].vlist + n.clist[i + 1].vlist
            n.clist[i].bro = n.clist[i + 1].bro
        else:
            n.clist[i].ilist = n.clist[i].ilist + [n.ilist[i]] + n.clist[i + 1].ilist
            n.clist[i].clist = n.clist[i].clist + n.clist[i + 1].clist
        n.clist.remove(n.clist[i + 1])
        n.ilist.remove(n.ilist[i])
        if n.ilist == []:
            n.clist[0].par = None
            self.__root = n.clist[0]
            del n
            return self.__root
        else:
            return n

    def tran_l2r(n, i):
        if not n.clist[i].isleaf():
            n.clist[i + 1].clist.insert(0, n.clist[i].clist[-1])
            n.clist[i].clist[-1].par = n.clist[i + 1]
            n.clist[i + 1].ilist.insert(0, n.ilist[i])
            n.ilist[i] = n.clist[i].ilist[-1]
            n.clist[i].clist.pop()
            n.clist[i].ilist.pop()
        else:
            n.clist[i + 1].vlist.insert(0, n.clist[i].vlist[-1])
            n.clist[i].vlist.pop()
            n.ilist[i] = n.clist[i + 1].vlist[0].key

    def tran_r2l(n, i):
        if not n.clist[i].isleaf():
            n.clist[i].clist.append(n.clist[i + 1].clist[0])
            n.clist[i + 1].clist[0].par = n.clist[i]
            n.clist[i].ilist.append(n.ilist[i])
            n.ilist[i] = n.clist[i + 1].ilist[0]
            n.clist[i + 1].clist.remove(n.clist[i + 1].clist[0])
            n.clist[i + 1].ilist.remove(n.clist[i + 1].ilist[0])
        else:
            n.clist[i].vlist.append(n.clist[i + 1].vlist[0])
            n.clist[i + 1].vlist.remove(n.clist[i + 1].vlist[0])
            n.ilist[i] = n.clist[i + 1].vlist[0].key

    def del_node(n, kv):
        if not n.isleaf():
            p = bisect_right(n.ilist, kv)
            if p == len(n.ilist):
                if not n.clist[p].isempty():
                    return del_node(n.clist[p], kv)
                elif not n.clist[p - 1].isempty():
                    tran_l2r(n, p - 1)
                    return del_node(n.clist[p], kv)
                else:
                    return del_node(merge(n, p), kv)
            else:
                if not n.clist[p].isempty():
                    return del_node(n.clist[p], kv)
                elif not n.clist[p + 1].isempty():
                    tran_r2l(n, p)
                    return del_node(n.clist[p], kv)
                else:
                    return del_node(merge(n, p), kv)
        else:
            p = bisect_left(n.vlist, kv)
            try:
                pp = n.vlist[p]
            except IndexError:
                return -1
```

```
                    else:
                        if pp != kv:
                            return -1
                        else:
                            n.vlist.remove(kv)
                            return 0

            del_node(self.__root, key_value)
```

（7）开始具体测试工作，对应实现代码如下所示。

```
if __name__ == '__main__':
    # 初始化数据源
    mini = 50
    maxi = 200
    testlist = []
    for i in range(20):
        key = randint(1, 1000)
        # key=i
        value = choice(['Do', 'Re', 'Mi', 'Fa', 'So', 'La', 'Si'])
        testlist.append(KeyValue(key, value))

    # 初始化B+树
    mybptree = Bptree(4, 4)

    # 插入操作
    for x in testlist:
        mybptree.insert(x)

    mybptree.show()

    # 查找操作
    print('\nnow we are searching item between %d and %d\n==>' % (mini, maxi))
    print([v.key for v in mybptree.search(mini, maxi)])

    # 删除操作
    mybptree.delete(testlist[0])
    print('\n删除 {0}后，the newtree is:\n'.format(testlist[0]));
    mybptree.show()

    # 深度遍历操作
    print('\nkey of this b+tree is \n')
    print([kv.key for kv in mybptree.traversal()])
```

执行后会输出：

```
this b+tree is:

[469] the height is 0
[169, 216] the height is 1
[657, 724, 811] the height is 1
[(4, 'So'), (137, 'Mi')] the leaf is, 2
[(169, 'Do'), (202, 'Do'), (207, 'Re')] the leaf is, 2
[(216, 'Do'), (372, 'So'), (454, 'La')] the leaf is, 2
[(469, 'Re'), (513, 'Re'), (561, 'Do')] the leaf is, 2
[(657, 'Si'), (672, 'Si')] the leaf is, 2
[(724, 'Si'), (776, 'So'), (781, 'Fa')] the leaf is, 2
[(811, 'Mi'), (871, 'La'), (878, 'So'), (952, 'Do')] the leaf is, 2

now we are searching item between 50 and 200
==>
[137, 169]

删除 (878, 'So')后，the newtree is:

this b+tree is:

[469] the height is 0
[169, 216] the height is 1
[657, 724, 811] the height is 1
[(4, 'So'), (137, 'Mi')] the leaf is, 2
[(169, 'Do'), (202, 'Do'), (207, 'Re')] the leaf is, 2
```

```
[(216, 'Do'), (372, 'So'), (454, 'La')] the leaf is, 2
[(469, 'Re'), (513, 'Re'), (561, 'Do')] the leaf is, 2
[(657, 'Si'), (672, 'Si')] the leaf is, 2
[(724, 'Si'), (776, 'So'), (781, 'Fa')] the leaf is, 2
[(811, 'Mi'), (871, 'La'), (952, 'Do')] the leaf is, 2

key of this b+tree is

[4, 137, 169, 202, 207]
```

在上述代码中，B+树的实现过程和 B 树很像。其中内部节点不存储键-值，只存放键。当沿着内部节点搜索的时候，查找索引相等的数要向树的右边走，所以二分查找要选择 bisect_right。当叶节点满的时候，并不是先分裂再插入，而是先插入再分裂，因为 B+树无法保证分裂的两个节点的大小是相等的。在奇数大小的数据分裂时，右边的子节点会比左边的大。如果先分裂再插入，无法保证插入的节点一定会插在数量更少的子节点上，以满足节点数量平衡的条件。在删除数据的时候，B+树的左、右子节点借用数据的方式比 B 树更简单有效，只把子节点的子树直接剪切过来，再把索引变一下就行了，而且叶节点的兄弟指针也不用动。

7.7 技 术 解 惑

7.7.1 分析查找算法的性能

如果在二叉排序树上查找成功，则从根节点出发走了一条从根节点到待查节点的路径。如果查找不成功，则从根节点出发走一条从根节点到某个叶节点的路径，所以二叉排序树的查找与折半查找过程类似。当在二叉排序树中查找一条记录时，比较次数不会超过树的深度。对长度为 n 的表来说，无论排列顺序如何，折半查找对应唯一的判定树。但是含有 n 个节点的二叉排序树不是唯一的，所以对于含有同样关键字序列的一组节点，插入节点的先后顺序不同，所构成的二叉排序树的形态和深度也不同。

二叉排序树的平均查找长度（ASL）和二叉排序树的形态有关。二叉排序树的各个分支越均衡，树的深度越浅，平均查找长度就越小。假设有两棵二叉排序树，它们对应同一元素集合，但排列顺序不同，关键字序列分别为（45，24，53，12，37，93）和（12，24，37，45，53，93），如图 7-15 所示。假设每个元素的查找概率相等，则它们的平均查找长度分别是：

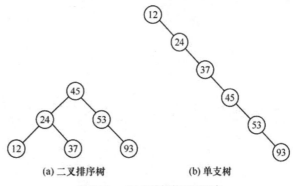

图 7-15 二叉查找树的不同形态

$ASL_1 = (1/6) \times (1+2+2+3+3+3) = 14/6$，$ASL_2 = (1/6) \times (1+2+3+4+5+6) = 21/6$

由此可见，在二叉排序树上进行查找操作时，平均查找长度和二叉排序树的形态有关，接下来将针对不同情况进行详细分析。

在最坏情况下，通过把一个有序表的 n 个节点一次插入来生成二叉排序树，这样得到的二叉排序树蜕化为一棵深度为 n 的单支树，其平均查找长度和单链表上的顺序查找相同，都是 $(n+1)/2$。

在最好情况下，在生成二叉排序树的过程中，树的形态比较均匀，最终得到的是一棵形态与二分查找的判定树相似的二叉排序树，此时平均查找长度大约为 $O(\log_2 n)$。

如果考虑把 n 个节点按各种可能的次序插入二叉排序树中，则有 $n!$ 棵二叉排序树（其中有的形态相同），这证明对这些二叉排序树进行平均后得到的平均查找长度仍然是 $\log_2 n$。

从平均性能方面看，二叉排序树上的查找和二分查找的区别并不大，并且可以十分方便地在二叉排序树上插入和删除节点，而无须移动大量节点。所以对于那些需要经常做插入、删除、查找运算的表，宜采用二叉排序树结构。所以，人们也常常将二叉排序树称为二叉查找树。

7.7.2　分析散列法的性能

因为冲突的存在，散列法仍然需要比较关键字，然后用平均查找长度来评价散列法的查找性能。在散列法中，影响关键字比较次数的因素有 3 个，分别是散列函数、处理冲突的方法以及散列表的装填因子。定义散列表的装填因子 α 的格式为：

α＝散列表中元素个数/散列表的长度

α 能够描述散列表的装满程度。α 越小，发生冲突的可能性就越小；α 越大，发生冲突的可能性就越大。假设散列函数是均匀的，则只有两个影响平均查找长度的因素，分别是处理冲突的方法和 α。

第 8 章

内部排序算法

通过排序（sorting）可以重新排列数据元素集合或序列，目的是将无序序列按数据元素的某个项值调整为有序序列。排序是计算机程序设计中的一种重要操作，作为排序依据的数据项被称为"排序码"，即数据元素的关键码。本章将详细讲解使用内部排序算法的基本知识，并通过具体实例的实现过程来讲解其使用流程。

8.1　排　序　基　础

本章所要讲的排序也是一种选择的过程，在排序过程中需要选择一个元素放在靠前或靠后的位置。排序是计算机内经常进行的一种操作，目的是将一组无序的记录序列调整为有序的记录序列，可分为内部排序和外部排序。若整个排序过程不需要访问外存便能完成，则称此类排序问题为内部排序。反之，若参加排序的记录数量很大，整个序列的排序过程不可能在内存中完成，则称此类排序问题为外部排序。内部排序是一个逐步扩大记录的有序序列长度的过程。

8.1.1　排序的目的和过程

为了便于查找，人们希望计算机中的数据表是按关键码进行有序排列的，例如使用有序表的折半查找会提高查找效率。另外，二叉排序树、B树和B+树的构造过程也都是排序过程。如果关键码是主关键码，则对于任意待排序序列，排序后会得到唯一的结果。如果关键码是次关键码，则排序结果可能不唯一。造成不唯一的原因是存在具有相同关键码的数据元素，这些元素在排序结果中，它们之间的位置关系与排序前的不能保持一致。

使用某个排序方法对任意的数据元素进行序列，例如对它们按关键码进行排序，如果相同关键码元素间的位置关系在排序前与排序后保持一致，那么这个排序方法是稳定的；如果不能保持一致，那么这个排序方法是不稳定的。

先看排序的过程：一个有 n 条记录的序列 $\{R_1, R_2, \cdots, R_n\}$，相应关键字的序列是 $\{K_1, K_2, \cdots, K_n\}$，相应的下标序列为 1，2，$\cdots$，$n$。通过排序，要求找出当前下标序列 1，2，$\cdots$，$n$ 的一种排列 p_1，p_2，$\cdots$，p_n，使得相应关键字满足如下非递减（或非递增）关系，即 $K_{p1} \leqslant K_{p2} \leqslant \cdots \leqslant K_{pn}$，这样就得到一个按关键字排列的"有序"记录序列：$\{R_{p1}, R_{p2}, \cdots, R_{pn}\}$。

8.1.2　内部排序与外部排序

根据排序时数据所占用存储器的不同，可将排序分为如下两类。

- ❏ 内部排序的整个排序过程完全在内存中进行。
- ❏ 外部排序因为待排序的记录数量太大，内存无法容纳全部数据，需要借助外部存储设备才能完成排序工作。

8.1.3　稳定排序与不稳定排序

在 8.1.1 节介绍的排序过程中，关键字 K_n 可以是记录 R_n 的主关键字，也可以是次关键字，甚至可以是记录中若干数据项的组合。如果 K_i 是主关键字，则任何一个无序的记录序列经排序后得到的有序序列是唯一的；如果 K_i 是次关键字或记录中若干数据项的组合，则得到的排序结果是不唯一的，因为待排序记录的序列中存在两条或两条以上关键字相等的记录。

无论是稳定的排序方法还是不稳定的排序方法，都能实现排序功能。在应用排序的某些场合，如选举和比赛等，对排序的稳定性是有特殊要求的。究竟应该怎样证明一种排序方法是稳定的呢？这得在算法本身的步骤中加以证明。为了证明排序方法是不稳定的，只需要给出一个反例说明即可。在排序过程中，一般进行如下两种基本操作。

（1）比较两个关键字的大小。

（2）将记录从一个位置移动到另一个位置。

其中，操作（1）对于大多数排序方法来说是必要的，而操作（2）则可以通过采用适当的存储方式予以避免。对于待排序的记录序列，有如下 3 种常见的存储表示方法。

（1）向量结构：将待排序记录存放在一组地址连续的存储单元中。因为在这种存储方式中，存储位置决定了记录之间的次序关系，所以在排序过程中一定要移动记录才能实现。

（2）链表结构：采用链表结构时，通过指针来维持记录之间逻辑上的相邻性，这样在排序时，就不需要移动记录元素，只需要修改指针即可。这种排序方式被称为链表排序。

（3）记录向量与地址向量结合：将待排序记录存放在一组地址连续的存储单元中，同时另设一个指示各条记录位置的地址向量。这样在排序过程中不需要移动记录本身，只需要修改地址向量中记录的"地址"。当排序结束后，按照地址向量中的值来调整记录的存储位置。这种排序方式被称为地址排序。

8.2　插入排序算法

插入排序建立在一个已排好序的记录子集的基础上，其基本思想是：每一步将下一条待排序的记录有序插入已排好序的记录子集中，直到将所有待排记录全部插入为止。例如打扑克牌时的抓牌过程就是典型的插入排序，每抓一张牌，都需要将这张牌插入合适位置，直到抓完牌为止，从而得到一个有序序列。

8.2.1　直接插入排序

直接插入排序是一种最基本的插入排序方法，能够将第 i 条记录插入前面 $i-1$ 条已排好序的记录中，具体插入过程如下所示。

将第 i 条记录的关键字 K_i 顺序与其前面记录的关键字 $K_{i-1}, K_{i-2}, \cdots, K_1$ 进行比较，将所有关键字大于 K_i 的记录依次向后移动一个位置，直到遇见关键字小于或等于 K_i 的记录 K_j。此时 K_j 后面必为空位置，将第 i 条记录插入空位置即可。完整的直接插入排序从 $i=2$ 开始，也就是说，将第 1 条记录作为已排好序的单元素子集合，然后将第二条记录插入单元素子集合中。将 i 从 2 循环到 n，即可实现完整的直接插入排序。图 8-1 给出了一个完整的直接插入排序示例。图中大括号内为当前已排好序的记录子集合。

假设待排序记录保存在 r 中，需要设置一个监视哨 $r[0]$，使得 $r[0]$ 始终保存待插入的记录，目的是提高效率。此处设置监视哨有如下两个作用。

（1）备份待插入的记录，以便前面关键字较大的记录后移。

（2）防止越界，这一点与顺序查找法中监视哨的作用相同。

直接插入排序算法并不能任意使用，它比较适用于待排序记录数目较少且基本有序的情形。当待排序记录数目较大时，使用直接插入排序会降低性能。针对上述情形，如果非要使用插入排序算法，可以对直接插入排序进行改进。具体改进方法是在直接插入排序算法的基础上，减少关键字比较和移动记录这两种操作的次数。

例如图 8-2 展示了一个直接插入排序示例的实现过程。

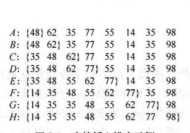

A: {48} 62 35 77 55 14 35 98
B: {48 62} 35 77 55 14 35 98
C: {35 48 62} 77 55 14 35 98
D: {35 48 62 77} 55 14 35 98
E: {35 48 55 62 77} 14 35 98
F: {14 35 48 55 62 77} 35 98
G: {14 35 35 48 55 62 77} 98
H: {14 35 35 48 55 62 77 98}

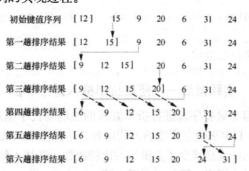

图 8-1　直接插入排序示例　　　　图 8-2　一个直接插入排序示例

8.2.2　实践演练——编写直接插入排序算法

下面将通过一个实例的实现过程，详细讲解编写直接插入排序算法的具体方法。假设待排序的列表为[49,38,65,97,76,13,27,49]，则比较步骤和得到的新列表如下。

待排序列表：[49,38,65,97,76,13,27,49]

第一次比较后：[*__38__*,49,65,97,76,13,27,49]。第二个元素（38）与之前的元素进行比较，发现38较小，进行交换

第二次比较后：[38,49,65,97,76,13,27,49]。第三个元素（65）大于前一个元素（49），所以不进行交换操作，直接与下一个元素比较

第三次比较后：[38,49,65,97,76,13,27,49]。和第二次比较类似

第四次比较后：[38,49,65,*__76__*,97,13,27,49]。当前元素（76）比前一元素（97）小，（97）后移，（76）继续与（65）比较，发现当前元素比较大，执行插入

第五次比较后：[*__13__*,38,49,65,76,97,27,49]。

第六次比较后：[13,*__27__*,38,49,65,76,97,49]。

第七次比较后：[13,27,38,49,*__49__*,65,76,97]。

※　注意：带有灰色底纹的列表段是已经排好序的元素，用加粗+斜体+下划线标注的是执行插入并且进行过交换的元素。

下面的实例文件 zhicha.py 演示了使用直接插入排序算法排序上述数据的过程。

源码路径：daima\第 8 章\zhicha.py

```python
def InsertSort(myList):
    # 获取列表长度
    length = len(myList)

    for i in range(1, length):
        # 设置当前值前一个元素的标识
        j = i - 1

        # 如果当前值小于前一个元素,将当前值作为一个临时变量存储,将前一个元素后移一位
        if (myList[i] < myList[j]):
            temp = myList[i]
            myList[i] = myList[j]

        # 继续往前寻找,如果有比临时变量大的数字,则后移一位,直到找到比临时变量小的元素或者到达列表的第一个元素
            j = j - 1
            while j >= 0 and myList[j] > temp:
                myList[j + 1] = myList[j]
                j = j - 1

        # 将临时变量赋值给合适位置
            myList[j + 1] = temp

myList = [49, 38, 65, 97, 76, 13, 27, 49]
InsertSort(myList)
print(myList)
```

执行后会输出：

```
[13, 27, 38, 49, 49, 65, 76, 97]
```

8.2.3　实践演练——使用折半插入排序算法

因为对有序表进行折半查找的性能要优于顺序查找，所以可以将折半查找用在有序记录 $r[1 \cdots i-1]$ 中来确定应该插入的位置，这种排序法被称为折半插入排序算法。使用折半插入排序算法的好处是减少了关键字的比较次数。在插入每个元素的时候，需要比较的最大次数是折半判定树的深度。假如正在插入第 i 个元素，设 $i=2^j$，则需要进行 $\log_2 i$ 次比较，所以插入 $n-1$ 个元素的关键字的平均比较次数为 $O(n\log_2 n)$。

折半查找是相对于有序序列而言的。每次折半，查找区间大约缩小一半。low 和 high 分别为查找区间的第一个下标与最后一个下标。出现 low>high 时，说明目标关键字在整个有序序列中不存在，查找失败。下面的实例文件 zhe.py 演示了使用折半查找算法查找指定数字的过程。

源码路径：daima\第 8 章\zhe.py

```python
def BinSearch(array, key, low, high):
    mid = int((low+high)/2)
    if key == array[mid]:  # 若找到
        return array[mid]
    if low > high:
        return False

    if key < array[mid]:
        return BinSearch(array, key, low, mid-1)    #递归
    if key > array[mid]:
        return BinSearch(array, key, mid+1, high)


if __name__ == "__main__":
    array = [4, 13, 27, 38, 49, 49, 55, 65, 76, 97]
    ret = BinSearch(array, 76, 0, len(array)-1)   # 通过折半查找，找到76
    print(ret)
```

执行后会输出：

```
76
```

与直接插入排序算法相比，虽然折半插入排序算法改善了算法中比较次数的数量级高的问题，但是仍然没有改变移动元素的时间耗费，所以折半插入排序的总的时间复杂度仍然是 $O(n^2)$。

8.2.4 希尔排序

希尔排序（谢尔排序）又称为缩小增量排序法，这是一种基于插入思想的排序方法。希尔排序利用直接插入排序的最佳性质，首先将待排序的关键字序列分成若干个较小的子序列，然后对子序列进行直接插入排序操作。经过上述粗略调整，整个序列中的记录已经基本有序，最后再对全部记录进行一次直接插入排序。在时间耗费上，与直接插入排序相比，希尔排序极大地改善了排序性能。

在进行直接插入排序时，如果待排序记录序列已经有序，直接插入排序的时间复杂度可以提高到 $O(n)$。因为希尔排序对直接插入排序进行了改进，所以会大大提高排序的效率。

希尔排序在具体实现时，首先选定两条记录间的距离 d_1，在整个待排序记录序列中将所有间隔为 d_1 的记录分成一组，然后在组内进行直接插入排序。接下来取两条记录间的距离 $d_2<d_1$，在整个待排序记录序列中，将所有间隔为 d_2 的记录分成一组，进行组内直接插入排序，直到选定两条记录间的距离 $d_t=1$ 为止。此时只有一个子序列，即整个待排序记录序列。

下面的图 8-3 给出了希尔排序的具体实现过程。

希尔排序的时间复杂度是所取增量序列的函数，目前存在争议。有的专家指出，当增量序列为 $d[k]=2^{(t-k+1)}$ 时，希尔排序的时间复杂度为 $O(n^{1.5})$，其中 t 为排序趟数。

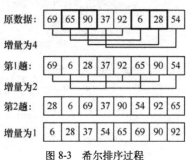

图 8-3　希尔排序过程

8.2.5 实践演练——使用希尔排序算法对数据进行排序

下面的实例文件 xier.py 演示了使用希尔排序算法的过程。

源码路径：daima\第 8 章\xier.py

```python
def ShellInsetSort(array, len_array, dk):  # 直接插入排序
    for i in range(dk, len_array):  # 从下标为dk的数开始进行插入排序
```

```
            position = i
            current_val = array[position]    # 要插入的数

            index = i
            j = int(index / dk)    # index与dk的商
            index = index - j * dk

            # while True:  # 找到第一个下标,在增量为dk时,第一个下标index必然满足0<=index<dk
            #       index = index - dk
            #       if 0<=index and index <dk:
            #            break


            # position>index,要插入的数的下标必须大于第一个下标
            while position > index and current_val < array[position-dk]:
                array[position] = array[position-dk]    # 往后移动
                position = position-dk
            else:
                array[position] = current_val


def ShellSort(array, len_array):    # 希尔排序
    dk = int(len_array/2)                # 增量
    while(dk >= 1):
        ShellInsetSort(array, len_array, dk)
        print(">>:",array)
        dk = int(dk/2)

if __name__ == "__main__":
    array = [49, 38, 65, 97, 76, 13, 27, 49, 55, 4]
    print(">:", array)
    ShellSort(array, len(array))
```

执行后会输出:

```
>: [49, 38, 65, 97, 76, 13, 27, 49, 55, 4]
>>: [13, 27, 49, 55, 4, 49, 38, 65, 97, 76]
>>: [4, 27, 13, 49, 38, 55, 49, 65, 97, 76]
>>: [4, 13, 27, 38, 49, 49, 55, 65, 76, 97]
```

8.2.6　实践演练——使用希尔排序处理一个列表

下面的实例文件 xipai.py 演示了使用希尔排序处理一个列表的过程。

源码路径:daima\第 8 章\xipai.py

```
def shell_sort(alist):
    """希尔排序"""
    n = len(alist)
    gap = n // 2
    while gap >= 1:
        for j in range(gap, n):
            i = j
            while (i - gap) >= 0:
                if alist[i] < alist[i - gap]:
                    alist[i], alist[i - gap] = alist[i - gap], alist[i]
                    i -= gap
                else:
                    break
        gap //= 2

if __name__ == '__main__':
    alist = [54, 26, 93, 17, 77, 31, 44, 55, 20]
    print("原列表为: %s" % alist)
    shell_sort(alist)
    print("新列表为: %s" % alist)
```

执行后会输出:

```
原列表为: [54, 26, 93, 17, 77, 31, 44, 55, 20]
新列表为: [17, 20, 26, 31, 44, 54, 55, 77, 93]
```

8.3 交换类排序法

看名字就知道，交换类排序法是一种基于交换的排序法，能够通过交换逆序元素进行排序。本节将详细介绍使用交换思想实现的冒泡排序，并在此基础上给出改进方法——快速排序法的实现流程。

8.3.1 冒泡排序（相邻比序法）

冒泡排序是一种简单的交换类排序方法，能够对相邻的数据元素进行交换，从而逐步将待排序序列变成有序序列。冒泡排序的基本思想是：从头扫描待排序记录序列，在扫描的过程中顺次比较相邻的两个元素的大小。下面以升序为例介绍排序过程。

（1）在第一趟排序中，对 n 条记录进行如下操作。

① 对相邻的两条记录的关键字进行比较，如果逆序，就交换位置。

② 在扫描的过程中，不断向后移动相邻两条记录中关键字较大的记录。

③ 将待排序记录序列中的最大关键字记录交换到待排序记录序列的末尾，这也是最大关键字记录应在的位置。

（2）然后进行第二趟冒泡排序，对前 $n-1$ 条记录进行同样的操作，结果是使次大的记录放在第 $n-1$ 条记录的位置。

（3）继续进行排序工作，后面几趟的升序处理也反复遵循上述过程，直到排好顺序为止。如果在某一趟冒泡过程中没有发现逆序，就可以马上结束冒泡排序。整个冒泡过程最多可以进行 $n-1$ 趟，图 8-4 演示了完整的冒泡排序过程。

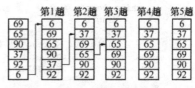

图 8-4 冒泡排序过程

8.3.2 快速排序

在冒泡排序中，在扫描过程中只比较相邻的两个元素，所以在互换两个相邻元素时只能消除一个逆序。其实也可以对两个不相邻的元素进行交换，这样做的好处是能够消除待排序记录中的多个逆序，从而加快排序速度。由此可见，快速排序方法就是通过一次交换消除多个逆序的过程。

快速排序的基本思想如下所示。

（1）从待排序记录序列中选取一条记录，通常选取第一条记录，将其关键字设为 K_1。

（2）将关键字小于 K_1 的记录移到前面，将关键字大于 K_1 的记录移到后面，结果会将待排序记录序列分成两个子表。

（3）将关键字为 K_1 的记录插到其分界线的位置。

通常将上述排序过程称作一趟快速排序，通过一次划分之后，会以关键字为 K_1 的这条记录作为分界线，将待排序序列分成两个子表，前面子表中所有记录的关键字都不能大于 K_1，后面子表中所有记录的关键字都不能小于 K_1。可以对分割后的子表继续按上述原则进行分割，直到所有子表的表长不超过 1 为止，此时待排序记录序列就变成一个有序表。

快速排序算法基于分治策略，可以把待排序数据序列分为两个子序列，具体步骤如下所示。

（1）从数列中挑出一个元素，将该元素称为"基准"元素。

（2）扫描一遍数列，将所有比"基准"小的元素排在基准元素的前面，将所有比"基准"大的元素排在基准元素的后面。

（3）使用递归将各子序列划分为更小的序列，直到把小于基准元素的子数列和大于基准元素的子数列排完序。

上述排序过程如图 8-5 所示。

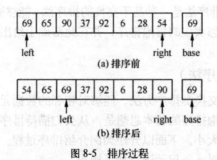

图 8-5 排序过程

8.3.3 实践演练——实现从大到小的冒泡排序

下面的实例文件 da.py 演示了实现从大到小的冒泡排序的过程。外层循环用来控制这个序列的长度和比较次数，第二层循环用来交换。

源码路径：daima\第 8 章\da.py

```
def bubblesort(target):
    length = len(target)
    while length > 0:
        length -= 1
        cur = 0
        while cur < length: #拿到当前元素
            if target[cur] < target[cur + 1]:
                target[cur], target[cur + 1] = target[cur + 1], target[cur]
            cur += 1
    return target
if __name__ == '__main__':
    a = [random.randint(1,1000) for i in range(100)]
    print(bubblesort(a))
```

在上述代码中，我们先定义比较次数为 C，定义元素的移动次数为 M。若随机到正好一个从小到大排序的数列，那么比较一趟就能完事，比较次数只与定义的数列长度有关，则 $C=n-1$，因为正好从小到大排列，所以不需要再移动了，$M=0$。这时候，冒泡排序的时间复杂度 $O(n)$ 最为理想。

现在再来考虑一种极端的情况，整个序列都是反序的。完成排序需要 $n-1$ 次排序，每次排序需要 $n-i$ 次比较（$1 \leqslant i \leqslant n-i$），在算法上比较之后移动数据需要三次操作。在这种情况下，比较和移动次数均达到最大值。

```
Cmax=n(n-1)/2=O(n^2)
Mmax=3n(n-1)/2=O(n^2)
```

所以，冒泡算法总的平均时间复杂度为 $O(n^2)$。执行后会输出：

```
[995, 979, 955, 953, 948, 946, 911, 885, 867, 862, 862, 853, 837, 830, 824, 810, 808,
806, 798, 793, 789, 741, 738, 734, 727, 708, 704, 689, 672, 669, 649, 644, 642, 625, 625,
621, 613, 607, 605, 599, 598, 587, 580, 579, 565, 556, 544, 536, 535, 530, 524, 506, 503,
484, 484, 477, 448, 432, 429, 427, 421, 397, 382, 367, 365, 363, 350, 342, 338, 321, 301,
287, 286, 284, 248, 241, 230, 218, 206, 196, 195, 183, 174, 165, 157, 151, 136, 116, 111,
102, 101, 99, 86, 74, 33, 31, 20, 18, 18, 7]
```

8.3.4 实践演练——使用冒泡排序算法排序

在下面的实例文件 mao.py 中，可以获取用户输入的排序数字，使用冒泡排序算法对输入的数字实现降序排序。

源码路径：daima\第 8 章\mao.py

```
class BubbleSort(object):
```

```
        '''
        self.datas:           #要排序的数据列表
        self.datas_len:       #数据列表的长度
        _sort():              #排序函数
        show():               #输出结果函数

        用法:
        BubbleSort(datas)#实例化一个排序对象
        BubbleSort(datas)._sort()#开始排序，由于排序直接操作
                                 #self.datas, 因此排序结果也
                                 #保存在self.datas中
        BubbleSort(datas).show() #输出结果
        '''
        def __init__(self, datas):
            self.datas = datas
            self.datas_len = len(datas)

        def _sort(self):
            #冒泡排序要排序n个数,由于每遍历一趟只排好一个数字,
            #需要遍历n-1趟,因此最外层循环要循环n-1次。而
            #每趟遍历中需要比较每个位的数字,要在n-1次比较
            #中减去已排好的i位数字,第二层循环要遍历n-1-i次
            for i in range(self.datas_len-1):
                for j in range(self.datas_len-1-i):
                    if(self.datas[j] < self.datas[j + 1]):
                        self.datas[j], self.datas[j+1] = \
                            self.datas[j+1], self.datas[j]

        def show(self):
            print('Result is:',)
            for i in self.datas:
                print(i,)
            print('')

if __name__ == '__main__':
    try:
        datas = input('Please input some number:')
        datas = datas.split()
        datas = [int(datas[i]) for i in range(len(datas))]
    except Exception:
        pass

    bls = BubbleSort(datas)
    bls._sort()
    bls.show()
```

例如，输入 1 2 4 3 7 4（中间有空格）后会输出：

```
Please input some number:1 2 4 3 7 4
Result is:
7
4
4
3
2
1
```

8.3.5 实践演练——实现基本的快速排列

下面的实例文件 k.py 演示了实现基本的快速排列的过程。

源码路径：daima\第 8 章\k.py

```
def sub_sort(array,low,high):
    key = array[low]
    while low < high:
        while low < high and array[high] >= key:
            high -= 1
        while low < high and array[high] < key:
            array[low] = array[high]
            low += 1
            array[high] = array[low]
```

```
        array[low] = key
        return low


def quick_sort(array,low,high):
    if low < high:
        key_index = sub_sort(array,low,high)
        quick_sort(array,low,key_index)
        quick_sort(array,key_index+1,high)


if __name__ == '__main__':
    array = [8,10,9,6,4,16,5,13,26,18,2,45,34,23,1,7,3]
    print(array)
    quick_sort(array,0,len(array)-1)
    print(array
```

（1）从数列中取出一个数作为基准数。

（2）执行分区操作，将比这个数大的数全放到它的右边，将其他数全放到它的左边。

（3）对左右区间重复第（2）步，直到各区间只有一个数。

执行后会输出：

```
[8, 10, 9, 6, 4, 16, 5, 13, 26, 18, 2, 45, 34, 23, 1, 7, 3]
[1, 2, 3, 4, 5, 6, 7, 8, 9, 10, 13, 16, 18, 23, 26, 34, 45]
```

8.4　选择排序法

在排序时可以有选择地进行，但是不能随便选择，只能选择关键字最小的数据。在选择排序法中，每一趟从待排序的记录中选出关键字最小的记录，顺序放在已排好序的子文件的最后，直到排序完全部记录为止。常用的选择排序法有两种，分别是直接选择排序和堆排序。

8.4.1　直接选择排序

直接选择排序又称为简单选择排序，第 i 趟简单选择排序是指通过 $n-i$ 次关键字的比较，从 $n-i+1$ 条记录中选出关键字最小的记录，并与第 i 条记录进行交换。这样共需要进行 $i-1$ 趟比较，直到排序完所有记录为止。例如当进行第 i 趟选择时，从当前候选记录中选出关键字最小的 k 号记录，并与第 i 条记录进行交换。

对拥有 n 条记录的文件进行直接选择排序，经过 $n-1$ 趟直接选择排序可以得到有序结果。具体排序流程如下所示。

（1）在初始状态下，无序区为 $R[1\cdots n]$，有序区为空。

（2）实现第 1 趟排序。在无序区 $R[1\cdots n]$ 中选出关键字最小的记录 $R[k]$，将它与无序区的第 1 条记录 $R[1]$ 交换，使 $R[1..n]$ 和 $R[2\cdots n]$ 分别变为记录数增加 1 的新有序区和记录数减少 1 的新无序区。

（3）实现第 i 趟排序。

在开始第 i 趟排序时，当前有序区和无序区分别是 $R[1\cdots i-1]$ 和 $R[i\cdots n](1 \leqslant i \leqslant n-1)$。该趟排序会从当前无序区中选出关键字最小的记录 $R[k]$，将它与无序区的第 1 条记录 $R[i]$ 进行交换，使 $R[1\cdots i]$ 和 $R[i+1\cdots n]$ 分别变为记录数增加 1 的新有序区和记录数减少 1 的新无序区。

这样，包括 n 条记录的文件经过 $n-1$ 趟直接选择排序后，会得到有序结果。

8.4.2　树形选择排序

在简单选择排序中，首先从 n 条记录中选择关键字最小的记录进行 $n-1$ 次比较，在 $n-1$ 条记录中选择关键字最小的记录进行 $n-2$ 次比较……每次都没有利用上次比较的结果，所以比较操作的时间复杂度为 $O(n^2)$。如果想降低比较次数，需要保存比较过程中的大小关系。

树形选择排序也被称为锦标赛排序，基本思想如下。

（1）两两比较待排序的 n 条记录的关键字，并取出较小者。

（2）在 $n/2$ 个较小者中，采用同样的方法比较选出每两个中的较小者。

如此反复上述过程，直至选出最小关键字记录为止。可以用一棵有 n 个节点的树表示，选出的最小关键字记录就是这棵树的根节点。当输出最小关键字之后，为了选出次小关键字，可以设置根节点（即最小关键字记录对应的叶节点）的关键字值为∞，然后执行上述操作过程，直到所有的记录全部输出为止。

例如存在如下数据：49，38，65，97，76，13，27，49。如果想从上述 8 个数据中选出最小数据，具体实现过程如图 8-6 所示。

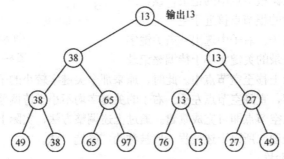

图 8-6 选出最小数据的过程

在树形选择排序中，被选中的关键字都走了一个由叶节点到根节点的比较过程，因为含有 n 个叶节点的完全二叉树的深度为[$\log_2 n$]+1，所以在树形选择排序中，每选择一个关键字都需要进行 $\log_2 n$ 次比较，其时间复杂度为 $O(\log_2 n)$。因为移动记录次数不超过比较次数，所以总的时间复杂度为 $O(n\log_2 n)$。与简单选择排序相比，树形选择排序降低了比较次数的数量级，增加了 $n-1$ 个存放中间比较结果的额外存储空间，并同时附加了与∞进行比较的时间耗费。为了弥补上述缺陷，威廉姆斯在 1964 年提出了进一步的改进方法，即另外一种形式的选择排序方法——堆排序。

8.4.3 堆排序

堆排序是指在排序过程中，将向量中存储的数据看成一棵完全二叉树，利用完全二叉树中双亲节点和孩子节点之间的内在关系，以选择关键字最小的记录的过程。待排序记录仍采用向量数组方式存储，并非采用树这种存储结构，而仅仅根据完全二叉树的顺序结构特征进行分析而已。堆排序是对树形选择排序的改进。当采用堆排序时，需要能够记录大小的辅助空间。

堆排序的具体做法是：将待排序的记录的关键字存放在数组 $r[1\cdots n]$ 中，将 r 用一棵完全二叉树的顺序表示。每个节点表示一条记录，第一条记录 $r[1]$ 作为二叉树的根，后面的各条记录 $r[2\cdots n]$ 依次逐层从左到右顺序排列，任意节点 $r[i]$ 的左孩子是 $r[2i]$、右孩子是 $r[2i+1]$、双亲是 $r[r/2]$。调整这棵完全二叉树，使各节点的关键字值满足下列条件。

```
r[i].key≥r[2i].key且r[i].key≥r[2i+1].key(i=1,2, …, [n/2])
```

将满足上述条件的完全二叉树称为堆，将堆中根节点的最大关键字称为大根堆。反之，如果此完全二叉树中任意节点的关键字大于或等于其左孩子和右孩子的关键字（当有左孩子或右孩子时），则对应的堆为小根堆。

假如存在如下两个关键字序列，它们都满足上述条件。

（10，15，56，25，30，70）

(70，56，30，25，15，10)

上述两个关键字序列都是堆，(10，15，56，25，30，70) 对应的完全二叉树的小根堆如图 8-7 (a) 所示，(70，56，30，25，15，10) 对应的完全二叉树的大根堆如图 8-7 (b) 所示。

堆排序的过程主要需要解决如下几个问题。

（1）如何重建堆？

（2）如何用任意序列建初堆？

（3）如何利用堆进行排序？

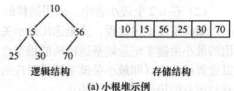

1. 重建堆

重建堆的过程非常简单，只需要如下两个移动步骤即可实现。

（1）移出完全二叉树根节点中的记录，该记录称为待调整记录，此时的根节点接近于空节点。

（2）从空节点的左子、右子中选出一条关键字较小的记录，如果该记录的关键字小于待调整记录

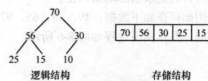

图 8-7 堆示例

的关键字，则将该记录上移至空节点中。此时，原来那个关键字较小的子节点相当于空节点。

重复上述移动步骤，直到空节点左子、右子的关键字均不小于待调整记录的关键字为止，此时将待调整记录放入空节点即可完成重建。通过上述调整方法，实际上是对待调整记录实现了逐步向下"筛选"处理，所以上述过程一般被称为"筛选"法。

2. 用任意序列建初堆

可以将任意序列看作对应的完全二叉树，因为可以将叶节点视为单元素的堆，所以可以反复利用"筛选"法，自底向上逐层把所有子树调整为堆，直到将整个完全二叉树调整为堆。可以确定最后一个非叶节点位于第[$n/2$]个元素，n 为二叉树节点数目。所以"筛选"必须从第[$n/2$]个元素开始，逐层向上倒退，直到根节点为止。

3. 利用堆进行排序

利用堆进行排序的具体步骤如下所示。

（1）将待排序记录按照堆的定义建立一个初堆，并输出堆顶元素。

（2）调整剩余的记录序列，使用筛选法将前 $n-i$ 个元素重新筛选，以便建成一个新堆，然后输出堆顶元素。

（3）重复执行步骤（2），实现 $n-1$ 次筛选，这样新筛选出的堆会越来越小，而新堆后面的有序关键字会越来越多，最后使待排序记录序列成为一个有序序列，这个过程称为堆排序。

8.4.4 实践演练——实现直接选择排序

直接选择排序的时间复杂度为 $O(n^2)$，需要进行的比较次数为第一轮 $n-1$，$n-2$，…，1，总的比较次数为 $n*(n-1)/2$。下面的实例文件 qiu.py 演示了实现直接选择排序操作的过程。

源码路径：daima\第 8 章\qiu.py

```
def selectedSort(myList):
    #获取list的长度
    length = len(myList)
    #一共进行多少轮比较
    for i in range(0,length-1):
        #默认设置最小值的index为当前值
        smallest = i
        #用当前最小index的值分别与后面的值进行比较，以便获取最小index
        for j in range(i+1,length):
            #如果找到比当前值小的index，则进行两值交换
            if myList[j]<myList[smallest]:
                tmp = myList[j]
```

```
                              myList[j] = myList[smallest]
                              myList[smallest]=tmp
                    #打印每一轮比较好的列表
                    print("Round ",i,": ",myList)


myList = [1,4,5,0,6]
print("Selected Sort: ")
selectedSort(myList)
```

执行后会输出：

```
Selected Sort:
Round  0 :  [0, 4, 5, 1, 6]
Round  1 :  [0, 1, 5, 4, 6]
Round  2 :  [0, 1, 4, 5, 6]
Round  3 :  [0, 1, 4, 5, 6]
```

8.4.5 实践演练——演示选择排序的操作步骤

下面的实例文件 xuan1.py 演示了实现选择排序操作的具体步骤。

源码路径：daima\第 8 章\xuan1.py

```
def SelectSort(lists):
    count=len(lists)
    for i in range(0,count):
        for j in range(i+1, count):
            if lists[i] > lists[j]:
                lists[i] , lists[j] = lists[j] , lists[i]
            print("===========")
            print(i,j)
            print(lists)

if __name__ == "__main__":
    lists = [3, 5, 4, 2, 1, 6]
    print(lists)
    SelectSort(lists)
```

执行后会输出：

```
[3, 5, 4, 2, 1, 6]
===========
0 1
[3, 5, 4, 2, 1, 6]
===========
0 2
[3, 5, 4, 2, 1, 6]
===========
0 3
[2, 5, 4, 3, 1, 6]
===========
0 4
[1, 5, 4, 3, 2, 6]
===========
0 5
[1, 5, 4, 3, 2, 6]
===========
1 2
[1, 4, 5, 3, 2, 6]
===========
1 3
[1, 3, 5, 4, 2, 6]
===========
1 4
[1, 2, 5, 4, 3, 6]
===========
1 5
[1, 2, 5, 4, 3, 6]
===========
2 3
[1, 2, 4, 5, 3, 6]
```

```
===========
2 4
[1, 2, 3, 5, 4, 6]
===========
2 5
[1, 2, 3, 5, 4, 6]
===========
3 4
[1, 2, 3, 4, 5, 6]
===========
3 5
[1, 2, 3, 4, 5, 6]
===========
4 5
[1, 2, 3, 4, 5, 6]
```

8.4.6　实践演练——选择排序和 Python 内置函数的效率对比

下面的实例文件 pai.py 演示了选择排序和 Python 内置函数的效率对比。

源码路径：daima\第 8 章\pai.py

```python
class SelectionSort(object):
    items=[]
    def __init__(self,items):
        self.items = items

    def sort(self):
        print("iten len: %d" % len(self.items))
        for i in range(len(self.items)-1,0,-1):
            maximum = i
            for j in range(0,i):
                if (self.items[i] < self.items[j]):
                    maximum = j
            self.items[i],self.items[maximum]=self.swap(self.items[i],self.items[maximum])
    def swap(self,i,j):
        temp = j
        j = i
        i = temp
        return i,j

print("-"*10 + "sorting numbers" + "_"*10)
items = []
# 生成随机数并放入条目中
for i in range(0,10):
    items.append(random.randint(2,999))
print("original items: %r" % items)

ssort = SelectionSort(items)

# 计算选择排序方法的执行时间
start = timer()
ssort.sort()
end = timer()
duration1 = end - start
# 计算Python内置排序方法的执行时间
start = timer()
items.sort()
end = timer()
duration2 = end - start

assert ssort.items == items
print("sorted items: %r" % ssort.items)
print("Duration: our selection sort method - %ds, python builtin sort - %ds" % (duration1, duration2))
```

上述代码中用到了 Python 内置的 sort()函数，通过 "assert ssort.items == items" 代码行来验证选择排序算法运行结果的正确性。此处还添加了计时功能，以比较选择排序算法和 Python 自带的 sort()函数的运行时间。执行后会输出：

```
----------sorting numbers_____
original items: [290, 787, 286, 547, 557, 69, 412, 892, 811, 201]
iten len: 10
sorted items: [69, 201, 286, 290, 412, 547, 557, 787, 811, 892]
Duration: our selection sort method - 0s, python builtin sort - 0s
```

上述运行结果表明，排序结果是一样的。但是在运算很大的数组时，比如数组大小在 4000 左右，需要耗时 1s 多，而 Python 自带的算法超快，毫秒级。当数组大小达到 10 000 时，我们的算法要运行 5s 多，但 Python 自带的算法仍然不到 1s。这说明选择排序算法简单，但是性能不佳。

8.4.7 实践演练——使用堆排序处理数据

堆排序的基本思想是：初始时把要排序的数的序列看作一棵顺序存储的二叉树，调整它们的存储序，使之成为堆，这时堆的根节点的数最大。然后将根节点与堆的最后一个节点交换。然后对前面的（n−1）个数重新调整，使之成为堆。依此类推，直到只有两个节点的堆，并对它们作交换，最后得到有 n 个节点的有序序列。从算法描述来看，堆排序需要两个过程，一是建立堆，二是堆顶与堆的最后一个元素交换位置。所以堆排序有两个函数组成：一是建堆的渗透函数，二是反复调用渗透函数实现排序的函数。

下面的实例文件 dui1.py 演示了使用堆排序处理数据的过程。

源码路径：daima\第 8 章\dui1.py

```python
#随机生成0～100之间的数
def get_andomNumber(num):
    lists=[]
    i=0
    while i<num:
        lists.append(random.randint(0,100))
        i+=1
    return lists


# 调整堆
def adjust_heap(lists, i, size):
    lchild = 2 * i + 1
    rchild = 2 * i + 2
    max = i
    if i < size / 2:
        if lchild < size and lists[lchild] > lists[max]:
            max = lchild
        if rchild < size and lists[rchild] > lists[max]:
            max = rchild
        if max != i:
            lists[max], lists[i] = lists[i], lists[max]
            adjust_heap(lists, max, size)

# 创建堆
def build_heap(lists, size):
    for i in range(0, (int(size/2)))[::-1]:
        adjust_heap(lists, i, size)

# 堆排序
def heap_sort(lists):
    size = len(lists)
    build_heap(lists, size)
    for i in range(0, size)[::-1]:
        lists[0], lists[i] = lists[i], lists[0]
        adjust_heap(lists, 0, i)
    return lists

a = get_andomNumber(10)
print("排序之前: %s" %a)
b = heap_sort(a)
print("排序之后: %s" %b)
```

执行后会输出：

```
排序之前: [80, 37, 20, 0, 16, 59, 50, 52, 62, 77]
排序之后: [0, 16, 20, 37, 50, 52, 59, 62, 77, 80]
```

8.4.8 实践演练——实现最小堆

按照堆排序步骤，建堆之后需要调整堆。需要先实现单个叉（某个节点及其孙子）的排序，将当前节点分别与其左、右孩子比较即可。下面的实例文件 xiao.py 演示了实现最小堆并将小的节点作为父节点的过程。

源码路径：daima\第 8 章\xiao.py

```python
def MinSort(arr, row, cloumn):
    if row < 1 or cloumn < 1:
        print("the number of row and column must be greater than 1")
        return
    if cloumn > 2 ** (row - 1):
        print("this row just ", 2 ** (row - 1), "numbers")
        return

    frontRowSum = 0
    CurrentRowSum = 0
    for index in range(0, row - 1):
        CurrentRowSum = 2 ** index   # 当前行中数字的个数
        frontRowSum = frontRowSum + CurrentRowSum  # 所有行中数字的个数
        NodeIndex = frontRowSum + cloumn - 1   # 根据行和列求数组中节点的位置

    if NodeIndex > len(arr) - 1:
        print("out of this array")
        return

    currentNode = arr[NodeIndex]

    childIndex = NodeIndex * 2 + 1

    print("Current Node:", currentNode)

    if row == 1:
        print("no parent node!")
    else:
        parentIndex = int((NodeIndex - 1) / 2)
        parentNode = arr[parentIndex]
        print("Parent Node:", parentNode)

    if childIndex + 1 > len(arr):
        print("no left child node!")
    else:
        leftChild = arr[childIndex]
        print("Left Child Node:", leftChild)

        if currentNode > leftChild:
            print("swap currentNode and leftChild")
            temp = currentNode
            currentNode = leftChild
            leftChild = temp
            arr[childIndex] = leftChild

    if childIndex + 1 >= len(arr):
        print("no right child node!")
    else:
        rightChild = arr[childIndex + 1]

        print("Right Chile Node:", rightChild)

        if currentNode > rightChild:
            print("swap rightCild and leftChild")
            temp = rightChild
            rightChild = currentNode
```

```
                    currentNode = temp
                    arr[childIndex + 1] = rightChild

        arr[NodeIndex] = currentNode

arr = [10, 9, 8, 7, 6, 5, 4, 3, 2, 1, 234, 562, 452, 23623, 565, 5, 26]
print("initial array:", arr)
MinSort(arr, 1, 1)
print("result array:", arr)
```

执行后会输出：

```
initial array: [10, 9, 8, 7, 6, 5, 4, 3, 2, 1, 234, 562, 452, 23623, 565, 5, 26]
Current Node: 10
no parent node!
Left Child Node: 9
swap currentNode and leftChild
Right Chile Node: 8
swap rightCild and leftChild
result array: [8, 10, 9, 7, 6, 5, 4, 3, 2, 1, 234, 562, 452, 23623, 565, 5, 26]
```

从运行结果可以看出，对于第一个节点，其孙子为 9 和 8，已经实现了将节点与最小的子孩子进行交换的功能，并且保证父节点小于任何一个孙子。

8.5 归并排序

在使用归并排序时，将两个或两个以上有序表合并成一个新的有序表。假设初始序列含有 k 条记录，首先将这 k 条记录看成 k 个有序的子序列，每个子序列的长度为 1，然后两两进行归并，得到 $k/2$ 个长度为 2（k 为奇数时，最后一个序列的长度为 1）的有序子序列。最后在此基础上进行两两归并，如此重复下去，直到得到一个长度为 k 的有序序列为止。上述排序方法被称作二路归并排序法。

8.5.1 归并排序思想

归并排序就是利用归并过程，开始时先将 k 个数据看成 k 个长度为 1 的已排好序的表，将相邻的表成对合并，得到长度为 2 的（$k/2$）个有序表，每个表含有 2 个数据；进一步再将相邻表成对合并，得到长度为 4 的（$k/4$）个有序表……如此重复做下去，直到将所有数据均合并到一个长度为 k 的有序表为止，从而完成排序。图 8-8 显示了二路归并排序的过程。

```
初始值      [6]  [14]  [12]  [10]  [2]  [18]  [16]       [8]
第一趟归并   [6   14]  [10   12]  [2   18]  [8        16]
第二趟归并   [6   10   12   14]  [2   8    16        18]
第三趟归并   [2   6    8    10   12   14   16        18]
```

图 8-8 二路归并排序的过程

在图 8-9 中，假设使用函数 Merge() 对两个有序表进行归并处理，将两个待归并的表分别保存在数组 A 和 B 中，将其中一个表的数据安排在下标从 m 到 n 的单元中，将另一个表的数据安排在下标从 $(n+1)$ 到 h 的单元中，将归并后得到的有序表存入辅助数组 C 中。归并过程是依次比较这两个有序表中相应的数据，按照"取小"原则复制到数组 C 中。

图 8-9 两个有序表的归并图

函数 Merge() 的功能只是归并两个有序表，在进行二路归并的每一趟归并过程中，能够对多对相邻的表进行归并处理。接下来开始讨论一趟的归并，假设已经将数组 r 中的 n 个数据分

成长度为 s 的成对有序表，要求将这些表两两归并，归并成一些长度为 $2s$ 的有序表，并把结果置入辅助数组 $r2$ 中。如果 n 不是 $2s$ 的整数倍，虽然前面进行归并的表长度均为 s，但最后还是会剩下一对长度都是 s 的表。这个时候，需要考虑如下两种情况。

- □ 剩下一个长度为 s 的表和一个长度小于 s 的表，由于上述归并函数 merge() 并不要求待归并的两个表必须长度相同，因此仍可将二者归并，只是归并后的表的长度小于其他表的长度 $2s$。
- □ 只剩下一个表，它的长度小于或等于 s，由于没有另一个表与它归并，只能将它直接复制到数组 $r2$ 中，准备参加下一趟的归并。

8.5.2 两路归并算法的思路

假设将两个有序的子文件（相当于输入堆）存放在同一向量中的相邻位置，位置是 $r[low…m]$ 和 $r[m+1…high]$。可以先将它们合并到一个局部的暂存向量 $r1$（相当于输出堆）中，合并完成后将 $r1$ 复制回 $r[low…high]$ 中。

（1）实现合并。

① 预先设置 3 个指针 i、j 和 p，其初始值分别指向这 3 个记录区的起始位置。

② 在合并时依次比较 $r[i]$ 和 $r[j]$ 的关键字，将关键字较小的记录复制到 $r1[p]$ 中，然后将被复制记录的指针 i 或 j 加 1，以及将指向复制位置的指针 p 加 1。

③ 重复上述过程，直到两个输入的子文件中有一个已全部复制完毕为止，此时将另一非空子文件中的剩余记录依次复制到 $r1$ 中。

（2）动态申请 $r1$。

在两路归并过程中，$r1$ 是动态申请的，因为申请的空间会很大，所以需要判断加入申请空间是否成功。二路归并排序法的操作目的非常简单，只是将待排序列中相邻的两个有序子序列合并成一个有序序列。在合并过程中，两个有序的子表被遍历一遍，表中的每一项均被复制一次。因此，合并的代价与两个有序子表的长度之和成正比，该算法的时间复杂度为 $O(n)$。

8.5.3 实现归并排序

实现归并排序的方法有两种，分别是自底向上和自顶向下，具体说明如下所示。

1. 自底向上的方法

自底向上的基本思想是，当第 1 趟归并排序时，将待排序的文件 $R[1…n]$ 看作 n 个长度为 1 的有序子文件，然后将这些子文件两两归并。

- □ 如果 n 为偶数，则得到 $n/2$ 个长度为 2 的有序子文件。
- □ 如果 n 为奇数，则最后一个子文件轮空（不参与归并）。

所以当完成本趟归并后，前 $[\lg n]$ 个有序子文件的长度为 2，最后一个子文件的长度仍为 1。

第 2 趟归并的功能是，对第 1 趟归并得到的 $[\lg n]$ 个有序子文件实现两两归并。如此反复操作，直到得到一个长度为 n 的有序文件为止。

上述每次归并操作，都是将两个有序的子文件合并成一个有序的子文件，所以称为"二路归并排序"。类似地还有 $k(k>2)$ 路归并排序。

下面讨论一趟归并算法。

在某趟归并中，假设各子文件的长度为 length（最后一个子文件的长度可能小于 length），则归并前 $R[1…n]$ 中共有 n 个有序的子文件：$R[1…length]$，$R[length+1…2length]$，…，$R[([n/length]-1)*length+1…n]$。

✿ 注意：调用归并操作对相邻的一对子文件进行归并时，必须对子文件的个数可能是奇数，以及最后一个子文件的长度小于 length 这两种特殊情况进行特殊处理。

- □ 如果子文件个数为奇数，则最后一个子文件无须和其他子文件归并（即本趟轮空）。

❑　如果子文件个数为偶数，则要注意最后一对子文件中后一子文件的区间上界是 n。

2．自顶向下的方法

使用分治法进行自顶向下的算法设计，这种形式更为简洁。

下面讨论分治法的 3 个步骤。

假设归并排序的当前区间是 $R[low\cdots high]$，分治法的 3 个步骤如下。

（1）分解：将当前区间一分为二，即求分裂点。

（2）求解：递归地对两个子区间 $R[low..mid]$ 和 $R[mid+1\cdots high]$ 进行归并排序。

（3）组合：将已排序的两个子区间 $R[low..mid]$ 和 $R[mid+1\cdots high]$ 归并为一个有序的区间 $R[low\cdots high]$。

递归的终止条件：子区间长度为 1。

下面介绍具体算法。

例如，已知序列 {26, 5, 77, 1, 61, 11, 59, 15, 48, 19}，写出采用归并排序算法排序的每一趟的结果。

归并排序各趟的结果如下所示：

```
[26]  [5]   [77]  [1]   [61]  [11]  [59]  [15]  [48]  [19]
[5   26]  [1   77]  [11   61]  [15   59]  [19   48]
[1   5   26   77]  [11   15   59   61]  [19   48]
[1   5   11   15   26   59   61   77]  [19   48]
[1   5   11   15   19   26   48   59   61   77]
```

8.5.4　实践演练——使用归并排序处理指定列表

归并排序的最大优点是：无论输入是什么样的，对 N 个元素的序列排序所用时间与 $N\log_2 N$ 成正比。下面的实例文件 hao.py 演示了使用归并排序处理指定列表的过程。

源码路径：daima\第 8 章\hao.py

```
def mergesort(seq):
if len(seq)<=1:
        return seq
mid=int(len(seq)/2)
left=mergesort(seq[:mid])
    right=mergesort(seq[mid:])
    return merge(left,right)

def merge(left,right):
    result=[]
    i,j=0,0
    while i<len(left) and j<len(right):
        if left[i]<=right[j]:
            result.append(left[i])
            i+=1
        else:
            result.append(right[j])
            j+=1
    result+=left[i:]
    result+=right[j:]
    return result

if __name__=='__main__':
seq=[4,5,7,9,7,5,1,0,7,-2,3,-99,6]
print(mergesort(seq))
```

执行后会输出：

```
[-99, -2, 0, 1, 3, 4, 5, 5, 6, 7, 7, 7, 9]
```

8.5.5　实践演练——使用归并排序处理两个列表

归并排序是分治算法的一种体现，掌握分治算法思想的读者可以很容易理解。下面的实例文件 gui1.py 演示了使用归并排序处理两个列表的过程。

源码路径：daima\第 8 章\gui1.py

```python
def ConfiationAlgorithm(str):
    if len(str) <= 1: #子序列
        return str
    mid = (len(str) // 2)
    left = ConfiationAlgorithm(str[:mid])#递归的切片操作
    right = ConfiationAlgorithm(str[mid:len(str)])
    result = []
    #i,j = 0,0

    while len(left) > 0 and len(right) > 0:
        if (left[0] <= right[0]):
            #result.append(left[0])
            result.append(left.pop(0))
            #i+= 1
        else:
            #result.append(right[0])
            result.append(right.pop(0))
            #j+= 1

    if (len(left) > 0):
        result.extend(ConfiationAlgorithm(left))
    else:
        result.extend(ConfiationAlgorithm(right))
    return result
if __name__ == '__main__':
    a = [20,30,64,16,8,0,99,24,75,100,69]
    print(ConfiationAlgorithm(a))
    b = [random.randint(1,1000) for i in range(10)]
    print(ConfiationAlgorithm(b))
```

执行后会输出：

```
[0, 8, 16, 20, 24, 30, 64, 69, 75, 99, 100]
[366, 466, 474, 475, 517, 635, 684, 729, 770, 920]
```

8.5.6　实践演练——使用两路归并排序处理一个列表

两路归并的处理过程是：比较 $a[i]$ 和 $a[j]$ 的大小，若 $a[i] \leq a[j]$，将第一个有序表中的元素 $a[i]$ 复制到 $r[k]$ 中，并对 i 和 k 分别加上 1；否则将第二个有序表中的元素 $a[j]$ 复制到 $r[k]$ 中，并对 j 和 k 分别加上 1，如此循环下去，直到其中一个有序表取完，然后将另一个有序表中剩余的元素复制到 r 中从下标 k 到下标 t 的单元。归并排序算法通常用递归来实现，先把待排序区间$[s,t]$以中点二分，接着对左边子区间排序，再对右边子区间排序，最后把左区间和右区间用一次归并操作合并成有序的区间$[s,t]$。

下面的实例文件 erbing.py 演示了使用两路归并排序处理一个列表的过程。

源码路径：daima\第 8 章\erbing.py

```python
def Merge(array, low, middle, high):
    n1 = middle - low + 1
    n2 = high - middle
    left_array = [None]*n1
    right_array = [None]*n2

    # 把array左边的值放到left_arr数组里面
    for i in range(0, n1):
        left_array[i] = array[i + low]

    # 把array右边的值放到right_arr数组里面
    for j in range(0, n2):
        right_array[j] = array[j + middle + 1]

    i, j = 0, 0
    k = low
    while i != n1 and j != n2:
```

```
            if left_array[i] <= right_array[j]:
                array[k] = left_array[i]
                k += 1
                i += 1
            else:
                array[k] = right_array[j]
                k += 1
                j += 1

        while i < n1:
            array[k] = left_array[i]
            k += 1
            i += 1

        while j < n2:
            array[k] = right_array[j]
            k += 1
            j += 1


def MergeSort(array, p, q):
    if p < q:
        # 转换成int类型
        mid = int((p + q) / 2)
        MergeSort(array, p, mid)
        MergeSort(array, mid + 1, q)
        Merge(array, p, mid, q)


if __name__ == "__main__":
    # mylist=[1,45,56,34,67,88,54,22]
    mylist = [1, 34, 6, 21, 98, 31, 7, 4, 56, 59, 27, 13, 36, 47, 67, 37, 25, 2]

    length = len(mylist)
    MergeSort(mylist, 0, length - 1);

    print(mylist)
```

在上述代码中，对方法 Merge(array,low,middle,high)进行处理，对数组进行合并，就是将数组变成一个新的数组。方法 Merge(array, low, middle, high)从数组的左半部分和右半部分分别取出一个值进行比较，谁小谁就放在数组 arr[]里面。最后如果 left_array 有剩余，直接拷贝到数组 array[]里面。执行后会输出：

```
[1, 2, 4, 6, 7, 13, 21, 25, 27, 31, 34, 36, 37, 47, 56, 59, 67, 98]
```

8.6　基　数　排　序

前面讲述的各种排序方法使用的基本操作主要是比较与交换，而基数排序则利用分配和收集这两种基本操作，基数类排序就是典型的分配类排序。在介绍分配类排序之前，先介绍关于多关键字排序的问题。

8.6.1　多关键字排序

关于多关键字排序问题，可以通过一个例子来了解。例如：可以将一副扑克牌的排序过程看成对花色和牌值两个关键字进行排序的问题。若规定花色和牌值的顺序如下。

❏　花色：梅花<方块<红桃<黑桃。
❏　牌值：A<2<3<…<10<J<Q<K。

进一步规定花色的优先级高于牌值，则一副扑克牌从小到大的顺序为：梅花A，梅花2，……，梅花K；方块A，方块2，……，方块K；红桃A，红桃2，……，红桃K；黑桃A，黑桃2，……，黑桃 K。进行排序时有两种做法：其中一种做法是，先按花色分成有序的四类，然后按牌值对每一类从小到大排序，该方法称为"高位优先"排序法。另一种做法是，分配与收集交替进行，即首先按牌值从小到大把牌摆成 13 叠（每叠 4 张牌），然后将每叠牌按牌值的次序收集到一起，再对这些牌按花色摆成 4 叠，每叠有 13 张牌，最后把这 4 叠牌按花色的次序收集到一起，于是得到上述有序序列，该方法称为"低位优先"排序法。

8.6.2　链式基数排序

基数排序属于上述"低位优先"排序法，通过反复进行分配与收集操作完成排序。假设记录 $r[i]$ 的关键字为 key_i，key_i 是由 d 位十进制数字构成的，即 $key_i=K_i^1 K_i^2 \cdots K_i^d$，则每一位可以视为一个子关键字。其中，$K_i^1$ 是最高位，K_i^d 是最低位，每一位的值都在 $0 \leqslant K_i^j \leqslant 9$ 范围内，此时基数 rd=10。如果 key_i 是由 d 个英文字母构成的，即 $key_i=K_i^1 K_i^2 \cdots K_i^d$。其中，$'a' \leqslant K_i^j \leqslant 'z'$，则基数 rd=26。

排序时先按最低位的值对记录进行初步排序,在此基础上再按次低位的值进行进一步排序。依此类推，由低位到高位，每一趟都在前一趟的基础上，根据关键字的某一位对所有记录进行排序，直至最高位，这样就完成了基数排序的全过程。

例如，某关键字 K 是数值型，取值范围为 $0 \leqslant K \leqslant 999$。可把每一位数字看成一个关键字，可认为 K 由 3 个关键字（K^1，$\cdots$，K^d）组成，其中 K^1 是百位数，K^2 是十位数，K^3 是个位数。此时基数 rd 为 10。

例如，有关键字 K 是由五位大写字母组成的单词，可把此关键字看成由五个关键字（K^1，K^2，K^3，K^4，K^5）组成。此时基数 rd 为 26。

链式基数排序的实现步骤如下。

（1）以静态链表存储 n 条待排记录。

（2）按最低位关键字进行分配，把 n 条记录分配到 rd 个队列中，每个队列中记录关键字的最低位值相等，然后改变所有非空队列的队尾指针，令其指向下一个非空队列的队头记录，重新将 rd 个队列中的记录收集成一个链表。

（3）对第二低位关键字进行分配、收集，依次进行，直到对最高位关键字进行分配、收集，便可得到一个有序序列。

例如,对关键字序 (278,109,063,930,589,184,505,269,008,083) 进行基数排序,过程如图 8-10 所示。

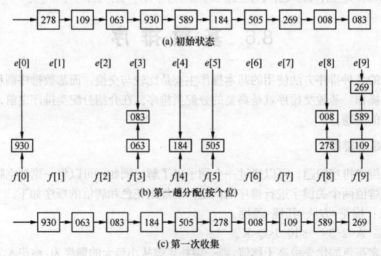

图 8-10　基数排序过程

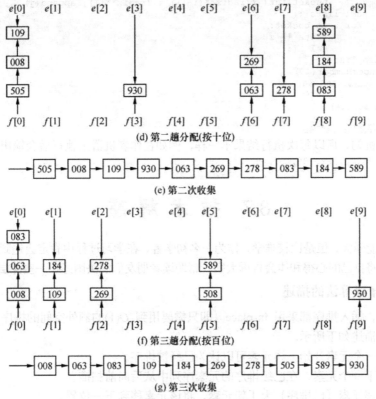

(d) 第二趟分配(按十位)

(e) 第二次收集

(f) 第三趟分配(按百位)

(g) 第三次收集

图 8-10　基数排序过程（续）

对 n 条记录（每条记录含 d 个子关键字，每个子关键字的取值范围为 RADIX 个值）进行链式排序的时间复杂度为 $O(d(n+\text{RADIX}))$，其中每一趟分配算法的时间复杂度为 $O(n)$，每一趟收集算法的时间复杂度为 $O(\text{RADIX})$，整个排序进行 d 趟分配和收集，空间效率为 2RADIX 个指向队列的辅助空间，以及用于静态链表的 n 个指针。当然，由于需要链表作为存储结构，相对于其他以顺序结构存储记录的排序方法而言，增加了 n 个指针域空间。

8.6.3　实践演练——使用基数排序处理随机数

在下面的实例文件 ji01.py 中，首先随机生成 10 个数字，然后使用基数排序算法从小到大排序这 10 个数字。

源码路径：daima\第 8 章\ji01.py

```
import random
import math

#随机生成0～100之间的数字
def get_andomNumber(num):
    lists=[]
    i=0
    while i<num:
        lists.append(random.randint(0,100))
        i+=1
    return lists


# 头部需导入import math
def radix_sort(lists, radix=10):
    k = int(math.ceil(math.log(max(lists), radix)))
    bucket = [[] for i in range(radix)]
    for i in range(1, k+1):
        for j in lists:
```

```
                        bucket[int(j/(radix**(i-1)) % (radix**i))].append(j)
            del lists[:]
            for z in bucket:
                    lists += z
                    del z[:]
    return lists
a = get_andomNumber(10)
print("排序之前: %s" %a)

b = radix_sort(a)

print("排序之后: %s" %b)
```

因为是随机的，所以每次执行结果不一样，例如在作者机器上执行后会输出：

```
排序之前: [96, 1, 62, 38, 52, 5, 54, 18, 5, 3]
排序之后: [1, 3, 5, 5, 18, 38, 52, 54, 62, 96]
```

8.7 技 术 解 惑

算法的功能强大，但是比较难学。作为一名初学者，在学习过程中肯定会遇到很多疑问和困惑。为此作者将自己的心得和体会告诉大家，帮助读者朋友们解决困惑和一些深层次性的问题。

8.7.1 插入排序算法的描述

一般来说，插入排序都采用 in-place（即只需要用到 $O(1)$ 的额外空间的排序）在数组上实现。具体算法描述如下所示。

（1）从第一个元素开始，该元素可以认为已经被排序。

（2）取出下一个元素，在已经排序的元素序列中从后向前扫描。

（3）如果该元素（已排序）大于新元素，将该元素移到下一位置。

（4）重复步骤（3），直到找到已排序的元素小于或等于新元素的位置。

（5）将新元素插入该位置。

（6）重复步骤（2）～（5）。

8.7.2 希尔排序和插入排序的速度比较

说到谁更快，本来应该是希尔排序快一点，它是在插入排序的基础上进行排序处理的，减少了数据移动次数，但是作者在编写无数个程序测试后，发现插入排序总是比希尔排序更快一些，这是为什么呢？希尔排序实际上是对插入排序的一种优化，主要是为了节省数组移动的次数。希尔排序在数字比较少的情况下显得并不是十分优秀，但是对于大数据量来说，要比插入排序的效率高得多。后来编写大型程序进行测试后，发现希尔排序更快。由此建议读者，简单程序用插入排序，大型程序用希尔排序。

8.7.3 快速排序的时间耗费

快速排序的时间耗费和需要使用递归调用深度的趟数有关。具体来说，快速排序的时间耗费分为最好情况、最坏情况和一般情况。其中一般情况介于最好情况和最坏情况之间，没有讨论的必要，接下来将重点讲解最好和最坏这两种情况。

❑ 在最好的情况下，每趟将序列一分两半，正好在表中间，将表分成两个大小相等的子表。这类似于折半查找，此时 $T(n) \approx O(n\log_2 n)$。

❑ 在最坏的情况下，当待排序记录已经排序时，算法的执行时间最长。第一趟经过 $n-1$ 次比较，将第一条记录定位在原来的位置，并得到一个包括 $n-1$ 条记录的子文件；第二趟经过 $n-2$ 次比较，将第二条记录定位在原来的位置，并得到一个包括 $n-2$ 条记录的子文件。这样最坏情况的总比较次数为：

$$\sum_{i=1}^{n-1}(n-i)+(n-2)+\cdots+1=\frac{n(n-1)}{2}\approx\frac{n^2}{2}$$

快速排序所需时间的平均值是 $T_{arg}(n) \leqslant K_n\ln(n)$，这是当前内部排序方法中所能达到的最好平均时间复杂度。如果初始记录按照关键字的有序或基本有序排成序列时，快速排序就变成冒泡排序，时间复杂度为 $O(n^2)$。为了改进它，可以使用其他方法选取枢轴元素。比如采用三个值取中的方法来选取，例如从 $\{46，94，80\}$ 中取 80，即

$$k_r=\text{mid}\left(r[\text{low}]\text{key}, r\left[\frac{\text{low}+\text{high}}{2}\right]\text{key}, r[\text{high}]\text{key}\right)$$

或者取表中间位置的值作为枢轴元素，例如上例中取位置序号为 2 的记录 94 为枢轴元素。

8.7.4　堆排序与直接选择排序的区别

在直接选择排序中，为了从 $R[1\cdots n]$ 中选出关键字最小的记录，必须经过 $n-1$ 次比较，然后在 $R[2\cdots n]$ 中选出关键字最小的记录，最后做 $n-2$ 次比较。事实上，在后面的 $n-2$ 次比较中，有许多比较可能在前面的 $n-1$ 次比较中已经实现过。但是由于前一趟排序时未保留这些比较结果，因此后一趟排序时又重复执行了这些比较操作。

堆排序可通过树状结构保存部分比较结果，可减少比较次数。

8.7.5　归并排序的效率与选择方法

归并排序中一趟归并要多次用到二路归并算法，一趟归并排序的操作是调用 $(n/2h)$ 次合并算法，对 $r1[1\cdots n]$ 中前后相邻且长度为 h 的有序段进行两两归并，得到前后相邻、长度为 $2h$ 的有序段，并存放在 $r[1\cdots n]$ 中，时间复杂度为 $O(n)$。整个归并排序需要进行 $m(m=\log_2 n)$ 趟二路归并，所以归并排序总的时间复杂度为 $O(n\log_2 n)$。在实现归并排序时，需要和待排记录等数量的辅助空间，空间复杂度为 $O(n)$。

与快速排序和堆排序相比，归并排序的最大特点是，它是一种稳定的排序方法。一般情况下，因为要求附加和待排记录等数量的辅助空间，所以很少利用二路归并排序进行内部排序。

根据二路归并排序思想，可实现多路归并排序法，归并的思想主要用于外部排序。可以将外部排序过程分如下两步。

（1）将待排序记录分批读入内存，用某种方法在内存中排序，组成有序的子文件，再按某种策略存入外存。

（2）将子文件多路归并成较长的有序子文件，再记入外存，如此反复，直到整个待排序文件有序。

外部排序可使用外存、磁带、磁盘等设备，内存所能提供的排序区大小和最初的排序策略决定了最初形成的有序子文件的长度。

8.7.6　综合比较各种排序方法

从算法的平均时间复杂度、最坏时间复杂度以及空间复杂度三方面，对各种排序方法加以比较，如表 8-1 所示。其中简单排序包括除希尔排序外的其他插入排序、冒泡排序和简单选择排序。

表 8-1　各种排序方法的性能比较

排序方法	平均时间复杂度	最坏时间复杂度	空间复杂度
简单排序	$O(n^2)$	$O(n^2)$	$O(1)$
快速排序	$O(n\log_2 n)$	$O(n^2)$	$O(n\log_2 n)$
堆排序	$O(n\log_2 n)$	$O(n\log_2 n)$	$O(1)$
归并排序	$O(n\log_2 n)$	$O(n\log_2 n)$	$O(n)$
基数排序	$O(d(n+rd))$	$O(d(n+rd))$	$O(n+rd)$

综合分析并比较各种排序方法后，可得出如下结论。

❏ 简单排序一般只用于 n 较小的情况。当序列中的记录"基本有序"时，直接插入排序是最佳排序方法，常与快速排序、归并排序等其他排序方法结合使用。

❏ 快速排序、堆排序和归并排序的平均时间复杂度均为 $O(n\log_2 n)$，但实验结果表明，就平均时间性能而言，快速排序是所有排序方法中最好的。遗憾的是，快速排序在最坏情况下的时间性能为 $O(n^2)$。堆排序和归并排序的最坏时间复杂度仍为 $O(n\log_2 n)$，当 n 较大时，归并排序的时间性能优于堆排序，但是所需的辅助空间更多。

❏ 基数排序的时间复杂度可以写成 $O(dn)$。因此，它最适用于 n 值很大而关键字的位数 d 较小的序列。

❏ 从排序的稳定性上看，基数排序是稳定的，除了简单选择排序，其他各种简单排序法也是稳定的。然而，快速排序、堆排序、希尔排序等时间性能较好的排序方法，以及简单选择排序都是不稳定的。多数情况下，排序是按记录的主关键字进行的，此时不用考虑排序方法的稳定性。如果排序是按记录的次关键字进行的，则应充分考虑排序方法的稳定性。

综上所述，每种排序方法各有特点，没有哪一种方法绝对最优，应根据具体情况选择合适的排序方法，也可以将多种方法结合起来使用。

第 9 章

经典的数据结构问题

　　你在本书前面章节中学习过数据结构的知识，并分别了解了不同数据结构的具体算法问题。为了巩固业已掌握的编程技巧，加深对常用算法的理解程度，本章将列举一些经典的数据结构实例。这些题目生动有趣并充满挑战，希望读者能从中启迪思维，提高自身的编程水平。

9.1　约 瑟 夫 环

9.1.1　问题描述

几个人（以编号 1，2，3，…，n 分别表示）围坐在一张圆桌周围。从编号为 k 的人开始报数，数到 m 的那个人出列；他的下一个人又从 1 开始报数，数到 m 的那个人又出列；依此规律重复下去，直到圆桌周围的人全部出列。将每一次出列的人称为"出列者"，将最后一个出列的人称为"胜利者"。

9.1.2　算法分析

n 个人（编号 0～(n-1)），从 0 开始报数，报到 (m-1) 的退出，剩下的人继续从 1 开始报数。求胜利者的编号。

我们知道第一个人（编号一定是(m-1)%n）出列之后，剩下的 n-1 个人组成了一个新的约瑟夫环（以编号为 k=m%n 的人开始）：k, k+1, k+2, …, n-2, n-1, 0, 1, 2, …, k-2，并且从 k 开始报 0，现在对他们的编号进行如下转换。

$k \to 0$

$k+1 \to 1$

$k+2 \to 2$

...

$k-3 \to n-3$

$k-2 \to n-2$

变换后就完全成了（n-1）个人报数的子问题，假如知道这个子问题的解：例如 x 是最终的胜利者，那么把 x 变回去不刚好就是 n 个人情况的解吗？变回去的公式很简单，相信大家都可以推导出来，$x'=(x+k)\%n$。

要想知道（n-1）个人报数问题的解，只要知道（n-2）个人报数问题的解即可。怎么才能知道（n-2）个人报数问题的解呢？当然是先求（n-3）个人的情况，这显然就是一个倒推问题。假设用 f 表示第 i 个人玩游戏，报出 m 退出以后最后胜利者的编号（报数），最后的结果自然是 f[n]。递推公式如下所示。

$$f[1]=0;$$
$$f=(f[i-1]+m)\%i; (i>1)$$

有了上述公式之后，要做的就是从 1 到 n 顺序算出 f 的数值，最后结果是 f[n]。因为实际生活中编号总是从 1 开始，输出 f[n]+1 由于逐级递推，不需要保存每个 f，程序也因而异常简单。例如有 10 个人编号 0～9，围坐一圈，报 3 的倍数的个退出，然后余下的人接着报至最后 1 人。图解过程如图 9-1 所示。

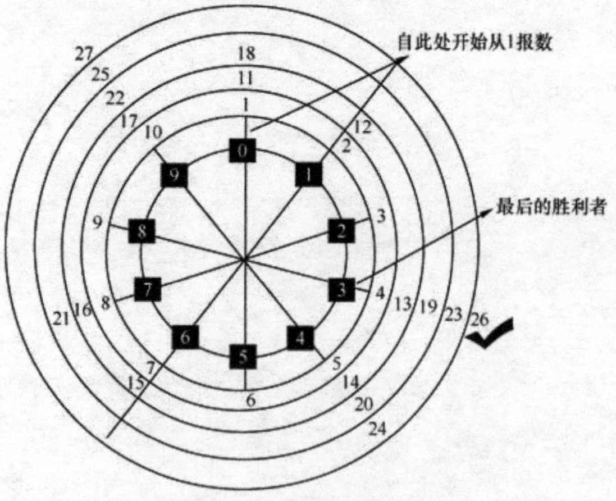

图 9-1　约瑟夫环图解过程

9.1.3　具体实现

编写实例文件 yue.py 来解决约瑟夫环的问题，具体实现代码如下所示。

源码路径：daima\第 9 章\yue.py

```
class Node():
    def __init__(self,value,next=None):
        self.value=value
        self.next=next

def createLink(n):
    if n<=0:
        return False
    if n==1:
        return Node(1)
    else:
        root=Node(1)
        tmp=root
        for i in range(2,n+1):
            tmp.next=Node(i)
            tmp=tmp.next
        tmp.next=root
        return root

def showLink(root):
    tmp=root
    while True:
        print(tmp.value)
        tmp=tmp.next
        if tmp==None or tmp==root:
            break

def josephus(n,k):
    if k==1:
        print('幸存者:',n)
        return
    root=createLink(n)
    tmp=root
    while True:
        for i in range(k-2):
            tmp=tmp.next
        print('杀掉:',tmp.next.value)
        tmp.next=tmp.next.next
        tmp=tmp.next
        if tmp.next==tmp:
            break
    print('survive:',tmp.value)

if __name__=='__main__':
    josephus(10,4)
    print('-----------------')
    josephus(10,2)
    print('-----------------')
    josephus(10,1)
    print('-----------------')
```

执行后会输出：

```
杀掉: 4
杀掉: 8
杀掉: 2
杀掉: 7
杀掉: 3
杀掉: 10
杀掉: 9
杀掉: 1
杀掉: 6
survive: 5
-----------------
杀掉: 2
```

```
杀掉：4
杀掉：6
杀掉：8
杀掉：10
杀掉：3
杀掉：7
杀掉：1
杀掉：9
survive: 5
----------------
幸存者：10
----------------
```

9.2　大整数运算

问题描述：这里的大整数指大于 500 的整数，当然也可以更大。因为整数阶乘递增得很快，远远大于指数式递增。当整数较大时，阶乘的结果也很大，远非 int 或 long 型就能存下，比如 1000 的阶乘结果有上千位。所以大整数阶乘设计的关键点就是存储大整数，如果选择存储大整数，那么整数的乘法运算也不能再仅仅依靠乘号（*）来实现了，所以还要重新设计大整数的乘法运算才能计算出正确的结果。本节将介绍大整数运算的基本知识。

9.2.1　模拟大整数乘法的小学竖式计算过程

1. 算法分析

我们先回顾一下小学学过的计算整数乘法的竖式计算过程，具体如图 9-2 所示。我们的大数相乘算法就是基于这张图实现的。

```
        12345
    x)    678
      --------
        98760   <===12345*8
   +) 86415     <===12345*70
      --------
        962910  <===12345*78
   +)74070      <===12345*600
      --------
       8369910  <===12345*678
```

图 9-2　12345 乘以 678 的运算过程

2. 具体实现

编写实例文件 dacheng.py，具体实现流程如下所示。

源码路径：daima\第 9 章\dacheng.py

```python
from random import randint

def mul(a, b):
    '''小学竖式中两个整数相乘的算法实现'''
    # 把两个整数分离开，成为各位数字再逆序
    aa = list(map(int, reversed(str(a))))
    bb = list(map(int, reversed(str(b))))

    # n位整数和m位整数的乘积最多是n+m位整数
    result = [0] * (len(aa) + len(bb))

    # 按小学整数乘法竖式计算两个整数的乘积
    for ia, va in enumerate(aa):
        # c表示进位，初始为0
        c = 0
        for ib, vb in enumerate(bb):
```

```
                # Python中的内置函数devmod()可以同时计算整商和余数
                c, result[ia + ib] = divmod(va * vb + c + result[ia + ib], 10)
            # 最高位的余数应进到更高位
            result[ia + ib + 1] = c

        # 整理，变成正常结果
        result = int(''.join(map(str, reversed(result))))
        return result

print(mul(12345, 678))
```

执行后会输出 12345 乘以 678 的运算结果：

```
8369910
```

9.2.2 实现大数相加运算

1. 算法分析

用两个数组表示两个相加的大数，每个数组中对应位置的数字相加之后，放到新数组中对应的位置。新数组当前位置的值默认是 0。如果对应位置的数字之和大于 10，前一位进 1。

2. 具体实现

下面的实例文件 lian.py 演示了实现大数相加运算的过程。

源码路径：daima\第 9 章\lian.py

```
 import time
L1="11111111111111111"
L2="222222222222222222"

startTime=time.time()
#长度强行扭转为一致，不够前面补0
max_len= len(L1) if len(L1)>len(L2) else len(L2)
l1=L1.zfill(max_len)
l2=L2.zfill(max_len)

a1=list(l1)
a2=list(l2)
#如果长度一致，每个对应位置的相加的和大于10，前一位进1
a3=[0]*(max_len+1)

for index in range(max_len-1,-1,-1):
    index_sum=a3[index+1]+int(a1[index])+int(a2[index])
    less=index_sum-10
    a3[index+1]=index_sum%10
    a3[index]=1 if less>=0 else 0
if(a3[0]==0):
    a3.pop(0)
a33=[str(i) for i in a3]
print(''.join(a33))
print('耗时{0}ms'.format(time.time()-startTime))
```

执行后会输出 11111111111111111 和 222222222222222222 的和：

```
3333333333333
耗时0.001001119613647461ms
```

9.3 顺序表的修改、查找、统计、删除、销毁操作

9.3.1 算法分析

算法中用到了以下表类和方法。

❑ 定义顺序表类 SeqList，设置默认最多容纳 10 个元素。
❑ 通过方法 is_empty(self)判定线性表是否为空。
❑ 通过方法 __setitem__()修改线性表中某一位置的元素。

- □　定义方法 getLoc()，根据值查找元素的位置。
- □　通过方法 count()统计线性表中元素的个数。
- □　通过方法 appendLast()在排序表的末尾插入新的元素。
- □　通过方法 insert()在顺序表的任意位置插入操作。
- □　通过方法 remove()删除顺序表中某一位置的元素。

9.3.2　具体实现

下面的实例文件 shun02.py 演示了实现顺序表的修改、查找、统计、删除和销毁操作的方法。

源码路径：daima\第 9 章\shun02.py

```python
class SeqList(object):
    def __init__(self,max=10):
        self.max = max
        #初始化顺序表数组
        self.num = 0
        self.date = [None] * self.max
    def is_empty(self):        #判定线性表是否为空
        return self.num is 0

    def is_full(self):         #判定线性表是否全满
        return self.num is self.max


    #获取线性表中某一位置的元素
    def __getitem__(self, i):
        if not isinstance(i,int):     #如果i不为int型，则判定输入有误，即类型错误
            raise TypeError
        if 0<= i < self.num:
#如果位置i满足条件，即在元素个数的范围内，则返回对应的元素值，否则，超出索引，返回IndexError
            return self.date[i]
        else:
            raise IndexError


    def __setitem__(self, key, value):
        if not isinstance(key,int): #如果key不为int型，则判定输入有误，即类型错误
            raise TypeError
#如果位置key满足条件，即在元素个数的范围内，则返回对应的元素值，否则，超出索引，返回IndexError
        if 0<= key <self.num:
            self.date[key] = value
        else:
            raise IndexError
    def getLoc(self,value):
        n = 0
        for j in range(self.num):
            if self.date[j] == value:
                return j
        if j == self.num:
            return -1
#如果遍历顺序表后还未找到与value值相同的元素，则返回-1表示顺序表中没有与value值相同的元素

    def count(self):
        return self.num

    def appendLast(self,value):
        if self.num >= self.max:
            print('The list is full')
            return
        else:
            self.date[self.num] = value
            self.num += 1

    def insert(self,i,value):
        if not isinstance(i,int):
            raise TypeError
```

```
            if i < 0 and i > self.num:
                raise IndexError
            for j in range(self.num,i,-1):
                self.date[j] = self.date[j-1]
            self.date[i] = value
            self.num += 1


    def remove(self,i):
        if not isinstance(i,int):
            raise TypeError
        if i < 0 and i >=self.num:
            raise IndexError
        for j in range(i,self.num):
            self.date[j] = self.date[j+1]
        self.num -= 1

    #输出操作
    def printList(self):
        for i in range(0,self.num):
            print(self.date[i])

    #销毁操作
    def destroy(self):
        self.__init__()
```

执行后会输出：

```
[None, None, None, None, None, None, None, None]
True
[0, 1, 2, None, None, None, None, None]
3
8
[0, 6, 1, 2, None, None, None, None]
[0, 5, 1, 2, None, None, None, None]
4
返回值为2(第一次出现)的索引： 3
====
[0, 1, 2, 2, None, None, None, None]
3
========
3
[2, 1, 0, 2, None, None, None, None]
False
[None, None, None, None, None, None, None, None]
0

Process finished with exit code 0
```

9.4 实现链表的基本操作

9.4.1 算法分析

算法中用到了以下方法。
- [ ] init()：链表初始化。
- [ ] insert()：在链表中插入数据。
- [ ] trave()：遍历链表数据。
- [ ] delete()：删除链表中的某个数据。
- [ ] find()：查找链表中的某个数据。

9.4.2 具体实现

下面的实例文件 lian.py 演示了实现链表的查找、添加和删除操作的方法。

源码路径：daima\第 9 章\lian.py

```
class LinkedList():
    def __init__(self, value=None):
        self.value = value
        # 前驱
        self.before = None
        # 后继
        self.behind = None

    def __str__(self):
        if self.value is not None:
            return str(self.value)
        else:
            return 'None'


def init():
    return LinkedList('HEAD')


def delete(linked_list):
    if isinstance(linked_list, LinkedList):
        if linked_list.behind is not None:
            delete(linked_list.behind)
            linked_list.behind = None
            linked_list.before = None
        linked_list.value = None


def insert(linked_list, index, node):
    node = LinkedList(node)
    if isinstance(linked_list, LinkedList):
        i = 0
        while linked_list.behind is not None:
            if i == index:
                break
            i += 1
            linked_list = linked_list.behind
        if linked_list.behind is not None:
            node.behind = linked_list.behind
            linked_list.behind.before = node
        node.before, linked_list.behind = linked_list, node


def remove(linked_list, index):
    if isinstance(linked_list, LinkedList):
        i = 0
        while linked_list.behind is not None:
            if i == index:
                break
            i += 1
            linked_list = linked_list.behind
        if linked_list.behind is not None:
            linked_list.behind.before = linked_list.before
        if linked_list.before is not None:
            linked_list.before.behind = linked_list.behind
        linked_list.behind = None
        linked_list.before = None
        linked_list.value = None


def trave(linked_list):
    if isinstance(linked_list, LinkedList):
        print(linked_list)
        if linked_list.behind is not None:
            trave(linked_list.behind)


def find(linked_list, index):
```

```
if isinstance(linked_list, LinkedList):
    i = 0
    while linked_list.behind is not None:
        if i == index:
            return linked_list
        i += 1
        linked_list = linked_list.behind
    else:
        if i < index:
            raise Exception(404)
        return linked_list
```

9.5 带有尾节点引用的单链表

9.5.1 算法分析

算法中用到了以下方法。

❑ 定义方法 prepend()，在表头插入数据。

❑ 定义方法 append()，在表尾插入数据。

❑ 定义方法 pop()，在表头删除数据。

❑ 定义方法 pop_last()，在表尾删除数据。

9.5.2 具体实现

在下面的实例文件 weidan.py 中，在本章上一个范例的基础之上，演示了实现带有尾节点引用的单链表的过程。文件 weidan.py 的主要实现代码如下所示。

源码路径：daima\第 9 章\weidan.py

```
import random
class LList1(LList):
    def __init__(self):
        LList.__init__(self)
        self._rear = None

    #表头插入
    def prepend(self, elem):
        if self._head is None:
            self._head = LNode(elem)
            self._rear = self._head
        else:
            self._head = LNode(elem, self._head)

    #表尾插入
    def append(self, elem):
        if self._head is None:
            self._head = LNode(elem)
            self._rear = self._head
        else:
            self._rear.next = LNode(elem)
            self._rear = self._rear.next

    #表头删除
    def pop(self):
        if self._head is None:
            raise LinkedListUnderflow("in pop")
        e = self._head.elem
        self._head = self._head.next
        return e
        #self._rear不变，仍然指向最后一个元素

    #表尾删除
    def pop_last(self):
```

```
                    p = self._head
                    if p is None:
                        raise LinkedListUnderflow("in pop_last")
                    if p.next is None:
                        self._head = None
                    while p.next.next:
                        p = p.next
                    e = p.next.elem
                    p.next = None
                    self._rear = p
                    return e

if __name__=="__main__":
    mlist1 = LList1()
    mlist1.prepend(98)
    mlist1.printall()

    for i in range(10,20):
        mlist1.append(random.randint(1,20))

    mlist1.printall()

    for i in mlist1.filter(lambda y: y%2 == 0):
        print(i)
```

执行后会输出：

```
98
98, 4, 13, 15, 19, 1, 7, 8, 19, 13, 20
98
4
8
20
```

9.6　增加新功能的单链表结构字符串

在下面的实例文件 zeng.py 中，在实现单链表结构字符串时增加了 3 个功能。文件 zeng.py 的主要实现现代码如下所示。

源码路径：daima\第 9 章\zeng.py

```
# 单链表字符串类
class string(single_list):
    def __init__(self, value):
        self.value = str(value)
        single_list.__init__(self)
        for i in range(len(self.value) - 1, -1, -1):
            self.prepend(self.value[i])

    def length(self):
        return self._num

    # 获取字符串对象值的列表，方便下面使用
    def get_value_list(self):
        l = []
        p = self._head
        while p:
            l.append(p.elem)
            p = p.next
        return l

    def printall(self):
        p = self._head
        print("字符串结构: ", end="")
        while p:
            print(p.elem, end="")
            if p.next:
```

```
                    print("-->", end="")
                p = p.next
            print("")

    # 朴素的串匹配算法，返回匹配的起始位置
    def naive_matching(self, p):    # self为目标字符串，t为要查找的字符串
        if not isinstance(self, string) and not isinstance(p, string):
            raise stringTypeError
        m, n = p.length(), self.length()
        i, j = 0, 0
        while i < m and j < n:
            if p.get_value_list()[i] == self.get_value_list()[j]:# 字符相同，考虑下一对字符
                i, j = i + 1, j + 1
            else:    # 字符不同，考虑t中下一个位置
                i, j = 0, j - i + 1
        if i == m:    # i==m说明找到匹配，返回其下标
            return j - i
        return -1

    # kmp匹配算法，返回匹配的起始位置
    def matching_KMP(self, p):
        j, i = 0, 0
        n, m = self.length(), p.length()
        while j < n and i < m:
            if i == -1 or self.get_value_list()[j] == p.get_value_list()[i]:
                j, i = j + 1, i + 1
            else:
                i = string.gen_next(p)[i]
        if i == m:
            return j - i
        return -1

    # 生成pnext表
    @staticmethod
    def gen_next(p):
        i, k, m = 0, -1, p.length()
        pnext = [-1] * m
        while i < m - 1:
            if k == -1 or p.get_value_list()[i] == p.get_value_list()[k]:
                i, k = i + 1, k + 1
                pnext[i] = k
            else:
                k = pnext[k]
        return pnext

    # 把old字符串出现的位置换成new字符串
    def replace(self, old, new):
        if not isinstance(self, string) and not isinstance(old, string) \
                and not isinstance(new, string):
            raise stringTypeError

        while self.matching_KMP(old) >= 0:
            # 删除匹配的旧字符串
            start = self.matching_KMP(old)
            print("依次发现的位置:", start)
            for i in range(old.length()):
                self.delitem(start)
            # 末尾情况下是追加的，顺序为正；而在前面的地方插入为前插；所以要分情况
            if start < self.length():
                for i in range(new.length() - 1, -1, -1):
                    self.insert(start, new.value[i])
            else:
                for i in range(new.length()):
                    self.insert(start, new.value[i])

    # self字符串里第一个属于字符串another的字符所在节点的位置
    def find_in(self, another):
        if not isinstance(self, string) and not isinstance(another, string):
            raise TypeError
```

```
            for i in range(self.length()):
                if self.get_value_list()[i] in another.get_value_list():
                    return i
        return -1   # 没有发现

    # self字符串里第一个不属于字符串another的字符所在节点的位置
    def find_not_in(self, another):
        if not isinstance(self, string) and not isinstance(another, string):
            raise TypeError
        for i in range(self.length()):
            if self.get_value_list()[i] not in another.get_value_list():
                return i
        return -1   # 没有发现

    # 从self里删除串another里的字符
    def remove(self, another):
        if not isinstance(self, string) and not isinstance(another, string):
            raise TypeError
        while self.find_in(another) >= 0:
            self.delitem(self.find_in(another))


if __name__ == "__main__":
    a = string("aba")
    print("字符串长度: ", a.length())
    a.printall()
    b = string("abaaaabadaba")
    print("字符串长度: ", b.length())
    b.printall()
    print("朴素算法_匹配的起始位置: ", b.naive_matching(a), end=" ")
    print("KMP算法_匹配的起始位置: ", b.matching_KMP(a))
    c = string("xu")
    print("==")
    b.replace(a, c)
    print("替换后的字符串是: ")
    b.printall()
    print(b.get_value_list())
    d = string("dfga")
    print("第一个属于another字符的位置: ", b.find_in(d))
    e = string("ad")
    print("第一个不属于another字符的位置: ", b.find_not_in(e))
    b.remove(e)
    b.printall()
```

执行后会输出：

```
字符串长度: 3
字符串结构: a-->b-->a
字符串长度: 12
字符串结构: a-->b-->a-->a-->a-->a-->b-->a-->d-->a-->b-->a
朴素算法_匹配的起始位置: 0 KMP算法_匹配的起始位置: 0
==
依次发现的位置: 0
依次发现的位置: 4
依次发现的位置: 7
替换后的字符串是:
字符串结构: x-->u-->a-->a-->x-->u-->d-->x-->u
['x', 'u', 'a', 'a', 'x', 'u', 'd', 'x', 'u']
第一个属于another字符的位置: 2
第一个不属于another字符的位置: 0
字符串结构: x-->u-->x-->u-->x-->u
```

9.7　实现堆排序功能

9.7.1　算法分析

因为队列中的元素是不满足大堆序的，所以首先要构建大堆序。在构建完大堆序后，从堆顶弹出元素（该元素最大）并将其放在堆的末尾，然后循环执行上述操作，最终形成从大到小排序的队列。

　　小堆序的堆顶元素一定是堆里最小的，大堆序的堆顶元素一定是堆里最大的。其中小堆序可以满足任何从上到下的线路依次增长，大堆序可以满足任何从上到下的线路依次减小。

9.7.2　具体实现

　　在下面的实例文件 duipai.py 中，演示了对小顶堆从大到小进行排序，对大顶堆从小到大进行排序的过程。

源码路径：daima\第 9 章\duipai.py

```python
def little_heap_sort(elems):
    def siftdown(elems, e, begin, end):
        i, j = begin, begin*2+1
        while j < end:
            if j+1 < end and elems[j] > elems[j+1]:
                j += 1
            if e < elems[j]:
                break
            elems[i] = elems[j]
            i, j = j, j*2 + 1
        elems[i] = e

    #构建小堆序    O(n)
    end = len(elems)
    for i in range(end//2, -1, -1):
        siftdown(elems, elems[i], i, end)

    #弹出堆顶元素，放在末尾   O(nlogn)
    for i in range(end-1, 0, -1):          #O(n)
        e = elems[i]
        elems[i] = elems[0]
        siftdown(elems, e, 0, i)           #O(logn)

def big_head_sort(elems):
    def siftdown(elems, e, begin, end):
        i, j = begin, begin*2 + 1
        while j < end:
            if j+1 < end and elems[j]<elems[j+1]:
                j += 1
            if e > elems[j]:
                break
            elems[i] = elems[j]
            i, j = j, j*2 + 1
        elems[i] = e

    #构建大堆序 O(n)
    end = len(elems)
    for i in range(end//2, -1, -1):
        siftdown(elems, elems[i], i, end)

    #弹出堆顶元素，放在末尾 O(nlogn)
    for i in range(end-1, 0, -1):
        e = elems[i]
        elems[i] = elems[0]
        siftdown(elems, e, 0, i)

if __name__=="__main__":
    l = [1,6,2,9,8,0,3,5,4,7]
    little_heap_sort(l)
    print(l)
    #[9, 8, 7, 6, 5, 4, 3, 2, 1, 0]
    big_head_sort(l)
    print(l)
```

执行后会输出：

```
[9, 8, 7, 6, 5, 4, 3, 2, 1, 0]
[0, 1, 2, 3, 4, 5, 6, 7, 8, 9]
```

9.8 实现队列、链表、顺序表和循环顺序表

9.8.1 时间复杂度分析

(1) 通过链表实现队列。

- ❑ 在尾部添加数据，效率为 $O(1)$。
- ❑ 对于头部元素的删除和查看，效率为 $O(1)$。

(2) 通过顺序表实现队列。

- ❑ 在头部添加数据，效率为 $O(n)$。
- ❑ 对于尾部元素的删除和查看，效率为 $O(1)$。

(3) 通过循环顺序表实现队列。

- ❑ 在尾部添加数据，效率为 $O(1)$。
- ❑ 对于头部元素的删除和查看，效率为 $O(1)$。

9.8.2 具体实现

下面的实例文件 fuza.py 演示了分别实现队列、链表、顺序表和循环顺序表的过程。

源码路径：daima\第 9 章\fuza.py

```python
#链表节点
class Node(object):
    def __init__(self, elem, next_ = None):
        self.elem = elem
        self.next = next_

#链表实现队列，头部元素的删除和查看O(1)，在尾部加入O(1)
class LQueue(object):
    def __init__(self):
        self._head = None
        self._rear = None

    def is_empty(self):
        return self._head is None

    #查看队列中最早进入的元素，不删除
    def peek(self):
        if self.is_empty():
            raise QueueUnderflow
        return self._head.elem

    #将元素elem加入队列，入队
    def enqueue(self, elem):
        p = Node(elem)
        if self.is_empty():
            self._head = p
            self._rear = p
        else:
            self._rear.next = p
            self._rear =p

    #删除队列中最早进入的元素并将其返回，出队
    def dequeue(self):
        if self.is_empty():
            raise QueueUnderflow
        result = self._head.elem
        self._head = self._head.next
        return result
```

```python
#顺序表实现队列，头部元素的删除和查看O(1)，在尾部加入O(n)
class Simple_SQueue(object):
    def __init__(self, init_len = 8):
        self._len = init_len
        self._elems = [None] * init_len
        self._num = 0

    def is_empty(self):
        return self._num == 0

    def is_full(self):
        return self._num == self._len

    def peek(self):
        if self._num == 0:
            raise QueueUnderflow
        return self._elems[self._num-1]

    def dequeue(self):
        if self._num == 0:
            raise QueueUnderflow
        result = self._elems[self._num-1]
        self._num -= 1
        return result

    def enqueue(self,elem):
        if self.is_full():
            self.__extand()
        for i in range(self._num,0,-1):
            self._elems[i] = self._elems[i-1]
        self._elems[0] = elem
        self._num += 1

    def __extand(self):
        old_len = self._len
        self._len *= 2
        new_elems = [None] * self._len
        for i in range(old_len):
            new_elems[i] = self._elems[i]
        self._elems = new_elems


#循环顺序表实现队列，头部元素的删除和查看O(1)，在尾部加入O(1)
class SQueue(object):
    def __init__(self, init_num = 8):
        self._len = init_num
        self._elems = [None] * init_num
        self._head = 0
        self._num  = 0

    def is_empty(self):
        return self._num == 0

    def peek(self):
        if self.is_empty():
            raise QueueUnderflow
        return self._elems[self._head]

    def dequeue(self):
        if self.is_empty():
            raise QueueUnderflow
        result = self._elems[self._head]
        self._head = (self._head + 1) % self._len
        self._num -= 1
        return result

    def enqueue(self, elem):
        if self._num == self._len:
```

```
                    self.__extand()
            self._elems[(self._head + self._num) % self._len] = elem
            self._num += 1

    def __extand(self):
            old_len = self._len
            self._len *= 2
            new_elems = [None] * self._len
            for i in range(old_len):
                    new_elems[i] = self._elems[(self._head + i) % old_len]
            self._elems, self._head = new_elems, 0



if __name__=="__main__":
    q = SQueue()
    for i in range(8):
        q.enqueue(i)
#for i in range(8):
#       print(q.dequeue())
#print(q._num)
    q.enqueue(8)
    print(q._len)
```

执行后会输出：

16

9.9　基于列表实现二叉树

下面的实例文件 erchashu.py 演示了基于列表实现二叉树操作的过程。

源码路径：daima\第 9 章\erchashu.py

```
class BinTreeValueError(ValueError):
    pass

class BinTreeList(object):
    def __init__(self, data, left = None, right - None):
            self.btree = [data, left, right]
    #判断二叉树是否为空
    def is_empty_bintree(self):
            return self.btree[0] is None
    #返回根节点的值
    def root(self):
            return self.btree[0]
    #返回左子树
    def left(self):
            return self.btree[1]
    #返回右子树
    def right(self):
            return self.btree[2]
    #设置根值
    def set_root(self, data):
        if data is None:
                raise BinTreeValueError("root can't be empty")
        else:
                self.btree[0] = data
    #设置左子树
    def set_left(self, left):
        if self.is_empty_bintree():
                raise BinTreeValueError("root is empty")
        elif isinstance(left, BinTreeList):
                self.btree[1] = left.btree
        else:
                self.btree[1] = left
    #设置右子树
    def set_right(self, right):
```

```
            if self.is_empty_bintree():
                    raise BinTreeValueError("root is empty")
            elif isinstance(right, BinTreeList):
                    self.btree[2] = right.btree
            else:
                    self.btree[2] = right

if __name__ == "__main__":
    t = BinTreeList(1)
    print(t.btree)
    print(t.is_empty_bintree())
    t1 = BinTreeList(2)
    t.set_left(t1)
    print(t.btree)
    t2 = BinTreeList(3)
    t.set_right(t2)
    print(t.btree)
    t.set_root(4)
    print(t.btree)
    t4 = BinTreeList(5)
    t1.set_left(t4)
    print(t.btree)
    t1.set_right(6)
    print(t.btree)
```

执行后会输出：

```
[1, None, None]
False
[1, [2, None, None], None]
[1, [2, None, None], [3, None, None]]
[4, [2, None, None], [3, None, None]]
[4, [2, [5, None, None], None], [3, None, None]]
[4, [2, [5, None, None], 6], [3, None, None]]
```

9.10 实现二元表达式

下面的实例文件 eryuan.py 演示了基于 list 实现二元表达式的过程。

源码路径：daima\第 9 章\eryuan.py

```
def make_sum(a, b):
    return ['+', a, b]

def make_prod(a, b):
    return ['*', a, b]

def make_diff(a, b):
    return ['-', a, b]

def make_div(a, b):
    return ['/', a, b]

def is_basic_exp(a):
    return not isinstance(a, list)

def is_number(x):
    return (isinstance(x, int) or isinstance(x, float) or isinstance(x, complex))

#表达式计算
def eval_exp(e, values):
    if is_basic_exp(e):
            #如果e位于字典里，则返回键对应的值，否则直接返回e
            if e in values.keys():
                    return values[e]
            else:
                    return e
    op, a, b = e[0], eval_exp(e[1], values), eval_exp(e[2], values)
```

237

```
            if op=='+':
                return eval_sum(a, b)
            elif op=='-':
                return eval_diff(a, b)
            elif op=='*':
                return eval_prod(a, b)
            elif op=='/':
                return eval_div(a, b)
            else:
                raise ValueError("Unknown operator:", op)

#加法
def eval_sum(a, b):
    if is_number(a) and is_number(b):
        return a+b
    if is_number(a) and a==0:
        return b
    if is_number(b) and b==0:
        return a
    return make_sum(a, b)

#减法
def eval_diff(a, b):
    if is_number(a) and is_number(b):
        return a - b
    if is_number(a) and a==0:
        return -b
    if is_number(b) and b==0:
        return a
    return make_diff(a, b)

#乘法
def eval_prod(a, b):
    if is_number(a) and is_number(b):
        return a * b
    if is_number(a) and a==0:
        return 0
    if is_number(b) and b==0:
        return 0
    return make_prod(a, b)

#除法
def eval_div(a, b):
    if is_number(a) and is_number(b):
        return a / b
    if is_number(a) and a==0:
        return 0
    if is_number(b) and b==1:
        return a
    if is_number(b) and b==0:
        raise ZeroDivisionError
    return make_div(a, b)

#取出表达式里所有变量的集合
var_list = []   #这里使用全局变量
def varibles(exp):
    for i in range(1,3):
        if is_basic_exp(exp[i]):
            var_list.append(exp[i])
        else:
            varibles(exp[i])
    return var_list


if __name__=='__main__':
    e1 = make_prod(make_sum('a',3), make_sum('b',make_sum(4,6)))
    print(e1)
    print("变量集合: ",varibles(e1))
    values = {}
```

```
        values['a'] = 3
        values['b'] = 4
        print(values)
        print(eval_exp(e1, values))
```

执行后会输出：

```
['*', ['+', 'a', 3], ['+', 'b', ['+', 4, 6]]]
变量集合: ['a', 3, 'b', 4, 6]
{'a': 3, 'b': 4}
84
```

9.11 使用多叉树寻找最短路径

9.11.1 算法分析

首先设置两个目标值 start 和 end，然后找到从根节点到目标节点的路径。接着从所在路径寻找最近的公共祖先节点，最后对最近公共祖先根节点拼接路径。

9.11.2 具体实现

下面的实例文件 duan.py 演示了使用多叉树寻找最短路径的过程。

源码路径：daima\第 9 章\duan.py

```python
#节点数据结构
class Node(object):
    # 初始化一个节点
    def __init__(self,value = None):
        self.value = value      # 节点值
        self.child_list = []    # 子节点列表
    # 添加一个孩子节点
    def add_child(self,node):
        self.child_list.append(node)

# 初始化一棵测试二叉树
def init():
    '''
    初始化一棵测试二叉树：
            A
       B    C    D
     EFG        HIJ
    '''
    root = Node('A')
    B = Node('B')
    root.add_child(B)
    root.add_child(Node('C'))
    D = Node('D')
    root.add_child(D)
    B.add_child(Node('E'))
    B.add_child(Node('F'))
    B.add_child(Node('G'))
    D.add_child(Node('H'))
    D.add_child(Node('I'))
    D.add_child(Node('J'))
    return root


# 深度优先查找，返回从根节点到目标节点的路径
def deep_first_search(cur,val,path=[]):
    path.append(cur.value)   # 把当前节点值添加路径列表中
    if cur.value == val:     # 如果找到目标，返回路径列表
        return path

    if cur.child_list == []:    # 如果没有孩子列表，就返回no回溯标记
        return 'no'
```

```
            for node in cur.child_list: # 对孩子列表里的每个孩子进行递归
                t_path = copy.deepcopy(path)      # 深拷贝当前路径列表
                res = deep_first_search(node,val,t_path)
                if res == 'no': # 如果返回no，说明找到头都没找到，利用临时路径继续找下一个孩子节点
                    continue
                else :
                    return res  # 如果返回的不是no，说明找到了路径

            return 'no' # 如果所有孩子都没找到，则回溯

# 获取最短路径，传入两个节点值，返回结果
def get_shortest_path( start,end ):
    # 分别获取从根节点到start和end的路径列表，如果没有目标节点，就返回no
    path1 = deep_first_search(root, start, [])
    path2 = deep_first_search(root, end, [])
    if path1 == 'no' or path2 == 'no':
        return '无穷大','无节点'
    # 对两个路径从末尾开始向头，找到最近的公共根节点，合并根节点
    len1,len2 = len(path1),len(path2)
    for i in range(len1-1,-1,-1):
        if path1[i] in path2:
            index = path2.index(path1[i])
            path2 = path2[index:]
            path1 = path1[-1:i:-1]
            break
    res = path1+path2
    length = len(res)
    path = '->'.join(res)
    return '%s:%s'%(length,path)

# 主函数、程序入口
if __name__ == '__main__':
    root = init()
    res = get_shortest_path('F','I')
    print(res)
```

执行后会输出：

```
5:F->B->A->D->I
```

9.12　实现 AVL 树

AVL 树是由 G.M.Adelson-Velsky 和 Y.M.Landis 在 1962 年发明的自平衡二叉查找树。一棵二叉树，如果左右两子树的高度最多相差 1，则称该二叉树是平衡的（balanced）。对于 AVL 树中的每个节点，都有一个平衡因子（balance factor），以表示该节点的左、右两分支的高度差，平衡因子有如下三种状态。

❑ -1：表示左子树高于右子树。

❑ 0：表示左、右两子树的高度相等。

❑ 1：表示右子树高于左子树。

下面的实例文件 avl.py 演示了实现基本 AVL 树操作的过程。

源码路径：daima\第 9 章\avl.py

（1）下面是 AVL 树的实现，遍历与查找操作与二叉查找树相同。

```
class Node(object):

    def __init__(self,key):

        self.key=key

        self.left=None
```

```python
            self.right=None
            self.height=0
class AVLTree(object):
    def __init__(self):
        self.root=None
    def find(self,key):
        if self.root is None:
            return None
        else:
            return self._find(key,self.root)
    def _find(self,key,node):
        if node is None:
            return None
        elif key<node.key:
            return self._find(key,self.left)
        elif key>node.key:
            return self._find(key,self.right)
        else:
            return node
    def findMin(self):
        if self.root is None:
            return None
        else:
            return self._findMin(self.root)
    def _findMin(self,node):
        if node.left:
            return self._findMin(node.left)
        else:
            return node
    def findMax(self):
        if self.root is None:
            return None
        else:
            return self._findMax(self.root)
```

```
        def _findMax(self,node):

            if node.right:

                return self._findMax(node.right)

            else:

                return node

        def height(self,node):

            if node is None:

                return -1

            else:

                return node.height
```

（2）实现 AVL 树的插入操作。

插入一个节点可能会破坏 AVL 树的平衡，可以通过旋转操作来进行修正。插入一个节点后，只有从插入节点到根节点的路径上的节点的平衡可能被改变。我们需要找出第一个破坏了平衡条件的节点，称为 K。K 的两棵子树的高度差 2。有如下四种不平衡情况。

① 对 K 的左儿子的左子树进行一次插入，对应代码如下所示。

```
def singleLeftRotate(self,node):

    k1=node.left

    node.left=k1.right

    k1.right=node

    node.height=max(self.height(node.right),self.height(node.left))+1

    k1.height=max(self.height(k1.left),node.height)+1

    return k1
```

② 对 K 的左儿子的右子树进行一次插入，对应代码如下所示。

```
def doubleLeftRotate(self,node):
    node.left=self.singleRightRotate(node.left)
    return self.singleLeftRotate(node)
```

③ 对 K 的右儿子的左子树进行一次插入，对应代码如下所示。

```
def doubleRightRotate(self,node):

    node.right=self.singleLeftRotate(node.right)

    return self.singleRightRotate(node)
```

④ 对 K 的右儿子的右子树进行一次插入，对应代码如下所示。

```
def singleRightRotate(self,node):
    k1=node.right
    node.right=k1.left
    k1.left=node
    node.height=max(self.height(node.right),self.height(node.left))+1
    k1.height=max(self.height(k1.right),node.height)+1
    return k1
```

（3）实现 AVL 树的删除操作，对应代码如下所示。

```
def delete(self,key):

    self.root=self.remove(key,self.root)

def remove(self,key,node):

    if node is None:
```

```
            raise KeyError,'Error,key not in tree'
    elif key<node.key:
            node.left=self.remove(key,node.left)
            if (self.height(node.right)-self.height(node.left))==2:
                    if self.height(node.right.right)>=self.height(node.right.left):
                            node=self.singleRightRotate(node)
                    else:
                            node=self.doubleRightRotate(node)
            node.height=max(self.height(node.left),self.height(node.right))+1


    elif key>node.key:
            node.right=self.remove(key,node.right)
            if (self.height(node.left)-self.height(node.right))==2:
                    if self.height(node.left.left)>=self.height(node.left.right):
                            node=self.singleLeftRotate(node)
                    else:
                            node=self.doubleLeftRotate(node)
            node.height=max(self.height(node.left),self.height(node.right))+1


    elif node.left and node.right:
            if node.left.height<=node.right.height:
                minNode=self._findMin(node.right)
                node.key=minNode.key
                node.right=self.remove(node.key,node.right)
            else:
                maxNode=self._findMax(node.left)
                node.key=maxNode.key
                node.left=self.remove(node.key,node.left)
                node.height=max(self.height(node.left),self.height(node.right))+1
    else:
        if node.right:
                node=node.right
        else:
                node=node.left
```

```
            return node
```
这里要注意以下几点。

① 如果当前节点为要删除的节点且是树叶（无子树），直接删除，当前节点（为 None）的平衡不受影响。

② 如果当前节点为要删除的节点且只有一个左儿子或右儿子，则用左儿子或右儿子代替当前节点，当前节点的平衡不受影响。

③ 如果当前节点为要删除的节点且有左子树或右子树。如果右子树的高度较高，则从右子树选取最小节点，将其值赋予当前节点，然后删除右子树的最小节点。如果左子树的高度较高，则从左子树选取最大节点，将其值赋予当前节点，然后删除左子树的最大节点。这样操作后当前节点的平衡不会被破坏。

④ 如果当前节点不是要删除的节点，则对其左子树或右子树进行递归操作。当前节点的平衡可能会被破坏，需要进行平衡操作。

9.13　使用二维数组生成有向图

在下面的实例文件 create_directed_matrix.py 中，以本章上一个范例为基础，演示了使用二维数组生成有向图的过程。

源码路径：daima\第 9 章\create_directed_matrix.py

```
def create_directed_matrix(my_graph):
        nodes = ['a', 'b', 'c', 'd', 'e', 'f', 'g', 'h']
        inf = float('inf')
        matrix = [[0, 2, 1, 3, 9, 4, inf, inf],    # a
                          [inf, 0, 4, inf, 3, inf, inf, inf],    # b
                          [inf, inf, 0, 8, inf, inf, inf, inf],    # c
                          [inf, inf, inf, 0, 7, inf, inf, inf],    # d
                          [inf, inf, inf, inf, 0, 5, inf, inf],    # e
                          [inf, inf, 2, inf, inf, 0, 2, 2],    # f
                          [inf, inf, inf, inf, inf, 1, 0, 6],    # g
                          [inf, inf, inf, inf, inf, 9, 8, 0]]    # h

        my_graph = Graph_Matrix(nodes, matrix)
        print(my_graph)
        return my_graph


def draw_directed_graph(my_graph):
        G = nx.DiGraph()   # 建立一个空的无向图G
        for node in my_graph.vertices:
                G.add_node(str(node))
        # for edge in my_graph.edges:
        # G.add_edge(str(edge[0]), str(edge[1]))
        G.add_weighted_edges_from(my_graph.edges_array)

        print("nodes:", G.nodes())    # 输出全部的节点
        print("edges:", G.edges())    # 输出全部的边
        print("number of edges:", G.number_of_edges())    # 输出边的数量
        nx.draw(G, with_labels=True)
        plt.savefig("directed_graph.png")
        plt.show()


if __name__ == '__main__':
        my_graph = Graph_Matrix()
        created_graph = create_directed_matrix(my_graph)
        draw_directed_graph(created_graph)
```

执行结果如图 9-3 所示。

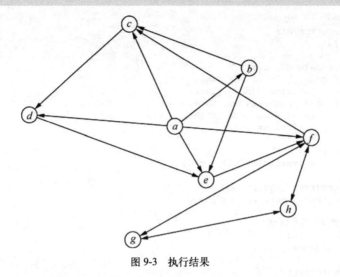

图 9-3 执行结果

9.14 使用广度优先和深度优先遍历二叉树

下面的实例文件 bianer.py 演示了使用广度优先和深度优先遍历二叉树的过程。

源码路径：daima\第 9 章\bianer.py

```python
# 广度优先/深度优先遍历二叉树
class Node:
    def __init__(self, data, left, right):
        self._data = data
        self._left = left
        self._right = right


class BinaryTree:
    def __init__(self):
        self._root = None

    def make_tree(self, node):
        self._root = node

    def insert(self, node):
        # 这里建立一棵完全二叉树
        lst = []
        def insert_node(tree_node, p, node):
            if tree_node._left is None:
                tree_node._left = node
                lst.append(tree_node._left)
                return
            elif tree_node._right is None:
                tree_node._right = node
                lst.append(tree_node._right)
                return
            else:
                lst.append(tree_node._left)
                lst.append(tree_node._right)
                if p > (len(lst) -2):
                    return
                else:
                    insert_node(lst[p+1], p+1, node)

        lst.append(self._root)
        insert_node(self._root, 0, node)
```

```
def breadth_tree(tree):
    lst = []

    def traverse(node, p):
        if node._left is not None:
            lst.append(node._left)
        if node._right is not None:
            lst.append(node._right)
        if p > (len(lst) -2):
            return
        else:
            traverse(lst[p+1], p+1)

    lst.append(tree._root)
    traverse(tree._root, 0)

    # 遍历结果就存放在lst中
    for node in lst:
        print(node._data)

def depth_tree(tree):
    lst = []
    lst.append(tree._root)
    while len(lst) > 0:
        node = lst.pop()
        print(node._data)
        if node._right is not None:
            lst.append(node._right)
        if node._left is not None:
            lst.append(node._left)

if __name__ == '__main__':
    lst = [12, 9, 7, 19, 3, 8, 52, 106, 70, 29, 20, 16, 8, 50, 22, 19]
    tree = BinaryTree()
    # 生成完全二叉树
    for (i, j) in enumerate(lst):
        node = Node(j, None, None)
        if i == 0:
            tree.make_tree(node)
        else:
            tree.insert(node)

    # 广度优先遍历
    breadth_tree(tree)

    # 深度优先遍历
    depth_tree(tree)
```

执行后会输出：

```
12
9
7
19
3
8
52
106
70
29
20
16
8
50
22
19
12
9
19
106
```

```
19
70
3
29
20
7
8
16
8
52
50
22
```

第 10 章

数学问题的解决

　　算法是编程语言的灵魂，能够解决编程应用中的数学问题、趣味问题、图像问题和奥赛问题等。本章首先将讲解使用算法解决现实中常见数学问题的知识，然后通过具体实例的实现过程来详细剖析各个知识点的使用方法。

10.1 解决一个数学问题

10.1.1 问题描述

用字母代表整数 0～9 中的一个，且不重复。在下面的公式中，首位不能为 0。

```
wwwdot - google = dotcom
```

计算出各个字母代表的数字，使它们满足上述公式。

10.1.2 具体实现

下面的实例文件 maile.py 演示了使用穷举法解决上述数学问题的过程。

源码路径：daima\第 10 章\maile.py

```python
import os
import time
from datetime import datetime

class data_struct():
    def __init__(self, letter, status):
        self.letter = letter
        self.status = status    # True表示字母在头部，不能为0，False时可以为0
        if self.status == False:
            self.digit = [0, 1, 2, 3, 4, 5, 6, 7, 8, 9]  # 0-9
        else:
            self.digit = [1, 2, 3, 4, 5, 6, 7, 8, 9]  # 0-9

def norepeat(list0):
    length = len(list0)
    list1 = [0 for i in range(0,10,1)] # 取值0～9
    for i in range(0,length,1):
        list1[list0[i]] += 1
        if int(list1[list0[i]]) > 1:
            return False
    return True

if __name__ == '__main__':
    '''wwwdot - google = dotcom'''
    letterW = data_struct('W', True)
    letterG = data_struct('G', True)
    letterD = data_struct('D', True)
    letterO = data_struct('O', False)
    letterT = data_struct('T', False)
    letterL = data_struct('L', False)
    letterE = data_struct('E', False)
    letterC = data_struct('C', False)
    letterM = data_struct('M', False)

    # list0 = [1,2,3,4,5,6,0,8,9]
    # if True == norepeat(list0):
    #     print 'hello'


    str1 = ''
    str2 = ''
    str3 = ''
    begintime = datetime.now()
    for w in letterW.digit:
        for g in letterG.digit:
            for d in letterD.digit:
                for o in letterO.digit:
                    for t in letterT.digit:
                        for l in letterL.digit:
                            for e in letterE.digit:
```

```
                                            for c in letterC.digit:
                                                for m in letterM.digit:
                                                    list0 = [w, g, d, o, t, l ,e, c, m]
                                                    if True == norepeat(list0):
                                                        str1 = str(w)*3 + str(
d) + str(o) + str(t)
                                                        str2 = str(g) + str(o)
*2 + str(g) + str(l) + str(e)
                                                        str3 = str(d) + str(o)
 + str(t) + str(c) + str(o) + str(m)
                                                        if int(str1) - int(str
2) == int(str3):  # wwwdot - google = dotcom
                                                            print(str1, str2, str3)
        endtime = datetime.now()
        deltatime = endtime - begintime
        print('穷举搜索耗时：', deltatime)
```

在作者机器上执行后会输出：

```
wwwdot - google = dotcom
777589 188103 589486
777589 188106 589483
穷举搜索耗时：   1:12:32.622001
```

10.2　使用递归算法计算两个数的乘积

下面的实例文件 ouji.py 演示了使用递归算法计算两个数的乘积的过程。

源码路径：daima\第 10 章\ouji.py

```python
def recursive_mult(num1, num2, value):
    if num1 == 0 or num2 == 0:
        value += 0
    if num2 < 0:
        value -= num1
        num2 += 1
        value = recursive_mult(num1,num2,value)
    elif num2 > 0:
        value += num1
        num2 -= 1
        value = recursive_mult(num1,num2,value)
    return value


def main():
    num1 = int(input("input first number: "))
    num2 = int(input("input second number: "))
    value = 0
    value = recursive_mult(num1,num2,value)
    print(value)

if __name__ =='__main__':
    main()
```

执行后会输出：

```
input first number: 2
input second number: 3
6
```

10.3　利用递归算法获取斐波那契数列前 *n* 项的值

下面的实例文件 feibo.py 演示了利用递归算法获取斐波那契数列前 *n* 项的值的过程。

源码路径：daima\第 10 章\feibo.py

```
def fib_list(n) :
  if n == 1 or n == 2 :
    return 1
  else :
    m = fib_list(n - 1) + fib_list(n - 2)
    return m
print("**********请输入要打印的斐波那契数列中项数n的值***********")
try :
  n = int(input("enter:"))
except ValueError :
  print("请输入一个整数！")
  exit()
list2 = [0]
tmp = 1
while(tmp <= n):
  list2.append(fib_list(tmp))
  tmp += 1
print(list2)
```

执行后会输出：

```
**********请输入要打印的斐波那契数中列项数n的值***********
enter:12
[0, 1, 1, 2, 3, 5, 8, 13, 21, 34, 55, 89, 144]
```

10.4 1000 以内的完全数

10.4.1 问题描述

完全数（perfect number）又称完美数或完备数，是一些特殊的自然数，满足所有的真因数（即除了自身以外的约数）的和（即因数函数）等于它本身这一条件。

例如，第一个完全数是 6，它有约数 1、2、3、6，除去它本身 6 以外，其余 3 个数相加，1+2+3＝6。第二个完全数是 28，它有约数 1、2、4、7、14、28，除去它本身 28 以外，其余 5 个数相加，1+2+4+7+14＝28。后面的完全数是 496、8128 等。

6＝1+2+3

28＝1+2+4+7+14

496＝1+2+4+8+16+31+62+124+248

8128＝1+2+4+8+16+32+64+127+254+508+1016+2032+4064

例如数字“4”，它的真因数有 1 和 2，和是 3。因为 4 本身比其真因数之和要大，这样的数叫作亏数。再如数字“12”，它的真因数有 1、2、3、4、6，其和是 16。由于 12 本身比其真因数之和要小，这样的数就叫作盈数。那么有没有既不盈余。又不亏欠的数呢？有，这样的数就叫作完全数。

请编写一个 Python 程序，求出 1～10000 的完全数。

10.4.2 算法分析

完全数有许多有趣的性质，具体说明如下所示。

（1）它们都能写成连续自然数之和。例如下面的式子。

6＝1+2+3

28＝1+2+3+4+5+6+7

496＝1+2+3+…+30+31

（2）它们的全部因数的倒数之和都是 2，因此每个完全数都是调和数（在数学上，第 n 个调和数是前 n 个正整数的倒数和）。例如下面的式子。

1/1+1/2+1/3+1/6＝2

1/1+1/2+1/4+1/7+1/14+1/28＝2

（3）除了 6 以外的完全数，还可以表示成连续奇数的立方之和。例如下面的式子。

$28 = 1^3 + 3^3$

$496 = 1^3 + 3^3 + 5^3 + 7^3$

$8128 = 1^3 + 3^3 + 5^3 + \cdots + 15^3$

$33550336 = 1^3 + 3^3 + 5^3 + \cdots + 125^3 + 127^3$

（4）完全数都可以表达为 2 的一些连续正整数次幂之和。例如下面的式子。

$6 = 2^1 + 2^2$

$28 = 2^2 + 2^3 + 2^4$

$8128 = 2^6 + 2^7 + 2^8 + 2^9 + 2^{10} + 2^{11} + 2^{12}$

$33550336 = 2^{12} + 2^{13} + \cdots + 2^{24}$

（5）完全数都以 6 或 8 结尾。如果以 8 结尾，那就肯定以 28 结尾。

（6）除了 6 以外的完全数，被 9 除后都余 1。

28：2+8＝10，1+0＝1

496：4+9+6＝19，1+9＝10，1+0＝1

数学家欧几里得曾经推算出完全数的获得公式：如果 2^p-1 为质数，那么 $(2^p-1) \times 2$ $(p-1)$ 便是一个完全数。例如 $p=2$，$2^p-1=3$ 是质数，$(2^p-1) \times 2^{p-1} = 3 \times 2 = 6$，是完全数。例如 $p=3$，$2^p-1=7$ 是质数，$(2^p-1) \times 2^{p-1} = 7 \times 4 = 28$，是完全数。但是 2^p-1 在什么条件下才是质数呢？事实上，当 2^p-1 是质数的时候，称其为梅森素数。

如果一个数恰好等于它的因子之和，则称该数为"完全数"。各个小于它的约数（真约数，列出某数的约数，去掉该数本身，剩下的就是它的真约数）的和等于它本身的自然数叫作完全数（perfect number），又称完美数或完备数。下面给出两个示例。

❑ 第一个完全数是 6，它有约数 1、2、3、6，除去它本身 6 外，其余 3 个数相加，1+2+3=6。

❑ 第二个完全数是 28，它有约数 1、2、4、7、14、28，除去它本身 28 外，其余 5 个数相加，1+2+4+7+14=28。

那么问题来了：如何用 Python 求出下一个（大于 28 的）完全数？

10.4.3　具体实现

下面的实例文件 wan.py 演示了计算 1000 以内完全数的过程。

源码路径：daima\第 10 章\wan.py

```
def approximateNumber(num:int):
    # 函数名已经限制了参数类型，这里不用做参数类型判断了
    result = []#所有满足条件的结果存到 result 数组中
    for divisor in range(1,num):#遍历 1~1000
        #temp中存放约数
        temp = []
        for dividend in range(1,divisor):#遍历1~divisor，求所有约数
            if divisor%dividend==0:#判断是不是约数
                temp.append(dividend)#加入约数数组
        tempSum = sum(temp)#求约数和
        if tempSum == divisor:#判断这个数的约数和是否等于这个数
            result.append(tempSum)#得到我们需要的结果，存到数组result中
    return result #返回结果

print(approximateNumber(1000))
```

执行后会输出：

```
[6, 28, 496]
```

10.5 多进程验证哥德巴赫猜想

10.5.1 问题描述

哥德巴赫猜想的证明是一个世界性的数学难题，至今未能完全解决。我国著名数学家陈景润为哥德巴赫猜想的证明做出过杰出的贡献。所谓哥德巴赫猜想，是指任何一个大于 2 的偶数都可以写为两个素数的和。应用计算机工具可以很快地在一定范围内验证明哥德巴赫猜想的正确性。请编写一个 C 程序，验证指定范围内哥德巴赫猜想的正确性，也就是近似证明哥德巴赫猜想（因为不可能用计算机穷举出所有正偶数）。

10.5.2 算法分析

可以把问题归结为在指定范围内（例如 1～2000 内）验证其中每一个偶数是否满足哥德巴赫猜想的论断，即是否能表示为两个素数之和。如果发现一个偶数不能表示为两个素数之和，即不满足哥德巴赫猜想的论断，则意味着举出了反例，从而可以否定哥德巴赫猜想。

可以应用枚举的方法枚举出指定范围内的每一个偶数，然后判断它是否满足哥德巴赫猜想的论断，一旦发现有不满足哥德巴赫猜想的数据，就可以跳出循环，并做出否定的结论；否则如果集合内的数据都满足哥德巴赫猜想的论断，则可以说明在该指定范围内，哥德巴赫猜想是正确的。

上述问题的核心变为如何验证一个偶数 a 是否满足哥德巴赫猜想，即偶数 a 能否表示为两个素数之和。可以这样考虑这个问题：

正偶数 a 一定可以表示成 $a/2$ 种正整数相加的形式。这是因为 $a=1+(a-1)$，$a=2+(a-2)$，…，$a=(a/2-1)+(a/2+1)$，$a=a/2+a/2$，共 $a/2$ 种。因为后面还有 $(a/2)-1$ 种表示形式与前面 $(a/2)-1$ 种表示形式相同，所以可以先不考虑后面部分的形式。那么，在这 $a/2$ 种正整数相加形式中，只要存在一种形式 $a=i+j$，其中 i 和 j 均为素数，就可以断定偶数 a 满足哥德巴赫猜想。

10.5.3 具体实现

下面的实例文件 gede.py 演示了使用多进程验证哥德巴赫猜想的过程。

源码路径：daima\第 10 章\gede.py

```
# 判断数字是否为质数
def isPrime(n):
    if n <= 1:
        return False
    for i in range(2, int(math.sqrt(n)) + 1):
        if n % i == 0:
            return False
    return True


# 验证大于2的偶数可以分解为两个质数之和
# T为元组，表示需要计算的数字区间
def GDBH(T):
    S = T[0]
    E = T[1]
    if S < 4:
        S = 4
    if S % 2 == 1:
        S += 1
    for i in range(S, E + 1, 2):
        isGDBH = False
        for j in range(i // 2 + 1):  # 表示成两个质数的和,其中一个质数不大于1/2
```

```
                        if isPrime(j):
                            k = i - j
                            if isPrime(k):
                                isGDBH = True
                                if i % 100000 == 0:   # 每隔10万个数打印一次
                                    print('%d=%d+%d' % (i, j, k))
                                # print('%d=%d+%d' % (i, j, k))
                                break
                if not isGDBH:   # 打印这句话表示算法失败或哥德巴赫猜想失败(事实上不可能)
                    print('哥德巴赫猜想失败!!')
                    break


# 对整个数字空间N进行分段CPU_COUNT
def seprateNum(N, CPU_COUNT):
    list = [[i + 1, i + N // 8] for i in range(4, N, N // 8)]
    list[0][0] = 4
    if list[CPU_COUNT - 1][1] > N:
        list[CPU_COUNT - 1][1] = N
    return list


if __name__ == '__main__':
    N = 10 ** 6

    # 多进程
    time1 = time.clock()
    CPU_COUNT = cpu_count()   ##CPU内核数，本机为8
    pool = Pool(CPU_COUNT)
    sepList = seprateNum(N, CPU_COUNT)

    result = pool.map(GDBH, sepList)
    pool.close()
    pool.join()
    print('多线程耗时:%d s' % (time.clock() - time1))

    # 单线程
    time2 = time.clock()
    GDBH((4, N))
    print('单线程耗时:%d s' % (time.clock() - time2))
```

在作者机器上执行后会输出：

```
400000=11+399989
300000=7+299993
100000=11+99989
200000=67+199933
500000=31+499969
900000=19+899981
600000=7+599993
800000=7+799993
700000=47+699953
1000000=17+999983
多线程耗时:9 s
100000=11+99989
200000=67+199933
300000=7+299993
400000=11+399989
500000=31+499969
600000=7+599993
700000=47+699953
800000=7+799993
900000=19+899981
600000=7+599993
800000=7+799993
700000=47+699953
1000000=17+999983
多线程耗时:33 s
```

10.6 最大公约数和最小公倍数

10.6.1 问题描述

所谓两个数的最大公约数，是指两个数 a、b 的公约数中最大的那一个。例如 4 和 8，这两个数的公约数分别为 1、2、4，其中 4 为数字 4 和 8 的最大公约数。

10.6.2 算法分析

要想计算出两个数的最大公约数，最简单的方法是从两个数中较小的那个开始依次递减，得到的这两个数的第一个公因数即为这两个数的最大公约数。

如果数 i 为 a 和 b 的公约数，那么一定满足 $a\%i$ 等于 0，并且 $b\%i$ 等于 0。所以，在计算两个数的公约数时，只需要从 $i=\min(a,b)$ 开始依次递减 1，并逐一判断 i 是否为 a 和 b 的公约数，得到的第一个公约数就是 a 和 b 的最大公约数。

所谓两个数的最小公倍数，是指两个数 a、b 的公倍数中最小的那一个。例如 5 和 3，两个数的公倍数可以是 15、30、45…因为 15 最小，所以 15 是 5 和 3 的最小公倍数。

根据上述描述，要想计算两个数的最小公倍数，最简单的方法是从两个数中最大的那个数开始依次加 1，得到的第一个公共倍数就是这两个数的最小公倍数。

如果数 i 为 a 和 b 的公共倍数，那么一定满足 $i\%a$ 等于 0，并且 $i\%b$ 等于 0。所以，设计算法时只需要从 $i=\max(a,b)$ 开始依次加 1，并逐一判断 i 是否为 a 和 b 的公倍数，得到的第一个公倍数就是 a 和 b 的最小公倍数。

10.6.3 具体实现

编写实例文件 yuebei.py，具体实现代码如下所示。

源码路径：daima\第 10 章\yuebei.py

```
m=int(input("请输入第一个正整数："))
n=int(input("请输入第二个正整数："))
a=m
b=n
if a>b:
    t=a
    a=b
    t=b
while a!=0:
    r=b%a
    b=a
    a=r
max=b
min=m*n//max
print("{}和{}的最大公约数是{}，最小公倍数是{}".format(m,n,max,min))
```

例如分别输入 1 和 7 后会输出：

```
请输入第一个正整数：2
请输入第二个正整数：7
2和7的最大公约数是1，最小公倍数是14
```

10.7 亲 密 数

10.7.1 问题描述

如果整数 a 的全部因数之和等于 b，此处的因数包括 1，但是不包括 a 本身；并且整数 b

的全部因数（包括 1，不包括 b 本身）之和等于 a，将整数 a 和 b 称为亲密数。

请编写一个 Python 程序，求指定范围内的亲密数。

10.7.2 算法分析

按照亲密数的定义，要想判断数 a 是否有亲密数，需要先计算出 a 的全部因数的累加和为 b，再计算 b 的全部因数的累加和为 n。如果 n 等于 a，则可以判定 a 和 b 是亲密数。计算数 a 的各因数的算法如下所示。

用 a 依次对 $i(i=1\sim a/2)$ 进行模运算，如果模运算结果等于 0，则 i 为 a 的一个因数；否则 i 就不是 a 的因数。

10.7.3 具体实现

编写实例文件 qinmi.py，具体实现代码如下所示。

源码路径：daima\第 10 章\qinmi.py

```
def check(n):
    '''
    计算各因子之和
    '''
    s = 0
    for i in range(1, int(n / 2) + 1):
        if n % i == 0:
            s += i
    return s


if __name__ == '__main__':
    for i in range(1, 3000):
        res = check(i)    # 对1~3000的所有数依次求因子和
        if i != res and check(res) == i:    # 因子和不等于本身，且是亲密数，输出
            print(i, res)
```

执行后会输出 3000 以内的亲密数：

```
220 284
284 220
1184 1210
1210 1184
2620 2924
2924 2620
```

10.8 计算 10000 以内的自守数

10.8.1 问题描述

如果某个数的平方的末尾数等于这个数，就称这个数为自守数。例如，5 和 6 是一位的自守数（5×5=25，6×6=36）；因为 25×25=625，76×76=5776，所以 25 和 76 是两位的自守数。

请编写一个 Python 程序，求出自守数的实现程序。

10.8.2 算法分析

自守数有一个显著特性，以自守数为后几位的两个数相乘，乘积的后几位仍是这个自守数。因为 5 是自守数，所以如果以 5 为个位数的两个数相乘，乘积的个位仍然是 5；76 是自守数，所以如果以 76 为后两位数的两个数相乘，结果的后两位仍是 76，如 176×576=101376。

虽然 0 和 1 的平方的末尾分别是 0 和 1，但是因为比较简单，研究它们没有意义，所以不将 0 和 1 算作自守数。3 位自守数是 625 和 376，四位自守数是 0625 和 9376，五位自守数是 90625 和 09376。可以看到，(n+1) 位的自守数和 n 位的自守数密切相关。由此得出，如果知道 n 位的自守

数 a，那么（$n+1$）位的自守数应当在 a 的前面加上一个数。

实际上，简化一下，还能发现如下规律：

5+6=11

25+76=101

625+376=1001

所以，两个 n 位的自守数，它们的和等于 10^n+1。

10.8.3 具体实现

编写实例文件 zishou.py，具体实现代码如下所示。

源码路径：daima\第 10 章\zishou.py

```
print([n for n in range(1,10000)
        if n * n % (10 ** len(str(n))) == n]
        )
```

执行后会输出：

```
[1, 5, 6, 25, 76, 376, 625, 9376]
```

10.9　水 仙 花 数

10.9.1　问题描述

所谓"水仙花数"，是指一个 3 位数，其各位数字的立方和等于该数本身。例如，153 是一个"水仙花数"，因为 $153=1^3+3^3+5^3$。

求出 100～999 之间的所有"水仙花数"。

10.9.2　算法分析

解这个题目的关键是怎样从一个 3 位数中分离百位数、十位数、个位数。可以假设该 3 位数以 i 表示，由 a、b、c 三个数字组成。百位数字 a =int(i/100)。十位数字 b =int((i–100*a)/10)。个位数字 c =i–int(i/10)*10。

10.9.3　具体实现

编写实例文件 shui.py，具体实现代码如下所示。

源码路径：daima\第 10 章\shui.py

```
for i in range(100,999):
    a=i//100
    b=(i%100)//10
    c=i%10
    if i==a**3+b**3+c**3:
        print(i)
```

执行后会输出：

```
153
370
371
407
```

10.10　方 程 求 解

数学领域中的方程有两种，分别是线性方程和非线性方程。

（1）线性方程（linear equation）：又称代数方程，例如 $y = 2x$，其中任一个变量都为一次幂。这种方程的函数图像为一条直线，所以称为线性方程。

（2）非线性方程：因变量与自变量之间的关系不是线性关系，这类方程很多，例如平方关系、对数关系、指数关系、三角函数关系等。

10.10.1　用高斯消元法解方程组

线性方程是一种代数方程，例如 $y = 2x$，其中任何一个变量都为一次幂。这种方程的函数图像为一条直线，所以称为线性方程。

1. 问题描述

编写一段程序，实现用高斯消元法解方程组。

2. 具体实现

下面的实例文件 gaosi.py 演示了使用高斯消元法解线性方程组的过程。

源码路径：daima\第 10 章\gaosi.py

```python
def print_matrix(info, m):    # 输出矩阵
    i = 0;
    j = 0;
    l = len(m)
    print(info)

    for i in range(0, len(m)):
        for j in range(0, len(m[i])):
            if (j == l):
                print(' |',)
            print('%6.4f' % m[i][j],)
        print
    print


def swap(a, b):
    t = a;
    a = b;
    b = t


def solve(ma, b, n):
    global m;
    m = ma    # 这里主要是方便矩阵最后的显示
    global s;

    i = 0;
    j = 0;
    row_pos = 0;
    col_pos = 0;
    ik = 0;
    jk = 0
    mik = 0.0;
    temp = 0.0

    n = len(m)
    # row_pos 变量标记行循环, col_pos 变量标记列循环
    print_matrix("一开始的矩阵", m)
    while ((row_pos < n) and (col_pos < n)):
        print("位置: row_pos = %d, col_pos = %d" % (row_pos, col_pos))
        # 选主元
        mik = - 1
        for i in range(row_pos, n):
            if (abs(m[i][col_pos]) > mik):
                mik = abs(m[i][col_pos])
                ik = i

        if (mik == 0.0):
            col_pos = col_pos + 1
```

```
                continue

        print_matrix("选主元", m)

        # 交换两行
        if (ik != row_pos):
            for j in range(col_pos, n):
                    swap(m[row_pos][j], m[ik][j])
                    swap(m[row_pos][n], m[ik][n]);    # 区域之外?

        print_matrix("交换两行", m)

        try:
            # 消元
            m[row_pos][n] /= m[row_pos][col_pos]
        except ZeroDivisionError:
            # 除零异常，一般在无解或有无穷多解的情况下出现……
            return 0;

        j = n - 1
        while (j >= col_pos):
            m[row_pos][j] /= m[row_pos][col_pos]
            j = j - 1

        for i in range(0, n):
            if (i == row_pos):
                    continue
            m[i][n] -= m[row_pos][n] * m[i][col_pos]

            j = n - 1
            while (j >= col_pos):
                    m[i][j] -= m[row_pos][j] * m[i][col_pos]
                    j = j - 1
        print_matrix("消元", m)
        row_pos = row_pos + 1;
        col_pos = col_pos + 1
    for i in range(row_pos, n):
        if (abs(m[i][n]) == 0.0):
            return 0
    return 1

if __name__ == '__main__':
    matrix = [[2.0, 0.0, - 2.0, 0.0],
              [0.0, 2.0, - 1.0, 0.0],
              [0.0, 1.0, 0.0, 10.0]]

    i = 0;
    j = 0;
    n = 0
    # 输出方程组
    print_matrix("一开始的矩阵", matrix)
    # 求解方程组，并输出方程组的可解信息
    ret = solve(matrix, 0, 0)
    if (ret != 0):
        print("方程组有解\n")
    else:
        print("方程组无唯一解或无解\n")


    # 输出方程组及其解
    print_matrix("方程组及其解", matrix)
    for i in range(0, len(m)):
        print("x[%d] = %6.4f" % (i, m[i][len(m)]))
```

执行后会输出：

```
一开始的矩阵
2.0000 0.0000 -2.0000  | 0.0000
0.0000 2.0000 -1.0000  | 0.0000
0.0000 1.0000 0.0000   | 10.0000
```

```
一开始的矩阵
2.0000 0.0000 -2.0000  | 0.0000
0.0000 2.0000 -1.0000  | 0.0000
0.0000 1.0000 0.0000   | 10.0000

位置: row_pos = 0, col_pos = 0
选主元
2.0000 0.0000 -2.0000  | 0.0000
0.0000 2.0000 -1.0000  | 0.0000
0.0000 1.0000 0.0000   | 10.0000

交换两行
2.0000 0.0000 -2.0000  | 0.0000
0.0000 2.0000 -1.0000  | 0.0000
0.0000 1.0000 0.0000   | 10.0000

消元
1.0000 0.0000 -1.0000  | 0.0000
0.0000 2.0000 -1.0000  | 0.0000
0.0000 1.0000 0.0000   | 10.0000

位置: row_pos = 1, col_pos = 1
选主元
1.0000 0.0000 -1.0000  | 0.0000
0.0000 2.0000 -1.0000  | 0.0000
0.0000 1.0000 0.0000   | 10.0000

交换两行
1.0000 0.0000 -1.0000  | 0.0000
0.0000 2.0000 -1.0000  | 0.0000
0.0000 1.0000 0.0000   | 10.0000

消元
1.0000 0.0000 -1.0000  | 0.0000
0.0000 1.0000 -0.5000  | 0.0000
0.0000 0.0000 0.5000   | 10.0000

位置: row_pos = 2, col_pos = 2
选主元
1.0000 0.0000 -1.0000  | 0.0000
0.0000 1.0000 -0.5000  | 0.0000
0.0000 0.0000 0.5000   | 10.0000

交换两行
1.0000 0.0000 -1.0000  | 0.0000
0.0000 1.0000 -0.5000  | 0.0000
0.0000 0.0000 0.5000   | 10.0000

消元
1.0000 0.0000 0.0000   | 20.0000
0.0000 1.0000 0.0000   | 10.0000
0.0000 0.0000 1.0000   | 20.0000

方程组有解

方程组及其解
1.0000 0.0000 0.0000   | 20.0000
0.0000 1.0000 0.0000   | 10.0000
0.0000 0.0000 1.0000   | 20.0000

x[0] = 20.0000
x[1] = 10.0000
x[2] = 20.0000
```

10.10.2 用二分法解非线性方程

1. 问题描述

请编写一个 Python 程序，用二分法解非线性方程。

2. 具体实现

编写实例文件 er.py，具体实现代码如下所示。

源码路径：daima\第 10 章\er.py

```
def fun(x):
    return x ** 2 + x -1
def newton(a,b,e):
    x = (a + b)/2.0
    if abs(b-a) < e:
        return x
    else:
        if fun(a) * fun(x) < 0:
            return newton(a, x, e)
        else:
            return newton(x, b, e)
print(newton(-5, 0, 5e-5))
```

执行后会输出：

```
-1.6180229187011719
```

10.11 求平方根

10.11.1 使用二分法求平方根

1. 问题描述

求一个数的平方根函数 sqrt(int num)在大多数编程语言中都会提供。那么，要求一个数的平方根，具体是怎么实现的呢？请使用二分法计算 5 的平方根。

2. 算法分析

使用二分法计算 $\sqrt{5}$ 的过程如下。

（1）折半：5/2=2.5。

（2）平方校验：2.5×2.5=6.25>5，并且得到当前上限 2.5。

（3）再次向下折半：2.5/2=1.25。

（4）平方校验：1.25×1.25=1.5625<5，得到当前下限 1.25。

（5）再次折半：2.5-(2.5-1.25)/2=1.875。

（6）平方校验：1.875×1.875=3.515 625<5，得到当前下限 1.875。

3. 具体实现

编写实例文件 erwu.py，具体实现代码如下所示。

源码路径：daima\第 10 章\erwu.py

```
import math
from math import sqrt

def sqrt_binary(num):
    x=sqrt(num)
    y=num/2.0
    low=0.0
    up=num*1.0
    count=1
    while abs(y-x)>0.00000001:
        print(count,y)
        count+=1
        if (y*y>num):
            up=y
            y=low+(y-low)/2
        else:
            low=y
```

```
                        y=up-(up-y)/2
            return y

print(sqrt_binary(5))
print(sqrt(5))
```

执行后会将每次得到的当前值和 5 进行比较，并且记下下限和上限，依次迭代，逐渐逼近平方根。

```
1 2.5
2 1.25
3 1.875
4 2.1875
5 2.34375
6 2.265625
7 2.2265625
8 2.24609375
9 2.236328125
10 2.2314453125
11 2.23388671875
12 2.235107421875
13 2.2357177734375
14 2.23602294921875
15 2.236175537109375
16 2.2360992431640625
17 2.2360610961914062
18 2.2360801696777344
19 2.2360706329345703
20 2.2360658645629883
21 2.2360682487487793
22 2.236070056655884
23 2.2360676527023315
24 2.2360679507255554
25 2.2360680997371674
26 2.2360680252313614
27 2.2360679879784584
2.236067969352007
2.23606797749979
```

通过上述执行结果可知，经过 27 次二分法迭代，得到的值和用 sqrt()计算的结果的误差是 0.000 000 01。由此可见，在对精度要求不高的情况下，二分法也算比较高效的算法。

10.11.2　用牛顿迭代法求平方根

牛顿迭代法又称为牛顿-拉夫逊方法，是牛顿在 17 世纪提出的一种在实数域和复数域上近似求解方程的方法。因为大多数方程不存在求根公式，所以求精确根非常困难，甚至不可能，这样寻找方程的近似根就显得特别重要。

可以使用函数 $f(x)$的泰勒级数的前几项来寻找方程 $f(x) = 0$ 的根。在数学领域中，牛顿迭代法是求方程根的重要方法之一，其最大优点是方程 $f(x) = 0$ 的单根附近具有平方收敛，而且该方法还可以用来求方程的重根、复根。另外该方法被广泛用于计算机编程。

假设 r 是 $f(x)=0$ 的根，选取 x_0 作为 r 的初始近似值，经过点 $(x_0, f(x_0))$ 做一条曲线 $y=f(x)$ 的切线 L，L 的方程为 $y = f(x_0)+f'(x_0)(x-x_0)$，求出 L 与 x 轴交点的横坐标 $x_1 = x_0-f(x_0)/f'(x_0)$，称 x_1 为 r 的一次近似值。过点 $(x_1, f(x_1))$ 做曲线 $y = f(x)$ 的切线，并求该切线与 x 轴交点的横坐标 $x_2 = x_1-f(x_1)/f'(x_1)$，称 x_2 为 r 的二次近似值。重复以上过程，得 r 的近似值序列，其中 $x(n+1)=x(n)-f(x(n))/f'(x(n))$，称为 r 的 $n+1$ 次近似值，上式称为牛顿迭代公式。

1．问题描述
编写一段程序，用牛顿迭代法求 5 的平方根是多少。

2．算法分析
仔细思考一下就能发现，我们可以对要解决的上述问题做简单化理解。

（1）从函数意义上理解：我们是要求函数 $f(x) = x^2$，使 $f(x) = num$ 的近似解，即 $x^2 - num = 0$

的近似解。

（2）从几何意义上理解：我们是要求抛物线 $g(x) = x^2 - num$ 与 x 轴交点（$g(x) = 0$）最接近的点。

我们假设 $g(x_0)=0$，即 x_0 是正解，那么我们要做的就是让近似解 x 不断逼近 x_0，下面是函数导数的定义方程：

$$f'(x_0) = \lim_{x \to x_0} \frac{f(x) - f(x_0)}{x - x_0}$$

由此得到方程：

$$x_0 \sim x - \frac{f(x)}{f'(x)}$$

从几何图形上看，因为导数是切线，通过不断迭代，导数与 x 轴的交点会不断逼近 x_0，如图 10-1 所示。

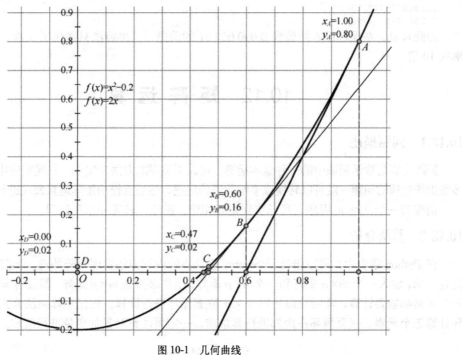

图 10-1　几何曲线

所以对于一般情况来说：

$$f(x) = x^m - a$$

$$f'(x) = mx^{m-1}$$

$$x_{n+1} = x_n - \frac{f(x_n)}{f'(x_n)} = x_n - \frac{x_n^m - a}{mx_n^{m-1}} = x_n - \frac{x_n}{m} + \frac{ax_n}{mx_n^m} = \left(1 - \frac{1}{m}\right)x_n + \frac{ax_n}{mx_n^m}$$

将 $m=2$ 代入方程中就是：

$$x_{k+1} = \frac{1}{2}\left(x_k + \frac{n}{x_k}\right)$$

3．具体实现

本实例的实现文件是 niu.py，具体实现代码如下所示。

源码路径：daima\第 10 章\niu.py

```
from math import sqrt

def sqrt_newton(num):
        x=sqrt(num)
        y=num/2.0
        count=1
        while abs(y-x)>0.00000001:
                print(count,y)
                count+=1
                y=((y*1.0)+(1.0*num)/y)/2.0000
        return y

print(sqrt_newton(5))
print(sqrt(5))
```

执行后会输出：

```
1 2.5
2 2.25
3 2.236111111111111
2.23606797779158037
2.23606797749979
```

由此可见，在保证误差精确到 0.000 000 01 的前提下，牛顿法只迭代了 3 次，是二分法效率的 10 倍。

10.12　矩　阵　运　算

10.12.1　问题描述

矩阵运算是数学领域中的一种基本运算，可以用编程的方法来实现。在现实应用中，能够用多维矩阵处理的问题一般可以转换成多维数组的问题，然后直接用矩阵运算公式进行处理即可。

请编写一个 Python 程序，可以实现矩阵相乘、逆序、转置和求和处理。

10.12.2　算法分析

在 Python 语言中，可以借助于 Numpy 模块中的内置方法实现矩阵处理。矩阵相乘的算法比较简单，输入一个 $m \times n$ 矩阵和一个 $n \times p$ 矩阵，结果必然是 $m \times p$ 矩阵。假设有 $m \times p$ 个元素，每个元素都需要计算，此时可以使用 $m \times p$ 嵌套循环进行计算。根据矩阵乘法公式，可以用循环计算每个元素。嵌套循环在内部进行累加前，一定要注意对累加变量进行清零。

$$E_{i,j} = \sum_{k-1}^{n} M_{i,k} \times N_{k,j}$$

其中，M 和 N 表示要计算的两个矩阵。

10.12.3　具体实现

编写实例文件 juzhen.py，具体实现代码如下所示。

源码路径：daima\第 10 章\juzhen.py

```
# 导入numpy函数, 以 np 开头
import numpy as np

if __name__ == '__main__':
    # 矩阵相乘
    mat1 = np.mat([1, 3])
    mat2 = np.mat([[3], [4]])
    mat3 = mat1 * mat2
    print(mat3)
```

```
# 1 * 2 矩阵乘以 2 * 1 矩阵，得到 1 * 1 矩阵
# ==> [[15]]

# 矩阵求逆
mat4 = np.mat([[1, 0, 1], [0, 2, 1], [1, 1, 1]])
mat5 = mat4.I  # I 对应getI(self)，返回可逆矩阵的逆
print(mat5)

# 矩阵的逆
# ==> [[-1. -1.  2.]
# ==>  [-1.  0.  1.]
# ==>  [ 2.  1. -2.]]

# 转置矩阵
mat6 = np.mat([[1, 1, 1], [0, 2, 1], [1, 1, 1]])
mat7 = mat6.T  # I 对应getT(self)，返回矩阵的转置矩阵
print(mat7)

# 矩阵的转置矩阵
# ==> [[1 0 1]
# ==>  [1 2 1]
# ==>  [1 1 1]]

# 矩阵每一列的和
sum1 = mat6.sum(axis=0)
print(sum1)
# 矩阵每一行的和
sum2 = mat6.sum(axis=1)
print(sum2)

# 矩阵所有行列的总和
sum3 = sum(mat6[1, :])
print(sum3)

# 矩阵与数组之间的转换
mat8 = np.mat([[1, 2, 3]])
arr1 = np.array(mat8)  # 矩阵转换成数组
print(arr1)

arr2 = [1, 2, 3]
mat9 = np.mat(arr2)  # 数组转换成矩阵
print(mat9)
```

执行后会输出：
```
[[15]]
[[-1. -1.  2.]
 [-1.  0.  1.]
 [ 2.  1. -2.]]
[[1 0 1]
 [1 2 1]
 [1 1 1]]
[[2 4 3]]
[[3]
 [3]
 [3]]
[[0 2 1]]
[[1 2 3]]
[[1 2 3]]
```

10.13 一元多项式运算

多项式是代数中的一个基本概念。本节将分别讲解实现一元多项式的求导加法、减法和乘法运算的过程。

10.13.1　一元多项式求导

1. 问题描述

设计一个函数来计算一元多项式的导数。注意，x^n（n 为整数）的一阶导数为 $n*x^{n-1}$。

输入格式：以指数递降方式输入多项式非零项系数和指数（绝对值均为不超过 1000 的整数）。数字间以空格分隔。

输出格式：以与输入格式相同的格式输出导数多项式非零项的系数和指数。数字间以空格分隔，但结尾不能有多余空格。注意"零多项式"的指数和系数都是 0，但是表示为"0 0"。

输入样例：

3 4 -5 2 6 1 -2 0

输出样例：

12 3 -10 1 6 0

2. 算法分析

题意非常容易理解，我们需要注意如下 3 点。

❑　一元多项式，指数为非负数，题目有误导，因此若存在常数项，则最后一个数字为 0。

❑　处理数字组成的序列，输出格式易错。

❑　特殊情况处理，输入一个常数项。

3. 具体实现

编写实例文件 zhuan.py，具体实现代码如下所示。

源码路径：daima\第 10 章\zhuan.py

```
if __name__ =="__main__":
        num_lst = list(map(int, input().split()))
        n = len(num_lst)
        out_lst = []

        for i in range(0,n,2):
                xishu = num_lst[i]
                zhishu = num_lst[i+1]
                if zhishu == 0:
                        continue

                out_lst.append(str(xishu * zhishu))
                out_lst.append(str(zhishu-1))

        out_str = " ".join(out_lst)
        if out_str:
                print(out_str.strip())

        else:
                print("0 0")
```

执行后会输出：

```
3 4 -5 2 6 1 -2 0
12 3 -10 1 6 0
```

10.13.2　实现多项式的加法、减法、乘法运算

1. 问题描述

编程实现一元多项式的加法、减法、乘法运算，系数和指数仅限整数，可以连续运算。

2. 具体实现

编写实例文件 duo.py，具体实现代码如下所示。

源码路径：daima\第 10 章\duo.py

```
class poly:
        __a = [0]*20 #存放输入的第一个多项式和运算结果
        __b = [0]*20 #存放输入的多项式
```

```
            __result = [0]*20#结果

    def __Input(self,f):
        n = input('依序输入二项式的系数和指数（指数小于10）: ').split()
        for i in range(int(len(n)/2)):
            f[ int(n[2*i+1])] = int(n[2*i])
        self.__output(f)

    def __add(self,a,b):    #加法函数
        return [a[i]+b[i] for i in range(20)]

    def __minus(self,a,b):    #减法函数
            return [a[i]-b[i] for i in range(20)]

    def __mul(self,a,b):
        self.__result = [0]*20
        for i in range(10):#第一个循环：b分别于a[0]到a[9]相乘
            for j in range(10):    #第二个循环：b[j]*a[i]
                self.__result[i+j] = int(self.__result[i+j]) + int(a[i]*b[j])
        return self.__result

    def __output(self,a):#输出多项式
        b = ''
        for i in range(20):
            if a[i]> 0:
                b = b+'+'+str(a[i])+'X^'+str(i)
            if a[i]<0:
                b = b+"-"+str(-a[i])+'X^'+str(i)
        print(b[1::])

    def control(self):
        print ("二项式运算: \n")
        self.__Input(self.__a)
        while True:
            operator = input('请输入运算符（结束运算请输入‘#’）')#self.Input(self.a)
            if operator =='#':
                return 0
            else:
                self.__b = [0]*20
                self.__Input(self.__b)
                self.__a = {'+':self.__add(self.__a,self.__b),'-':self.__minus(self.__a,self.__b),'*':self.__mul(self.__a,self.__b)}.get(operator)
                print ('计算结果: ',end='')
                self.__output(self.__a)

POLY = poly()    #初始化类
POLY.control()   #通过选取操作符选择相应的运算
```

执行后会输出：

```
二项式运算:

依序输入二项式的系数和指数（指数小于10）: 3 4 -5 2 6 1 -2 0
2X^0+6X^1-5X^2+3X^4
请输入运算符（结束运算请输入‘#’）+
依序输入二项式的系数和指数（指数小于10）: 3 4 -5 2 6 1 -2 0
2X^0+6X^1-5X^2+3X^4
计算结果：4X^0+12X^1-10X^2+6X^4
请输入运算符（结束运算请输入‘#’）#
```

10.14 百钱买百鸡

10.14.1 问题描述

我国古代数学家张丘建在《算经》一书中曾提出过著名的"百钱买百鸡"问题。该问题叙

述如下：鸡翁一，值钱五；鸡母一，值钱三；鸡雏三，值钱一；百钱买百鸡，则翁、母、雏各几何？请编写 C 程序，解决"百钱买百鸡"问题。

10.14.2　算法分析

如果用数学的方法解决百钱买百鸡问题，设鸡翁 x 只，鸡母 y 只，鸡雏 z 只，可以将该问题抽象成如下方程组。

$$\begin{cases} 5x+3y+\dfrac{1}{3}z=100 \\ x+y+z=100 \end{cases}$$

根据代数知识，该方程组必有一个自由未知数，所以其解是无法直接获得的。但这是一个实际问题，其解是有限的。因为存在一个约束条件——所有解（x、y、z 的取值）必须为正整数。所以，需要把该问题的解集放到一个有限的空间来进行讨论。

因为在 x、y、z 的取值空间中穷举出所有可能的取值，就是解决百钱买百鸡问题最为直观的方法；所以只要 x、y、z 的取值满足上述两个方程，就一定是百钱买百鸡问题的解。

下面开始讨论 x、y、z 的取值空间。最简单的划分方法就是：x、y、$z \in \mathbf{R}$ 且 $0 \leqslant x \leqslant 100$、$0 \leqslant y \leqslant 100$、$0 \leqslant z \leqslant 100$。这是因为 x、y、z 都不可能超过 100 或小于 0，且 x、y、z 均为正整数。

10.14.3　具体实现

下面的实例文件 bai.py 演示了解决百钱买百鸡的问题的过程。

源码路径：daima\第 10 章\bai.py

```
#赋值
cock_price,hen_price,chick_price=5,3,1.0/3
#计算
cock_MaxNum,hen_MaxNum,chick_MaxNum=range(100//cock_price)[1:],range(100//hen_price)[1:],
range(int(100//chick_price))[1:]
items=[(cock,hen,chick)for cock in cock_MaxNum for hen in  hen_MaxNum[1:] for chick in
chick_MaxNum[1:]
        if int(cock*cock_price+hen*hen_price+chick*chick_price)==100 and chick%3==0 and
cock+hen+chick==100]
#输出
print('总数: '+str(len(items)))
print('='*32)
print('%-10s%10s%20s' % ('公鸡','母鸡','小鸡'))
print('-'*32)
for c in items:
    print('%-5s%10s%15s' % c)
print('-'*32)
```

执行后会输出：

```
总数: 3
================================
公鸡              母鸡                 小鸡
--------------------------------------------
4               18                 78
8               11                 81
12              4                  84
--------------------------------------------
```

10.15　素　数　问　题

素数又称质数，是指在一个大于 1 的自然数中，除了 1 和这个整数本身以外，没法被其他自然数整除的数。比 1 大但不是素数的数称为合数。1 和 0 既非素数，也非合数。素数在数论中有着很重要的地位。

10.15.1 求 1000 以内的所有素数

1. 问题描述

求 1000 以内的所有素数。

2. 算法分析

任何大于 1 的正整数 n 可以唯一表示成有限个素数的乘积：$n=p_1p_2 \times \cdots \times p_s$，这里 $p_1 \leqslant p_2 \leqslant \cdots \leqslant p_s$ 且是素数。

3. 具体实现

编写实例文件 su.py，具体实现代码如下所示。

源码路径：daima\第 10 章\su.py

```
def isPrimeNumber(n, s):
    for k in s:
        if k * k > n: break
        if n % k == 0: return None
    return n

prime = []
for n in range(2, 100):
    res = isPrimeNumber(n, prime)
    if res: prime.append(res)

print(prime)
```

执行后会输出：

```
[2, 3, 5, 7, 11, 13, 17, 19, 23, 29, 31, 37, 41, 43, 47, 53, 59, 61, 67, 71, 73, 79, 83,
89, 97]
```

10.15.2 孪生素数问题

所谓孪生素数，指的就是间隔为 2 的相邻素数，它们之间的距离已经近得不能再近了，就像孪生兄弟一样。最小的孪生素数是 (3,5)，100 以内的孪生素数还有 (5,7)、(11,13)、(17,19)、(29,31)、(41,43)、(59,61) 和 (71,73)，总计 8 组。但是随着数字的增大，孪生素数的分布变得越来越稀疏，寻找孪生素数也变得越来越困难。有一个十分精确的公式用来描述孪生素数，叫作孪生素数普遍公式。用这个公式可以求出所有的孪生素数。

矩阵运算是数学中的一种基本运算形式，可以用编程的方法处理矩阵运算。一般来说，多维矩阵处理的问题总可以转换成多维数组的问题，在编程过程中可以直接用矩阵运算公式进行处理。该普遍公式的描述为："如果自然数 Q 与 $Q+2$ 都不能被不大于 $\sqrt{(Q+2)}$ 的任何素数整除，则 Q 与 $Q+2$ 是一对素数，称为相差 2 的孪生素数。这句话可以用如下公式表达：

$$Q=p_1m_1+b_1=p_2m_2+b_2=\cdots=p_km_k+b_k$$

式中，p_1，p_2，$\cdots$，p_k 表示顺序素数 2，3，5，$\cdots$ 且 $b \neq 0$，$b \neq p_i-2$。例如，29 和 29+2 不能被不大于 $\sqrt{(29+2)}$ 的任何素数 2，3，5 整除，$29=2m+1=3m+2=5m+4$，$29 < 49-2$（即 7 的平方减 2），所以 29 与 29+2 是一对孪生素数。

1. 问题描述

请编写一个 Python 程序，执行后可以输出 100 以内的孪生素数。

2. 算法分析

在循环中判断是否要继续使用嵌套的循环，直到找到 100 再停止循环。具体算法过程如下所示。

（1）建立一张表，用 True 和 False 标识一个数是否是素数。

（2）找到一个素数 p，然后把 p 的倍数标记成非素数。

（3）查表检测 $p+1$，如果不是素数，检测下一个，是素数的话执行步骤（1）中的操作。

3．具体实现

实例文件 luan.py 的具体实现代码如下所示。

源码路径：daima\第 10 章\luan.py

```python
pt = [True] * 100
res = []

for p in range(2, 100):
    if not pt[p]: continue
    res.append(p)
    for i in range(p * p, 100, p):
        pt[i] = False

for i in range(1, len(res)):
    if res[i] - res[i - 1] == 2:
        print(res[i - 1], res[i])
```

执行后会输出：

```
3 5
5 7
11 13
17 19
29 31
41 43
59 61
71 73
```

10.15.3　金蝉素数

1．问题描述：

某古寺的一块石碑上依稀刻有一些神秘的自然数。专家研究发现：这些数是由 1、3、5、7、9 这 5 个奇数排列组成的 5 位素数，同时去掉最高位与最低位数字后的 3 位数还是素数，同时去掉高二位与低二位数字后的 1 位数还是素数。因此人们把这些神秘的素数称为金蝉素数，喻意金蝉脱壳之后仍为美丽的金蝉。

请编写程序求出石碑上的金蝉素数。

2．算法分析

（1）生成 1、3、5、7、9 的全排列，每种排列是一个元组。

（2）将元组转换成数字，例如 13579、357、159。

（3）检测 3 个数字是不是素数，如果全是素数，则说明是金蝉数。

3．具体实现

实例文件 jinsu.py 的具体实现代码如下所示。

源码路径：daima\第 10 章\jinsu.py

```python
import math
from functools import reduce
def isPrimeNum(n):
    for k in range(2, int(math.sqrt(n) + 1)):
        if n % k == 0:
            return False
    return True

from itertools import permutations

for p in permutations([1, 3, 5, 7, 9], 5):
    # (3,5,7), (1,5,9), (1,3,5,7,9)
    for l in (p[1:-1], p[::2], p):
        s = reduce(lambda x, y: 10 * x + y, l)
        if not isPrimeNum(s):
            break
    else:
        print(p)
```

执行后会输出：

```
(1, 3, 5, 9, 7)
(1, 5, 9, 3, 7)
(5, 1, 9, 7, 3)
(5, 3, 7, 9, 1)
(7, 9, 5, 3, 1)
(9, 1, 5, 7, 3)
```

10.15.4 可逆素数

1. 问题描述

可逆素数是指一个素数的各位数值顺序颠倒后得到的数仍为素数，例如113、311。编写程序找出 1~900 的所有可逆素数。

2. 算法分析

（1）用筛选法找到 900 以内的素数表。

（2）迭代表中的所有数，是素数的，检测它的反序数是否是素数。

（3）如果步骤（2）中的条件为真，输出这两个素数。

3. 具体实现

实例文件 keni.py 的具体实现代码如下所示。

源码路径：daima\第 10 章\keni.py

```python
def getPrimeTable(n):
    pt = [True] * n
    for p in range(2, n):
        if not pt[p]: continue
        for i in range(p * p, n, p):
            pt[i] = False
    return pt

pt = getPrimeTable(900)
for p in range(10, 900):
    if not pt[p]: continue
    q = int(str(p)[::-1])
    if p != q < 900 and pt[q]:
        pt[q] = False
        print(p, q)
```

执行后会输出：

```
13 31
17 71
37 73
79 97
107 701
113 311
157 751
167 761
337 733
347 743
```

10.15.5 回文素数

1. 问题描述

所谓回文素数，是指对一个整数 n 从左向右和从右向左读，结果相同且是素数。请编写一个程序，计算不超过 1000 的回文素数。

2. 具体实现

实例文件 hui.py 的具体实现代码如下所示。

源码路径：daima\第 10 章\hui.py

```python
import math
def isPrimeNumber(num):
    i = 2
```

```
        x = math.sqrt(num)
        while i < x:
            if num % i == 0:
                return False
            i += 1
        return True

def Reverse(num):
    rNum = 0
    while num:
        rNum = rNum * 10 + num % 10
        num //= 10
    return rNum


def RPrimeNumber(num):
    arr = []
    i = 2
    while i < num:
        if isPrimeNumber(i) and i == Reverse(i):
                arr.append(i)
        i += 1
    return arr

print(RPrimeNumber(1000))
```

执行后会输出：

```
[2, 3, 4, 5, 7, 9, 11, 101, 121, 131, 151, 181, 191, 313, 353, 373, 383, 727, 757, 787,
797, 919, 929]
```

10.15.6　等差素数数列

1．问题描述

类似 7、37、67、97、107、137、167、197，这种由素数组成的数列叫作等差素数数列。素数数列具有项数的限制，一般指素数数列的项数有多少个连续项，以及最多可以存在多少个连续项。请编写一个程序，找出 100 以内的等差素数数列。

2．算法分析

（1）用筛选法找到 100 以内的所有素数。

（2）对于素数列表中的素数两两组合，构造等差数列 $a0$，$a1$，…

（3）计算出 $a2$，查表判断 $a2$ 是否是素数，如果是素数，则能构成素数等差序列，然后计算 $a3$，$a4$，……

3．具体实现

实例文件 dengsu.py 的具体实现代码如下所示。

源码路径：daima\第 10 章\dengsu.py

```
def findAllPrime(n):
    pt = [True] * n
    prime = []

    for p in range(2, n):
        if not pt[p]: continue
        prime.append(p)
        for i in range(p * p, n, p):
            pt[i] = False

    return prime, pt


prime, pt = findAllPrime(100)
print(prime)

for i in range(len(prime)):
```

```
        for j in range(i + 1, len(prime)):
            a0, a1 = prime[i], prime[j]
            an = a1 + a1 - a0
            s = []
            while an < 100 and pt[an]:
                s.append(an)
                an += a1 - a0
            if s:
                print([a0, a1] + s)
```

执行后会输出：

```
[2, 3, 5, 7, 11, 13, 17, 19, 23, 29, 31, 37, 41, 43, 47, 53, 59, 61, 67, 71, 73, 79, 83,
    89, 97]
[3, 5, 7]
[3, 7, 11]
[3, 11, 19]
[3, 13, 23]
[3, 17, 31]
[3, 23, 43]
[3, 31, 59]
[3, 37, 71]
[3, 41, 79]
[3, 43, 83]
[5, 11, 17, 23, 29]
[5, 17, 29, 41, 53]
[5, 23, 41, 59]
[5, 29, 53]
[5, 47, 89]
[7, 13, 19]
[7, 19, 31, 43]
[7, 37, 67, 97]
[7, 43, 79]
[11, 17, 23, 29]
[11, 29, 47]
[11, 41, 71]
[11, 47, 83]
[13, 37, 61]
[13, 43, 73]
[17, 23, 29]
[17, 29, 41, 53]
[17, 53, 89]
[19, 31, 43]
[19, 43, 67]
[23, 41, 59]
[23, 47, 71]
[23, 53, 83]
[29, 41, 53]
[29, 59, 89]
[31, 37, 43]
[37, 67, 97]
[41, 47, 53, 59]
[43, 61, 79, 97]
[47, 53, 59]
[47, 59, 71, 83]
[53, 71, 89]
[59, 71, 83]
[61, 67, 73, 79]
[61, 79, 97]
[67, 73, 79]
```

10.16　埃及分数式

10.16.1　问题描述

　　分子是 1 的分数，叫单位分数。古代埃及人在进行分数运算时，只使用分子是 1 的分数，因此这种分数也叫作埃及分数式，或者叫单分子分数。要求随便输入一个真分数，将该分数分解为埃及分数式，例如 3/7=1/3+1/11+1/231。

10.16.2　算法分析

（1）对于真分数 b 分之 a，找最接近的 1/k。

（2）如果 a%b == 0，找到 k = b/a。

（3）如果 a%b != 0，找到 k = b/a + 1。

10.16.3　具体实现

实例文件 aiji.py 的具体实现代码如下所示。

源码路径：daima\第 10 章\aiji.py

```
def fun(a, b):
    k = b / a
    if b % a == 0:
        res = '1/%s' % k
    else:
        k += 1
        res = '1/%s + %s' % (k, fun(a * k - b, b * k))
    return res

print(fun(4, 7))
```

执行后会输出：

```
1/2.75 + 1/5.8125 + 1/28.97265625 + 1/811.4421539306641 + 1/657627.9270217048 + 1/4324
73832771.93774 + 1/1.870336160320175e+23
```

10.17　对正整数分解质因数

10.17.1　问题描述

请编写一个 Python 程序，对一个正整数分解质因数。例如输入：

```
90
```

输出：

```
90=2*3*3*5
```

10.17.2　算法分析

对 n 进行分解质因数，应先找到一个最小的质数 k，然后按下述步骤完成。

（1）如果这个质数恰等于 n，则说明分解质因数的过程已经结束，打印输出即可。

（2）如果 n≠k，但 n 能被 k 整除，则应打印输出 k 的值，并用 n 除以 k 的商，作为新的正整数 n，重复执行步骤（1）。

（3）如果 n 不能被 k 整除，则用 k+1 作为 k 的值，重复执行步骤（1）。

10.17.3　具体实现

编写实例文件 zhiyin.py，具体实现代码如下所示。

源码路径：daima\第 10 章\zhiyin.py

```
def main():
    n = int(input('Enter a number:'))
    print(n, '=',)

    while (n != 1):
        for i in range(2, n + 1):
            if (n % i) == 0:
                n //= i
                if (n == 1):
                    print('%d' % (i))
```

```
                else:
                        print('%d *' % (i),)

                break


if __name__ == "__main__":
main()
```

例如输入"123124324324134334"后会输出：

```
Enter a number:123124324324134334
123124324324134334 =
2 *
293 *
313 *
362107 *
1853809
```

第 11 章

经典算法问题的解决

本书前面讲解了算法在数学领域中的使用知识和具体用法。本章将详细讲解经典算法问题，包括常见的趣味问题。通过具体实例的实现过程，本章详细剖析各个经典算法问题的解决方法。

11.1 歌星大奖赛

11.1.1 问题描述

在歌星大奖赛中，有 10 个评委为参赛的选手打分，分数为 1~100 分。选手最后得分为：去掉一个最高分和一个最低分后，取其余 8 个分数的平均分。请编程实现上述计分功能。

11.1.2 具体实现

解这个问题的算法十分简单，但是要注意在程序中判断最大值、最小值的变量是如何赋值的。下面的实例文件 gexing.py 演示了解决歌星大奖赛问题的过程。

源码路径：daima\第 11 章\gexing.py

```python
def inputscore(num):
    i = True   # 判断输入的成绩是否合法
    while i:
        try:
            print
            '评委%d:' % num
            score = float(input('请输入成绩（0-100）: '))
            if score > 100 or score < 0:
                print('输入错误，请重新输入')
                i = True
            else:
                i = False
        except:
            print('输入错误，请重新输入')
            i = True
    return score

if __name__ == '__main__':
    sumscore = 0   # 求和
    maxscore = 0   # 记录最大成绩
    minscore = 100   # 记录最小成绩
    for i in range(10):
        intscore = inputscore(i + 1)
        sumscore += intscore
        if intscore > maxscore:
            maxscore = intscore
        elif intscore < minscore:
            minscore = intscore

    averagescore = (sumscore - maxscore - minscore) / 8.0   # 计算平均分
    print('去掉一个最高分%f，去掉一个最低分%f，本选手的最后得分是%f' % (maxscore, minscore, averagescore))
```

执行后会输出：

```
请输入成绩（0-100）: 67
请输入成绩（0-100）: 88
请输入成绩（0-100）: 55
请输入成绩（0-100）: 45
请输入成绩（0-100）: 89
请输入成绩（0-100）: 44
请输入成绩（0-100）: 67
请输入成绩（0-100）: 99
请输入成绩（0-100）: 78
请输入成绩（0-100）: 77
去掉一个最高分99.000000，去掉一个最低分44.000000，本选手的最后得分是70.750000
```

11.2　借　书　方　案

11.2.1　问题描述

小明有 5 本新书，要借给 A、B、C 三位小朋友。若每人每次只能借一本，则可以有多少种不同的借法？

11.2.2　算法分析

这实际上是一个排列问题，即求出从 5 本书中取 3 本书进行排列的方法的总数。首先对 5 本书从 1 到 5 进行编号，然后使用穷举法。假设 3 个人分别借这 5 本书中的一本，当 3 个人所借图书的编号都不相同时，就是满足题意的一种借阅方法。

11.2.3　具体实现

编写实例文件 jie.py，具体实现代码如下所示。

源码路径：dalma\第 11 章\jie.py

```
count = 0   # 记录第几种分法
print("假设五本书分别为1、2、3、4、5，主要借法有")

for a in range(1, 6):
        for b in range(1, 6):
                if a != b:
                        for c in range(1, 6):
                                if c != a and c != b:
                                        count += 1
                                        print("第%d种: A分到书%d,B分到书%d,C分到书%d" % (count, a, b, c))
```

执行后会输出：

```
假设五本书分别为1、2、3、4、5，主要借法有
第1种：A分到书1,B分到书2,C分到书3
第2种：A分到书1,B分到书2,C分到书4
第3种：A分到书1,B分到书2,C分到书5
第4种：A分到书1,B分到书3,C分到书2
第5种：A分到书1,B分到书3,C分到书4
第6种：A分到书1,B分到书3,C分到书5
第7种：A分到书1,B分到书4,C分到书2
第8种：A分到书1,B分到书4,C分到书3
第9种：A分到书1,B分到书4,C分到书5
第10种：A分到书1,B分到书5,C分到书2
第11种：A分到书1,B分到书5,C分到书3
第12种：A分到书1,B分到书5,C分到书4
第13种：A分到书2,B分到书1,C分到书3
第14种：A分到书2,B分到书1,C分到书4
第15种：A分到书2,B分到书1,C分到书5
第16种：A分到书2,B分到书3,C分到书1
第17种：A分到书2,B分到书3,C分到书4
第18种：A分到书2,B分到书3,C分到书5
第19种：A分到书2,B分到书4,C分到书1
第20种：A分到书2,B分到书4,C分到书3
第21种：A分到书2,B分到书4,C分到书5
第22种：A分到书2,B分到书5,C分到书1
第23种：A分到书2,B分到书5,C分到书3
第24种：A分到书2,B分到书5,C分到书4
第25种：A分到书3,B分到书1,C分到书2
第26种：A分到书3,B分到书1,C分到书4
第27种：A分到书3,B分到书1,C分到书5
第28种：A分到书3,B分到书2,C分到书1
第29种：A分到书3,B分到书2,C分到书4
第30种：A分到书3,B分到书2,C分到书5
第31种：A分到书3,B分到书4,C分到书1
```

第32种：A分到书3,B分到书4,C分到书2
第33种：A分到书3,B分到书4,C分到书5
第34种：A分到书3,B分到书5,C分到书1
第35种：A分到书3,B分到书5,C分到书2
第36种：A分到书3,B分到书5,C分到书4
第37种：A分到书4,B分到书1,C分到书2
第38种：A分到书4,B分到书1,C分到书3
第39种：A分到书4,B分到书1,C分到书5
第40种：A分到书4,B分到书2,C分到书1
第41种：A分到书4,B分到书2,C分到书3
第42种：A分到书4,B分到书2,C分到书5
第43种：A分到书4,B分到书3,C分到书1
第44种：A分到书4,B分到书3,C分到书2
第45种：A分到书4,B分到书3,C分到书5
第46种：A分到书4,B分到书5,C分到书1
第47种：A分到书4,B分到书5,C分到书2
第48种：A分到书4,B分到书5,C分到书3
第49种：A分到书5,B分到书1,C分到书2
第50种：A分到书5,B分到书1,C分到书3
第51种：A分到书5,B分到书1,C分到书4
第52种：A分到书5,B分到书2,C分到书1
第53种：A分到书5,B分到书2,C分到书3
第54种：A分到书5,B分到书2,C分到书4
第55种：A分到书5,B分到书3,C分到书1
第56种：A分到书5,B分到书3,C分到书2
第57种：A分到书5,B分到书3,C分到书4
第58种：A分到书5,B分到书4,C分到书1
第59种：A分到书5,B分到书4,C分到书2
第60种：A分到书5,B分到书4,C分到书3

11.3　捕鱼和分鱼

11.3.1　问题描述

某天夜里，*A*、*B*、*C*、*D*、*E* 五人一块去捕鱼，到第二天凌晨时都疲惫不堪，于是各自找地方睡觉。天亮了，*A* 第一个醒来，他将鱼分为 5 份，把多余的一条鱼扔掉，拿走自己的一份。*B* 第二个醒来，也将鱼分为 5 份，把多余的一条鱼扔掉，也拿走自己的一份。*C*、*D*、*E* 依次醒来，也按同样的方法拿走鱼。问他们合伙至少捕了多少条鱼？

11.3.2　算法分析

根据题意可知，总计对所有的鱼进行了 5 次平均分配，每次分配时的策略是相同的，即扔掉一条鱼后剩下的鱼正好分成 5 份，然后拿走自己的一份，余下 4 份。假定鱼的总数为 X，则 X 可以按照题目的要求进行 5 次分配：$X{-}1$ 后可被 5 整除，余下的鱼的条数为 $4\times(X{-}1)/5$。若 X 满足上述要求，则 X 就是题目的解。

11.3.3　具体实现

下面的实例文件 fen.py 演示了解决"捕鱼和分鱼"问题的过程。

源码路径：daima\第 11 章\fen.py

```
def xf(n):
  a=1
  b=a
  while 1:
   for i in range(n-1):
    a=(a-1)/n*(n-1)*1.0
   if (a-1)%n==0:
    return b
   b+=1
   a=b
```

```
print(xf(5))
```
执行后会输出：
```
3121
```

11.4　出售金鱼

11.4.1　问题描述

　　鱼商 A 将养的一缸金鱼分 5 次出售，第一次卖出全部的一半加 1/2 条；第二次卖出余下的三分之一加 1/3 条；第三次卖出余下的四分之一加 1/4 条；第四次卖出余下的五分之一加 1/5 条；最后卖出余下的 11 条。问原来的鱼缸中共有几条金鱼？

11.4.2　算法分析

　　题目中所有的鱼是分五次出售的，每次卖出的策略相同；第 j 次卖剩下的 $(j+1)$ 分之一再加 $1/(j+1)$ 条，第五次将第四次余下的 11 条全卖了。假定第 j 次鱼的总数为 x，则第 j 次留下 $x-(x+1)/(j+1)$ 条。

　　当第四次出售完毕时，应该剩下 11 条。若 x 满足上述要求，则 x 就是题目的解。

　　应当注意的是：$(x+1)/(j+1)$ 应满足整除条件。x 的初值可以从 23 开始，试探的步长为 2，因为 x 的值一定为奇数。

11.4.3　具体实现

　　编写实例文件 jinyu.py，具体实现代码如下所示。

源码路径：daima\第 11 章\jinyu.py

```
n = 11
while True:
    x = n
    for i in range(2, 5+1):
        x = x-(x/i+1/i)
    if x == 11:
        print(n)
        #####
        x = n
        for i in range(2, 5+1):
            m = x/i+1/i
            x = x - m
            print('%d: mai-->%d shend-->%d' %(i-1, m, x))
        #####
        break
    n = n + 1
```
执行后会输出：
```
59
1: mai-->30 shend-->29
2: mai-->10 shend-->19
3: mai-->5 shend-->14
4: mai-->3 shend-->11
```

11.5　平分七筐鱼

11.5.1　问题描述

　　A、B、C 三位渔夫出海打鱼，他们随船带了 21 个筐。返航时发现有 7 筐装满了鱼，还有 7

筐装了半筐鱼，另外 7 筐则是空的。由于他们没有秤，只好通过目测认为 7 个满筐鱼的重量是相等的，7 个半筐鱼的重量是相等的。在不将鱼倒出来的前提下，怎样将鱼和筐平分为 3 份？

11.5.2 算法分析

已知有 21 个筐、三个渔夫，那么每个渔夫应分到 7 个筐。而且 7 个筐装满了鱼（共 700 条），7 个筐装了一半的鱼（共 350 条），7 个筐没有鱼，又不能倒鱼，假设满的为 100 条，一半的为 50 条，空的为 0，那么每个渔夫应分到(7×100+7×50+7×0)/3=350 条鱼。先保证每个渔夫有 7 个筐，其中第一个筐放的是 100 条鱼，第二个筐放的是 50 条鱼，第三个筐里面没有鱼，共有如下几种可能。

```
[[1, 1, 5], [1, 2, 4], [1, 3, 3], [1, 4, 2], [1, 5, 1], [2, 1, 4], [2, 2, 3], [2, 3, 2], [2, 4, 1], [3, 1, 3], [3, 2, 2], [3, 3, 1], [4, 1, 2], [4, 2, 1], [5, 1, 1]]
```

根据上述关系，保证每个渔夫有鱼 350 条，共有如下几种可能。

```
[[1, 5, 1], [2, 3, 2], [3, 1, 3]]
```

最后求出满足筐数 7 且鱼有 350 条的几种可能。

```
[1, 5, 1] [3, 1, 3] [3, 1, 3]
[2, 3, 2] [2, 3, 2] [3, 1, 3]
[3, 1, 3] [2, 3, 2] [2, 3, 2]
[3, 1, 3] [1, 5, 1] [3, 1, 3]
[3, 1, 3] [2, 3, 2] [2, 3, 2]
[3, 1, 3] [3, 1, 3] [1, 5, 1]
```

11.5.3 具体实现

下面的实例文件 pingfen.py 演示了解决"平分七筐鱼"问题的过程。

源码路径：daima\第 11 章\pingfen.py

```python
x=[]
y=[]
for i in range(1,6):
    for j in range(1,6):
        k=7-i-j
        if k<=0:
            break
        else:
            x.append([i,j,k])
for yu in x:
    yu_sum=yu[0]*100+yu[1]*50+yu[2]*0
    if yu_sum==350:
        y.append(yu)
for yf1 in y:
    for yf2 in y:
        for yf3 in y:
            if yf1[0]+yf2[0]+yf3[0]==7 and yf1[1]+yf2[1]+yf3[1]==7:
                print(yf1,yf2,yf3)
```

执行后会输出：

```
[1, 5, 1] [3, 1, 3] [3, 1, 3]
[2, 3, 2] [2, 3, 2] [3, 1, 3]
[2, 3, 2] [3, 1, 3] [2, 3, 2]
[3, 1, 3] [1, 5, 1] [3, 1, 3]
[3, 1, 3] [2, 3, 2] [2, 3, 2]
[3, 1, 3] [3, 1, 3] [1, 5, 1]
```

11.6 绳子的长度和井深

11.6.1 问题描述

《九章算术》是我国现存最早的数学专著，其中第 8 章"方程"中的第 13 题是著名的"五家共井"问题，题目描述如下：

现在有 5 家共用一口井，甲、乙、丙、丁、戊这 5 家各有一条绳子提水（下面用文字表示每一家的绳子长度）：甲×2+乙=井深，乙×3+丙=井深，丙×4+丁=井深，丁×5+戊=井深，戊×6+甲=井深，求甲、乙、丙、丁、戊各家绳子的长度和井深（单位是米）。

11.6.2　算法分析

这种题目用的是五元一次方程组，具体解法如下所示。

设甲、乙、丙、丁、戊家中五根绳子的长度分别是 x、y、z、s、t，井的深度是 u，那么列出方程组

$$\begin{cases} 2x + y = u \\ 3y + z = u \\ 4z + s = u \\ 5s + t = u \\ 6t + x = u \end{cases}$$

求解上述方程组，得 $x=(265/721)\text{m}$，$y=(191/721)\text{m}$，$z=(148/721)\text{m}$，$s=(129/721)\text{m}$，$t=(76/721)\text{m}$，井深 u 为 1m。

11.6.3　具体实现

编写实例文件 jing.py，具体实现代码如下所示。

源码路径：daima\第 11 章\jing.py

```python
def fun():
    e = 0
    while True:
        e += 4
        a = 0
        while True:
            a += 5
            d = e + a / 5
            c = d + e / 4
            if c % 2 != 0 or d % 3 != 0:
                continue
            b = c + d / 3
            if b + c / 2 < a:
                break
            if b + c / 2 == a:
                deep = 2 * a + b
                print('a--> %d, b--> %d, c--> %d, d--> %d, e--> %d, deep--> %d' % (a,
                    b, c, d, e, deep))
                return a, b, c, d, e, deep


print(fun())
```

执行后会输出：

```
a--> 265, b--> 191, c--> 148, d--> 129, e--> 76, deep--> 721
(265, 191.0, 148.0, 129.0, 76, 721.0)
```

11.7　鸡兔同笼

11.7.1　问题描述

大约在 1500 年前，《孙子算经》中就记载了"鸡兔同笼"问题。题目描述如下：

如果将若干只鸡、兔放在一个笼子里，从上面数有 35 个头，从下面数有 94 只脚，求笼中有几只鸡和兔？

11.7.2 算法分析

由题目可知，鸡与兔一共有35只，如果把兔子的两只前脚用绳子捆起来，可看作一只脚，把两只后脚也用绳子捆起来，也可看作一只脚，从而可以把兔子当作两只脚的鸡。鸡与兔总的脚数是35只×2=70只，比题目中所说的94只要少94只−70只=24只。

现在，松开一只兔子脚上的绳子，脚的总数就会增加2，即70只+2只=72只，再松开一只兔子脚上的绳子，总的脚数又增加2……一直继续下去，直至增加24，因此兔子有24只÷2=12只，从而鸡有35只−12只=23只。

在解题时先假设全是鸡，于是根据鸡兔的总数就可以算出共有几只脚，把这样得到的脚数与题中给出的脚数做比较，看看差多少，每差2只脚就说明有1只兔子，将所差的脚数除以2，就可以算出共有多少只兔子。由此可以得出解鸡兔同笼题的基本关系式是：兔数＝（实际脚数−每只鸡脚数×鸡兔总数）÷（每只兔子脚数−每只鸡脚数）。同样，也可以假设全是兔子。

采用列方程的办法，设兔子的数量为 X，鸡的数量为 Y，则有

$$\begin{cases} X+Y=35 \\ 4X+2Y=94 \end{cases}$$

解得上述方程后得出兔子有12只，鸡有23只。

11.7.3 具体实现

编写实例文件 jitu.py，具体实现代码如下所示。

源码路径：daima\第11章\jitu.py

```
while True:
    try:
        sum = eval(input("请输入鸡和兔子脚的总数："))
        head = eval(input("请输入鸡和兔子头的总数："))

        if sum < 6:
            print("输入鸡和兔子脚的总数错误，请重新输入>>>")
        elif head < 2:
            print("输入鸡和兔子头的总数错误，请重新输入>>>")
        else:
            j = 0
            t = 0
            flag = False
            while j < head:
                j += 1
                t = head - j
                if (sum == (j * 2 + t * 4)):
                    print("有鸡%d只，有兔子%d只" % (j, t))
                else:
                    if flag == False:
                        flag = False
    except:
        print("能不能好好玩？")
```

执行后会输出：

```
请输入鸡和兔子脚的总数：94
请输入鸡和兔子头的总数：35
有鸡 23只，有兔子 12只
请输入鸡和兔子脚的总数：
```

11.8 汉 诺 塔

11.8.1 问题描述

本书前面的第3章中曾经讲解过汉诺（Hanoi）塔问题：古代有一个梵塔，塔内有3个座 A、

B、C，A 座上有 64 个圆盘，圆盘大小不等，大的在下，小的在上，如图 11-1 所示。有个和尚想把这 64 个圆盘从 A 座移到 B 座，但每次只允许移动一个圆盘，并且在移动过程中，3 个座上的圆盘始终保持大盘在下、小盘在上。在移动过程中可以利用 B 座，要求打印移动的步骤。

图 11-1　汉诺塔

11.8.2　算法分析

假设 A 上有 n 个圆盘，如果 $n=1$，将圆盘从 A 直接移动到 C 上。如果 $n=2$，则按以下步骤移动。

（1）将 A 上的 $n-1$（等于 1）个圆盘移到 B 上。

（2）再将 A 上的一个圆盘移到 C 上。

（3）最后将 B 上的 $n-1$（等于 1）个圆盘移到 C 上。

如果 $n=3$，则按以下步骤移动。

（1）将 A 上的 $n-1$（等于 2，令其为 n）个圆盘移到 B 上（借助于 C），步骤如下。

① 将 A 上的 $n-1$（等于 1）个圆盘移到 C 上。

② 将 A 上的一个圆盘移到 B 上。

③ 将 C 上的 $n-1$（等于 1）个圆盘移到 B 上。

（2）将 A 上的一个圆盘移到 C 上。

（3）将 B 上的 $n-1$（等于 2，令其为 $n`$）个圆盘移到 C 上（借助 A），步骤如下。

① 将 B 上的 $n-1$（等于 1）个圆盘移到 A 上。

② 将 B 上的一个圆盘移到 C 上。

③ 将 A 上的 $n-1$（等于 1）个圆盘移到 C 上。

到此，完成三个圆盘的移动过程。

从上面的分析可以看出，当 n 大于或等于 2 时，移动的过程可分解为如下 3 个步骤：

（1）把 A 上的 $n-1$ 个圆盘移到 B 上。

（2）把 A 上的一个圆盘移到 C 上。

（3）把 B 上的 $n-1$ 个圆盘移到 C 上；其中第一步和第三步是相似的。

当 $n=3$ 时，第一步和第三步又分解为类似的 3 步，即把 $n-1$ 个圆盘从一个塔移到另一个塔上，这里的 $n=n-1$。依此类推。

这显然是一个递归过程。

11.8.3　具体实现

下面的实例文件 jianhan.py 演示了解决哈诺塔问题的最简单方案的实现过程。

源码路径：daima\第 11 章\jianhan.py

```
# 汉诺塔
def move(n, a, buffer, c):
    if n == 1:
        print(a, "->", c)
        # return
    else:
        # 递归（线性）
```

```
        move(n - 1, a, c, buffer)
        move(1, a, buffer, c)   # 或者print(a,"->",c)
        move(n - 1, buffer, a, c)

move(2, "a", "b", "c")
```
执行后会输出：
```
a -> b
a -> c
b -> c
```

11.9　马踏棋盘

马踏棋盘也是一个经典的算法问题，是指用国际象棋的棋盘（8×8）让马在任何起始位置用走马的规则，无重复地踏遍所有的格子。也就是说，将马随机放在国际象棋 8×8 棋盘的某个方格中，马按照走棋规则进行移动。要求每个方格只进入一次，走遍棋盘上全部 64 个方格。编制非递归程序，求出马的行走路线，并按求出的行走路线，将数字 1, 2, …, 64 依次填入一个 8×8 的方阵中并输出。

11.9.1　使用递归法

1. 算法分析

（1）从起始点开始向下一个可走的位置走一步。

（2）以该位置为起始点，向下一步可走的位置走一步。

（3）继续循环，不断递归调用，直到走完 64 个方格。

（4）如果某个位置向 8 个方向都没有可走的点，则退回上一步，从上一个位置的下一个可走位置继续递归调用。

图 11-2 是一个 5×5 的棋盘。类似于迷宫问题，只不过此问题的解长度固定为 64。每到一格，就有[(−2,1),(−1,2),(1,2),(2,1),(2,−1),(1,−2),(−1,−2),(−2,−1)]顺时针 8 个方向可以选择。走到一格称为走了一步，把每一步看作元素，把 8 个方向看作这一步的状态空间。

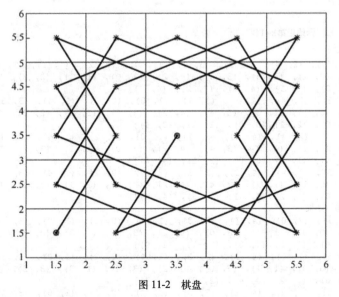

图 11-2　棋盘

2. 具体实现

下面的实例文件 ma.py 演示了解决马踏棋盘问题的过程。

源码路径：daima\第 11 章\ma.py

```
n = 5   # 8太慢了，改为5
p = [(-2, 1), (-1, 2), (1, 2), (2, 1), (2, -1), (1, -2), (-1, -2), (-2, -1)]   # 状态空
间，8个方向

entry = (2, 2)   # 出发点

x = [None] * (n * n)   # 一个解，长度固定为64，形如[(2,2),(4,3),...]
X = []   # 一组解


# 冲突检测
def conflict(k):
    global n, p, x, X

    # 步子x[k]超出边界
    if x[k][0] < 0 or x[k][0] >= n or x[k][1] < 0 or x[k][1] >= n:
        return True

    # 步子x[k]已经走过
    if x[k] in x[:k]:
        return True

    return False   # 无冲突


# 回溯法（递归版本）
def subsets(k):   # 到达第k个元素
    global n, p, x, X

    if k == n * n:   # 超出最末尾的元素
        print(x)
        # X.append(x[:])   # 保存（一个解）
    else:
        for i in p:   # 遍历元素x[k-1]的状态空间：8个方向
            x[k] = (x[k - 1][0] + i[0], x[k - 1][1] + i[1])
            if not conflict(k):   # 剪枝
                subsets(k + 1)


# 测试
x[0] = entry   # 入口
subsets(1)   # 开始走第k=1步
```

执行后会输出：

```
[(2, 2), (0, 3), (2, 4), (4, 3), (3, 1), (1, 0), (0, 2), (1, 4), (3, 3), (4, 1), (2,
        0), (0, 1), (1, 3), (3, 4), (4, 2), (3, 0), (1, 1), (2, 3), (0, 4), (1, 2),
        (0, 0), (2, 1), (4, 0), (3, 2), (4, 4)]
[(2, 2), (0, 3), (2, 4), (4, 3), (3, 1), (1, 0), (0, 2), (1, 4), (3, 3), (4, 1), (2,
        0), (0, 1), (1, 3), (3, 4), (4, 2), (3, 0), (1, 1), (2, 3), (4, 4), (3, 2),
        (4, 0), (2, 1),(0, 0), (1, 2), (0, 4)]
[(2, 2), (0, 3), (2, 4), (4, 3), (3, 1), (1, 0), (0, 2), (1, 4), (3, 3), (4, 1), (2,
        0), (0, 1), (1, 3), (3, 4), (4, 2), (3, 0), (1, 1), (3, 2), (4, 4), (2, 3),
        (0, 4), (1, 2),(0, 0), (2, 1), (4, 0)]
[(2, 2), (0, 3), (2, 4), (4, 3), (3, 1), (1, 0), (0, 2), (1, 4), (3, 3), (4, 1), (2,
        0), (0, 1), (1, 3), (3, 4), (4, 2), (3, 0), (1, 1), (3, 2), (4, 0), (2, 1),
        (0, 0), (1, 2),(0, 4), (2, 3), (4, 4)]
#中间省略部分输出结果
[(2, 2), (0, 1), (2, 0), (4, 1), (3, 3), (1, 4), (0, 2), (1, 0), (3, 1), (4, 3), (2,
        4), (0, 3), (1, 1), (3, 0), (4, 2), (3, 4), (1, 3), (3, 2), (4, 4), (2, 3),
        (0, 4), (1, 2),(0, 0), (2, 1), (4, 0)]
[(2, 2), (0, 1), (2, 0), (4, 1), (3, 3), (1, 4), (0, 2), (1, 0), (3, 1), (4, 3), (2,
        4), (0, 3), (1, 1), (3, 0), (4, 2), (3, 4), (1, 3), (3, 2), (4, 0), (2, 1),
        (0, 0), (1, 2),(0, 4), (2, 3), (4, 4)]
[(2, 2), (0, 1), (2, 0), (4, 1), (3, 3), (1, 4), (0, 2), (1, 0), (3, 1), (4, 3), (2,
        4), (0, 3), (1, 1), (3, 0), (4, 2), (3, 4), (1, 3), (2, 1), (4, 0), (3, 2),
        (4, 4), (2, 3),(0, 4), (1, 2), (0, 0)]
[(2, 2), (0, 1), (2, 0), (4, 1), (3, 3), (1, 4), (0, 2), (1, 0), (3, 1), (4, 3), (2,
        4), (0, 3), (1, 1), (3, 0), (4, 2), (3, 4), (1, 3), (2, 1), (0, 0), (1, 2),
```

```
                    (0, 4), (2, 3), (4, 4), (3, 2), (4, 0)]
```

11.9.2 贪婪、递归、迭代三种算法的对比

实例文件 youhua.py 的具体实现代码如下所示。

源码路径：daima\第11章\youhua.py

```python
import time

##棋盘长宽
X = Y = 5

##马可以选择走的步数
STEP = 8
##马可以选择走的方式
nextList = [(2, -1), (2, 1), (1, 2), (-1, 2), (-2, 1), (-2, -1), (-1, -2), (1, -2)]
##左下方逆时针

##出发点
startPoint=(2,0)

##初始化棋盘
chess=[[0 for j in range(Y)] for i in range(X)]

##打印棋盘
def printChess():
    for i in range(X):
        print(chess[i])
    print('over')

##判断下一步是否可走
def nextOk(point, i):
    nextp = (point[0] + nextList[i][0], point[1] + nextList[i][1])
    if 0 <= nextp[0] < X and 0 <= nextp[1] < Y and chess[nextp[0]][nextp[1]] == 0:
        return True, nextp
    else:
        return False, point

##获得下一步可走列表
def findNext(point):
    list = []
    for i in range(STEP):
        ok, pointn = nextOk(point, i)
        if ok:
            list.append(pointn)
    return list

##获得步数最少的下一步（贪婪算法）
def getBestNext(point, step):
    temp =X+1
    best = (-1, -1)

    list = findNext(point)
    lenp = len(list)
    for i in range(lenp):
        n = len(findNext(list[i]))
        if n < temp:
            if n > 0:
                temp = n
                best = list[i]
            elif n == 0 and step == X * Y:
                best = list[i]
    return best

##深度遍历，递归方式（速度很慢，对比方法）
def traverse(point, count):
    global sum_count
    if count > X * Y:
        return True
```

```
        for i in range(STEP):
            ok, nextp = nextOk(point, i)
            if ok:
                chess[nextp[0]][nextp[1]] = count
                result = traverse(nextp, count + 1)
                if result:
                    return True
                else:
                    chess[nextp[0]][nextp[1]] = 0
    return False

##迭代方式，贪婪算法
def traverseFast(point, step):
    chess[point[0]][point[1]] = step
    while 1:
        step += 1
        best = getBestNext(point, step)
        if best[0] == -1:
            return step
        else:
            chess[best[0]][best[1]] = step
            point = best
    return step

##测试递归方式
def testSlow():
    start = time.clock()
    chess[startPoint[0]][startPoint[1]]=1
    ok = traverse(startPoint,2)
    if ok:
        print('遍历成功')
    else:
        print('遍历失败')
    printChess()
    print('user_time==', time.clock() - start)

##测试贪婪算法
def testFast():
    start = time.clock()
    step = traverseFast(startPoint, 1)
    if step - 1 == X * Y:
        print('快速遍历成功')
    else:
        print('快速遍历失败')
    printChess()
    print('user_time==', time.clock() - start)

if __name__ == '__main__':
    testFast()
    chess = [[0 for j in range(Y)] for i in range(X)]
    testSlow()
```

执行后会输出：

```
youhua.py .遍历成功
[23, 12, 5, 10, 21]
[6, 17, 22, 13, 4]
[1, 24, 11, 20, 9]
[16, 7, 18, 3, 14]
[25, 2, 15, 8, 19]
over
user_time== 0.8940198638603446
.快速遍历失败
[23, 12, 5, 10, 21]
[6, 17, 22, 13, 4]
[1, 24, 11, 20, 9]
[16, 7, 18, 3, 14]
[25, 2, 15, 8, 19]
over
user_time== 0.0005369720442008896
```

11.10 三色球问题

11.10.1 问题描述

有红、黄、绿 3 种颜色的球，其中红球 3 个、黄球 3 个、绿球 6 个。现将这 12 个球混放在一个盒子中，从中任意摸出 8 个球，编程计算摸出的球的各种颜色搭配。

11.10.2 算法分析

这是一个排列组合问题。从 12 个球中任意摸出 8 个球，求颜色搭配的种类。解决这类问题的一种比较简单、直观的方法是使用穷举法，在可能的解空间中找出所有的搭配，然后根据约束条件加以排除，最终筛选出正确的答案。在本题中，因为是随便从 12 个球中摸取，一切都是随机的，所以每种颜色的球被摸到的可能个数如表 11-1 所示。

表 11-1 每种颜色的球被摸到的可能个数

红球	黄球	绿球
0，1，2，3	0，1，2，3	2，3，4，5，6

其中绿球不可能被摸到 0 个或 1 个。假设只摸到 1 个绿球，那么摸到的红球和黄球的总数一定为 7，而红球与黄球全部被摸到的总数才为 6，因此假设是不可能成立的。同理，绿球不可能被摸到 0 个。

可以对红、黄、绿三色球可能被摸到的个数进行排列，组合到一起而构成一个解空间，那么解空间的大小为 4×4×5=80 种颜色搭配组合。但是在这 80 种颜色搭配组合中，只有满足"红球数+黄球数+绿球数=8"这个条件的才是真正的答案，其余的搭配组合都不满足题目的要求。

11.10.3 具体实现

编写实例文件 sanse.py，具体实现代码如下所示。

源码路径：daima\第 11 章\sanse.py

```
print('red\tyellow\tblue')
for red in range(0, 4):
    for yellow in range(0, 4):
        for green in range(2, 7):
            if red + yellow + green == 8:
                # 注意，下边不是字符串拼接，因此不使用"+"
                print(red, '\t', yellow, '\t', green)
```

执行后会输出：

```
red     yellow  blue
0       2       6
0       3       5
1       1       6
1       2       5
1       3       4
2       0       6
2       1       5
2       2       4
2       3       3
3       0       5
3       1       4
3       2       3
3       3       2
```

11.11 计 算 年 龄

11.11.1 问题描述

张三、李四、王五、刘六的年龄是等差数列，他们四人的年龄相加是 26，相乘是 880，求以他们的年龄为前 4 项的等差数列的前 20 项。

11.12.2 算法分析

设数列的首项为 a，则前 4 项之和为（$4n+6a$），前 4 项之积为：

$$n(n+a)(n+a+a)(n+a+a+a)$$

同时，

$$1 \leqslant a \leqslant 4,\ 1 \leqslant n \leqslant 6$$

在此可以采用穷举法求出此数列。

11.11.3 具体实现

编写实例文件 nianling.py，具体实现代码如下所示。

源码路径：daima\第 11 章\nianling.py

```
def sum(a, k, n):
    s = a
    for i in range(1, n):
        s += a + i * k
    return s

def mul(a, k, n):
    s = a
    for i in range(1, n):
        s *= a + i * k
    return s


for a in range(1, 26 // 4):
    find = False
    k = 1
    while True:
        t = sum(a, k, 4)
        if t >= 26:
            if t == 26 and mul(a, k, 4) == 880:
                find = True
            break
        k += 1
    if find:
        for i in range(20):
            print(a + i * k,)
```

执行后会输出：

```
2
5
8
11
14
17
20
23
26
29
32
35
38
```

```
41
44
47
50
53
56
59
```

11.12 奇数幻方问题

11.12.1 问题描述

在一个由若干个排列整齐的数组成的正方形中，图中任意一横行、一纵行及对角线的几个数之和都相等，具有这种性质的图表称为"幻方"。我国古代称为"河图""洛书"，又叫"纵横图"。请编写一个程序，运行后输出如下纵横图数据。

```
8  1  6
3  5  7
4  9  2
```

11.12.2 具体实现

实例文件 hou.py 的具体实现代码如下所示。

源码路径：daima\第11章\hou.py

```
def fun(n):
    m = [[0] * n for i in range(n)]
    x, y = 0, n // 2
    m[x][y] = 1
    for k in range(2, n * n + 1):
        if x == 0 and y == n - 1:
            x1, y1 = x + 1, y
        elif x == 0:
            x1, y1 = n - 1, y + 1
        elif y == n - 1:
            x1, y1 = x - 1, 0
        else:
            x1, y1 = x - 1, y + 1
        x, y = (x + 1, y) if m[x1][y1] else (x1, y1)
        m[x][y] = k
    return m

print(fun(3))
```

执行后会输出：

```
[[8, 1, 6], [3, 5, 7], [4, 9, 2]]
```

11.13 常胜将军问题

11.13.1 问题描述

常胜将军问题是一道非常有意思的智力游戏趣题，大意如下：甲和乙两人玩抽取火柴的游戏，共有21根火柴。每个人每次最多取4根火柴，最少取1根火柴。如果某个人取到最后一根火柴，他就输了。甲让乙先抽取，结果每次都是甲赢。这是为什么呢？请编程演示常胜将军问题的各种解法。

11.13.2 算法分析

甲每次都赢，那么每次甲给乙只留下 1 根火柴，因为此时乙至少取 1 根火柴，这样才能保证甲常胜。由于乙先抽取，因此只要保证甲抽取的数量和乙抽取的数量之和为 5 即可。

11.13.3 具体实现

实例文件 chang.py 的具体实现代码如下所示。

源码路径：daima\第 11 章\chang.py

```python
import random
def fun(match):
    idx = 0
    while match > 1:
        idx += 1
        if idx % 2 == 1:
            gamer = 'A'
            choice = random.choice(range(1,5)) if match >= 5 else random.choice(range
                (1, match+1))
        else:
            gamer = 'B'
            if match > 5:
                for x in range(1, 5):
                    if (match - x) % 5 == 1:
                        choice = x
                        break
            else:
                choice = match - 1
        match -= choice
        print(gamer, choice, match)
    another = 'A' if gamer == 'B' else 'B'
    loser = gamer if match == 0 else another
    print('%s 胜利!' % loser)
fun(21)
```

执行后会输出：

```
A 3 18
B 2 16
A 4 12
B 1 11
A 2 9
B 3 6
A 2 4
B 3 1
A 胜利!
```

11.14 背 包 问 题

背包问题是在 1978 年由 Merkel 和 Hellman 提出的，主要思路是假设某人拥有大量物品，物品的重量都不相同。此人通过秘密地选择一部分物品，并将物品放到背包中来加密消息。背包中物品的重量是公开的，所有可能的物品也是公开的，但背包中装的物品种类是保密的。背包问题的题目要求是：给定一组物品，每种物品都有自己的重量和价格，在限定的总重量内，如何选择才能使物品的总价格最高。

11.14.1 使用动态规划法解决"背包"问题

1. 问题描述

假设一个包载重量为 m，有 n 个物品，重量为 w_i，价值为 v_i，$1 \leqslant i \leqslant n$，要求把物品装入背包，并使包内物品价值最大。

2. 算法分析

在背包问题中，物品要么被装入背包，要么不被装入背包。设置循环变量 i，前 i 个物品能够装入载重量为 j 的背包中。用 value[i][j]数组表示前 i 个物品能装入载重量为 j 的背包中物品的最大价值。如果 $w[i]>j$，第 i 个物品不装入背包；如果 $w[i]<=j$ 且第 i 个物品装入背包后的价值>value[$i-1$][j]，则记录当前最大价值（替换为第 i 个物品装入背包后的价值）。

3. 具体实现

实例文件 beibao.py 的具体实现代码如下所示。

源码路径：daima\第 11 章\beibao.py

```python
def bag(n, c, w, v):
    res = [[-1 for j in range(c + 1)] for i in range(n + 1)]
    for j in range(c + 1):
        res[0][j] = 0
    for i in range(1, n + 1):
        for j in range(1, c + 1):
            res[i][j] = res[i - 1][j]
            if j >= w[i - 1] and res[i][j] < res[i - 1][j - w[i - 1]] + v[i - 1]:
                res[i][j] = res[i - 1][j - w[i - 1]] + v[i - 1]
    return res


def show(n, c, w, res):
    print('最大价值为:', res[n][c])
    x = [False for i in range(n)]
    j = c
    for i in range(1, n + 1):
        if res[i][j] > res[i - 1][j]:
            x[i - 1] = True
            j -= w[i - 1]
    print('选择的物品为:')
    for i in range(n):
        if x[i]:
            print('第', i, '个,', end='')
    print('')


if __name__ == '__main__':
    n = 5
    c = 10
    w = [2, 2, 6, 5, 4]
    v = [6, 3, 5, 4, 6]
    res = bag(n, c, w, v)
    show(n, c, w, res)
```

执行后会输出：

```
最大价值为: 15
选择的物品为:
第 0 个,第 1 个,第 4 个,
```

11.14.2 使用递归法解决"背包"问题

1. 问题描述

给定 N 个物品和一个背包。物品 i 的重量是 W_i，价值为 V_i，背包的容量为 C。应该如何选择装入背包的物品，使得放入背包的物品的总价值最大？

2. 算法分析

放入背包的物品，是 N 个物品的所有子集的其中之一。N 个物品中的每一个物品都有选择、不选择两种状态。因此，只需要对每一个物品的这两种状态进行遍历。解是一个长度固定的 N 元（0,1）数组。

3. 具体实现

下面的实例文件 bei.py 演示了使用递归法解决背包问题的过程。

源码路径：daima\第 11 章\bei.py

```python
n = 3  # 物品数量
c = 30  # 包的载重量
w = [20, 15, 15]  # 物品重量
v = [45, 25, 25]  # 物品价值


maxw = 0   # 符合条件的能装载的最大重量
maxv = 0   # 符合条件的能装载的最大价值
bag = [0, 0, 0]  # 一个解（n元（0，1）数组），长度固定为n
bags = []  # 一组解
bestbag = None  # 最佳解


# 冲突检测
def conflict(k):
    global bag, w, c

    # bag内的前k个物品已超重，则冲突
    if sum([y[0] for y in filter(lambda x: x[1] == 1, zip(w[:k + 1], bag[:k + 1]))]) > c:
        return True

    return False


# 套用子集树模板
def backpack(k):  # 到达第k个物品
    global bag, maxv, maxw, bestbag

    if k == n:  # 超出最后一个物品，判断结果是否最优
        cv = get_a_pack_value(bag)
        cw = get_a_pack_weight(bag)

        if cv > maxv:  # 价值大的优先
            maxv = cv
            bestbag = bag[:]

        if cv == maxv and cw < maxw:  # 价值相同，重量轻的优先
            maxw = cw
            bestbag = bag[:]
    else:
        for i in [1, 0]:  # 遍历两种状态[选取为1,不选取为0]
            bag[k] = i  # 因为解的长度是固定的
            if not conflict(k):  # 剪枝
                backpack(k + 1)


# 根据一个解，计算重量
def get_a_pack_weight(bag):
    global w

    return sum([y[0] for y in filter(lambda x: x[1] == 1, zip(w, bag))])


# 根据一个解，计算价值
def get_a_pack_value(bag):
    global v

    return sum([y[0] for y in filter(lambda x: x[1] == 1, zip(v, bag))])


# 测试
backpack(0)
print(bestbag, get_a_pack_value(bestbag))
```

执行后会输出：

```
[0, 1, 1] 50
```

11.15 野人与传教士问题

11.15.1 问题描述

在河的左岸有 N 个传教士、N 个野人和一条船，传教士想用这条船把所有人都运过河去，但有以下条件限制：

- ❑ 传教士和野人都会划船，但船每次最多只能运 M 个人；
- ❑ 在任何岸边以及船上，野人数目都不能超过传教士人数，否则传教士会被野人吃掉。

假设野人会服从任何一种过河安排，请规划出一个确保传教士安全过河的计划。

11.15.2 算法分析

大多数解决方案是用左岸的传教士人数和野人数目以及船的位置这样一个三元组作为状态，进行考虑。下面我们换一种考虑思路，只考虑船的状态。

- ❑ 船的状态：(x, y)，x 表示船上 x 个传教士，y 表示船上 y 个野人，其中 $|x| \in [0, m]$，$|y| \in [0, m]$，$0 < |x| + |y| <= m$，$x*y \geqslant 0$，$|x| \geqslant |y|$。船从左岸到右岸时，x 和 y 取非负数。船从右岸到左岸时，x 和 y 取非正数。
- ❑ 解的编码：$[(x_0, y_0), (x_1, y_1), ..., (x_p, y_p)]$。其中 $x_0 + x_1 + \cdots + x_p = N$，$y_0 + y_1 + \cdots + y_p = N$。解的长度不固定，但一定为奇数。
- ❑ 开始时左岸 (N, N)、右岸 $(0, 0)$。最终时左岸 $(0, 0)$、右岸 (N, N)。由于船的合法状态是动态的、二维的，因此使用函数 get_states() 来专门生成其状态空间，使得主程序更加清晰。

11.15.3 具体实现

下面的实例文件 ye.py 演示了解决野人与传教士问题的过程。

源码路径：daima\第 11 章\ye.py

```
n = 3    # n个传教士、n个野人
m = 2    # 船能载m人

x = []    # 一个解，就是船的一系列状态
X = []    # 一组解

is_found = False    # 全局终止标志


# 计算船的合法状态空间（二维）
def get_states(k):    # 船准备跑第k趟
    global n, m, x

    if k % 2 == 0:    # 从左岸到右岸，只考虑原左岸人数
        s1, s2 = n - sum(s[0] for s in x), n - sum(s[1] for s in x)
    else:    # 从右岸到左岸，只考虑原右岸人数（将船的历史状态累加可得!!!）
        s1, s2 = sum(s[0] for s in x), sum(s[1] for s in x)

    for i in range(s1 + 1):
        for j in range(s2 + 1):
            if 0 < i + j <= m and (i * j == 0 or i >= j):
                yield [(-i, -j), (i, j)][k % 2 == 0]    # 生成船的合法状态

# 冲突检测
def conflict(k):    # 船开始跑第k趟
    global n, m, x
```

```
    # 若船上载的人与上一趟一样（会陷入死循环！！！！）
    if k > 0 and x[-1][0] == -x[-2][0] and x[-1][1] == -x[-2][1]:
        return True

    # 任何时候，船上传教士人数少于野人数目，或者无人，或者超载（计算船的合法状态空间时已经考虑到）
    # if 0 < abs(x[-1][0]) < abs(x[-1][1]) or x[-1] == (0, 0) or abs(sum(x[-1])) > m:
    #     return True

    # 任何时候，左岸传教士人数少于野人
    if 0 < n - sum(s[0] for s in x) < n - sum(s[1] for s in x):
        return True

    # 任何时候，右岸传教士人数少于野人
    if 0 < sum(s[0] for s in x) < sum(s[1] for s in x):
        return True

    return False  # 无冲突

# 回溯法
def backtrack(k):  # 船准备跑第k趟
    global n, m, x, is_found

    if is_found: return   # 终止所有递归
    if n - sum(s[0] for s in x) == 0 and n - sum(s[1] for s in x) == 0:  # 左岸人数全为0
        print(x)
        is_found = True
    else:
        for state in get_states(k):  # 遍历船的合法状态空间
            x.append(state)
            if not conflict(k):
                backtrack(k + 1)  # 深度优先
            x.pop()  # 回溯

# 测试
backtrack(0)
```

执行后会输出：

```
[(0, 2), (0, -1), (0, 2), (0, -1), (2, 0), (-1, -1), (2, 0), (0, -1), (0, 2), (0, -1),
(0, 2)]
```

11.16 三色旗问题

11.16.1 问题描述

假设有一条绳子，上面有多个红、白、蓝 3 种颜色的旗子，刚开始绳子上的旗子颜色并没有顺序，若将之分类，并排列为蓝、白、红的顺序，如何移动次数才会最少，注意只能在绳子上进行这个动作，而且一次只能调换两个旗子。

11.16.2 算法分析

在一条绳子上移动，在程序中就意味着只能使用一个阵列，而不使用其他的阵列辅助。解决问题的方法很简单，可以想象自己在移动旗子，从绳子开头进行，遇到蓝色往前移，遇到白色留在中间，遇到红色往后移，如图 11-3 所示。

要想让移动次数最少，需要一些技巧：W 所在的位置为白色，则 $W+1$，表示未处理的部分移至白色群组。如果 W 所在的位置为蓝色，则 B 与 W 的元素对调，而 B 与 W 必须各加 1，表示两个群组都多了一个元素。如果 W 所在的位置是红色，则 W 与 R 交换，但 R 要减 1，表示未处理的部分减 1。注意 B、W、R 并不是三色旗的个数，它们只是移动的指标；究竟什么时候移动结束呢？开始时未处理的 R 指标等于旗子的总数，当 R 的索引数减至少于 W 的索引数时，表示接下来的旗子就都是红色了，此时就可以结束移动，如图 11-4 所示。

图 11-3 三色旗子最初的排列

图 11-4 移动结束

11.16.3 具体实现

编写实例文件 qi.py，具体实现代码如下所示。

源码路径：daima\第 11 章\qi.py

```python
import random
def fun(l):
    count = 0
    a = l.count(0)
    b = a + l.count(1)
    k1 = a
    k2 = len(l) - 1

    # 把第一个区域全部交换成白色
    for i in range(a):
        if l[i] == 0:
            continue

        if l[i] == 1:
            while l[k1] != 0: k1 += 1
            k = k1
        elif l[i] == 2:
            while l[k2] != 0: k2 -= 1
            k = k2
        l[k] = l[i]
        l[i] = 0
        count += 1

    # 把第二个区域全部交换成红色
    k = len(l) - 1
    for i in range(a, b):
        if l[i] == 2:
            while l[k] != 1: k -= 1
            l[k] = l[i]
            l[i] = 1
            count += 1
    return count


t = [random.choice([0, 1, 2]) for i in range(30)]
print(t)
steps = fun(t)
print(t, steps)
```

执行后会输出：

```
[2, 0, 0, 0, 0, 2, 2, 0, 2, 1, 2, 1, 2, 0, 1, 1, 1, 1, 2, 0, 0, 0, 2, 2, 2, 0, 2, 0, 0, 0]
[0, 0, 0, 0, 0, 0, 0, 0, 0, 0, 0, 0, 0, 0, 1, 1, 1, 1, 1, 1, 2, 2, 2, 2, 2, 2, 2, 2, 2, 2] 9
```

11.17 猴 子 分 桃

11.17.1 问题描述

话说花果山水帘洞有 5 只聪明的猴子，有一天它们得到了一堆桃子，它们发现那堆桃子不能均匀分成 5 份，于是猴子们决定先去睡觉，明天再讨论如何分配。夜深人静的时候，猴子 A 偷偷起来，吃掉了一个桃子后，发现余下的桃子正好可以平均分成 5 份，于是拿走了一份；接着猴子 B 也起来偷吃了一个，结果也发现余下的桃子恰好可以平均分成 5 份，于是也拿走了一份；后面的猴子 C、D、E 如法炮制，先偷吃一个，再将余下的桃子平均分成 5 份并拿走自己的一份。

请编写一个 Python 程序，计算这一堆桃子至少有几个。

11.17.2 算法分析

（1）设桃子总数为 N，先借 4 个，总数为 $N+4$ 个，分成 5 份，每份相同。

（2）经过第（1）步后，剩下 $4(N+4)/5$ 个。

（3）经过第（2）步后，剩下 $4^2(N+4)/5^2$ 个。

（4）经过第（3）步后，剩下 $4^3(N+4)/5^3$ 个。

（5）经过第（4）步后，剩下 $4^4(N+4)/5^4$ 个。

（6）经过第（5）步后，剩下 $4^5(N+4)/5^5$ 个。

显然，$4^5(N+4)/5^5$ 为整数，因为 4^5 和 5^5 互质，$(N+4)$ 肯定能被 5^5 整除，所以 $N=5^5K-4(K=1，2，3，\cdots)$，当 $K=1$ 时，N 为最小值，结果为 $5^5-4=3121$。实际上，只需要往桃堆添加四个桃，就会发现，实际上每次猴子都是拿走桃堆的五分之一（包括吃掉的），然后就是一个公比为 5/4 的等比数列。

11.17.3 具体实现

实例文件 houzi.py 的具体实现代码如下所示。

源码路径：daima\第 11 章\houzi.py

```python
def show(n):
    for i in range(1, 6):
        t = (n - 1) / 5
        print('%d. 总数%d个，第%i只猴吃一个，拿走%s个。' % (i, n, i, t))
        n = 4 * t


def fun():
    k = 1
    while True:
        t = k
        # 当前面那只猴子拿走tc，吃拿之前总量应为 5 * tc + 1
        # 前面那只猴子拿走tp，则有 4 * tp = 5 * tc + 1
        for i in range(4):
            t = 5 * t + 1
            if t % 4: break
            t /= 4
        else:
            print(5 * t + 1)

            show(5 * t + 1)
            # 我们只找最小整数解
            break
        k += 1

fun()
```

执行后会输出：

```
3121.0
1. 总数3121个，第1只猴吃一个，拿走624.0个。
2. 总数2496个，第2只猴吃一个，拿走499.0个。
3. 总数1996个，第3只猴吃一个，拿走399.0个。
4. 总数1596个，第4只猴吃一个，拿走319.0个。
5. 总数1276个，第5只猴吃一个，拿走255.0个。
```

11.18 将老师随机分配到办公室

11.18.1 问题描述

定义如下两个列表：

```
teachers=['a','b','c','d','e','f','g','h','j','k','m']
offices=[[],[],[],[]]
```

请编写一个 Python 程序，将 teachers 中的 11 名老师随机分配到 offices 中的 4 个办公室，要求每个办公室保证至少分配两名老师。

11.18.2 具体实现

实例文件 zuowei.py 的具体实现代码如下所示。

源码路径：daima\第 11 章\zuowei.py

```python
import random

teachers = ['a', 'b', 'c', 'd', 'e', 'f', 'g', 'h', 'j', 'k', 'm']

offices = [[], [], [], []]


class Office:
    def __init__(self, num):
        self.teachers_list = []
        self.num = num

    def add(self, x):
        self.teachers_list.append(x)

    def ret(self):
        return self.teachers_list

    def __str__(self):
        return str(self.num)


# 调用系统时间，实现随机数
random.seed()

# 一共3种情况:
# 3 3 3 2 = 11
# 4 2 3 2 = 11
# 5 2 2 2 = 11
case_index = random.randrange(1, 4)
offices_list = []
if case_index == 1:
    # 3 3 3 2
    for e in [3, 3, 3, 2]:
        offices_list.append(Office(e))
elif case_index == 2:
    # 4 2 3 2
    for e in [4, 3, 2, 2]:
        offices_list.append(Office(e))
else:
    # 5 2 2 2
    for e in [5, 2, 2, 2]:
        offices_list.append(Office(e))

# 打乱顺序
random.shuffle(offices_list)

print("办公室随机分配名额如下：")
for office in offices_list:
    print(office, end=" ")

print()
print("开始分配老师：")
# 分配老师
for teacher in teachers:
    while True:
        index = random.randrange(0, len(offices))
        office = offices_list[index]
```

```
        if len(office.teachers_list) >= office.num:
            continue
        office.add(teacher)
        break

for i in range(len(offices_list)):
    office = offices_list[i]
    offices[i] = office.ret()
    print(offices[i])
```

因为是随机的，所以每次执行结果都不同，例如在作者机器上执行后会输出：

```
办公室随机分配名额如下：
5 2 2 2
开始分配老师：
['c', 'f', 'j', 'k', 'm']
['d', 'e']
['a', 'b']
['g', 'h']
```

11.19　龙 的 世 界

11.19.1　问题描述

在"龙的世界"游戏中，龙在洞穴中装满了宝藏。有些龙很友善，愿意与你分享宝藏；而另外一些龙则很凶残，会吃掉闯入它们的洞穴的任何人。玩家站在两个洞前，一个山洞住着友善的龙，另一个山洞住着饥饿的龙。玩家必须从这两个山洞之间选择一个进入。

11.19.2　具体实现

在下面的实例文件 dragon.py 中实现了"龙的世界"游戏，具体实现代码如下所示。

源码路径：daima\第 11 章\dragon.py

```python
import random
import time

def displayIntro():
    print('''这里是龙的世界，龙在洞穴中装满了宝藏。有些龙很友善，愿意与你分享宝藏；
而另外一些龙则很凶残，会吃掉闯入它们的洞穴的任何人。玩家站在两个洞前，一个山洞住着友善的龙，
另一个山洞住着饥饿的龙。玩家必须从这两个山洞之间选择一个进入。''')
    print()

def chooseCave():
    cave = ''
    while cave != '1' and cave != '2':
        print('你选择进入哪个洞穴？ ？(1 or 2)')
        cave = input()

    return cave

def checkCave(chosenCave):
    print('你正在慢慢靠近这个山洞……')
    time.sleep(2)
    print('十分黑暗、阴暗，一片混沌……')
    time.sleep(2)
    print('突然一条巨龙跳了出来，张开了巨大的嘴巴……')
    print()
    time.sleep(2)

    friendlyCave = random.randint(1, 2)

    if chosenCave == str(friendlyCave):
        print('然后充满微笑地给你宝藏！')
    else:
        print('然后一口把你吃掉！')
```

```
playAgain = 'yes'
while playAgain == 'yes' or playAgain == 'y':
    displayIntro()
    caveNumber = chooseCave()
    checkCave(caveNumber)

    print('你还想再玩一次吗？ (yes or no)')
    playAgain = input()
```

在上述代码中，函数 chooseCave()用于询问玩家想要进入哪个洞穴，是 1 号洞穴还是 2 号洞穴。在具体实现时，使用一条 while 语句来请玩家选择一个洞穴，while 语句标志着 while 循环的开始。for 循环会循环一定的次数，而 while 循环只要某个条件为 True 就会一直重复。函数 chooseCave()需要确定玩家输入的是 1 还是 2，而不是任何其他内容。这里会有一个循环来持续询问玩家，直到他们输入两个有效答案中的一个为止，这就是所谓的输入验证（input validation）。执行后会输出：

```
这里是龙的世界，龙在洞穴中装满了宝藏。有些龙很友善，愿意与你分享宝藏；
而另外一些龙则很凶残，会吃掉闯入它们的洞穴的任何人。玩家站在两个洞前，一个山洞住着友善的龙，
另一个山洞住着饥饿的龙。玩家必须从这两个山洞之间选择一个进入。

你选择进入哪个洞穴？ ？ (1 or 2)
1
你正在慢慢靠近这个山洞……
十分黑暗、阴暗，一片混沌……
突然一条巨龙跳了出来，张开了巨大的嘴巴……

然后充满微笑地给你宝藏！
你还想再玩一次吗？ (yes or no)
```

11.20 凯撒密码游戏

11.20.1 问题描述

凯撒密码是一种代换密码机制，据说凯撒是率先使用加密函的古代将领之一，因此这种加密方法被称为凯撒密码。凯撒密码作为一种最为古老的对称加密体制，在古罗马的时候就已经很流行，基本思想是：通过把字母移动一定的位数来实现加密和解密。明文中的所有字母都在字母表中向后（或向前）按照固定数目进行偏移后，被替换成密文。例如，当偏移量是 3 的时候，所有的字母 A 将被替换成 D、B 变成 E，以此类推，X 将变成 A、Y 变成 B、Z 变成 C。由此可见，位数就是凯撒密码加密和解密的密钥。

11.20.2 算法分析

上面的描述很容易理解，假设我们对字母表中的每个字母，用它之后的第 3 个（或第 *n* 个）字母代换，那么过程如下。

- ❑ 明文：a b c d e f g h i j k l m n o p q r s t u v w x y z。
- ❑ 密文：D E F G H I J K L M N O P Q R S T U V W X Y Z A B C。
- ❑ 明文：meet me after the toga party。
- ❑ 密文：PHHW PH DIWHU WKH WRJD SDUWB。

11.20.3 具体实现

下面的实例文件 code.py 演示了实现凯撒密码游戏的过程，具体实现代码如下所示。

源码路径：daima\第 11 章\code.py

```
letter_list='ABCDEFGHIJKLMNOPQRSTUVWXYZ';

#加密函数
def Encrypt(plaintext,key):
```

```
            ciphertext='';
            for ch in plaintext:    #遍历明文
                    if ch.isalpha():
                            #明文是否为字母，如果是，判断大小写，分别进行加密
                            if ch.isupper():
                                    ciphertext+=letter_list[(ord(ch)-65+key) % 26]
                            else:
                                    ciphertext+=letter_list[(ord(ch)-97+key) % 26].lower()
                    else:
                            #如果不为字母，直接添加到密文字符里
                            ciphertext+=ch
            return ciphertext

#解密函数
def Decrypt(ciphertext,key):
        plaintext='';
        for ch in ciphertext:
                if ch.isalpha():
                        if ch.isupper():
                                plaintext+=letter_list[(ord(ch)-65-key) % 26]
                        else:
                                plaintext+=letter_list[(ord(ch)-97-key) % 26].lower()
                else:
                        plaintext+=ch
        return plaintext


user_input=input('加密请按D，解密请按E：');
while(user_input!='D' and user_input!='E'):
        user_input=input('输入有误，请重新输入：')

key=input('请输入密钥：')
while(int(key.isdigit()==0)):
        key=input('输入有误，密钥为数字，请重新输入：')

if user_input =='D':
        plaintext=input('请输入明文：')
        ciphertext=Encrypt(plaintext,int(key))
        print ('密文为: \n%s' % ciphertext )
else:
        ciphertext=input('请输入密文：')
        plaintext=Decrypt(ciphertext,int(key))
        print ( '明文为:\n%s\n' % ciphertext )
```

执行后会输出：

```
加密请按D，解密请按E：d
输入有误，请重新输入：D
请输入密钥：12
请输入明文：I LOVE YOU
密文为：
U XAHQ KAG
```

第 12 章

图 像 问 题

经过对本书前面两章内容的学习，你了解了用算法解决数学问题和趣味问题的知识和具体用法。本章将详细讲解算法在图像问题中的解题作用，通过具体实例的实现过程来详细剖析各个知识点的使用方法。

12.1　生　命　游　戏

12.1.1　问题描述

生命游戏是英国数学家约翰·何顿·康威在 1970 年发明的细胞自动机，最初于 1970 年 10 月在《科学美国人》杂志中马丁·加德纳的"数学游戏"专栏中出现。

生命游戏是一个零玩家游戏，包括一个二维矩形世界，这个世界的每个方格中居住着一个活着或死了的细胞。一个细胞在下一时刻的生死取决于相邻八个方格中活着或死了的细胞的数量。如果相邻方格中活着的细胞数量过多，这个细胞会因为资源匮乏而在下一个时刻死去；相反，如果周围活细胞过少，这个细胞会因太孤单而死去。实际中，可以设定周围活细胞的数目怎样时才适宜该细胞的生存。如果这个数目设定过高，这个世界中的大部分细胞会因为找不到太多活着的邻居而死去，直到整个世界都没有生命；如果这个数目设定过低，这个世界中又会被生命充满而没有什么变化。实际中，这个数目一般选取 2 或 3；这样整个生命世界才不至于太过荒凉或拥挤，而是形成一种动态的平衡。这样的话，游戏的规则就是：当一个方格周围有 2 个或 3 个活细胞时，方格中的活细胞在下一时刻继续存活；即使这个时刻方格中没有活细胞，在下一时刻也会"诞生"活细胞。在这个游戏中，还可以设定一些更加复杂的规则，例如当前方格的状况不仅由父一代决定，而且还考虑祖父一代的情况。你可以作为这个世界的上帝，随意设定某个方格中细胞的死活，以观察对世界的影响。

12.1.2　算法分析

可以将这个问题分解为如下两部分来各个击破。

（1）用什么方式表示某时刻有哪些细胞是活的？

一种简单的想法是用一个二维数组将某时刻所有细胞的状态都记录下来，不过这样的内存开销太大，同时又给细胞网格设定了界限，而且效率也并不高。

比较好的做法是用线性表 int list[][2] 来记录某时刻所有活细胞的坐标，同时用整数 n 记录当前活细胞的数量。

（2）如何从某时刻的状态推导出下一时刻有哪些细胞是活的？

根据规则，显然某时刻某个细胞是否活着完全取决于前一时刻周围有多少活着的细胞，以及该时刻这个细胞是否活着。因此，推导下一时刻状态时，根据当前 list 中的活细胞，首先可以得到该时刻有哪些细胞与活细胞相邻，然后可以进一步得知这些细胞在该时刻与多少个活细胞相邻，并且可以知道下一时刻有哪些细胞是活的。在具体实现时，需要一个能够存储坐标并给每个坐标附带一个计数器（记录该坐标的细胞与多少个活细胞相邻）和一个标志（0 或 1，表示当前该坐标的细胞是活是死）的容器 T。容器 T 的功能是检查某个坐标是否在其中，以及向其中添加带有某个标志的某个坐标，并将该坐标的计数器清零，以及将某个坐标的计数器累计。

12.1.3　具体实现

下面的实例文件 shengming.py 演示了解决"生命游戏"问题的过程。

源码路径：daima\第 12 章\shengming.py

```
LIVE = '#'
DEAD = ' '

class GameOfLifeWorld:

    width = 100
```

```
        height = 100
        cells = []


    def __init__(self, width, height):
        self.width = width
        self.height = height

    def InitRandom(self):
        self.cells = [[LIVE if random.random() > 0.8 else DEAD for i in range(self.width)]
                         for j in range(self.height)]

    def TryGetCell(self, h, w):
        return self.cells[min(h, self.height - 1)][min(w, self.width - 1)]

    def GetNearbyCellsCount(self, h, w):
        nearby = [self.TryGetCell(h + dy, w + dx) for dx in [-1, 0, 1]
                     for dy in [-1, 0, 1] if not (dx == 0 and dy == 0)]
        return len(list(filter(lambda x: x == LIVE, nearby)))

    def GetNewCell(self, h, w):
        count = self.GetNearbyCellsCount(h, w)
        return LIVE if count == 3 else (DEAD if count < 2 or count > 3 else self.cells[h][w])

    def Update(self):
        self.cells = [[self.GetNewCell(h, w) for w in range(self.width)]
                         for h in range(self.height)]

width = 100
height = 100
mainForm = None
canvas = None
cellSize = 5
world = None


def PrintScreen():
    global canvas
    for h in range(height):
        for w in range(width):
            tag_pos = '%d_%d' % (h, w)
            if world.cells[h][w] == LIVE:
                found = canvas.find_withtag(tag_pos)
                if len(found) == 0:
                    canvas.create_rectangle(w * cellSize, h * cellSize, (w + 1) *
                        cellSize, (h + 1) * cellSize, fill='blue', tags=('cell',
                        tag_pos))
            else:
                canvas.delete(tag_pos)


def Update():
    world.Update()


def Loop():
    Update()
    PrintScreen()


def BtnNext_OnClick():
    Loop()


def StartTimer():
    Loop()
    global timer
    timer = threading.Timer(1, StartTimer)
    timer.start()
```

```
def Start():
    global mainForm
    mainForm = Tk()
    size = '%dx%d' % (width * cellSize, height * cellSize + 50)
    mainForm.geometry(size)
    global canvas

    canvas = Canvas(mainForm, bg='black', width=width *
                     cellSize, height=height * cellSize)
    canvas.grid(row=0, column=0)

    Button(mainForm, text='Next', command=BtnNext_OnClick).grid(row=1, column=0)

    global world
    world = GameOfLifeWorld(width, height)
    world.InitRandom()
    PrintScreen()

    StartTimer()

    mainForm.mainloop()


timer = threading.Timer(1, StartTimer)

if __name__ == "__main__":
    Start()
```

执行结果如图 12-1 所示。

图 12-1　执行结果

12.2　黑白棋问题

12.2.1　问题描述

黑白棋（Reversi）问题也是一个经典的算法问题，黑白棋在西方国家和日本很流行。游戏通过相互翻转（手动反转棋盘上的棋子）对方的棋子，最后以棋盘上谁的棋子多来判断胜负。黑白棋的游戏规则非常简单，因此上手很容易，但是变化又非常复杂。有一种说法是对它很好的描述：只需要几分钟学会它，却需要一生的时间去精通它。黑白棋的棋盘是一个有 8×8 方格的棋盘。下棋时将棋下在空格中间，而不是像围棋一样下在交叉点。在游戏开始时，在棋盘正中有两白两黑四个棋子交叉放置，游戏规定总是黑棋先下子。

请用 Python 语言编写一个黑白棋（Reversi）人机对战程序。

12.2.2 算法分析

黑白棋是一款在棋盘上玩的游戏，将使用带有 x 和 y 轴坐标的笛卡儿坐标系来实现。有一个 8×8 的游戏板，一方的棋子是黑色的，另一方的棋子是白色的（在我们游戏中分别使用 O 和 X 来代替这两种颜色）。开始的时候，棋盘界面如图 12-2 所示。

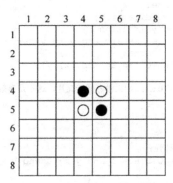

图 12-2 棋盘中最初分别有两个黑子和两个白子

12.2.3 具体实现

实例文件 Reversi.py 的主要实现代码如下所示。

源码路径：daima\第 12 章\Reversi.py

```
import random
import sys
WIDTH = 8  # Board is 8 spaces wide
HEIGHT = 8 # Board is 8 spaces tall
def drawBoard(board):
    # This function prints the board that it was passed. Returns None.
    print('  12345678')
    print(' +--------+')
    for y in range(HEIGHT):
        print('%s|' % (y+1), end='')
        for x in range(WIDTH):
            print(board[x][y], end='')
        print('|%s' % (y+1))
    print(' +--------+')
    print('  12345678')

def getNewBoard():
    # Creates a brand-new, blank board data structure.
    board = []
    for i in range(WIDTH):
        board.append([' ', ' ', ' ', ' ', ' ', ' ', ' ', ' '])
    return board

def isValidMove(board, tile, xstart, ystart):
    # 如果玩家在空间x上移动，则y无效，返回false。如果是有效的移动，
    # 则返回一个空格列表；如果玩家在这里移动，它们会变成玩家的列表
    if board[xstart][ystart] != ' ' or not isOnBoard(xstart, ystart):
        return False

    if tile == 'X':
        otherTile = 'O'
    else:
```

```
                            otherTile = 'X'

                tilesToFlip = []
                for xdirection, ydirection in [[0, 1], [1, 1], [1, 0], [1, -1], [0, -1], [-1, -1],
        [-1, 0], [-1, 1]]:
                        x, y = xstart, ystart
                        x += xdirection # First step in the x direction
                        y += ydirection # First step in the y direction
                        while isOnBoard(x, y) and board[x][y] == otherTile:
                                # 继续在这个 (X, Y) 方向前进
                                x += xdirection
                                y += ydirection
                                if isOnBoard(x, y) and board[x][y] == tile:
                                        # 有一些东西翻转过来。沿着相反的方向走，直到我们到达原始空间，注意沿途所有的瓦片
                                        while True:
                                                x -= xdirection
                                                y -= ydirection
                                                if x == xstart and y == ystart:
                                                        break
                                                tilesToFlip.append([x, y])

                if len(tilesToFlip) == 0: # 如果没有翻转瓦片，这不是有效的移动
                        return False
                return tilesToFlip

        def isOnBoard(x, y):
                # 如果坐标位于棋盘上，则返回true
                return x >= 0 and x <= WIDTH - 1 and y >= 0 and y <= HEIGHT - 1

        def getBoardWithValidMoves(board, tile):
                # 返回一个新的棋盘，标明玩家可以做出的有效动作
                boardCopy = getBoardCopy(board)

                for x, y in getValidMoves(boardCopy, tile):
                        boardCopy[x][y] = '.'
                return boardCopy

        def getValidMoves(board, tile):
                # 返回给定板上给定玩家的有效移动列表[x, y]
                validMoves = []
                for x in range(WIDTH):
                        for y in range(HEIGHT):
                                if isValidMove(board, tile, x, y) != False:
                                        validMoves.append([x, y])
                return validMoves

        def getScoreOfBoard(board):
                # 通过计算瓦片来确定分数，返回带有键'x'和'o'的字典
                xscore = 0
                oscore = 0
                for x in range(WIDTH):
                        for y in range(HEIGHT):
                                if board[x][y] == 'X':
                                        xscore += 1
                                if board[x][y] == 'O':
                                        oscore += 1
                return {'X':xscore, 'O':oscore}

        def enterPlayerTile():
                # 让玩家键入他们想要的瓦片
                # 返回一个列表，玩家的瓦片作为第一项，计算机的瓦片作为第二项
                tile = ''
                while not (tile == 'X' or tile == 'O'):
                        print('Do you want to be X or O?')
                        tile = input().upper()

                # 列表中的第一个元素是玩家的瓦片，第二个元素是计算机的瓦片
                if tile == 'X':
                        return ['X', 'O']
```

```
        else:
            return ['O', 'X']

def whoGoesFirst():
    # 随机选择走在前面的对象
    if random.randint(0, 1) == 0:
        return 'computer'
    else:
        return 'player'

def makeMove(board, tile, xstart, ystart):
    # 放置瓦片并翻转对手的瓦片
    # 如果这是无效的行动就返回false；否则，返回true
    tilesToFlip = isValidMove(board, tile, xstart, ystart)

    if tilesToFlip == False:
        return False

    board[xstart][ystart] = tile
    for x, y in tilesToFlip:
        board[x][y] = tile
    return True

def getBoardCopy(board):
    # 复制列表并返回它
    boardCopy = getNewBoard()

    for x in range(WIDTH):
        for y in range(HEIGHT):
            boardCopy[x][y] = board[x][y]

    return boardCopy

def isOnCorner(x, y):
    # 如果该位置是4个角落中的一个，返回True
    return (x == 0 or x == WIDTH - 1) and (y == 0 or y == HEIGHT - 1)

def getPlayerMove(board, playerTile):
    # 令玩家开始行动
    # 返回 [x, y] (或者返回字符串'hints' 或 'quit').
    DIGITS1TO8 = '1 2 3 4 5 6 7 8'.split()
    while True:
        print('Enter your move, "quit" to end the game, or "hints" to toggle hints.')
        move = input().lower()
        if move == 'quit' or move == 'hints':
            return move

        if len(move) == 2 and move[0] in DIGITS1TO8 and move[1] in DIGITS1TO8:
            x = int(move[0]) - 1
            y = int(move[1]) - 1
            if isValidMove(board, playerTile, x, y) == False:
                continue
            else:
                break
        else:
            print('That is not a valid move. Enter the column (1-8) and then the row (1-8).')
            print('For example, 81 will move on the top-right corner.')

    return [x, y]

def getComputerMove(board, computerTile):
    # 根据棋盘和计算机的瓦片，确定移动的位置并返回[x, y]列表
    possibleMoves = getValidMoves(board, computerTile)
    random.shuffle(possibleMoves) # 随机化移动的顺序

    # 如果可能的话，始终走到一个角落里
    for x, y in possibleMoves:
        if isOnCorner(x, y):
```

```
                        return [x, y]

            # 求得分最高的行走路线
            bestScore = -1
            for x, y in possibleMoves:
                    boardCopy = getBoardCopy(board)
                    makeMove(boardCopy, computerTile, x, y)
                    score = getScoreOfBoard(boardCopy)[computerTile]
                    if score > bestScore:
                        bestMove = [x, y]
                        bestScore = score
            return bestMove

    def printScore(board, playerTile, computerTile):
        scores = getScoreOfBoard(board)
        print('You: %s points. Computer: %s points.' % (scores[playerTile], scores[computerTile]))
```

在上述代码中，虽然函数 drawBoard() 会在屏幕上显示游戏板数据结构，但是还需要一种创建这些游戏板数据结构的方式。函数 getNewBoard() 创建新的游戏板数据结构，并返回 8 个列表中的一个，其中每一个列表包含 8 个' '字符串，它们表示没有落子的空白游戏板。

当给定游戏板数据结构、玩家的棋子以及玩家落子的（X，Y）坐标后，如果黑白棋游戏规则允许在该坐标上落子，则 isValidMove() 函数应该返回 True，否则返回 False。对于一次有效移动，必须位于游戏板之上，并且还要至少能够反转对手的一个棋子。这个函数使用了游戏板上的几个 X 坐标和 Y 坐标，因此变量 xstart 和 ystart 记录了最初移动的 X 坐标和 Y 坐标。

函数 getScoreOfBoard() 使用嵌套 for 循环检查游戏板上的所有 64 个格子（8 行乘以每行的 8 列，一共 64 个格子），并且看看哪些棋子在上面（如果有棋子的话）。

执行后会输出：

```
Welcome to Reversegam!
Do you want to be X or O?
X
The computer will go first.
  12345678
 +--------+
1|        |1
2|        |2
3|        |3
4|   XO   |4
5|   OX   |5
6|        |6
7|        |7
8|        |8
 +--------+
  12345678
You: 2 points. Computer: 2 points.
Press Enter to see the computer's move.
  12345678
 +--------+
1|        |1
2|        |2
3|        |3
4|   OOO  |4
5|   OX   |5
6|        |6
7|        |7
8|        |8
 +--------+
  12345678
You: 1 points. Computer: 4 points.
Enter your move, "quit" to end the game, or "hints" to toggle hints.
```

12.3　马踏棋盘（骑士周游问题）

12.3.1　问题描述

国际象棋的棋盘为 8×8 的方格棋盘，现将"马"放在任意指定的方格中，按照"马"走棋的规则对"马"进行移动。要求每个方格只能进入一次，最终使得"马"走遍棋盘上的 64 个方格。编写 Python 程序，实现马踏棋盘的操作，要求用 1～64 的数字标注"马"移动的路径。

12.3.2　算法分析

可以采用回溯法解决迷宫问题，即在一定的约束条件下试探性地搜索前进。如果在前进中受阻，则及时回头纠正错误，另择通路继续搜索。从入口出发，按某一方向向前探索，如果能走通（未走过），即某处可达，则到达新点，否则继续试探下一方向；如果所有的方向均没有通路，则沿原路返回前一点，换下一个方向继续试探，直到所有可能的通路都探索到，或找到一条通路，或无路可走又返回到入口。

12.3.3　具体实现

编写实例文件 migong.py，具体实现流程如下所示。

源码路径：daima\第 12 章\migong.py

（1）定义变量。

分别定义一个 Size 枚举类和一个棋盘变量，这是一个二维矩阵，全部元素初始化为 0，用于表示棋盘。

```
import datetime
from enum  import Enum

class Size(Enum):
    X = 8

start = datetime.datetime.now()
chess = [[0 for i in range(Size.X.value)]for j in range(Size.X.value)]
```

（2）编写位置判断函数 nextXY()。

通过函数 nextXY()实现位置判断功能，此函数有三个参数，分别是坐标 x、y 和位置 position。下面对位置 position 解释一下，如图 12-3 所示，在国际象棋中按照马的走法（马走日），对于任何一个位置，马能走的地方一共有 8 个位置，每个位置对应的坐标变换不一样，这里的 position 对应的就是 8 种坐标变换方式。(x, y) 就是马当前所处位置的坐标。

图 12-3　国际象棋

返回的参数为一个列表，这个列表中包含三个元素，第一个元素表示 8 个位置是否存在满足条件的下一个位置。若存在，则第二、第三个元素返回新位置的坐标；若不存在，则返回原始坐标。判断的条件主要就是同时满足两个方面：坐标不能出界，坐标对应的位置未曾走过（位置上的值为 0），两者都满足，即存在满足条件的下一个位置。

```
def nextXY(x, y, position):
    global chess
    if position==0 and x-2>=0 and y-1>=0 and chess[x-2][y-1]==0:
        return [1, x-2, y-1]
    elif position==1 and x-2>=0 and y+1<=Size.X.value-1 and chess[x-2][y+1]==0:
        return [1, x-2, y+1]
    elif position==2 and x-1>=0 and y-2>=0 and chess[x-1][y-2]==0:
        return [1, x-1, y-2]
```

```
elif position==3 and x-1>=0 and y+2<=Size.X.value-1 and chess[x-1][y+2]==0:
    return [1, x-1, y+2]
elif position==4 and x+1<=Size.X.value-1 and y-2>=0 and chess[x+1][y-2]==0:
    return [1, x+1, y-2]
elif position==5 and x+1<=Size.X.value-1 and y+2<=Size.X.value-1 and chess[x+1][y+2]==0:
    return [1, x+1, y+2]
elif position==6 and x+2<=Size.X.value-1 and y-1>=0 and chess[x+2][y-1]==0:
    return [1, x+2, y-1]
elif position==7 and x+2<=Size.X.value-1 and y+1<=Size.X.value-1 and chess[x+2][y+1]==0:
    return [1, x+2, y+1]
else:
    return [0, x, y]
```

（3）定义循环递归函数 TravelChessBoard(x, y, tag)，传进来的参数为当前马所在的位置（x, y），以及当前走的是第几步（tag 的值）。

```
1  def TravelChessBoard(x, y, tag):
2      global chess
3      chess[x][y] = tag
4      if tag == Size.X.value**2:
5          for i in chess:
6              print(i)
7          return "OK"
8      f = 0
9      for i in range(8):
10         flag = nextXY(x, y, i)
11         if flag[0]:
12             statues = TravelChessBoard(flag[1], flag[2], tag+1)
13             if statues=="OK":
14                 return "OK"
15             f += 1
16         else:
17             f += 1
18     if f == 8:
19         chess[x][y] = 0
```

- 第 3 行：chess[x][y] = tag，令当前位置的值等于当前的步数，设置未到达的地方为 0，以此来判断是否到达过这个位置。

- 第 4~6 行：如果步数等于棋盘的总格数（在此默认为方盘），将棋盘打印出来，返回"OK"状态，告诉上一层递归已经寻找到解了，无须再做其他搜索工作。

- 第 8 行：定义过程变量 f = 0。

- 第 9~17 行：对马的当前位置的下 8 个位置进行遍历，对于每一个位置，如果存在下个符合条件的位置，则进入递归，将符合条件的下一个位置作为当前位置传入递归函数，步数加 1。对 8 个位置进行遍历，每出现一个不符合条件的位置，f 的值就加 1。

- 第 18 和 19 行：当 8 个位置全部遍历完毕后，如果没有符合条件的位置，则说明此时 f = 8，说明当前位置不符合条件，将当前位置的值重新置为 0。

- 第 12~15 行：当深层的遍历找不到合适的位置时，递归会退回到前一层，这说明前一层的当前位置也不符合条件，那么 f 的值就必须加 1，然后继续遍历前一层的下一个位置，以此类推。

- 第 13 和 14 行：当已经找到并打印出符合条件的路径后，程序显示"OK"状态，此时程序的递归就会从最后一层不断往前一层返回。为了加快程序结束的速度，不继续进行剩下的遍历，每一层递归都直接返回就可以了。如果不直接返回的话，程序会将所有的情况都遍历完再返回，这样执行时间就会非常长。

在作者机器上执行后会输出：

```
[9, 2, 11, 14, 7, 4, 21, 18]
[12, 15, 8, 3, 20, 17, 24, 5]
[1, 10, 13, 16, 25, 6, 19, 22]
[32, 29, 26, 51, 34, 23, 58, 49]
[27, 52, 33, 30, 59, 50, 35, 40]
```

```
[62, 31, 28, 43, 36, 39, 48, 57]
[53, 44, 63, 60, 55, 46, 41, 38]
[64, 61, 54, 45, 42, 37, 56, 47]
OK
0:00:52.436188
```

12.4 井字棋问题

12.4.1 问题描述

井字棋又称三子棋, 英文名为 Tic Tac Toe。具体玩法为：在一个 3×3 的棋盘上, 一个玩家用 X 做棋子, 另一个玩家用 O 做棋子, 谁先在棋盘上的一行、一列或对角线上画满三个棋子, 即可获胜。如果棋盘下满无人胜出, 即为平局。

请编写一个 Python 程序, 实现一个井字棋人机对战游戏。

12.4.2 算法分析

井字棋人机对战游戏涉及简单的人工智能, 人工智能分为如下 4 个等级。

❑ 巅峰级：已经实现了无法超越的最优能力。
❑ 超越人类级：比所有人的能力都强。
❑ 强人类级：比大多数人的能力要强。
❑ 弱人类级：比大多数人的能力要弱。

井字棋人机对战游戏的人工智能可以达到巅峰级, 人类永远无法战胜计算机。图 12-4 展示了游戏算法的实现流程。

下面解决落子问题。

由于只能采用键盘输入, 因此需要对棋盘进行坐标表示。具体来说有两种方式, 一种是用横竖坐标来表示, 这种方式常见于围棋和五子棋中。井字棋是一种简单的棋盘游戏, 只有 9 个棋子位, 所以用另一种更简单的表示方式, 即直接用 1~9 的 9 个数字来表示位置, 其索引顺序与键盘上的数字键排列一致, 下棋时根据数字键下, 这种方式比较简便。

接下来, 讨论 AI 算法

首先简单地将棋盘划分为 3 个部分——中心 (1)、角 (4) 和边 (4)。中心虽然只有一个, 但这并不是最重要的, 3 个部分落子的优先顺序依次为角、中心、边。因此, 井字棋的 AI 算法计算最佳落子位置的顺序如下：

❑ 直接落子获胜
❑ 阻止玩家获胜
❑ 在角上落子
❑ 在中心落子
❑ 在边上落子

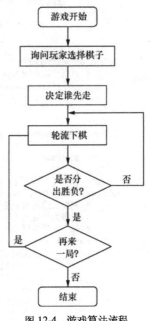
图 12-4 游戏算法流程

12.4.3 具体实现

编写实例文件 jing.py, 具体实现代码如下所示。

源码路径：daima\第12章\jing.py

```
import random
```

```
def drawBoard(board):
    # 打印棋盘

    # "board"是长度为10的列表，为了方便输入，忽略第一个元素board[0]

    print('\n\n\n\n')
    print('\t\t\t    ┌───┬───┬───┐ ')
    print('\t\t\t    | ' + board[7] + ' | ' + board[8] + ' | ' + board[9] + ' |')
    print('\t\t\t    ├───┼───┼───┤ ')
    print('\t\t\t    | ' + board[4] + ' | ' + board[5] + ' | ' + board[6] + ' |')
    print('\t\t\t    ├───┼───┼───┤ ')
    print('\t\t\t    | ' + board[1] + ' | ' + board[2] + ' | ' + board[3] + ' |')
    print('\t\t\t    └───┴───┴───┘ ')


def inputPlayerLetter():
    # 让玩家选择棋子
    # 返回一个列表，第一个是玩家的棋子，第二个是计算机的棋子
    letter = ''
    while not (letter == 'X' or letter == 'O'):
        print('Do you want to be X or O?')
        letter = input().upper()

    if letter == 'X':
        return ['X', 'O']
    else:
        return ['O', 'X']


def whoGoesFirst():
    # 随机产生谁先走
    if random.randint(0, 1) == 0:
        return 'computer'
    else:
        return 'player'


def playAgain():
    # 再玩一次？输入yes或y返回True
    print('Do you want to play again? (yes or no)')
    return input().lower().startswith('y')


def makeMove(board, letter, move):
    # 落子
    board[move] = letter


def isWinner(bo, le):
    # 判断所给的棋子是否获胜
    # 参数为棋盘上的棋子（列表）和棋子符号
    # 以下是所有可能胜利的情况，共8种
    return ((bo[7] == le and bo[8] == le and bo[9] == le) or
            (bo[4] == le and bo[5] == le and bo[6] == le) or
            (bo[1] == le and bo[2] == le and bo[3] == le) or
            (bo[7] == le and bo[4] == le and bo[1] == le) or
            (bo[8] == le and bo[5] == le and bo[2] == le) or
            (bo[9] == le and bo[6] == le and bo[3] == le) or
            (bo[7] == le and bo[5] == le and bo[3] == le) or
            (bo[9] == le and bo[5] == le and bo[1] == le))


def getBoardCopy(board):
    # 复制一份棋盘，供计算机落子时使用
    dupeBoard = []

    for i in board:
        dupeBoard.append(i)
```

```
        return dupeBoard


def isSpaceFree(board, move):
    # 判断这个位置是否有子，没子返回True
    return board[move] == ' '


def getPlayerMove(board):
    # 玩家落子
    move = ' '
    while move not in '1 2 3 4 5 6 7 8 9'.split() or not isSpaceFree(board, int(move)):
        print('What is your next move? (1-9)')
        move = input()
    return int(move)


def chooseRandomMoveFromList(board, movesList):
    # 随机返回一个可以落子的坐标
    # 如果所给的movesList中没有可以落子的，返回None
    possibleMoves = []
    for i in movesList:
        if isSpaceFree(board, i):
            possibleMoves.append(i)

    if len(possibleMoves) != 0:
        return random.choice(possibleMoves)
    else:
        return None


def getComputerMove(board, computerLetter):
    # 确定计算机的落子位置
    if computerLetter == 'X':
        playerLetter = 'O'
    else:
        playerLetter = 'X'

    # Tic Tac Toe AI核心算法：
    # 首先判断计算机能否通过一次落子直接获得游戏胜利
    for i in range(1, 10):
        copy = getBoardCopy(board)
        if isSpaceFree(copy, i):
            makeMove(copy, computerLetter, i)
            if isWinner(copy, computerLetter):
                return i

            # 判断玩家下一次落子能否获得胜利，如果能，给它堵上
    for i in range(1, 10):
        copy = getBoardCopy(board)
        if isSpaceFree(copy, i):
            makeMove(copy, playerLetter, i)
            if isWinner(copy, playerLetter):
                return i

            # 如果角上能落子的话，在角上落子
    move = chooseRandomMoveFromList(board, [1, 3, 7, 9])
    if move != None:
        return move

    # 如果能在中心落子的话，在中心落子
    if isSpaceFree(board, 5):
        return 5

    # 在边上落子
    return chooseRandomMoveFromList(board, [2, 4, 6, 8])


def isBoardFull(board):
```

```
            # 如果棋盘满了，返回True
            for i in range(1, 10):
                if isSpaceFree(board, i):
                    return False
            return True


print('Welcome to Tic Tac Toe!')

while True:
    # 更新棋盘
    theBoard = [' '] * 10
    playerLetter, computerLetter = inputPlayerLetter()
    turn = whoGoesFirst()
    print('The ' + turn + ' will go first.')
    gameIsPlaying = True

    while gameIsPlaying:
        if turn == 'player':
            # 玩家回合
            drawBoard(theBoard)
            move = getPlayerMove(theBoard)
            makeMove(theBoard, playerLetter, move)

            if isWinner(theBoard, playerLetter):
                drawBoard(theBoard)
                print('Hooray! You have won the game!')
                gameIsPlaying = False
            else:
                if isBoardFull(theBoard):
                    drawBoard(theBoard)
                    print('The game is a tie!')
                    break
                else:
                    turn = 'computer'


        else:
            # 计算机回合
            move = getComputerMove(theBoard, computerLetter)
            makeMove(theBoard, computerLetter, move)

            if isWinner(theBoard, computerLetter):
                drawBoard(theBoard)
                print('The computer has beaten you! You lose.')
                gameIsPlaying = False
            else:
                if isBoardFull(theBoard):
                    drawBoard(theBoard)
                    print('The game is a tie!')
                    break
                else:
                    turn = 'player'

    if not playAgain():
        break
```

执行后会输出：

```
Welcome to Tic Tac Toe!
Do you want to be X or O?
X
The computer will go first.
```

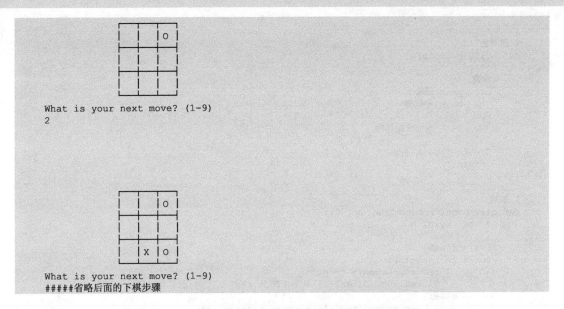

```
What is your next move? (1-9)
2
```

```
What is your next move? (1-9)
#####省略后面的下棋步骤
```

12.5 用蒙特卡罗方法验证凯利公式

12.5.1 问题描述

假想存在一个游戏，赢的概率是 60%，输的概率是 40%。入场费随意交，如果赢了，获得 2 倍的入场费金额（1 赔 1）；输的话则输掉入场费。现在小米有 1000 元作为本金，请问小米每次给多少入场费，理论上 100 次游戏后几何期望收益能最大？

12.5.2 算法分析

使用蒙特卡罗方法来解决，蒙特卡罗方法也称统计模拟方法，是 20 世纪 40 年代中期由于科学技术的发展和电子计算机的发明，而被提出的一种以概率统计理论为指导的非常重要的数值计算方法，是指一种使用随机数（或更常见的伪随机数）来解决很多计算问题的方法。与它对应的是确定性算法。蒙特卡罗方法在金融工程学、宏观经济学、计算物理学（如粒子输运计算、量子热力学计算、空气动力学计算）等领域应用广泛。

凯利公式是：

$$f = p - \frac{q}{b}$$

12.5.3 具体实现

编写实例文件 kaili.py，其具体实现代码如下所示。

源码路径：daima\第 12 章\kaili.py

```python
import pandas as pd
import numpy as np
import random
import matplotlib.pyplot as plt

'''
用蒙特·卡罗方法验证凯利公式，计算得到的资金比例是不是最佳的
'''

pwin = 0.6   # 胜率
b = 1        # 净赔率
```

```python
# 凯利值
def kelly(pwin, b):
    '''
    参数
        pwin  胜率
        b     净赔率
    返回
        f     投注资金比例
    '''
    f = (b * pwin + pwin - 1) / b
    return f


# 游戏
def play_game(f, cash=100, m=100):
    global pwin, b

    res = [cash]
    for i in range(m):
        if random.random() <= pwin:
            res.append(res[-1] + int(f * res[-1]) * b)
        else:
            res.append(res[-1] - int(f * res[-1]))
    return res


# 用蒙特卡罗方法重复玩游戏
def montecarlo(n=1000, f=0.15, cash=1000, m=100):
    res = []

    for i in range(n):
        res.append(play_game(f, cash, m))

    # return pd.DataFrame(res).sum(axis=0) / n              # 数学期望不平滑
    return np.exp(np.log(pd.DataFrame(res)).sum(axis=0) / n)  # 几何期望平滑


n = 1000      # 重复次数
cash = 1000   # 初始资金池
m = 100       # 期数

f = 0.1  # 资金比例 10%
res1 = montecarlo(n, f, cash, m)

fk = kelly(pwin, b)  # 资金比例 凯利值
res2 = montecarlo(n, fk, cash, m)

f = 0.5  # 资金比例 50%
res3 = montecarlo(n, f, cash, m)

f = 1.0  # 资金比例 100%
res4 = montecarlo(n, f, cash, m)

# 画个图看看
fig = plt.figure()
axes = fig.add_subplot(111)

axes.plot(res1, 'r-', label='10%')
axes.plot(res2, 'g*', label='{:.1%}'.format(fk))
axes.plot(res3, 'b-', label='50%')
axes.plot(res4, 'k-', label='100%')
plt.legend(loc=0)

plt.show()
```

执行后的结果如图 12-5 所示。

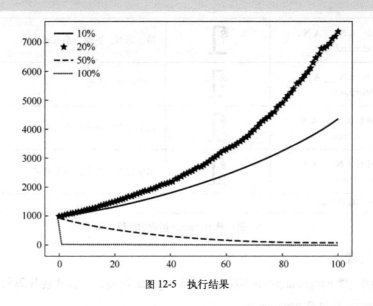

图 12-5 执行结果

12.6 绘制 Hangman 游戏

12.6.1 问题描述

Hangman 直译为"上吊的人",是一种猜单词的双人游戏。由第一个玩家想出一个单词或短语,第二个玩家猜该单词或短语中的每一个字母。第一个人抽走单词或短语,只留下相应数量的空白与下划线。第一个玩家一般会画一个绞刑架,如果第二个玩家猜出短语中存在的一个字母,第一个玩家就将存在这个字母的所有位置都填上。如果第二个玩家猜的字母不在该单词或短语中,那么第一个玩家就给绞刑架上的小人添上一笔,直到 7 笔过后,游戏结束。

12.6.2 算法分析

图 12-6 演示了一位玩家单靠以字母频率为基础的策略猜 Hangman 这个单词。

1	Word:_ _ _ _ _ _ _ Misses:		画上绞刑架
2	Word:_ _ _ _ _ _ _ Misses:e		玩家 1 猜错一个字母,画上小人的头
3	Word:_ _ _ _ _ _ _ Misses:e,t		猜字母 T,错误
4	Word:_ A _ _ _ A _ Misses:e,t		猜字母 A,正确!小人不变
5	Word:_ A _ _ _ A _ Misses:e,o,t		猜字母 O,错误
6	Word:_ A _ _ _ A _ Misses:e,i,o,t		猜字母 I,错误

图 12-6 最简单 Hangman 游戏的过程

7	Word:_ A N _ _ A N Misses:e,i,o,t		猜字母 N，正确! 小人不变
8	Word:_ A N _ _ A N Misses:e,i,o,s,t		猜字母 S，错误
9	Word:H A N _ _ A N Misses:e,i,o,s,t		猜字母 H，正确! 小人不变
10	Word:H A N _ _ A N Misses:e,i,o,r,s,t		猜字母 R，错误，小人画完
玩家 2 失败，游戏结束			

图 12-6　最简单 Hangman 游戏的过程（续）

12.6.3　具体实现

下面的实例文件 hangman.py 中实现了一个 Hangman 游戏。具体实现代码如下所示。

源码路径：daima\第 12 章\hangman.py

```
import random
HANGMAN_PICS = ['''
  +---+
      |
      |
      |
     ===''', '''
  +---+
  O   |
      |
      |
     ===''', '''
  +---+
  O   |
  |   |
      |
     ===''', '''
  +---+
  O   |
 /|   |
      |
     ===''', '''
  +---+
  O   |
 /|\  |
      |
     ===''', '''
  +---+
  O   |
 /|\  |
 /    |
     ===''', '''
  +---+
  O   |
 /|\  |
 / \  |
     ===''']
words = 'dog monkey chick hourse girl boy money'.split()

def getRandomWord(wordList):
    # 此函数从传递过来的字符串列表返回一个随机字符串。
    wordIndex = random.randint(0, len(wordList) - 1)
    return wordList[wordIndex]
```

```python
def displayBoard(missedLetters, correctLetters, secretWord):
    print(HANGMAN_PICS[len(missedLetters)])
    print()

    print('Missed letters:', end=' ')
    for letter in missedLetters:
        print(letter, end=' ')
    print()

    blanks = '_' * len(secretWord)

    for i in range(len(secretWord)): # 用正确的猜测字母替换空格
        if secretWord[i] in correctLetters:
            blanks = blanks[:i] + secretWord[i] + blanks[i+1:]

    for letter in blanks: # 在每个字母之间用空格显示秘密单词
        print(letter, end=' ')
    print()

def getGuess(alreadyGuessed):
    # 返回玩家输入的字母，这个功能确保玩家输入一个字母而不是其他东西。
    while True:
        print('猜一个字母.')
        guess = input()
        guess = guess.lower()
        if len(guess) != 1:
            print('请输入一个字母.')
        elif guess in alreadyGuessed:
            print('你已经猜到那个字母了，请继续!')
        elif guess not in 'abcdefghijklmnopqrstuvwxyz':
            print('请输入一个字母 ')
        else:
            return guess

def playAgain():
    # 如果玩家想继续玩，此函数返回true; 否则，返回false。
    print('你还继续玩吗? (yes or no)')
    return input().lower().startswith('y')


print('H A N G M A N 游 戏')
missedLetters = ''
correctLetters = ''
secretWord = getRandomWord(words)
gameIsDone = False

while True:
    displayBoard(missedLetters, correctLetters, secretWord)

    # 让玩家输入一个字母
    guess = getGuess(missedLetters + correctLetters)

    if guess in secretWord:
        correctLetters = correctLetters + guess
        # 检查玩家是否赢了
        foundAllLetters = True
        for i in range(len(secretWord)):
            if secretWord[i] not in correctLetters:
                foundAllLetters = False
                break
        if foundAllLetters:
            print('是的，这个字母是"' + secretWord + '"! 我赢了!')
            gameIsDone = True
    else:
        missedLetters = missedLetters + guess

        # 检查玩家是否多次猜错。
        if len(missedLetters) == len(HANGMAN_PICS) - 1:
            displayBoard(missedLetters, correctLetters, secretWord)
```

```
                               print('你已经猜不对了!' + str(len(missedLetters)) + ' 猜错了
' + str(len(correctLetters)) + ' 猜对了，这个单词是"' + secretWord + '"')
                           gameIsDone = True

                   #如果游戏结束，询问玩家是否想再玩一次。
                   if gameIsDone:
                       if playAgain():
                           missedLetters = ''
                           correctLetters = ''
                           gameIsDone = False
                           secretWord = getRandomWord(words)
                       else:
                           break
```

　　在上述代码中，变量 HANGMAN_PICS 中的字母是全部大写的，这是表示常量的编程惯例。常量（constant）是在第一次赋值之后值就不再变化的变量。Hangman 程序随机地从神秘单词列表中选择了一个神秘单词，这个神秘单词保存在 words 中。

　　函数 getRandomWord()将会接收一个列表参数 wordList，这个函数将返回 wordList 列表中的一个神秘单词。后面的 displayBoard()函数有 3 个参数。

❑ missedLetters：玩家已经猜过并且不在神秘单词中的字母所组成的字符串。

❑ correctLetters：玩家已经猜过并且在神秘单词中的字母所组成的字符串。

❑ secretWord：玩家试图猜测的神秘单词。

　　另外，变量 guess 包含玩家猜测的字母。程序需要确保玩家的输入有效：一个且只有一个小写字母。如果玩家不这样做，执行会循环回来，再次要求输入一个字母。

　　本实例执行后会输出：

```
H A N G M A N 游 戏

  +---+
      |
      |
      |
     ===

Missed letters:
_ _ _ _ _ _ _
猜一个字母.
d

  +---+
  O   |
      |
      |
     ===

Missed letters: d
_ _ _ _ _ _ _
猜一个字母.
a

  +---+
  O   |
  |   |
      |
     ===

Missed letters: d a
_ _ _ _ _ _ _
猜一个字母.
m

  +---+
  O   |
  |   |
```

```
        |
       ===
```

Missed letters: d a
m _ _ _ _ _
猜一个字母.
c

```
  +---+
   O   |
  /|   |
       |
      ===
```

Missed letters: d a c
m _ _ _ _ _
猜一个字母.
h

```
  +---+
   O   |
  /|\  |
       |
      ===
```

Missed letters: d a c h
m _ _ _ _ _
猜一个字母.
g

```
  +---+
   O   |
  /|\  |
  /    |
      ===
```

Missed letters: d a c h g
m _ _ _ _ _
猜一个字母.
b

```
  +---+
   O   |
  /|\  |
  / \  |
      ===
```

Missed letters: d a c h g b
m _ _ _ _ _
你已经猜不对了!6猜错了 1猜对了, 这个单词是"monkey"
你还继续玩吗? (yes或no)

第 13 章

游戏和算法

经过前面的学习，你已经掌握了各种算法和数据结构的基本知识，体验了算法是程序的灵魂这一真谛。本章将详细讲解算法在游戏应用项目中发挥的作用，并通过具体实例来演示具体实现流程。

13.1 开发一个俄罗斯方块游戏

俄罗斯方块曾是一款风靡全球的掌上游戏机游戏,这款游戏最初是由 Alex Pajitnov 制作的,它看似简单却变化无穷,令人上瘾。在本节的内容中,将介绍使用"Python+Pygame"开发一个简单俄罗斯方块游戏的方法,并详细介绍具体的实现流程。

13.1.1 规划图形

在本游戏项目中,主要用到如下 4 类图形。

- ❑ 边框:由 10×20 个空格组成,方块就落在里面。
- ❑ 盒子:组成方块的小方块,是组成方块的基本单元。
- ❑ 方块:从边框顶部落下的东西,游戏者可以翻转和改变位置。每个方块由 4 个盒子组成。
- ❑ 形状:不同类型的方块,形状的名字分别被称为 T、S、Z、J、L、I 和 O。本实例中预先规划了如图 13-1 所示的 7 种形状。

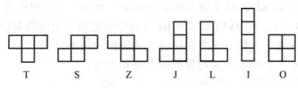

图 13-1　7 种形状的方块

除了准备上述 4 种图形之外,还需要用到如下两个术语。

- ❑ 模板:用一个列表存放形状被翻转后的所有可能样式。所有可能样式全部存放在变量里面,变量名形如 S_SHAPE_TEMPLATE 或 J_SHAPE_TEMPLATE。
- ❑ 着陆(碰撞):当一个方块到达边框的底部或接触到其他盒子时,我们称这个方块着陆了,此时另一个新的方块就会出现在边框顶部并开始下落。

13.1.2 具体实现

这个俄罗斯方块游戏的实现文件是 els.py,具体实现流程如下所示。

源码路径:daima\第 13 章\13-1\els.py

(1)使用 import 语句引入 Python 的内置库和游戏库 Pygame,然后定义项目用到的一些变量,并进行初始化工作。具体实现代码如下所示。

```
import random, time, pygame, sys
from pygame.locals import *
FPS = 25
WINDOWWIDTH = 640
WINDOWHEIGHT = 480
BOXSIZE = 20
BOARDWIDTH = 10
BOARDHEIGHT = 20
BLANK = '.'
MOVESIDEWAYSFREQ = 0.15
MOVEDOWNFREQ = 0.1
XMARGIN = int((WINDOWWIDTH - BOARDWIDTH * BOXSIZE) / 2)
TOPMARGIN = WINDOWHEIGHT - (BOARDHEIGHT * BOXSIZE) - 5
#          R    G    B
WHITE      = (255, 255, 255)
GRAY       = (185, 185, 185)
BLACK      = (  0,   0,   0)
RED        = (155,   0,   0)
LIGHTRED   = (175,  20,  20)
GREEN      = (  0, 155,   0)
```

```
LIGHTGREEN  = ( 20, 175,  20)
BLUE        = (  0,   0, 155)
LIGHTBLUE   = ( 20,  20, 175)
YELLOW      = (155, 155,   0)
LIGHTYELLOW = (175, 175,  20)
BORDERCOLOR = BLUE
BGCOLOR = BLACK
TEXTCOLOR = WHITE
TEXTSHADOWCOLOR = GRAY
COLORS      = (BLUE,      GREEN,     RED,     YELLOW)
LIGHTCOLORS = (LIGHTBLUE, LIGHTGREEN, LIGHTRED, LIGHTYELLOW)
assert len(COLORS) == len(LIGHTCOLORS) # each color must have light color
TEMPLATEWIDTH = 5
TEMPLATEHEIGHT = 5
```

在上述实例代码中，BOXSIZE、BOARDWIDTH 和 BOARDHEIGHT 的功能是建立游戏与屏幕像素点的联系。请看下面两个变量。

```
MOVESIDEWAYSFREQ = 0.15
MOVEDOWNFREQ = 0.1
```

通过使用上述两个变量，每当游戏玩家按下键盘上的左方向键或右方向键，下降的方块相应地向左或右移一个格子。另外，游戏玩家也可以一直按下左方向键或右方向键，让方块保持移动。MOVESIDEWAYSFREQ 这个固定值表示如果一直按下左方向键或右方向键，那么会每 0.15s 方块才继续移动一次。MOVEDOWNFREQ 这个固定值与上面的 MOVESIDEWAYSFREQ 一样，功能是当游戏玩家一直按下下方向键时方块下落的频率。

再看下面两个变量，它们表示游戏界面的高度和宽度。

```
XMARGIN = int((WINDOWWIDTH - BOARDWIDTH * BOXSIZE) / 2)
TOPMARGIN = WINDOWHEIGHT - (BOARDHEIGHT * BOXSIZE) - 5
```

要想理解上述两个变量的含义，通过图 13-2 所示的游戏界面可一目了然。

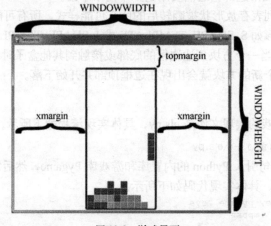

图 13-2　游戏界面

剩余的变量都是和颜色定义相关的，其中读者需要注意的是 COLORS 和 LIGHTCOLORS 这两个变量。COLORS 是组成方块的小方块的颜色，而 LIGHTCOLORS 是围绕在小方块周围的颜色，是为了强调轮廓而设计的。

（2）开始定义方块形状，分别定义 T、S、Z、J、L、I 和 O 共计 7 种方块形状。具体实现代码如下所示。

```
S_SHAPE_TEMPLATE = [['.....',
                     '.....',
                     '..OO.',
                     '.OO..',
                     '.....'],
                    ['.....',
                     '..O..',
```

```
                            '..OO.',
                            '...O.',
                            '.....']]

Z_SHAPE_TEMPLATE = [['.....',
                     '.....',
                     '.OO..',
                     '..OO.',
                     '.....'],
                    ['.....',
                     '..O..',
                     '.OO..',
                     '.O...',
                     '.....']]

I_SHAPE_TEMPLATE = [['..O..',
                     '..O..',
                     '..O..',
                     '..O..',
                     '.....'],
                    ['.....',
                     '.....',
                     'OOOO.',
                     '.....',
                     '.....']]

O_SHAPE_TEMPLATE = [['.....',
                     '.....',
                     '.OO..',
                     '.OO..',
                     '.....']]

J_SHAPE_TEMPLATE = [['.....',
                     '.O...',
                     '.OOO.',
                     '.....',
                     '.....'],
                    ['.....',
                     '..OO.',
                     '..O..',
                     '..O..',
                     '.....'],
                    ['.....',
                     '.....',
                     '.OOO.',
                     '...O.',
                     '.....'],
                    ['.....',
                     '..O..',
                     '..O..',
                     '.OO..',
                     '.....']]

L_SHAPE_TEMPLATE = [['.....',
                     '...O.',
                     '.OOO.',
                     '.....',
                     '.....'],
                    ['.....',
                     '..O..',
                     '..O..',
                     '..OO.',
                     '.....'],
                    ['.....',
                     '.....',
                     '.OOO.',
                     '.O...',
                     '.....'],
                    ['.....',
```

```
                              '.OO..',
                              '..O..',
                              '..O..',
                              '.....']]

        T_SHAPE_TEMPLATE = [['.....',
                              '..O..',
                              '.OOO.',
                              '.....',
                              '.....'],
                             ['.....',
                              '..O..',
                              '..OO.',
                              '..O..',
                              '.....'],
                             ['.....',
                              '.....',
                              '.OOO.',
                              '..O..',
                              '.....'],
                             ['.....',
                              '..O..',
                              '.OO..',
                              '..O..',
                              '.....']]
```

在定义每个方块时，必须知道每种类型的方块有多少种形状。在上述代码中，在列表中嵌入含有字符串的列表来构成这个模板，一种方块类型的模板包含这个方块可能变换的所有形状。比如"I"形状的模板代码如下所示。

```
        I_SHAPE_TEMPLATE = [['..O..',
                              '..O..',
                              '..O..',
                              '..O..',
                              '.....'],
                             ['.....',
                              '.....',
                              'OOOO.',
                              '.....',
                              '.....']]
```

在定义每种方块形状的模板之前，通过如下两行代码表示组成形状的行和列。

```
TEMPLATEWIDTH = 5
TEMPLATEHEIGHT = 5
```

方块形状的行和列的具体结构如图 13-3 所示。

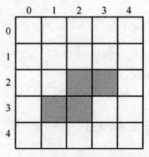

图 13-3　方块形状的行和列的具体结构

（3）定义字典变量 PIECES 来存储所有不同形状的模板，PIECES 变量包含每种类型的方块和所有的变换形状，这就是存放游戏中用到的形状的数据结构。具体实现代码如下所示。

```
PIECES = {'S': S_SHAPE_TEMPLATE,
          'Z': Z_SHAPE_TEMPLATE,
          'J': J_SHAPE_TEMPLATE,
          'L': L_SHAPE_TEMPLATE,
          'I': I_SHAPE_TEMPLATE,
```

```
        'O': O_SHAPE_TEMPLATE,
        'T': T_SHAPE_TEMPLATE}
```

（4）编写主函数 main()，主要功能是创建一些全局变量以及在游戏开始之前显示开始画面。具体实现代码如下所示。

```
def main():
    global FPSCLOCK, DISPLAYSURF, BASICFONT, BIGFONT
    pygame.init()
    FPSCLOCK = pygame.time.Clock()
    DISPLAYSURF = pygame.display.set_mode((WINDOWWIDTH, WINDOWHEIGHT))
    BASICFONT = pygame.font.Font('freesansbold.ttf', 18)
    BIGFONT = pygame.font.Font('freesansbold.ttf', 100)
    pygame.display.set_caption('Tetromino')

    #showTextScreen('Tetromino')
    while True: # game loop
        #if random.randint(0, 1) == 0:
        #        pygame.mixer.music.load('tetrisb.mid')
        #else:
        #        pygame.mixer.music.load('tetrisc.mid')
        #pygame.mixer.music.play(-1, 0.0)
        runGame()
        #pygame.mixer.music.stop()
        showTextScreen('Game Over')
```

上述代码中的 runGame() 函数是核心，在循环中首先简单地随机决定采用哪个背景音乐。然后调用 runGame() 函数运行游戏。当游戏失败时，runGame() 就会返回到 main() 函数，这时会停止背景音乐和显示游戏失败画面。当游戏玩家按一个键时，函数 showTextScreen() 会显示游戏失败，游戏会再次循环开始，然后继续下一次游戏。

（5）编写函数 runGame()，用于运行游戏。具体实现流程如下所示。

① 在游戏开始时设置运行过程中用到的几个变量。具体实现代码如下所示。

```
def runGame():
    # setup variables for the start of the game
    board = getBlankBoard()
    lastMoveDownTime = time.time()
    lastMoveSidewaysTime = time.time()
    lastFallTime = time.time()
    movingDown = False # note: there is no movingUp variable
    movingLeft = False
    movingRight = False
    score = 0
    level, fallFreq = calculateLevelAndFallFreq(score)

    fallingPiece = getNewPiece()
    nextPiece = getNewPiece()
```

② 在游戏开始和方块掉落之前需要初始化和游戏开始相关的一些变量。变量 fallingPiece 被赋值为当前掉落的方块，变量 nextPiece 被赋值为游戏玩家可以在屏幕的 NEXT 区域看见的下一个方块。具体实现代码如下所示。

```
while True: # game loop
    if fallingPiece == None:
        # No falling piece in play, so start a new piece at the top
        fallingPiece = nextPiece
        nextPiece = getNewPiece()
        lastFallTime = time.time() # reset lastFallTime

        if not isValidPosition(board, fallingPiece):
                return # can't fit a new piece on the board, so game over

    checkForQuit()
```

上述代码包含当方块往底部掉落时的所有代码。变量 fallingPiece 在方块着陆后被设置成 None。这意味着 nextPiece 变量中的下一个方块应该被赋值给 fallingPiece 变量，然后一个随机方块又会被赋值给 nextPiece 变量。变量 lastFallTime 被赋值为当前时间，这样就可以通过变量

fallFreq 控制方块下落的频率。来自函数 getNewPiece()的方块只有一部分被放置在方框区域中，但如果这是非法位置，比如此时游戏方框已被填满（isValidPosition()函数返回 False），那就知道方框已经满了，这说明游戏玩家输掉了游戏。当这些发生时，runGame()函数就会返回。

③ 实现游戏的暂停，如果游戏玩家按 P 键，游戏就会暂停。我们应该隐藏游戏界面以防止游戏者作弊（否则游戏者会看着画面思考怎么处理方块），用 DISPLAYSURF.fill(BGCOLOR)就可以实现这个结果。具体实现代码如下所示。

```
for event in pygame.event.get(): # event handling loop
    if event.type == KEYUP:
        if (event.key == K_p):
            # Pausing the game
            DISPLAYSURF.fill(BGCOLOR)
            #pygame.mixer.music.stop()
            showTextScreen('Paused') # pause until a key press
            #pygame.mixer.music.play(-1, 0.0)
            lastFallTime = time.time()
            lastMoveDownTime = time.time()
            lastMoveSidewaysTime = time.time()
```

④ 按方向键或 A、D、S 键会把 movingLeft、movingRight 和 movingDown 变量设置为 False，这说明游戏玩家不想再在这个方向上移动方块。后面的代码会基于移动变量处理一些事情。在此需要注意，上方向键和 W 键用来翻转方块而不是移动方块，这就是为什么没有 movingUp 变量的原因。具体实现代码如下所示。

```
elif (event.key == K_LEFT or event.key == K_a):
    movingLeft = False
elif (event.key == K_RIGHT or event.key == K_d):
    movingRight = False
elif (event.key == K_DOWN or event.key == K_s):
    movingDown = False
elif event.type == KEYDOWN:
    # moving the piece sideways
    if (event.key == K_LEFT or event.key == K_a) and isValidPosition(board,
        fallingPiece, adjX=-1):
        fallingPiece['x'] -= 1
        movingLeft = True
        movingRight = False
        lastMoveSidewaysTime = time.time()
    elif (event.key == K_RIGHT or event.key == K_d) and isValidPosition(board,
        fallingPiece, adjX=1):
        fallingPiece['x'] += 1
        movingRight = True
        movingLeft = False
        lastMoveSidewaysTime = time.time()
```

⑤ 如果上方向键或 W 键被按下，那么就会翻转方块。下面的代码要做的就是将存储在fallingPiece 字典中的'rotation'键的键值加 1。但是，当增加的'rotation'键值大于所有当前类型方块的形状数目时（数目存储在 len(PIECES[fallingPiece['shape']])变量中），那就翻转到最初的形状。具体实现代码如下所示。

```
# rotating the piece (if there is room to rotate)
elif (event.key == K_UP or event.key == K_w):
    fallingPiece['rotation'] = (fallingPiece['rotation'] + 1) % len(PIECES
        [fallingPiece['shape']])
    if not isValidPosition(board, fallingPiece):
        fallingPiece['rotation'] = (fallingPiece['rotation'] - 1) % len
            (PIECES[fallingPiece['shape']])
elif (event.key == K_q): # rotate the other direction
    fallingPiece['rotation'] = (fallingPiece['rotation'] - 1) % len(PIECES
        [fallingPiece['shape']])
    if not isValidPosition(board, fallingPiece):
        fallingPiece['rotation'] = (fallingPiece['rotation'] + 1) % len
            (PIECES[fallingPiece['shape']])
```

⑥ 如果下方向键被按下，游戏玩家此时希望方块下降的速度比平常快。fallingPiece['y'] += 1 使

方块下落一个格子（前提是这是有效下落），movingDown 被设置为 True，lastMoveDownTime 变量也被设置为当前时间。这个变量以后将被用于检查当下方向键一直按下时，保证方块以相比平常快的速度下降。具体实现代码如下所示。

```
# making the piece fall faster with the down key
elif (event.key == K_DOWN or event.key == K_s):
    movingDown = True
    if isValidPosition(board, fallingPiece, adjY=1):
        fallingPiece['y'] += 1
    lastMoveDownTime = time.time()
```

⑦ 当游戏玩家按空格键时，方块将会迅速下落至着陆。程序首先需要找出方格着陆需要下降多少个格子。其中有关移动的 3 个变量都要设置为 False（保证程序后面部分的代码知道游戏玩家已经停止按下所有的方向键）。具体实现代码如下所示。

```
# move the current piece all the way down
elif event.key == K_SPACE:
    movingDown = False
    movingLeft = False
    movingRight = False
    for i in range(1, BOARDHEIGHT):
        if not isValidPosition(board, fallingPiece, adjY=i):
            break
    fallingPiece['y'] += i - 1
```

⑧ 如果用户按住按键超过 0.15s，那么表达式（movingLeft or movingRight）and time.time() - lastMoveSidewaysTime > MOVESIDEWAYSFREQ:返回 True。这样就可以将方块向左或向右移动一个格子。这种做法是很有用的，因为如果用户重复按下方向键，让方块移动多个格子是很烦人的。好的做法是，用户可以按住方向键，让方块保持移动，直到松开键为止。最后别忘了更新 lastMoveSidewaysTime 变量。具体实现代码如下所示。

```
# handle moving the piece because of user input
if (movingLeft or movingRight) and time.time() - lastMoveSidewaysTime >
    MOVESIDEWAYSFREQ:
    if movingLeft and isValidPosition(board, fallingPiece, adjX=-1):
        fallingPiece['x'] -= 1
    elif movingRight and isValidPosition(board, fallingPiece, adjX=1):
        fallingPiece['x'] += 1
    lastMoveSidewaysTime = time.time()
if movingDown and time.time() - lastMoveDownTime > MOVEDOWNFREQ and isValidPosition
    (board, fallingPiece, adjY=1):
    fallingPiece['y'] += 1
    lastMoveDownTime = time.time()
# let the piece fall if it is time to fall
if time.time() - lastFallTime > fallFreq:
    # see if the piece has landed
    if not isValidPosition(board, fallingPiece, adjY=1):
        # falling piece has landed, set it on the board
        addToBoard(board, fallingPiece)
        score += removeCompleteLines(board)
        level, fallFreq = calculateLevelAndFallFreq(score)
        fallingPiece = None
    else:
        # piece did not land, just move the piece down
        fallingPiece['y'] += 1
        lastFallTime = time.time()
```

⑨ 在屏幕中绘制前面定义的所有图形，具体实现代码如下所示。

```
DISPLAYSURF.fill(BGCOLOR)
drawBoard(board)
drawStatus(score, level)
drawNextPiece(nextPiece)
if fallingPiece != None:
    drawPiece(fallingPiece)
pygame.display.update()
FPSCLOCK.tick(FPS)
```

至此，整个实例制作完毕，执行后的结果如图 13-4 所示。

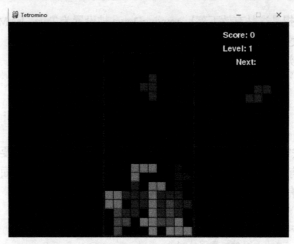

图 13-4 执行结果

13.2 跑酷游戏

在下面的实例中，使用 Pygame 框架实现了一个跑酷游戏。游戏精灵是一只小猫，按空格键可以让小猫跳跃，通过跳跃可以躲避子弹和恶龙的袭击，游戏结束后会将得分保存在记事本文件"data.txt"中。另外，游戏中还有恐龙、火焰、爆炸动画和果实（就是上方蓝色的矩形块）这几种精灵。

本实例的实现文件是 aodamiaoRunFast.py，具体实现流程如下所示。

源码路径：daima\第 13 章\13-2\

（1）定义火箭发射函数 reset_arrow()，对应代码如下所示。

```
def reset_arrow():
    y = random.randint(270,350)
    arrow.position = 800,y
    bullent_sound.play_sound()
```

（2）定义滚动地图类 MyMap，一直横向向右运动，和游戏的进程保持同步。具体实现代码如下所示。

```
class MyMap(pygame.sprite.Sprite):

    def __init__(self,x,y):
        self.x = x
        self.y = y
        self.bg = pygame.image.load("background.png").convert_alpha()
    def map_rolling(self):
        if self.x < -300:
            self.x = 300
        else:
            self.x -=5
    def map_update(self):
        screen.blit(self.bg, (self.x,self.y))
    def set_pos(x,y):
        self.x =x
        self.y =y
```

（3）定义按钮处理类 Button，分别实现开始游戏和游戏结束等功能。对应代码如下所示。

```
class Button(object):
    def __init__(self, upimage, downimage,position):
        self.imageUp = pygame.image.load(upimage).convert_alpha()
        self.imageDown = pygame.image.load(downimage).convert_alpha()
```

```
                self.position = position
                self.game_start = False

        def isOver(self):
            point_x,point_y = pygame.mouse.get_pos()
            x, y = self. position
            w, h = self.imageUp.get_size()

            in_x = x - w/2 < point_x < x + w/2
            in_y = y - h/2 < point_y < y + h/2
            return in_x and in_y

        def render(self):
            w, h = self.imageUp.get_size()
            x, y = self.position

            if self.isOver():
                    screen.blit(self.imageDown, (x-w/2,y-h/2))
            else:
                    screen.blit(self.imageUp, (x-w/2, y-h/2))
        def is_start(self):
            if self.isOver():
                    b1,b2,b3 = pygame.mouse.get_pressed()
                    if b1 == 1:
                            self.game_start = True
                            bg_sound.play_pause()
                            btn_sound.play_sound()
                            bg_sound.play_sound()
```

（4）通过函数 replay_music()播放游戏背景音乐，通过函数 data_read()将游戏最高得分保存到记事本文件 data.txt 中。具体实现代码如下所示。

```
def replay_music():
    bg_sound.play_pause()
    bg_sound.play_sound()

#定义一种数据IO方法
def data_read():
    fd_1 = open("data.txt","r")
    best_score = fd_1.read()
    fd_1.close()
    return best_score
```

（5）在主程序中定义游戏所需要的变量和常量。具体实现代码如下所示。

```
#主程序部分
pygame.init()
audio_init()
screen = pygame.display.set_mode((800,600),0,32)
pygame.display.set_caption("奔跑吧猫猫！")
font = pygame.font.Font(None, 22)
font1 = pygame.font.Font(None, 40)
framerate = pygame.time.Clock()
upImageFilename = 'game_start_up.png'
downImageFilename = 'game_start_down.png'
#创建按钮对象
button = Button(upImageFilename,downImageFilename, (400,500))
interface = pygame.image.load("interface.png")

#创建地图对象
bg1 = MyMap(0,0)
bg2 = MyMap(300,0)
#创建精灵组
group = pygame.sprite.Group()
group_exp = pygame.sprite.Group()
group_fruit = pygame.sprite.Group()
#创建怪物精灵
dragon = MySprite()
dragon.load("dragon.png", 260, 150, 3)
```

```
dragon.position = 100, 230
group.add(dragon)

#创建爆炸动画
explosion = MySprite()
explosion.load("explosion.png",128,128,6)
#创建玩家精灵
player = MySprite()
player.load("sprite.png", 100, 100, 4)
player.position = 400, 270
group.add(player)

#创建子弹精灵
arrow = MySprite()
arrow.load("flame.png", 40, 16, 1)
arrow.position = 800,320
group.add(arrow)


#定义一些变量
arrow_vel = 10.0
game_over = False
you_win = False
player_jumping = False
jump_vel = 0.0
player_start_y = player.Y
player_hit = False
monster_hit = False
p_first = True
m_first = True
best_score = 0
global bg_sound,hit_sound,btn_sound,bullent_sound
bg_sound=Music(bg_au)
hit_sound=Music(hit_au)
btn_sound=Music(btn_au)
bullent_sound =Music(bullent_au)
game_round = {1:'ROUND ONE',2:'ROUND TWO',3:'ROUND THREE',4:'ROUND FOUR',5:'ROUND FIVE'}
game_pause = True
index =0
current_time = 0
start_time = 0
music_time = 0
score =0
replay_flag = True
#循环
bg_sound.play_sound()
```

（6）要监听玩家是否按下键盘，并按 Esc 键退出游戏。具体实现代码如下所示。

```
keys = pygame.key.get_pressed()
if keys[K_ESCAPE]:
    pygame.quit()
    sys.exit()

elif keys[K_SPACE]:
    if not player_jumping:
        player_jumping = True
        jump_vel = -13.0
```

（7）退出游戏时将最高分保存到记事本文件中。具体实现代码如下所示。

```
screen.blit(interface,(0,0))
button.render()
button.is_start()
if button.game_start == True:
    if game_pause :
        index +=1
        tmp_x =0
        if score >int (best_score):
            best_score = score
        fd_2 = open("data.txt","w+")
```

```
                fd_2.write(str(best_score))
                fd_2.close()
            #判断游戏是否通关
            if index == 6:
                    you_win = True
            if you_win:
                start_time = time.clock()
                current_time =time.clock()-start_time
                while current_time<5:
                    screen.fill((200, 200, 200))
                    print_text(font1, 270, 150,"YOU WIN THE GAME!",(240,20,20))
                    current_time =time.clock()-start_time
                    print_text(font1, 320, 250, "Best Score:",(120,224,22))
                    print_text(font1, 370, 290, str(best_score),(255,0,0))
                    print_text(font1, 270, 330, "This Game Score:",(120,224,22))
                    print_text(font1, 385, 380, str(score),(255,0,0))
                    pygame.display.update()
                pygame.quit()
                sys.exit()

            for i in range(0,100):
                element = MySprite()
                element.load("fruit.bmp", 75, 20, 1)
                tmp_x +=random.randint(50,120)
                element.X = tmp_x+300
                element.Y = random.randint(80,200)
                group_fruit.add(element)
            start_time = time.clock()
            current_time =time.clock()-start_time
            while current_time<3:
                screen.fill((200, 200, 200))
                print_text(font1, 320, 250,game_round[index],(240,20,20))
                pygame.display.update()
                game_pause = False
                current_time =time.clock()-start_time

    else:
```

（8）分别实现子弹更新和碰撞检测功能，检查子弹是否击中玩家和恐龙。具体实现代码如下所示。

```
            if not game_over:
                 arrow.X -= arrow_vel
            if arrow.X < -40: reset_arrow()
            #碰撞检测，子弹是否击中玩家
            if pygame.sprite.collide_rect(arrow, player):
                reset_arrow()
                explosion.position =player.X,player.Y
                player_hit = True
                hit_sound.play_sound()
                if p_first:
                    group_exp.add(explosion)
                    p_first = False
                player.X -= 10

            #碰撞检测，子弹是否击中怪物
            if pygame.sprite.collide_rect(arrow, dragon):
                reset_arrow()
                explosion.position =dragon.X+50,dragon.Y+50
                monster_hit = True
                hit_sound.play_sound()
                if m_first:
                    group_exp.add(explosion)
                    m_first = False
                dragon.X -= 10
```

（9）实现碰撞检测，检查玩家是否被怪物追上。具体实现代码如下所示。

```
            if pygame.sprite.collide_rect(player, dragon):
                game_over = True
            #遍历果实，使果实移动
```

```
                for e in group_fruit:
                    e.X -=5
                collide_list = pygame.sprite.spritecollide(player,group_fruit,True)
                score +=len(collide_list)
```

（10）检查玩家是否通过关卡。具体实现代码如下所示。

```
        if dragon.X < -100:
            game_pause = True
            reset_arrow()
            player.X = 400
            dragon.X = 100
```

（11）检测玩家是否处于跳跃状态。具体实现代码如下所示。

```
        if player_jumping:
            if jump_vel <0:
                jump_vel += 0.6
            elif jump_vel >= 0:
                jump_vel += 0.8
            player.Y += jump_vel
            if player.Y > player_start_y:
                player_jumping = False
                player.Y = player_start_y
                jump_vel = 0.0
```

（12）绘制游戏背景。具体实现代码如下所示。

```
        bg1.map_update()
        bg2.map_update()
        bg1.map_rolling()
        bg2.map_rolling()
```

（13）更新精灵组。具体实现代码如下所示。

```
        if not game_over:
            group.update(ticks, 60)
            group_exp.update(ticks,60)
            group_fruit.update(ticks,60)
```

（14）循环播放背景音乐。具体实现代码如下所示。

```
        music_time = time.clock()
        if music_time    > 150 and replay_flag:
            replay_music()
            replay_flag =False
```

（15）绘制精灵组。具体实现代码如下所示。

```
        group.draw(screen)
        group_fruit.draw(screen)
        if player_hit or monster_hit:
            group_exp.draw(screen)
        print_text(font, 330, 560, "press SPACE to jump up!")
        print_text(font, 200, 20, "You have get Score:",(219,224,22))
        print_text(font1, 380, 10, str(score),(255,0,0))
        if game_over:
            start_time = time.clock()
            current_time =time.clock()-start_time
            while current_time<5:
                screen.fill((200, 200, 200))
                print_text(font1, 300, 150,"GAME OVER!",(240,20,20))
                current_time =time.clock()-start_time
                print_text(font1, 320, 250, "Best Score:",(120,224,22))
                if score >int (best_score):
                    best_score = score
                print_text(font1, 370, 290, str(best_score),(255,0,0))
                print_text(font1, 270, 330, "This Game Score:",(120,224,22))
                print_text(font1, 370, 380, str(score),(255,0,0))
                pygame.display.update()
            fd_2 = open("data.txt","w+")
            fd_2.write(str(best_score))
            fd_2.close()
            pygame.quit()
            sys.exit()
    pygame.display.update()
```

执行后的游戏界面如图 13-5 所示。

图 13-5　执行结果

13.3　水果连连看游戏

《水果连连看》是一款由 Loveyuki 开发的休闲游戏，游戏规则与连连看小游戏的相同，然而连连看经过多年的演变与创新，游戏规则也跟着多样化，但是依然保留着简单易上手、男女老少都适合玩的特点。本实例的游戏规则是，使用鼠标对相同的三张或多张水果图片进行碰撞，以达到消除条件。本实例的实现流程如下。

（1）本实例的主程序是 Main.py，功能是调用功能函数以显示指定大小的窗体界面。具体实现代码如下所示。

源码路径：daima\第 13 章\13-3\

```python
def main():
    script_dir = os.path.dirname(os.path.realpath(__file__))

    pyglet.resource.path = [join(script_dir, '..')]
    pyglet.resource.reindex()

    director.director.init(width=800, height=650, caption="Match 3")

    scene = Scene()
    scene.add(MultiplexLayer(
        MainMenu()
    ),
        z=1)

    director.director.run(scene)


if __name__ == '__main__':
    main()
```

（2）在文件 GameController.py 中监听鼠标事件。具体实现代码如下所示。

源码路径：daima\第 13 章\13-3\

```python
class GameController(Layer):
    is_event_handler = True  #启用pyglet's事件
    def __init__(self, model):
        super(GameController, self).__init__()
        self.model = model
    def on_mouse_press(self, x, y, buttons, modifiers):
        self.model.on_mouse_press(x, y)
    def on_mouse_drag(self, x, y, dx, dy, buttons, modifiers):
        self.model.on_mouse_drag(x, y)
```

（3）在文件 GameView.py 中实现视图显示功能，在网格中更新显示各个水果元素，并且随着时间推移显示不同的视图，通过指定函数分别实现游戏结束视图和完成一个级别后的视图。具体实现代码如下所示。

源码路径：daima\第 13 章\13-3\

```python
class GameView(cocos.layer.ColorLayer):
    is_event_handler = True  #: 启用director.window事件

    def __init__(self, model, hud):
        super(GameView, self).__init__(64, 64, 224, 0)
        model.set_view(self)
        self.hud = hud
        self.model = model
        self.model.push_handlers(self.on_update_objectives,
                                 self.on_update_time,
                                 self.on_game_over,
                                 self.on_level_completed)
        self.model.start()
        self.hud.set_objectives(self.model.objectives)
        self.hud.show_message('GET READY')

    def on_update_objectives(self):
        self.hud.set_objectives(self.model.objectives)

    def on_update_time(self, time_percent):
        self.hud.update_time(time_percent)

    def on_game_over(self):
        self.hud.show_message('GAME OVER', msg_duration=3, callback=lambda: director.pop())

    def on_level_completed(self):
        self.hud.show_message('LEVEL COMPLETED', msg_duration=3,
            callback=lambda: self.model.set_next_level())


def get_newgame():
    scene = Scene()
    model = GameModel()
    controller = GameController(model)
    # 视图
    hud = HUD()
    view = GameView(model, hud)

    # 模型中的控制器
    model.set_controller(controller)

    # 添加控制器
    scene.add(controller, z=1, name="controller")
    scene.add(hud, z=3, name="hud")
    scene.add(view, z=2, name="view")

    return scene
```

（4）通过文件 Menus.py 实现游戏界面中的菜单功能。具体实现代码如下所示。

源码路径：daima\第 13 章\13-3\

```
class MainMenu(Menu):
    def __init__(self):
        super(MainMenu, self).__init__('Match3')

        # 可以重写标题和项目使用的字体
        # 也可以重写字体大小和颜色
        self.font_title['font_name'] = 'Edit Undo Line BRK'
        self.font_title['font_size'] = 72
        self.font_title['color'] = (204, 164, 164, 255)

        self.font_item['font_name'] = 'Edit Undo Line BRK',
        self.font_item['color'] = (32, 16, 32, 255)
        self.font_item['font_size'] = 32
        self.font_item_selected['font_name'] = 'Edit Undo Line BRK'
        self.font_item_selected['color'] = (32, 100, 32, 255)
        self.font_item_selected['font_size'] = 46

        # 例如菜单可以垂直对齐和水平对齐
        self.menu_anchor_y = CENTER
        self.menu_anchor_x = CENTER
        items = []
        items.append(MenuItem('New Game', self.on_new_game))
        items.append(MenuItem('Quit', self.on_quit))
        self.create_menu(items, shake(), shake_back())
    def on_new_game(self):
        import GameView

        director.push(FlipAngular3DTransition(
            GameView.get_newgame(), 1.5))

    def on_options(self):
        self.parent.switch_to(1)

    def on_scores(self):
        self.parent.switch_to(2)

    def on_quit(self):
        pyglet.app.exit()
```

（5）本游戏的核心程序文件是 GameModel.py，它可以实现 MVC 模式中的模型功能。此文件中定义了多个函数，分别实现游戏中的各个功能。下面将简要介绍几个重要的函数：

❑ 通过函数 set_next_level()开始游戏的下一关。具体实现代码如下所示。

```
def set_next_level(self):
    self.play_time = self.max_play_time = 60
    for elem in self.imploding_tiles + self.dropping_tiles:
        self.view.remove(elem)
    self.on_game_over_pause = 0
    self.fill_with_random_tiles()
    self.set_objectives()
    pyglet.clock.unschedule(self.time_tick)
    pyglet.clock.schedule_interval(self.time_tick, 1)
```

❑ 通过函数 time_tick()实现游戏的倒计时功能，时间结束游戏也结束。具体实现代码如下所示。

```
def time_tick(self, delta):
    self.play_time -= 1
    self.dispatch_event("on_update_time", self.play_time / float(self.max_play_time))
    if self.play_time == 0:
        pyglet.clock.unschedule(self.time_tick)
        self.game_state = GAME_OVER
        self.dispatch_event("on_game_over")
```

❑ 通过函数 set_objectives()随机设置显示的水果。具体实现代码如下所示。

```
def set_objectives(self):
    objectives = []
    while len(objectives) < 3:
        tile_type = choice(self.available_tiles)
```

```
        sprite = self.tile_sprite(tile_type, (0, 0))
        count = randint(1, 20)
        if tile_type not in [x[0] for x in objectives]:
                objectives.append([tile_type, sprite, count])

    self.objectives = objectives
```

❑ 通过函数 fill_with_random_tiles()用随机生成的水果填充单元格。具体实现代码如下所示。

```
def fill_with_random_tiles(self):
    """
    用随机tiles填充tile_grid
    """
    for elem in [x[1] for x in self.tile_grid.values()]:
        self.view.remove(elem)
    tile_grid = {}
    # 用随机tile类型填充数据矩阵
    while True:   # 循环，直到我们有一个有效的表（没有内爆线）
        for x in range(COLS_COUNT):
            for y in range(ROWS_COUNT):
                tile_type, sprite = choice(self.available_tiles), None
                tile_grid[x, y] = tile_type, sprite
        if len(self.get_same_type_lines(tile_grid)) == 0:
            break
        tile_grid = {}

    # 基于指定的tile类型构建精灵
    for key, value in tile_grid.items():
        tile_type, sprite = value
        sprite = self.tile_sprite(tile_type, self.to_display(key))
        tile_grid[key] = tile_type, sprite
        self.view.add(sprite)

    self.tile_grid = tile_grid
```

❑ 通过函数 swap_elements()交换两个水果元素的位置。具体实现代码如下所示。

```
def swap_elements(self, elem1_pos, elem2_pos):
    tile_type, sprite = self.tile_grid[elem1_pos]
    self.tile_grid[elem1_pos] = self.tile_grid[elem2_pos]
    self.tile_grid[elem2_pos] = tile_type, sprite
```

本实例执行后的结果如图 13-6 所示。

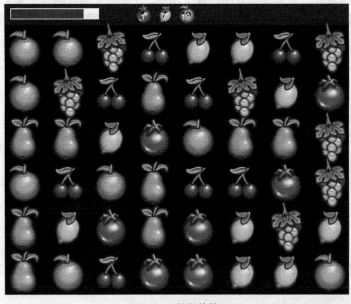

图 13-6　执行结果

13.4 AI 智能贪吃蛇游戏

AI 智能贪吃蛇游戏的实现文件是 main-bfs2.py，用于通过 AI 技术在游戏中自动实现贪吃功能。代码中有详细的注释，具体实现代码如下所示。

源码路径：daima\第 13 章\13-4\

```
import pygame
import sys

# import curses
# from curses import KEY_RIGHT, KEY_LEFT, KEY_UP, KEY_DOWN
from random import randint

# 蛇运动场地的长宽
HEIGHT = 25
WIDTH = 25

SCREEN_X = HEIGHT * 25
SCREEN_Y = WIDTH * 25

FIELD_SIZE = HEIGHT * WIDTH

# 蛇头总是snake数组的第一个元素
HEAD = 0

# 用来代表不同东西的数字，由于矩阵中的每个格子会处理成到达食物的路径长度，
# 因此这三个变量间需要足够大的间隔(>HEIGHT*WIDTH)
FOOD = 0
UNDEFINED = (HEIGHT + 1) * (WIDTH + 1)
SNAKE = 2 * UNDEFINED

# 由于snake是一维数组，因此对应元素直接加上以下值就表示向四个方向移动
LEFT = -1
RIGHT = 1
UP = -WIDTH
DOWN = WIDTH

# 错误码
ERR = -1111

# 用一维数组表示二维的东西
# board表示蛇运动的矩形场地
# 初始化蛇头在(1,1)的地方，第0行，HEIGHT行，第0列，WIDTH列为围墙，不可用
# 初始化蛇长度为1
board = [0] * FIELD_SIZE
snake = [0] * (FIELD_SIZE+1)
snake[HEAD] = 1*WIDTH+1
snake_size = 1
# 与上面变量对应的临时变量，蛇试探性地移动时使用
tmpboard = [0] * FIELD_SIZE
tmpsnake = [0] * (FIELD_SIZE+1)
tmpsnake[HEAD] = 1*WIDTH+1
tmpsnake_size = 1

# food:食物位置(0~FIELD_SIZE-1)，初始在(3, 3)
# best_move: 运动方向
food = 3 * WIDTH + 3
best_move = ERR

# 运动方向数组
mov = [LEFT, RIGHT, UP, DOWN]
# 接收到的键和分数
key = pygame.K_RIGHT
score = 1 #分数也表示蛇长
```

```
    def show_text(screen, pos, text, color, font_bold = False, font_size = 60, font_italic
= False):
        #获取系统字体，并设置文字大小
        cur_font = pygame.font.SysFont("宋体", font_size)
        #设置是否加粗属性
        cur_font.set_bold(font_bold)
        #设置是否斜体属性
        cur_font.set_italic(font_italic)
        #设置文字内容
        text_fmt = cur_font.render(text, 1, color)
        #绘制文字
        screen.blit(text_fmt, pos)


# 检查一个cell有没有被蛇身覆盖，没有覆盖则为free，返回true
def is_cell_free(idx, psize, psnake):
    return not (idx in psnake[:psize])


# 检查某个位置idx是否可向move方向运动
def is_move_possible(idx, move):
    flag = False
    if move == LEFT:
        flag = True if idx%WIDTH > 1 else False
    elif move == RIGHT:
        flag = True if idx%WIDTH < (WIDTH-2) else False
    elif move == UP:
        flag = True if idx > (2*WIDTH-1) else False # 即idx/WIDTH > 1
    elif move == DOWN:
        flag = True if idx < (FIELD_SIZE-2*WIDTH) else False # 即idx/WIDTH < HEIGHT-2
    return flag
# 重置board
# 执行board_refresh后，UNDEFINED值都变为到达食物的路径长度
# 若需要还原，则重置它
def board_reset(psnake, psize, pboard):
    for i in range(FIELD_SIZE):
        if i == food:
            pboard[i] = FOOD
        elif is_cell_free(i, psize, psnake): # 该位置为空
            pboard[i] = UNDEFINED
        else: # 该位置为蛇身
            pboard[i] = SNAKE


# 广度优先搜索遍历整个board
# 计算出board中每个非snake元素到达食物的路径长度
def board_refresh(pfood, psnake, pboard):
    queue = []
    queue.append(pfood)
    inqueue = [0] * FIELD_SIZE
    found = False
    # while循环结束后，除了蛇的身体，
    # 其他每个方格中的数字代表从它到食物的路径长度
    while len(queue)!=0:
        idx = queue.pop(0)
        if inqueue[idx] == 1:
            continue
        inqueue[idx] = 1
        for i in range(4):
            if is_move_possible(idx, mov[i]):
                if idx + mov[i] == psnake[HEAD]:
                    found = True
                if pboard[idx+mov[i]] < SNAKE: # 如果该点不是蛇的身体

                    if pboard[idx+mov[i]] > pboard[idx]+1:
                        pboard[idx+mov[i]] = pboard[idx] + 1
                    if inqueue[idx+mov[i]] == 0:
                        queue.append(idx+mov[i])

    return found


# 从蛇头开始，根据board中的元素值，
```

```python
# 从蛇头周围4个领域点中选择最短路径
def choose_shortest_safe_move(psnake, pboard):
    best_move = ERR
    min = SNAKE
    for i in range(4):
        if is_move_possible(psnake[HEAD], mov[i]) and pboard[psnake[HEAD]+mov[i]]<min:
            min = pboard[psnake[HEAD]+mov[i]]
            best_move = mov[i]
    return best_move


# 从蛇头开始，根据board中的元素值，
# 从蛇头周围4个领域点中选择最远路径
def choose_longest_safe_move(psnake, pboard):
    best_move = ERR
    max = -1
    for i in range(4):
        if is_move_possible(psnake[HEAD], mov[i]) and pboard[psnake[HEAD]+mov[i]]<
            UNDEFINED and pboard[psnake[HEAD]+mov[i]]>max:
            max = pboard[psnake[HEAD]+mov[i]]
            best_move = mov[i]
    return best_move


# 检查是否可以追着蛇尾运动，即蛇头和蛇尾间是有路径的
# 为的是避免蛇头陷入死路
# 虚拟操作，在tmpboard和tmpsnake中进行
def is_tail_inside():
    global tmpboard, tmpsnake, food, tmpsnake_size
    tmpboard[tmpsnake[tmpsnake_size-1]] = 0 # 虚拟地将蛇尾变为食物(因为是虚拟的，所以在
        tmpsnake和tmpboard中进行)
    tmpboard[food] = SNAKE # 放置食物的地方，看成蛇身
    result = board_refresh(tmpsnake[tmpsnake_size-1], tmpsnake, tmpboard) # 求得每个位
        置到蛇尾的路径长度
    for i in range(4): # 如果蛇头和蛇尾紧挨着，则返回False。不能执行follow_tail，追着蛇尾运动
        if is_move_possible(tmpsnake[HEAD], mov[i]) and tmpsnake[HEAD]+mov[i]==
            tmpsnake[tmpsnake_size-1] and tmpsnake_size>3:
            result = False
    return result


# 让蛇头朝着蛇尾运动一步
# 不管蛇身阻挡，朝蛇尾方向运动
def follow_tail():
    global tmpboard, tmpsnake, food, tmpsnake_size
    tmpsnake_size = snake_size
    tmpsnake = snake[:]
    board_reset(tmpsnake, tmpsnake_size, tmpboard) # 重置虚拟board
    tmpboard[tmpsnake[tmpsnake_size-1]] = FOOD # 让蛇尾成为食物
    tmpboard[food] = SNAKE # 让食物的地方变成蛇身
    # 求得各个位置到达蛇尾的路径长度
    board_refresh(tmpsnake[tmpsnake_size-1], tmpsnake, tmpboard)
    tmpboard[tmpsnake[tmpsnake_size-1]] = SNAKE # 还原蛇尾

    return choose_longest_safe_move(tmpsnake, tmpboard) # 返回运动方向(让蛇头运动一步)


#各种方案都不行时，随便找一个可行的方向来走(1步)
def any_possible_move():
    global food , snake, snake_size, board
    best_move = ERR
    board_reset(snake, snake_size, board)
    board_refresh(food, snake, board)
    min = SNAKE

    for i in range(4):
        if is_move_possible(snake[HEAD], mov[i]) and board[snake[HEAD]+mov[i]]<min:
            min = board[snake[HEAD]+mov[i]]
            best_move = mov[i]
    return best_move


def shift_array(arr, size):
    for i in range(size, 0, -1):
```

```
                arr[i] = arr[i-1]

    def new_food():
        global food, snake_size
        cell_free = False
        while not cell_free:
            w = randint(1, WIDTH-2)
            h = randint(1, HEIGHT-2)
            food = h * WIDTH + w
            cell_free = is_cell_free(food, snake_size, snake)

    # 真正的蛇在这个函数中，朝pbest_move走1步
    def make_move(pbest_move):
        global key, snake, board, snake_size, score
        shift_array(snake, snake_size)
        snake[HEAD] += pbest_move


        # 如果新加入的蛇头就是食物的位置
        # 蛇长加1，产生新的食物，重置board(因为原来那些路径长度已经用不上了)
        if snake[HEAD] == food:
            board[snake[HEAD]] = SNAKE  # 新的蛇头
            snake_size += 1
            score += 1
            if snake_size < FIELD_SIZE:
                new_food()
        else:  # 如果新加入的蛇头不是食物的位置
            board[snake[HEAD]] = SNAKE  # 新的蛇头
            board[snake[snake_size]] = UNDEFINED  # 蛇尾变为空格

    # 虚拟地运行一次，然后在调用处检查这次运行可否可行
    # 可行才真实运行
    # 虚拟运行吃到食物后，得到虚拟状况下蛇在board的位置
    def virtual_shortest_move():
        global snake, board, snake_size, tmpsnake, tmpboard, tmpsnake_size, food
        tmpsnake_size = snake_size
        tmpsnake = snake[:]  # 如果直接tmpsnake=snake，则两者指向同一处内存
        tmpboard = board[:]  # board中已经是各位置到达食物的路径长度了，不用再计算
        board_reset(tmpsnake, tmpsnake_size, tmpboard)

        food_eated = False
        while not food_eated:
            board_refresh(food, tmpsnake, tmpboard)
            move = choose_shortest_safe_move(tmpsnake, tmpboard)
            shift_array(tmpsnake, tmpsnake_size)
            tmpsnake[HEAD] += move  # 在蛇头前加入一个新的位置
            # 如果新加入的蛇头位置正好是食物的位置
            # 则长度加1，重置board，食物那个位置变为蛇的一部分(snake)
            if tmpsnake[HEAD] == food:
                tmpsnake_size += 1
                board_reset(tmpsnake, tmpsnake_size, tmpboard)
                # 虚拟运行后，蛇在board的位置(label101010)
                tmpboard[food] = SNAKE
                food_eated = True
            else:  # 如果蛇头不是食物的位置，则新加入的位置为蛇头，最后一个变为空格
                tmpboard[tmpsnake[HEAD]] = SNAKE
                tmpboard[tmpsnake[tmpsnake_size]] = UNDEFINED

    # 如果蛇与食物间有路径，则调用该函数
    def find_safe_way():
        global snake, board
        safe_move = ERR
        # 虚拟地运行一次，因为已经确保蛇与食物间有路径，所以执行有效
        # 运行后得到虚拟状况下蛇在board中的位置，即tmpboard，见label101010
        virtual_shortest_move()  # 该函数唯一调用处
        if is_tail_inside():  # 如果虚拟运行后，蛇头和蛇尾间有通路，则选最短路运行(1步)
            return choose_shortest_safe_move(snake, board)
        safe_move = follow_tail()  # 否则虚拟地执行follow_tail 1步，如果可以做到，返回True
        return safe_move
```

```
def main():
    pygame.init()
    screen_size = (SCREEN_X,SCREEN_Y)
    screen = pygame.display.set_mode(screen_size)
    pygame.display.set_caption('Snake')
    clock = pygame.time.Clock()
    isdead = False
    global score
    score = 1 #分数也表示蛇长


    while True:
        for event in pygame.event.get():
            if event.type == pygame.QUIT:
                sys.exit()
            if event.type == pygame.KEYDOWN:
                if event.key == pygame.K_SPACE and isdead:
                    return main()

        screen.fill((255,255,255))
        # for i in range(snake_size):
        #     rect = pygame.Rect((snake[i]//WIDTH)*25,(snake[i]%WIDTH)*25,20,20)
        #     pygame.draw.rect(screen,(136,0,21),rect,0)
        linelist = [((snake[0]//WIDTH)*25+12, (snake[0]%WIDTH)*25)] if snake_size==1 else []
        for i in range(snake_size):
            linelist.append(((snake[i]//WIDTH)*25+12, (snake[i]%WIDTH)*25+12))
        pygame.draw.lines(screen, (136,0,21), False, linelist, 20)

        rect = pygame.Rect((food//WIDTH)*25,(food%WIDTH)*25,20,20)
        pygame.draw.rect(screen,(20,220,39),rect,0)

        # 重置矩阵
        board_reset(snake, snake_size, board)

        # 如果蛇可以吃到食物, board_refresh返回True
        # 并且board中除了蛇身(=snake)，其他的元素值表示从该点运动到食物的最短路径
        if board_refresh(food, snake, board):
            best_move  = find_safe_way() # find_safe_way的唯一调用处
        else:
            best_move = follow_tail()

        if best_move == ERR:
            best_move = any_possible_move()
        #一次思考，只得出一个方向，运行一步
        if best_move != ERR:
            make_move(best_move)
        else:
            isdead = True

        if isdead:
            show_text(screen,(100,200),'YOU DEAD!',(227,29,18),False,100)
            show_text(screen,(150,260),'press space to try again...',(0,0,22),False,30)

        # 显示分数文字
        show_text(screen,(50,500),'Scores: '+str(score),(223,223,223))

        pygame.display.update()
        clock.tick(20)

if __name__ == '__main__':
    main()
```

执行后，不用我们操作蛇的运动，AI 会自动操作蛇吃食物。执行结果如图 13-7 所示。

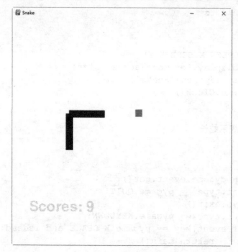

图 13-7　执行结果

13.5　AI 智能五子棋游戏

在下面的实例中实现了一个 AI 五子棋游戏,实例文件 fiveinrow-v-final.py 的具体实现流程如下所示。

源码路径:daima\第 13 章\13-5\

(1) 构建 Pygame 的游戏框架,导入相关包,分别实现初始化、加载图片和主循环功能。设置屏幕左上角为起点,向右宽度逐渐增加,向下高度逐渐增加。主要实现代码如下所示。

```python
# 导入我们需要用到的包
import pygame
import os

# 初始化我们的Pygame
pygame.init()

# 初始化mixer(因为下文中我们需要用到音乐)
pygame.mixer.init()

# 设置我们的屏幕大小和标题

WIDTH = 720
HEIGHT = 720
screen = pygame.display.set_mode((WIDTH, HEIGHT))
pygame.display.set_caption("五子棋")

# 设置一个定时器,用于在固定时间刷新屏幕,而不是一直不停刷新,浪费CPU资源
FPS = 30
clock = pygame.time.Clock()

# 加载背景图片
base_folder = os.path.dirname(__file__)
img_folder = os.path.join(base_folder, 'images')
background_img = pygame.image.load(os.path.join(img_folder, 'back.png')).convert()
```

(2) 主循环非常简单,调用函数绘制棋盘并刷新屏幕,具体实现代码如下所示。

```python
running = True
while running:
    # 设置屏幕刷新频率
    clock.tick(FPS)

    # 处理不同事件
    for event in pygame.event.get():
```

```
                    # 检查是否关闭窗口
                    if event.type == pygame.QUIT:
                            running = False

            # 画出棋盘
            draw_background(screen)

            # 刷新屏幕
            pygame.display.flip()
```

（3）实现棋盘绘制功能，整个绘制过程分为如下 3 个步骤：

① 第一步是画背景图片。

② 第二步是画出网格线。

③ 第三步是画出 5 个小黑点（围棋棋盘上有 9 个小黑点）。

棋盘绘制功能用到如下所示的函数。

❑ screen.blit：功能是复制像素点到指定位置，第一个参数是源，第二个是位置（左上角的坐标）

❑ pygame.draw.line：功能是画线，第一个参数为屏幕，第二个参数为颜色，第三个参数为起点，第四个参数为终点。

❑ pygame.draw.circle：功能是画圆形，第一、第二个参数和和画线函数的一样，第三、第四个参数分别为圆心和半径。

棋盘绘制函数 draw_background() 的实现代码如下所示。

```
def draw_background(surf):
    # 加载背景图片
    surf.blit(background_img, (0, 0))

    # 画网格线，棋盘为19行×19列
    # 画出边框，这里 GRID_WIDTH = WIDTH // 20
    rect_lines = [
        ((GRID_WIDTH, GRID_WIDTH), (GRID_WIDTH, HEIGHT - GRID_WIDTH)),
        ((GRID_WIDTH, GRID_WIDTH), (WIDTH - GRID_WIDTH, GRID_WIDTH)),
        ((GRID_WIDTH, HEIGHT - GRID_WIDTH),
            (WIDTH - GRID_WIDTH, HEIGHT - GRID_WIDTH)),
        ((WIDTH - GRID_WIDTH, GRID_WIDTH),
            (WIDTH - GRID_WIDTH, HEIGHT - GRID_WIDTH)),
    ]
    for line in rect_lines:
            pygame.draw.line(surf, BLACK, line[0], line[1], 2)

    # 画出中间的网格线
    for i in range(17):
            pygame.draw.line(surf, BLACK,
                                (GRID_WIDTH * (2 + i), GRID_WIDTH),
                                (GRID_WIDTH * (2 + i), HEIGHT - GRID_WIDTH))
            pygame.draw.line(surf, BLACK,
                                (GRID_WIDTH, GRID_WIDTH * (2 + i)),
                                (HEIGHT - GRID_WIDTH, GRID_WIDTH * (2 + i)))

    # 画出棋盘中的5个点，围棋棋盘上为9个点，这里我们只画5个点
    circle_center = [
        (GRID_WIDTH * 4, GRID_WIDTH * 4),
        (WIDTH - GRID_WIDTH * 4, GRID_WIDTH * 4),
        (WIDTH - GRID_WIDTH * 4, HEIGHT - GRID_WIDTH * 4),
        (GRID_WIDTH * 4, HEIGHT - GRID_WIDTH * 4),
        (GRID_WIDTH * 10, GRID_WIDTH * 10),
    ]
    for cc in circle_center:
            pygame.draw.circle(surf, BLACK, cc, 5)
```

（4）开始处理落子过程，落子的具体过程大概分为获取鼠标的位置、计算位置所对应的落子点和画出棋子。落子过程在主函数中的实现过程如下所示。

```
if event.type == pygame.QUIT:
    running = False
```

```
elif event.type == pygame.MOUSEBUTTONDOWN:
    # 1.有鼠标单击事件发生了，我们获取鼠标的位置
    # 2.计算鼠标单击所在网格点的位置
    # 3.添加棋子
```

接下来开始详细讲解上述落子操作的实现过程。

① 获取鼠标的位置。

获取鼠标的位置很简单，Pygame 为我们做好了各种事件的检测及记录，我们只需要看有没有鼠标落下事件的发生，然后获取位置即可。我们只需要通过如下一行代码即可获取鼠标的位置：

```
pos = event.pos
```

② 计算网格点的位置。

计算网格点的位置也很简单，只要用坐标值除以网格的宽度就可以了。这里有一点需要注意，就是我们不可能每次都单击到网格点上，因此需要一个四舍五入的过程，就是我们单击的位置距离哪个点近，就默认用户单击了哪一个点。对应代码如下所示。

```
grid = (int(round(event.pos[0] / (GRID_WIDTH + .0))),
        int(round(event.pos[1] / (GRID_WIDTH + .0))))
```

③ 添加棋子。

要想绘制出棋子，我们必须记录下走的每一步棋，并且在刷新屏幕的时候将这些棋子全部画出来。定义全局变量 movements 用于我们的每一步棋，然后每次落子之后就将落子信息存储在里面。对应代码如下所示。

```
movements = []
def add_coin(screen, pos, color):
    movements.append(((pos[0] * GRID_WIDTH, pos[1] * GRID_WIDTH), color))
    pygame.draw.circle(screen, color,
        (pos[0] * GRID_WIDTH, pos[1] * GRID_WIDTH), 16)
```

再定义画出每一步棋的函数 draw_movements()，对应代码如下所示。

```
def draw_movements(screen):
    for m ini movements:
        pygame.draw.circle(screen, m[1], pos[0], 16)
```

在刷新屏幕之前调用画出棋子的函数，对应代码如下所示。

```
draw_movements(screen)
```

（5）判断游戏是否结束。

游戏结束的标志是 5 个棋子连成线，每次落子的时候只要判断所落棋子周围有没有统一颜色的棋子可以五子连成线。我们需要用一个矩阵记录每个位置棋子的颜色：

```
color_metrix = [[None] * 20 for i in range(20)]
```

此时，就可以定义判断游戏是否结束的函数，该函数的逻辑很简单，只要判断所落棋子的周围是否有五子连成线，一共有 4 个方向。

```
def game_is_over(pos, color):
    hori = 1
    verti = 1
    slash = 1
    backslash = 1
    left = pos[0] - 1
    while left > 0 and color_metrix[left][pos[1]] == color:
        left -= 1
        hori += 1

    right = pos[0] + 1
    while right < 20 and color_metrix[right][pos[1]] == color:
        right += 1
        hori += 1

    up = pos[1] - 1
    while up > 0 and color_metrix[pos[0]][up] == color:
        up -= 1
        verti += 1

    down = pos[1] + 1
```

```
    while down < 20 and color_metrix[pos[0]][down] == color:
        down += 1
        verti += 1

    left = pos[0] - 1
    up = pos[1] - 1
    while left > 0 and up > 0 and color_metrix[left][up] == color:
        left -= 1
        up -= 1
        backslash += 1

    right = pos[0] + 1
    down = pos[1] + 1
    while right < 20 and down < 20 and color_metrix[right][down] == color:
        right += 1
        down += 1
        backslash += 1

    right = pos[0] + 1
    up = pos[1] - 1
    while right < 20 and up > 0 and color_metrix[right][up] == color:
        right += 1
        up -= 1
        slash += 1

    left = pos[0] - 1
    down = pos[1] + 1
    while left > 0 and down < 20 and color_metrix[left][down] == color:
        left -= 1
        down += 1
        slash += 1

    if max([hori, verti, backslash, slash]) == 5:
        return True
```

在画出棋子之后加入游戏结束的判断代码。

```
if game_is_over(grid, BLACK):
    running = False
```

在添加棋子的函数中，将改变 color_metrix 的语句加进去，这样只要有 5 个同色棋子连成线，就说明游戏结束。通过专用函数 move() 处理用户走子和 AI 的响应函数接口。

```
def move(surf, pos):
    '''
    Args:
        surf: 我们的屏幕
        pos: 用户落子的位置
    Returns a tuple or None:
        None: if move is invalid else return a
        tuple (bool, player):
            bool: True is game is not over else False
            player: winner (USER or AI)
    '''
```

上述过程首先判断落子的位置是否已经有棋子，有则返回 None，否则落子为合法的，调用 add_coin() 函数，最后调用 respond() 函数。函数 move() 的具体实现代码如下所示。

```
def move(surf, pos):
    '''
    Args:
        surf: 我们的屏幕
        pos: 用户落子的位置
    Returns a tuple or None:
        None: if move is invalid else return a
        tuple (bool, player):
            bool: True is game is not over else False
            player: winner (USER or AI)
    '''
    grid = (int(round(pos[0] / (GRID_WIDTH + .0))),
            int(round(pos[1] / (GRID_WIDTH + .0))))
```

```
        if grid[0] <= 0 or grid[0] > 19:
            return
        if grid[1] <= 0 or grid[1] > 19:
            return

        pos = (grid[0] * GRID_WIDTH, grid[1] * GRID_WIDTH)

        # num_pos = gridpos_2_num(grid)
        # if num_pos not in remain:
        #       return None
        if color_metrix[grid[0]][grid[1]] is not None:
            return None

        curr_move = (pos, BLACK)
        add_coin(surf, BLACK, grid, USER)

        if game_is_over(grid, BLACK):
            return (False, USER)

        return respond(surf, movements, curr_move)
```

这样就给 add_coin() 函数添加了一个参数，表示当前落子的角色，其中：

```
USER, AI = 1, 0
```

我们用随机落子代替 AI，函数 respond() 的具体实现代码如下所示。

```
def respond(surf, movements, curr_move):
    # 测试用，随机落子

    grid_pos = (random.randint(1, 19), random.randint(1, 19))
    # print(grid_pos)
    add_coin(surf, WHITE, grid_pos, 16)
    if game_is_over(grid_pos, WHITE):
        return (False, AI)

    return None
```

执行结果如图 13-8 所示。

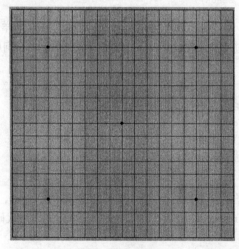

图 13-8　执行结果